如此简单

Office 2007 办公自动化达人手册

丁奕芳 王皓 郭强 编著

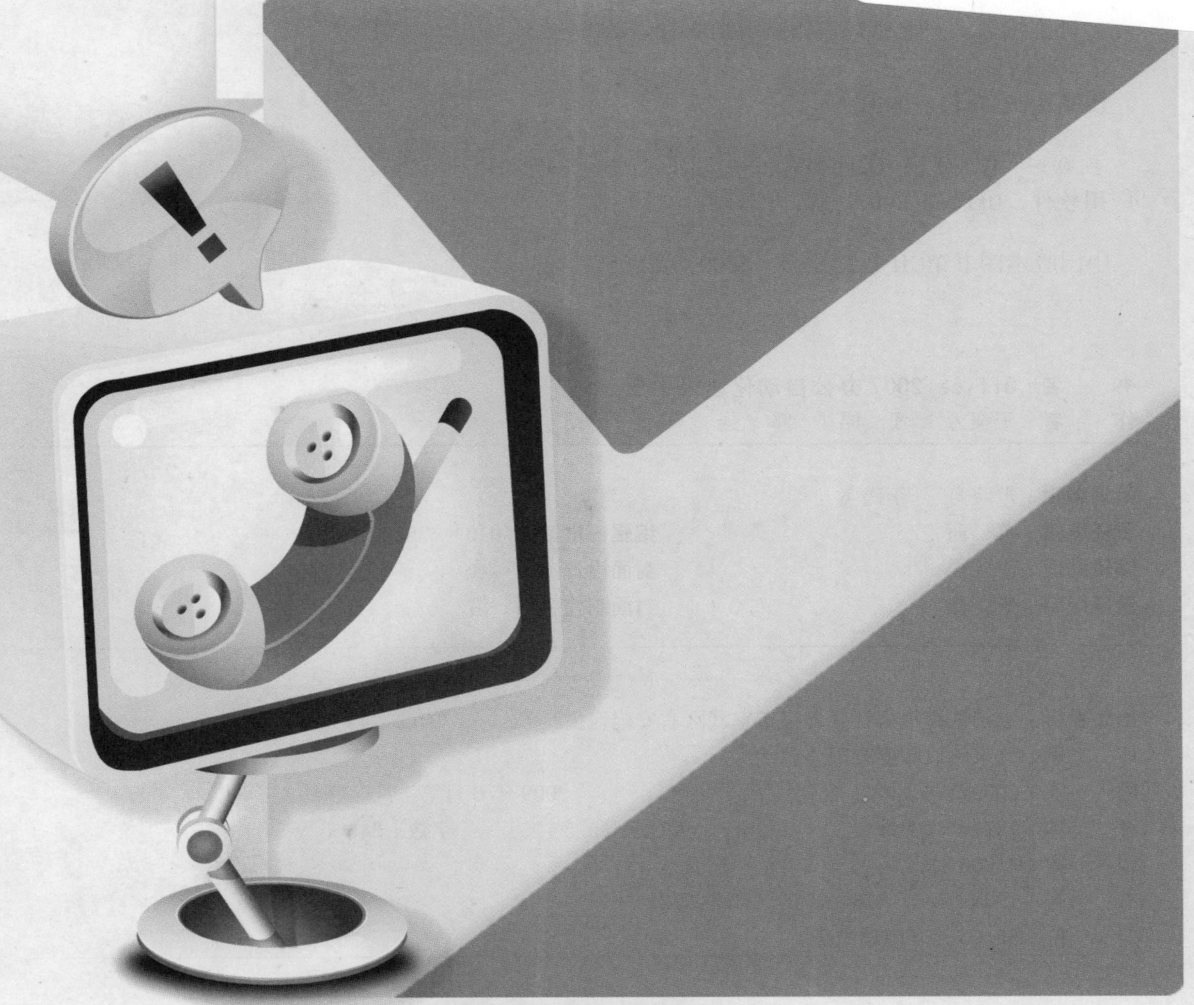

中国铁道出版社
CHINA RAILWAY PUBLISHING HOUSE

内 容 简 介

本书是“如此简单”丛书中的一本。本书从学习办公软件的初学者应了解和掌握的基础知识出发，到实际的软件应用，主要包括 Office 2007 基础知识、Word 2007 的基础、文档编排和图表混排、Word 页面设置与文档打印、Excel 基本操作、编排 Excel 工作表、Excel 数据分析与处理、幻灯片的基础知识、幻灯片设计与放映、Outlook 2007 个人信息管理等知识。

本书以任务驱动的方式编写，每一个知识点都变成了一个任务；步骤讲解以图为主，基本做到一步一图，以图解的方式指导具体操作步骤；每章后面附有相关练习题，达到巩固和应用知识的目的。

本书版式新颖、内容翔实、易学易懂，适用于初识 Office 2007 办公软件的初、中级读者，也可作为大中专院校和计算机培训学校的教材。

图书在版编目（CIP）数据

Office 2007办公自动化达人手册 / 丁奕芳，王皓，郭强编著. —北京：中国铁道出版社，2009.4
（如此简单）
ISBN 978-7-113-09911-4

Ⅰ.O…　Ⅱ.①丁…②郭…③王…　Ⅲ.办公室－自动化－应用软件，Office 2007　Ⅳ.TP317.1

中国版本图书馆CIP数据核字（2009）第055721号

书　　名：Office 2007 办公自动化达人手册
作　　者：丁奕芳　王　皓　郭　强　编著

策划编辑：严晓舟　李鹤飞
责任编辑：苏　茜　　编辑部电话：（010）63583215
编辑助理：李庆祥　　封面设计：付　巍
责任印制：李　佳　　封面制作：白　雪

出版发行：中国铁道出版社（北京市宣武区右安门西街 8 号　　邮政编码：100054）
印　　刷：北京铭成印刷有限公司
版　　次：2009 年 6 月第 1 版　　2009 年 6 月第 1 次印刷
开　　本：787mm×1092mm　1/16　印张：15.5　字数：345 千
印　　数：4 000 册
书　　号：ISBN 978-7-113-09911-4/TP・3225
定　　价：35.00 元（附赠光盘）

Foreword 

21 世纪，计算机已成为人们工作和生活的必备工具之一，学生、自由职业者、办公室人员，甚至老年人都加入到学习计算机的队伍中。调查发现，不同读者的学习需求各不相同，他们选择的图书也有很大差异。更多的读者希望在学习计算机的过程中，体验学计算机的快乐、轻松。带着满足所有想学习计算机的朋友都能达到用计算机生活、娱乐、工作的目的，经过近一年的编写工作，《如此简单》丛书终于和大家见面了。

本丛书是为职场人士和计算机初学者量身定做的一套简明、快速的学习方案。我们的目标是让所有人都能从中挑选到适合自己的计算机图书，并提供快速解决实际问题的方法，真正做到学以致用。

《如此简单》丛书，让您学习计算机变得“如此简单”！还有什么犹豫的呢？所有想学计算机、想玩计算机、赶快行动吧!

丛书特点

本丛书涉及计算机的选购、组装、维护、日常优化与安全，计算机入门与操作技巧，系统安装及计算机维护，笔记本式计算机的选购、应用和维护，五笔打字与 Word 排版，PhotoShop 图像处理，计算机上网、搜索与应用，数码摄影等众多领域，每本图书的内容都是在对读者群进行分析后，为其量身打造而编写的。

本丛书有以下四大特点：

1. 结构合理，内容适度

本丛书采用直观易读的结构，在内容的选择上经过认真讨论、反复研究，尽可能在丰富内容的基础上，取其精华，使得内容结构更加合理，阅读起来更加直观。全书以“知识讲解＋任务演练”的讲解方式，使读者通过知识讲解从零开始、循序渐进，进而通过任务演练将所学知识实时结合到实际学习和办公应用中，实现操作与应用的融会贯通。

2. 图解例说，简明易懂

考虑初学者的实际情况，本丛书基本做到一步一图，以图解的方式指导具体操作步骤。读者通过学习，不仅可以掌握软件的操作方法，还可以把所学知识应用到学习、办公应用中。

3. 立足新手，任务实践

本丛书完全从读者角度考虑问题，分析了读者在学习时应“哪些内容应重点掌握”、“哪些内容应侧重学习”以及“哪些内容应简单认识”，从而合理安排章节内容，使读者在最短时间内更好地掌握相关知识，学习后可以对软件完全上手。

4．互动教学，书盘合一

配套的多媒体光盘与图书内容相对应，对书中所涉及到的主要内容给予了全面的解读，以互动形式让读者真正融入到教学环境中通过对光盘与图书的配合学习，读者可以提高学习速度并加深对知识的掌握程度，为读者的快速成长提供有力的保障。

本书内容

本书共分为12章，循序渐进地讲解了Office 2007的使用、Word文档编排和页面设置与文档打印、Excel基本操作、幻灯片设计与放映以及Outlook 2007个人信息管理，让读者快速而全面地认识以及掌握Office 2007各方面的知识。第1章讲解了Office 2007基础知识，让读者在学习之前先对Office 2007有一定的认识；第2～5章讲解了Word 2007的基础、文档编排和图表混排以及Word页面设置与文档打印；第6～8章讲解了Excel基本操作、编排Excel工作表、Excel数据分析与处理等；第9～10章讲解了幻灯片的基础知识以及幻灯片设计与放映；第11章讲解了Outlook 2007个人信息管理；第12章是综合练习。

本书读者对象

本书适合于Office 2007办公软件的初、中级用户使用，也可作为大中专院校和计算机培训学校的教材。

本书多媒体教学光盘使用说明

① 将光盘放入光驱后，多媒体教程会自动运行，并出现下图所示的欢迎界面。

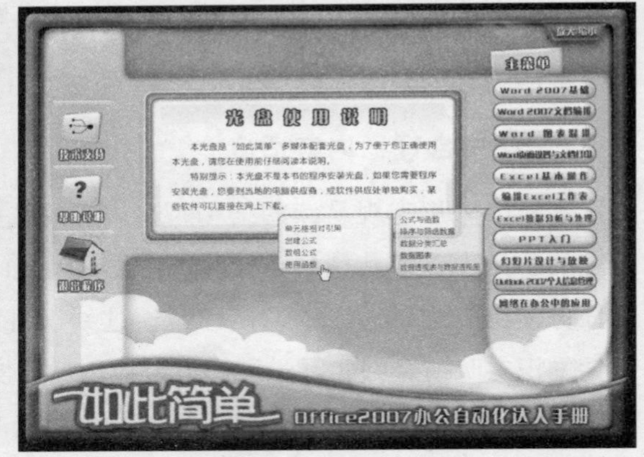

② 当多媒体教程运行到主界面时，单击界面左侧相应的功能按钮便可以进行具体的操作。右侧为该书多媒体教程的详细目录，单击目录中的标题就可以进行教程的播放。

③ 在教程播放过程中，读者可以通过界面下方的播放器对教程进度进行具体的控制。

④ 单击播放器右侧“目录菜单”按钮，如下图所示可以选择其他的教程播放。

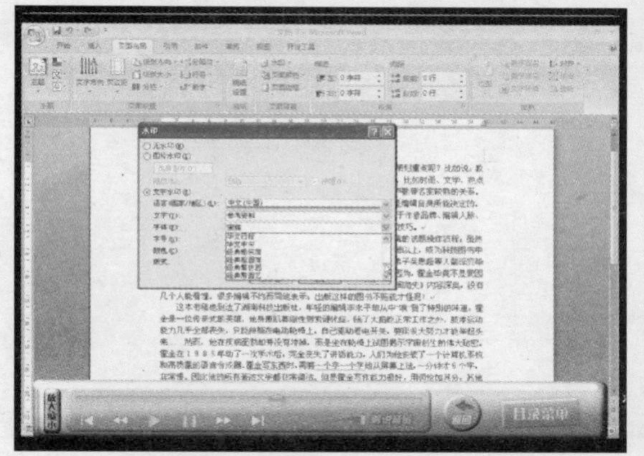

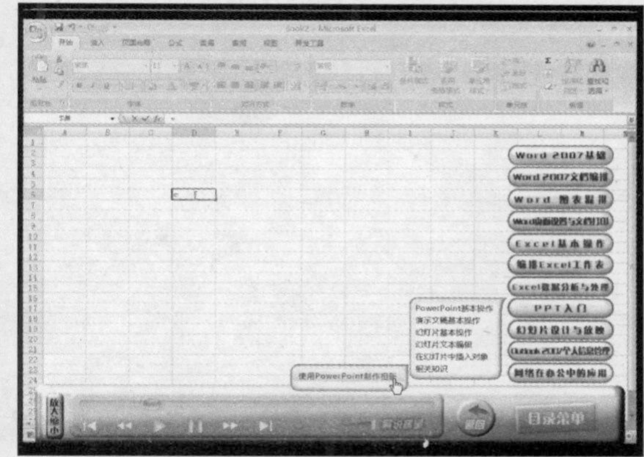

本书作者及联系方式

本丛书由登巅资讯团队组织丁奕芳、郭强、王皓编写。由于编写时间与作者水平有限，书中疏漏和不足之处在所难免，恳请广大读者及专家不吝赐教。若您在阅读本书的过程中遇到困难或问题，可以通过电子邮箱 dtqgroup@163.com 与我们联系，我们力求在 24 小时内回复（节假日除外）。

编　者
2009 年 3 月

Contents 

第3章 Word 文档编排

第 4 章 Word 图表混排

第7章 编排Excel工作表

第8章 Excel数据分析与处理

第9章 PPT入门

第 11 章 Outlook 2007 个人信息管理

第 12 章 综合练习

第1章

初识 Office 2007

Office 系列办公套件是目前商务办公领域使用最广泛的办公软件。与先前版本相比，最新版的 Office 2007 在完善各个组件功能的同时，对操作界面进行了全面的调整。这使得用户可以更加方便地学习使用 Office 2007，并在实际应用中体验到更多的功能。

本章主要内容：

- 认识 Office 2007 组件
- 安装 Office 2007
- 卸载 Office 2007
- 获取 Office 帮助

1.1 认识 Office 2007 组件

Office 是微软公司针对商务办公领域开发的办公套件，其中的各个软件称为“组件”。Office 2007 中包含的组件有：Word 2007、Excel 2007、PowerPoint 2007、Access 2007、Outlook 2007、InfoPath 2007 以及 Publisher 2007。其中 Word 2007、Excel 2007 与 PowerPoint 2007 在商务办公中的使用最为广泛，是广大办公用户必须掌握的软件。

任务 1 文字处理工具 Word 2007

Word 2007 是一款功能强大的文字处理软件，用于编排各种商务办公文档。在 Word 2007 中，可以方便地输入文本、字母、数字和符号等，并可以对文本与段落格式进行设置，从而编排出美观大方的文档。通过 Word 所提供的表格与图形功能，还可以轻松地实现图文并排、图表混排。图 1-1 所示为在 Word 中编排完成的一份商业合同。

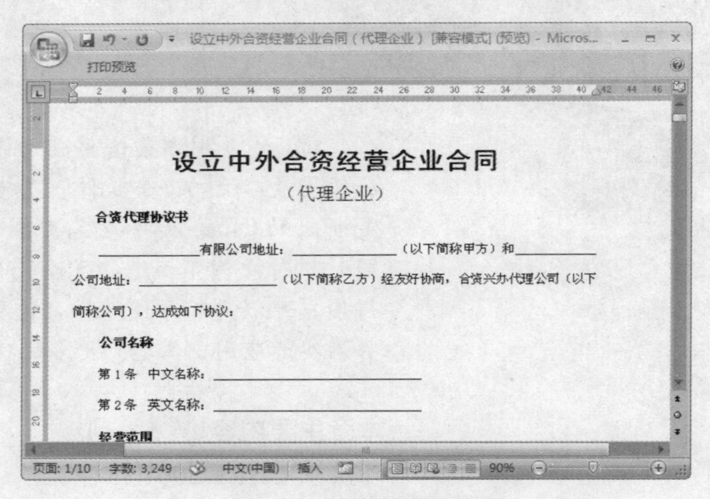

图 1-1　在 Word 中编排的商业合同

小提示

目前，Office 系列共推出了 5 个版本，分别是 Office 97、Office 2000、Office XP、Office 2003 以及最新的 Office 2007，Office XP 与 Office 2003 依旧为广大办公用户广泛使用，而全新的 Office 2007 将逐渐成为主流办公软件。

任务 2 电子表格制作工具 Excel 2007

Excel 是目前使用最为广泛的电子表格制作工具。使用 Excel 可以轻松地制作出各类数据表格，并对表格数据进行运算、分析以及统计，如果需要，还可以通过数据表生成图表来直观地观察数据趋势。强大的数据处理功能，更使得用户能够进行各种复杂函数计算。图 1-2 所示为通过 Excel 制作出的一份采购分类账目表。

采购分类帐 [兼容模式] - Microsoft Excel

编号 1

2008 年 4 月　　采购分类帐

月	日	摘要（代码）	摘要	数量	单价	采购金额	支付金额	余额
4	1	1	前期结转					25,000
4	1	100	个人电脑	6	12,000	72,000		97,000
4	2	101	打印机	5	38,000	190,000		287,000
4	10	5	银行支票存款帐号				500,000	-213,000

帐目总分类帐（采购分类帐）　摘要一览　使用方法

图 1-2　在 Excel 中制作的账目表

任务 3　演示文稿设计工具 PowerPoint 2007

PowerPoint 是一款优秀的幻灯片设计工具。在现代商务中，演示文稿已经成为必不可少的展现方式。使用 PowerPoint 可以制作出内容生动、互动性强的演示文稿，被广泛应用于商务宣传、产品推广、会议交流以及教学课件等领域。图 1-3 所示为使用 PointPoint 设计的一份商业宣传演示文稿。

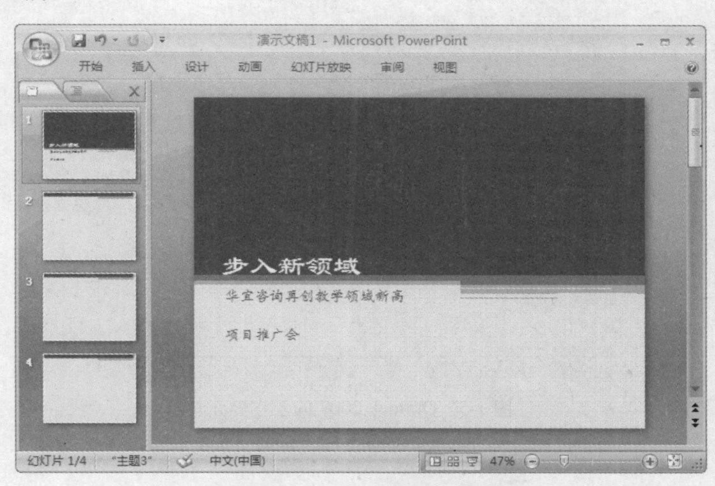

图 1-3　在 Power Point 中制作的宣传演示文稿

任务 4　小型数据库管理工具 Access 2007

Access 是一个小型数据库管理程序，适用于中小型企业的数据信息管理、统计、查询以及生成相关报告。Access 具有操作简单、便捷的特点，并且对系统配置没有太高的要求。如果需要，还可以方便地与 Word、Excel 等组件交换数据，实现数据的共享。图 1-4 所示为在 Access 中建立营销项目。

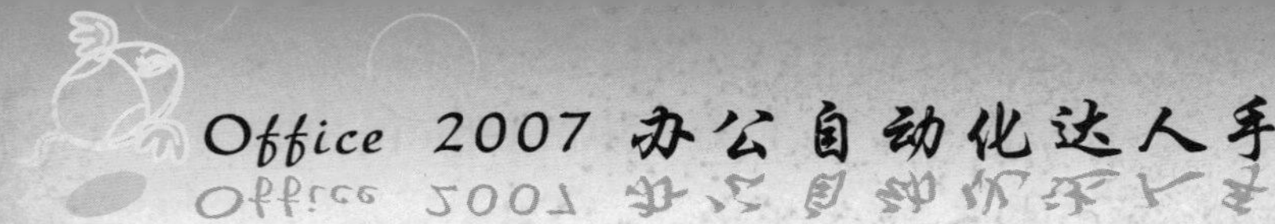

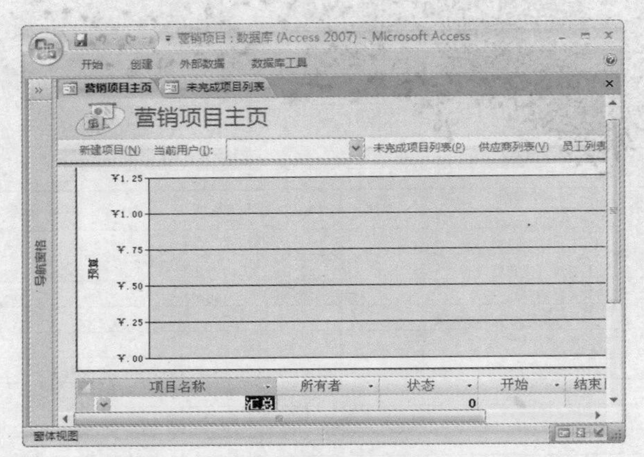

图 1-4　在 Access 中建立的营销项目

任务 5 个人信息管理工具 Outlook 2007

Outlook 是一款功能强大的个人信息管理工具。Outlook 2007 不但可以轻松地收发电子邮件以及对邮件进行管理，同时提供了对日程、代办事项等事务的安排功能。联系人管理可以让用户对所有联系人进行分类管理，方便地与联系人通过邮件联系以及与其他设备同步通讯录。图 1-5 所示为 Outlook 2007 的工作界面。

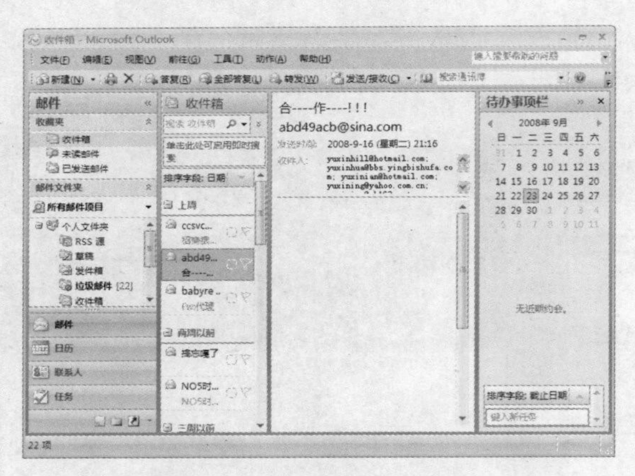

图 1-5　Outlook 2007 的工作界面

任务 6 InfoPath 2007 与 Publisher 2007

InfoPath 2007 是专为需要收集和使用信息来完成工作的团队或公司开发的程序，能够通过丰富、动态的表单，高效地收集所需的信息，为用户提供轻松、高效的表单创建的方法，并且可以将信息输入这些表单。图 1-6 所示为使用 InfoPath 2007 制作的一份表单。

Publisher 2007 用于创建和发布各种出版物，是完整的企业信息发布和营销材料解决方案。在商务应用中，必须与客户保持联络并进行沟通，Publisher 2007 可以帮助用户快速有效地创建并轻松地设计、发布专业的营销和沟通材料。图 1-7 所示为 Publisher 2007 的工作界面。

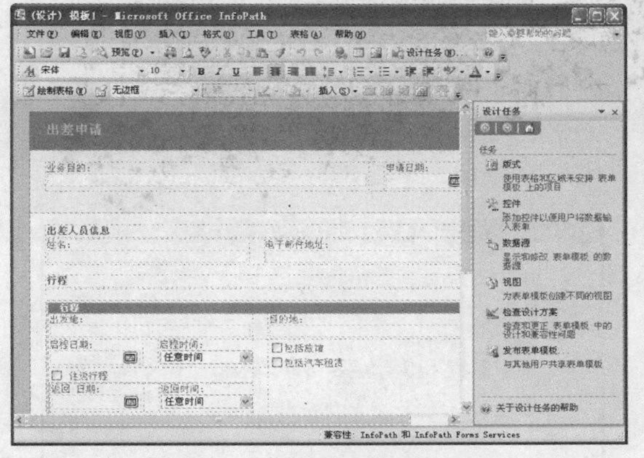

图 1-6　使用 InfoPath 2007 制作的表单

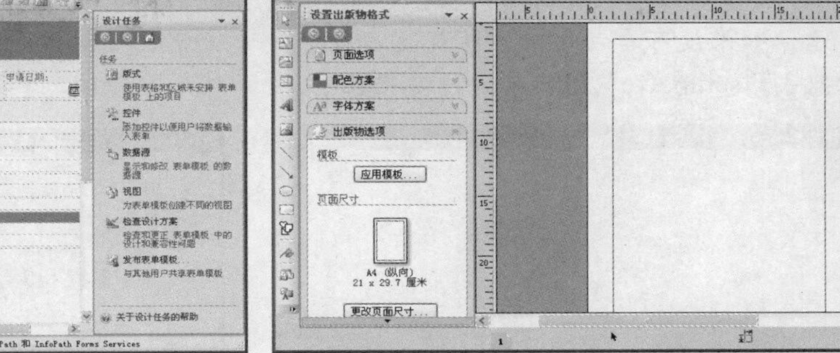

图 1-7　Publisher 2007 的工作界面

1.2　安装与卸载 Office 2007

使用各个 Office 组件之前，首先需要在电脑中安装 Office 2007。安装时可以安装全部 Office 组件，或根据需要选择安装哪些组件，如仅安装常用的 Word、Excel 以及 PowerPoint 组件。安装之后，不再需要使用的组件，还可以将 Office 2007 从系统中卸载。

任务 1　Office 2007 的安装要求

随着版本的升级，Office 2007 在功能上更加完善，在界面上也更加绚丽，但这些都需要充足系统资源的支持。因此，Office 2007 对系统配置的要求较高，要流畅运行 Office 2007，电脑配置必须达到以下要求或者更高：

- CPU：主频为 1.8GHz 以上的 Intel 或 AMD 处理器。
- 内存：容量为 512MB DDR 或更高，推荐 1GB 以上。
- 硬盘：至少 2GB 可用磁盘空间用于安装。
- 光驱：标准 CD 或 DVD 光驱。
- 操作系统：Windows XP SP2 或 Windows Vista。

小提示

目前主流的电脑配置基本上都能够流畅运行 Office 2007。如果要在配置较低的电脑中运行，可通过增加内存容量来满足要求。

任务 2　安装 Office 2007

安装 Office 2007 之前，首先要获取到 Office 2007 的安装文件。获取方法有两种：一种是购买安装光盘；另一种是通过网络获取，目前用户大多都是通过安装光盘进行安装的。其具体安装方法如下：

step 1 将Office 2007安装光盘放入电脑光驱，安装程序一般会自动运行，如图1-8所示。如果没有自动运行，可在光盘目录中双击“setup.exe”图标来运行安装程序。

图1-8 Office 2007安装程序

step 2 安装程序载入安装时必需的文件后，弹出如图1-9所示的“输入您的产品密钥”对话框，在对话框中输入正确的安装序列号后，单击 继续(C) 按钮。

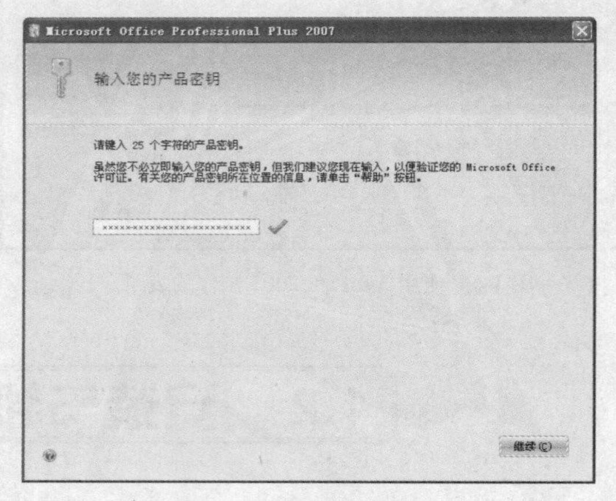

图1-9 输入产品密钥

小提示

产品密钥可在所购买的Office光盘包装上获取。

step 3 在随后弹出如图1-10所示的“选择所需的安装”对话框中单击 自定义(C) 按钮。

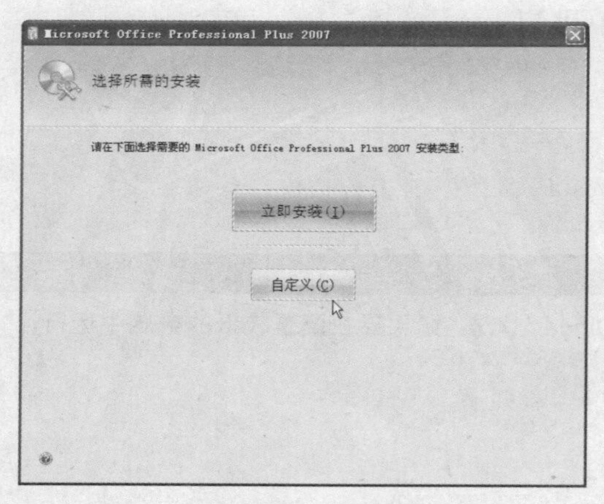

图1-10 选择安装方式

step 4 在弹出对话框中的“安装选项”选项卡中选择要安装的组件，默认为全部安装。如果不安装某个组件，则单击组件选项前的 按钮，在弹出的下拉列表中选择“不可用”选项，如图1-11所示。

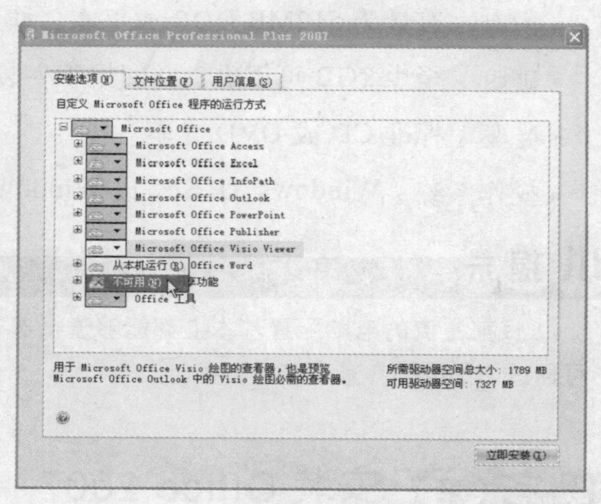

图1-11 “安装选项”选项卡

小提示

如果在“选择所需的安装”对话框中单击“立即安装”按钮，则 Office 2007 会根据默认安装方式，将所有组件安装到系统分区中的“Program Files”目录中。

Step 5 切换到如图 1-12 所示的“文件位置”选项卡，在“选择文件位置”文本框中显示默认的安装路径，如果要自定义安装位置，则单击右侧的 浏览(B)... 按钮。

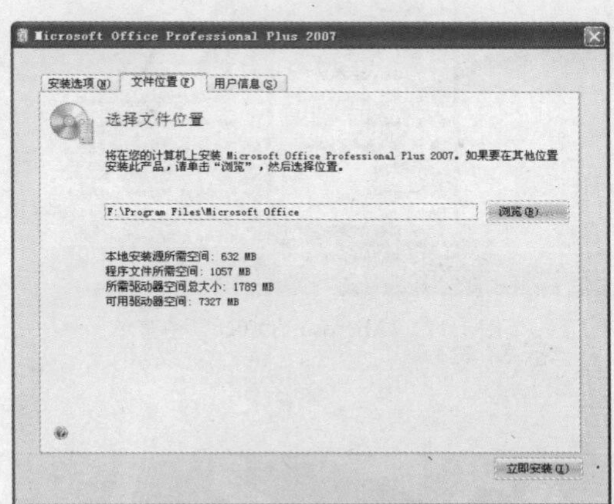

图 1-12 “文件位置”选项卡

Step 6 弹出图 1-13 所示的“浏览文件夹”对话框中选择新的安装位置，单击 确定 按钮。

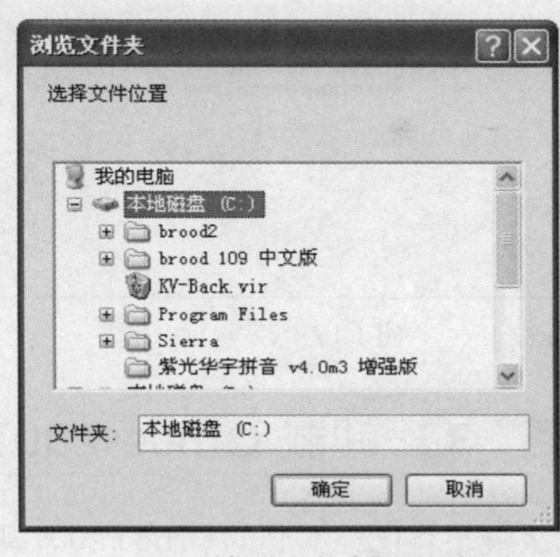

图 1-13 “浏览文件夹”对话框

小提示

在“文件位置”选项卡下方显示当前安装需要占用的磁盘空间，用户选择 Office 2007 的安装位置时，必须先确保目标磁盘的可用空间大于安装需要占用的空间。

Step 7 切换到如图 1-14 所示的“用户信息”选项卡，输入用户相关信息后，单击 立即安装(I) 按钮。

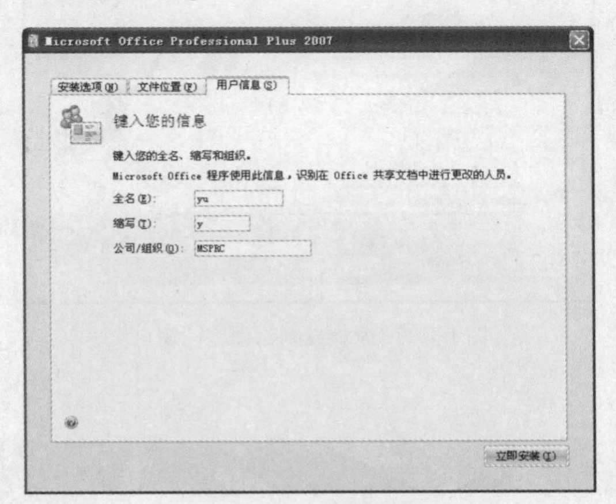

图 1-14 “用户信息”选项卡

Step 8 此时即开始安装 Office 2007，“安装进度”对话框中的进度条表示安装进度，如图 1-15 所示。

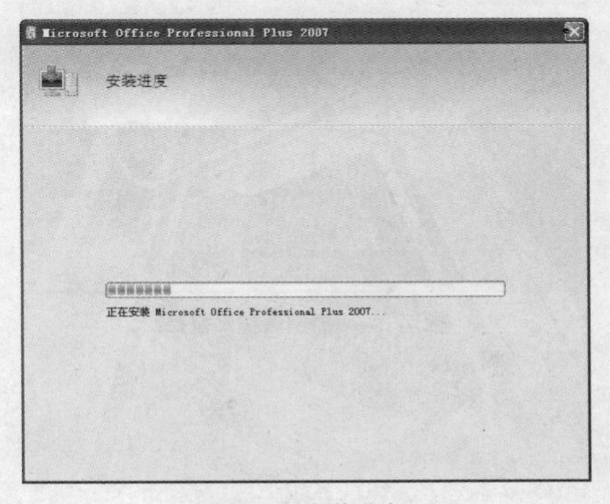

图 1-15 安装进度

step 9 安装完毕后，在弹出的如图 1-16 所示的对话框中单击 关闭(C) 按钮。如果使用安装光盘安装，那么此时即可将安装光盘从光驱中取出。

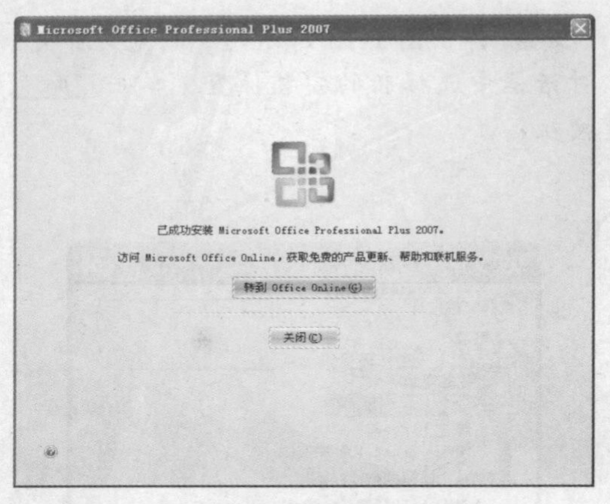

图 1-16 安装完毕

step 10 打开“开始”菜单，在“所有程序”列表中指向“Microsoft Office”选项，在弹出的子菜单中显示所安装的 Office 组件，如图 1-17 所示。

图 1-17 “Microsoft Office”子菜单

任务 3 卸载 Office 2007

卸载就是将已经安装的Office 2007从系统中移除，当用户确定不需要使用Office 2007时，就可以将其卸载以节省磁盘空间。卸载 Office 2007 的操作步骤如下：

step 1 在“开始”菜单中选择“控制面板”选项，打开“控制面板”窗口，双击窗口中的“添加或删除程序”图标，如图 1-18 所示。

图 1-18 “控制面板”窗口

step 2 打开“添加或删除程序”窗口，在列表框中找到并选择“Microsoft Office Professional Plus 2007”选项，单击选项后的 删除 按钮，如图 1-19 所示。

图 1-19 “添加或删除程序”窗口

Step 3 此时系统将运行 Office 2007 卸载程序，并弹出提示框询问用户是否删除 Office 2007，单击 是(Y) 按钮，如图 1-20 所示。

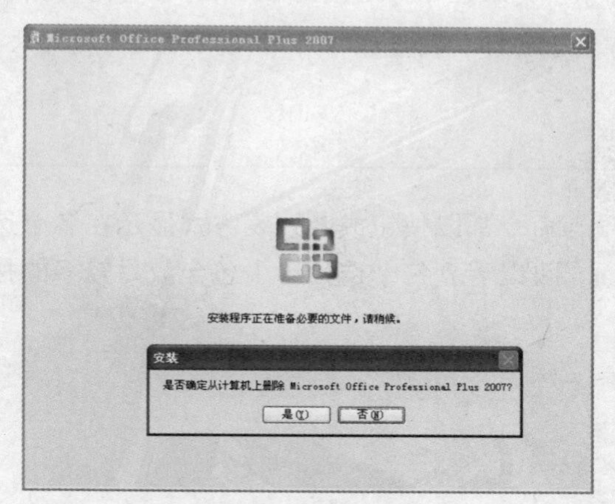

图 1-20　卸载提示对话框

Step 4 开始卸载 Office 2007，同时在对话框中显示卸载进度，如图 1-21 所示。

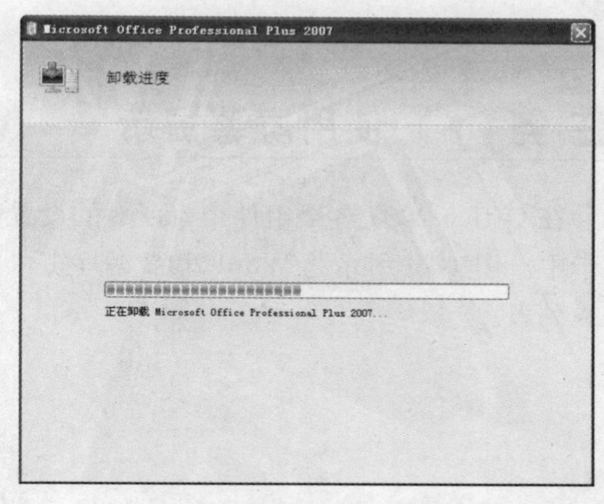

图 1-21　卸载进度

Step 5 卸载完毕后，在最后打开的如图 1-22 所示的对话框中告知用户卸载完毕，单击 关闭(C) 按钮完成卸载。

小提示

也可以通过 Office 2007 安装光盘进行卸载。如果电脑中已经安装了 Office 2007，那么再次运行安装光盘后，将显示“更改 Microsoft Office Professional Plus 2007 的安装”对话框，在对话框中选择“删除”单选按钮，单击 继续(C) 按钮即可进行卸载，如图 1-23 所示。

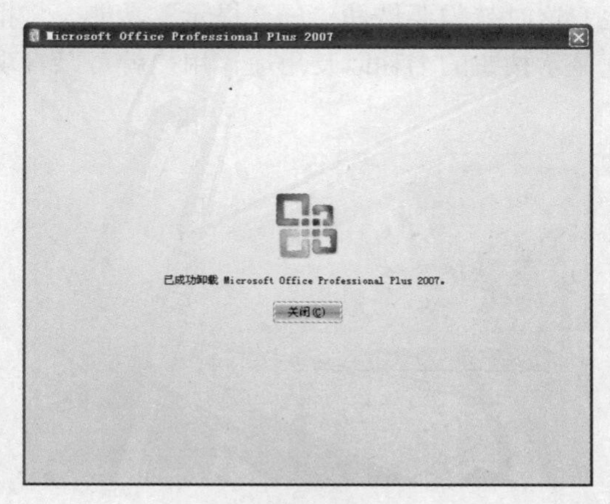

图 1-22　卸载完成

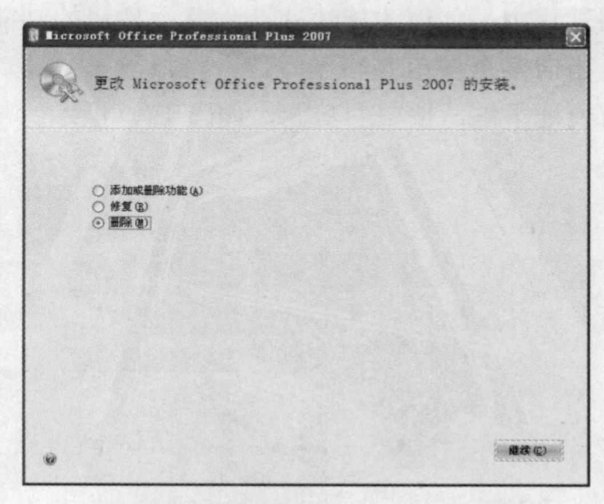

图 1-23　通过安装程序卸载 Office 2007

1.3 获取 Office 帮助

Office 2007 各个组件都提供了完善的帮助信息，用户在学习 Office 2007 时，灵活使用提供的帮助功能，不但能够进行基础性的学习，还有利于实际使用过程中即时遇到问题即时解决。

任务 1 使用屏幕提示

在 Office 2007 各个组件中，所有的设置选项与命令都以按钮或者列表方式显示在各个选项卡中。图 1-24 所示为 Word 2007 程序窗口界面，可以看到每个选项卡中包含数目较多的按钮或列表。

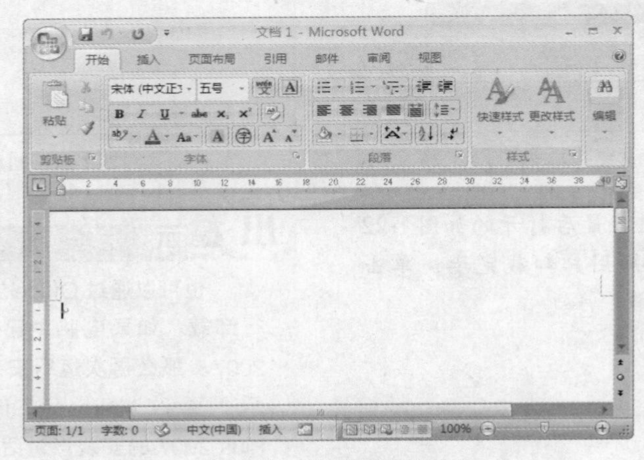

图 1-24　Word 2007 界面

对于初学者而言，不可能一下就完全熟悉并记住每个按钮的功能与用途，那么在实际使用过程中，如何才能快速获知某个按钮的功能呢？这时就需要借助“屏幕提示”功能，将指针指向某个按钮并略作停留，将弹出一个浮动框显示按钮的名称以及用途，用户就可以直观方便地了解该按钮的功能，如图 1-25 所示。

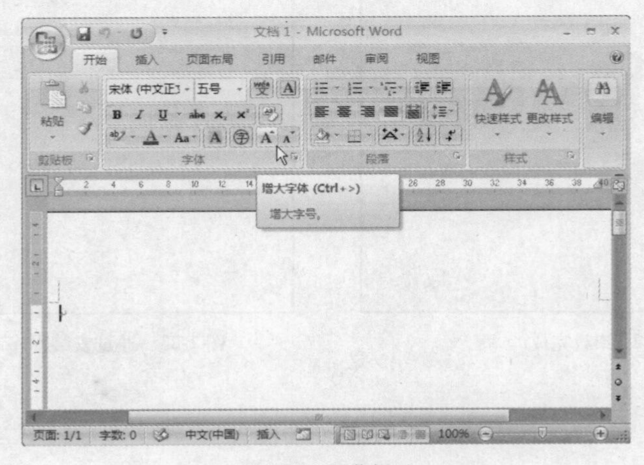

图 1-25　屏幕提示

任务 2 使用 Office 帮助文档

每个 Office 组件都附带有一个对应的帮助文档，全面系统地为用户讲解了每个 Office 组件的相关功能以及使用方法，并且进行了合理地分类整理。用户可以通过帮助文档系统地查看组件的各个功能，或者快速查找指定的帮助信息。打开组件帮助文档的方法非常简单，只要单击组件界面右上角的“帮助”按钮，或按【F1】功能键即可。图 1-26 所示为打开后的“Word 帮助”窗口。

图 1-26 “Word 帮助”窗口 1

在帮助文档窗口中可以通过两种方式获取帮助信息，一种是根据关键字快速搜索，另一种是分类检索。

方法一：关键字搜索

这是最常用也最快速的帮助获取方式，用户在使用 Office 组件过程遇到问题时，可以即时通过搜索以获取相关帮助信息。如要在 Word 文档中插入图片，但不知道如何操作，就可以在“Word 帮助”窗口上方的搜索栏中输入关键字“插入图片”或“图片”，然后单击 搜索 按钮，如图 1-27 所示。

稍等片刻，系统在窗口中显示符合条件的搜索结果，如图 1-28 所示。这里单击“插入图片或剪贴画”链接，就可以显示关于插入图片与剪贴画的帮助信息了。

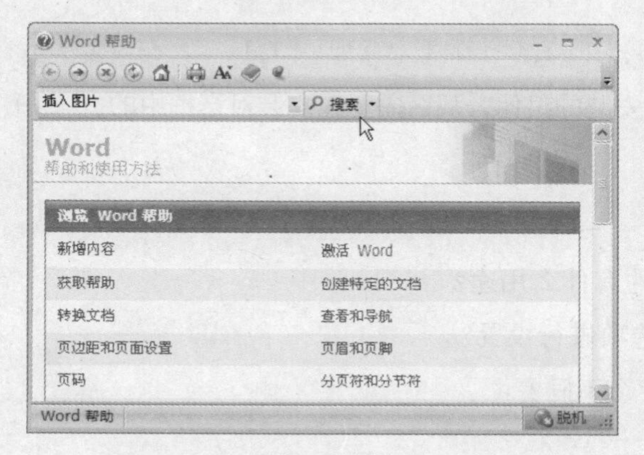

图 1-27 “Word 帮助”窗口 2

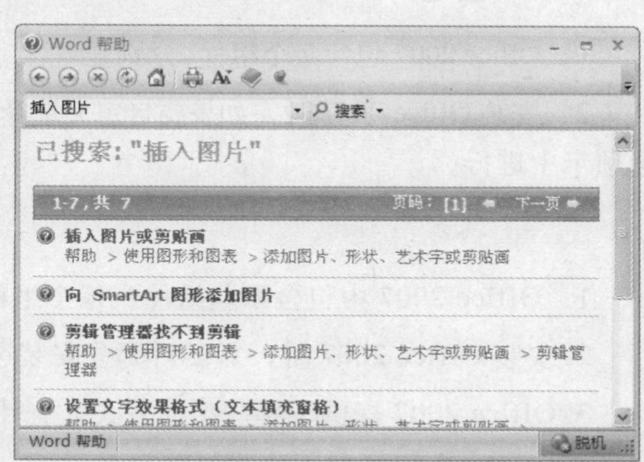

图 1-28 “Word 帮助”窗口 3

方法二：分类检索

分类检索功能是最基本的帮助方式，其在“Word 帮助”窗口分类罗列出关于组件功能帮助的各个大类，单击某个类别链接，如“使用图形和图表”，将进入如图 1-29 所示的子类别窗口。在窗口中再次单击对应的链接标题，如“用边框装饰文档或图片”，即可进入如图 1-30 所示的窗口显示关于“用边框装饰文档或图片”帮助的详细信息了。

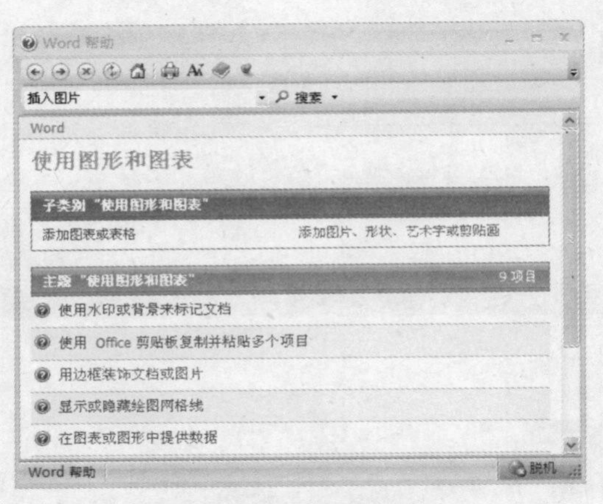

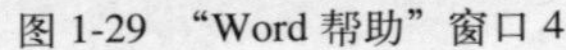
图 1-29 "Word 帮助"窗口 4

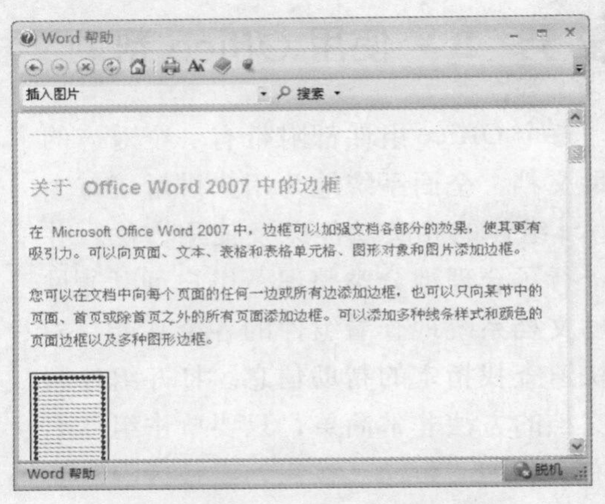

图 1-30 "Word 帮助"窗口 5

1.4 练习题

一、选择题

1．在 Office 2007 中，（　　）用于制作演示文稿。

A．Word 2007　　B．Excel 2007　　C．PowerPoint 2007　　D. Access 2007

2．在 Office 套件的版本有（　　）。

A．Office 2007　　B．Office 2003　　C．Office XP

D．Office 2000　　E．Office 97

二、填空题

1．Office 2007 包含 7 个组件，分别是（　　）、（　　）、（　　）、（　　）、（　　）、（　　）与（　　）。

2．安装 Office 2007 时，如果要自定义选择安装的组件，那么需要在安装对话框中的（　　）选项卡中进行。

三、问答题

1．Office 2007 中包含哪些组件？每个组件有什么用途？

2. 安装 Office 2007 时，需要对哪些安装选项进行设置？

3. Office 2007 提供了哪些帮助方式？有什么不同？

第2章

Word 2007 基础

Word 2007 是 Office 中最主要的组件之一，也是目前使用最广泛的文字处理软件。使用 Word 2007，用户能够编排出各种类型的文档。本章首先对 Word 2007 进行全面地认识，并掌握 Word 2007 的基本操作。

本章主要内容：

- 启动与退出 Word 2007
- 认识 Word 2007 工作界面
- 新建文档
- 保存文档
- 打开文档
- 切换视图方式
- 更改显示比例

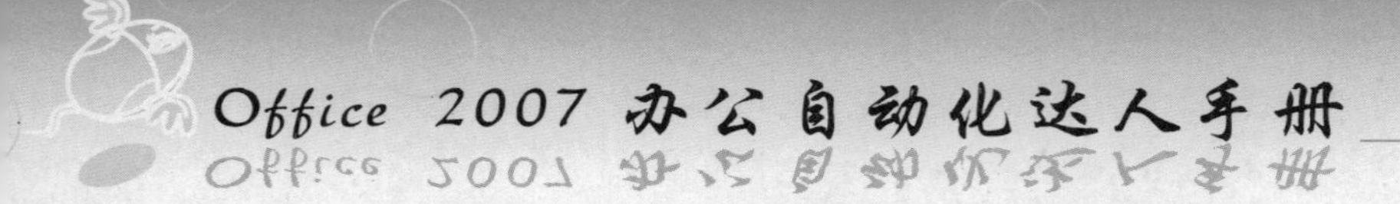

2.1 启动与退出 Word 2007

在计算机中安装 Office 2007 后，就可以启动并使用 Word 2007 了。用户在开始学习 Word 2007 时，首先需要掌握 Word 2007 的启动与退出方法，并对 Word 2007 窗口界面进行全面的认识。

任务 1 启动 Word 2007

Office 2007 安装完毕后，将在系统"开始"菜单中显示"Microsoft Office"子菜单，在子菜单中选择对应的选项即可启动 Word 2007，其具体操作步骤如下：

Step 1 单击任务栏左侧的 开始 按钮，在打开的"开始"菜单中指向"所有程序\Microsoft Office"选项，展开"Microsoft Office"子菜单，如图 2-1 所示。

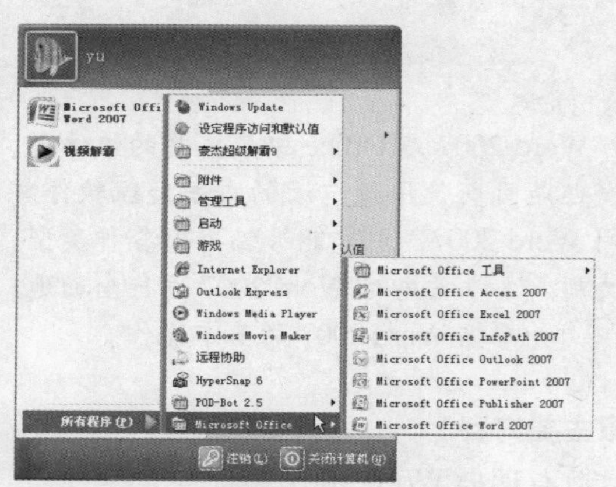

图 2-1 "Microsoft Office"子菜单

Step 2 在"Microsoft Office"子菜单中单击"Microsoft Office Word 2007"命令，即可启动 Word 2007。

小提示

如果用户经常需要使用 Word 2007，那么可以在桌面上创建 Word 2007 程序的快捷方式。其方法是右击"Microsoft Office Word 2007"选项，在弹出的快捷菜单中选择"发送到\桌面快捷方式"命令即可。

任务 2 认识 Word 2007 工作界面

启动 Word 2007 后，屏幕中即打开 Word 2007 界面，如图 2-2 所示。Word 窗口主要由 Office 按钮、快速访问工具栏、标题栏、功能选项卡、文档编辑区域以及状态栏几个部分组成。

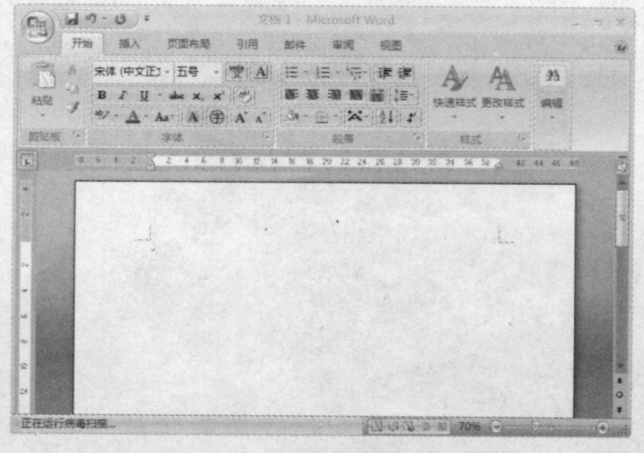

图 2-2 Word 2007 窗口界面 1

Office 按钮：Office 按钮位于 Word 窗口左上角，单击该按钮可打开 Office 菜单，菜单中包含了文档的各种操作命令，如新建文档、打开文档、保存文档以及打印文档等，右侧显示用户最近打开的历史文档记录，如图 2-3 所示。

快速访问工具栏：快速访问工具栏中显示常用的工具按钮，默认显示的按钮为“保存”按钮、“撤销”按钮以及“恢复”按钮。单击快速访问工具栏右侧的按钮，在弹出的菜单中可以自定义选择在快速访问工具栏中显示哪些按钮，如图 2-4 所示。

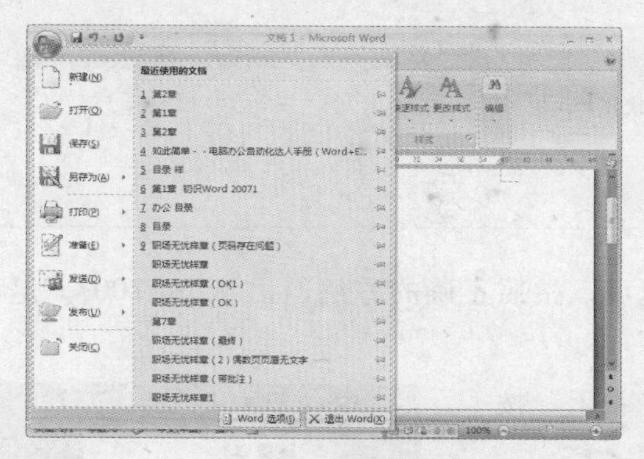

图 2-3　Word 2007 窗口界面 2

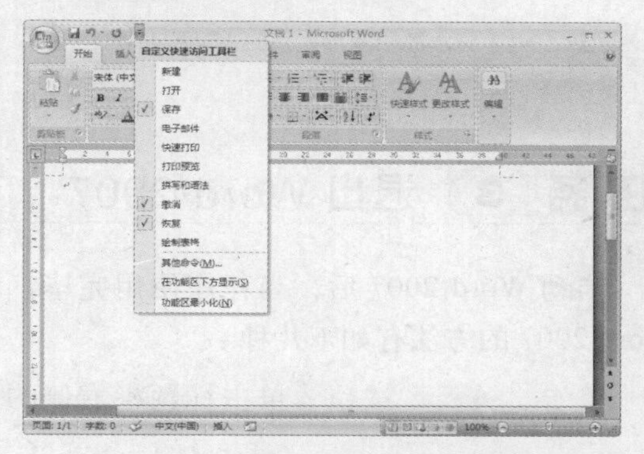

图 2-4　Word 2007 窗口界面 3

标题栏：标题栏正中显示当前打开文档的名称，标题栏的右侧依次为“最小化”按钮、“最大化”按钮以及“关闭”按钮。通过按钮可分别对窗口进行最小化、最大化以及关闭操作。图 2-5 所示为打开已经存在的文档，标题栏中显示文档名称。

小提示

如果在 Word 2007 中打开 Word 97～2003 版本所创建的文档（扩展名为 .doc），则标题栏文档名后方将显示“（兼容模式）”字样。

功能选项卡：Word 2007 中默认包含“开始”、“插入”、“页面布局”“引用”、“邮件”、“审阅”与“视图”8 个功能选项卡，单击选项卡标签，即可切换到对应的选项卡。选项卡中分类集合了 Word 中的所有功能，如“开始”选项卡中包含了基本的文本编辑与替换功能，而“插入”选项卡中提供了图片、表格以及各种对象的插入功能。

除基本的 8 个功能选项卡外，当在文档中插入图像、表格等对象时，还会自动显示出对应的工具选项卡，图 2-6 所示为选中文档中图片后显示“图片工具 格式”选项卡。

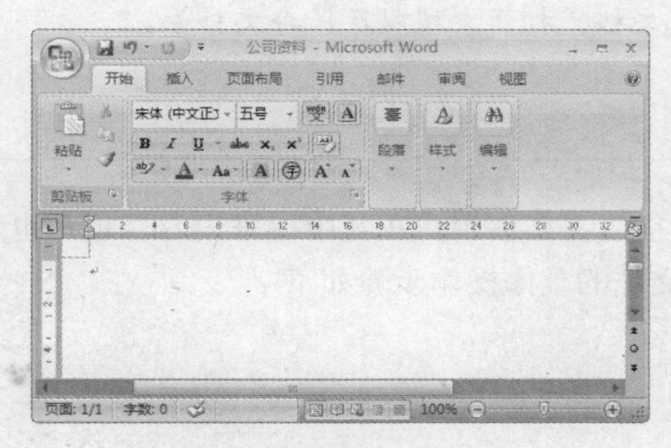

图 2-5　标题栏显示文档名称

图 2-6　显示“图片工具 格式”选项卡

文档编辑区：文档编辑区也就是用户的工作区域，在 Word 中输入的文本、插入的图表等都将在该区域中显示出来。如果内容超过了窗口的显示范围，编辑区右侧和下方就会显示垂直与水平滚动条，拖动滚动条即可显示窗口范围外的内容。

状态栏：状态栏位于窗口最下方，右侧显示当前文档的页数 / 总页数、字数、输入语言以及输入状态等信息，左侧的滑块用于调整文档显示比例，中间的 5 个按钮用于调整视图方式，如图 1-27 所示。

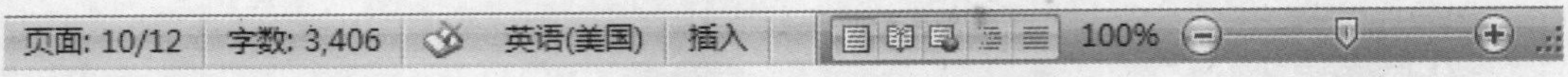

页面: 10/12 | 字数: 3,406 | 英语(美国) | 插入 | 100%

图 2-7 状态栏

任务 3 退出 Word 2007

启动 Word 2007 后，当程序使用完毕，就可以按照正确的方法退出 Word 2007。退出 Word 2007 的方法有如下几种：

单击“关闭”按钮：单击标题栏右侧的“关闭”按钮×。

选择“关闭”命令：在 Office 菜单中选择“关闭”命令。

通过窗口控制按钮：启动 Word 2007 后，任务栏中就会显示对应的窗口控制按钮，右击该按钮，在弹出的快捷菜单中选择“关闭”命令，如图 2-8 所示。

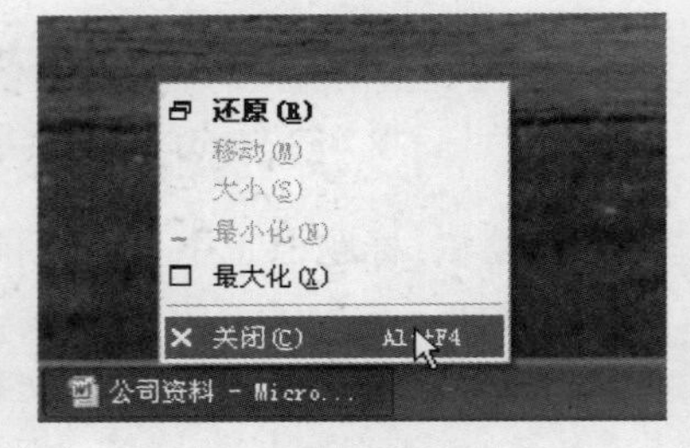

图 2-8 选择“关闭”命令

小提示

将 Word 2007 程序窗口切换为当前活动窗口后，按下【Alt+F4】组合键，即可快速关闭程序窗口。

2.2 Word 2007 文档操作

在 Word 2007 中，用户进行的所有操作都是在文档中进行的。用户在开始学习 Word 时，首先需要掌握 Word 文档的基本操作，包括创建文档、打开文档以及保存文档等。

任务 1 新建空白文档

启动 Word 2007 后，程序会自动创建一个空白文档供用户在其中编排内容。用户也可以根据需要继续创建一个或多个空白文档。新建文档的具体操作步骤如下：

Step 1　单击窗口左上角的 Office 按钮，在弹出的菜单中选择“新建”命令，如图 2-9 所示。

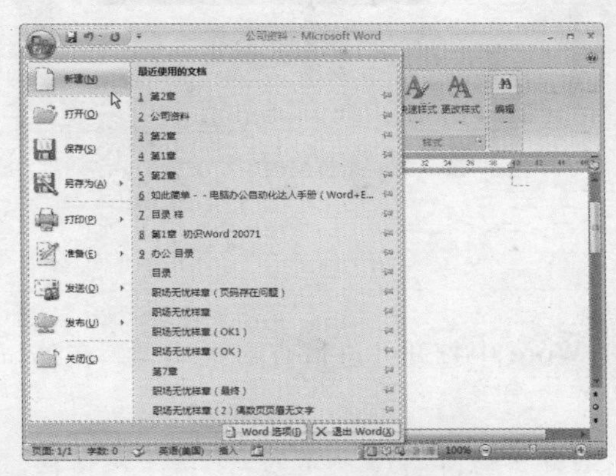

图 2-9　选择“新建”命令

Step 2　弹出如图 2-10 所示的“新建文档”对话框，在“新建文档”列表框中选择“空白文档或最近使用的文档”选项，然后在中间列表框中选择“空白文档”选项，单击 创建 按钮，即可创建一个新文档。

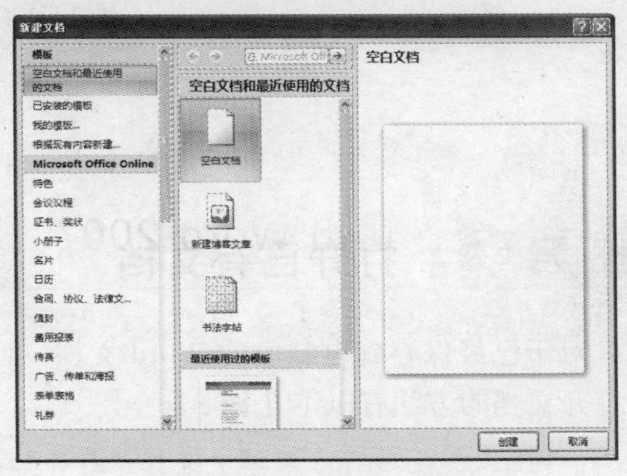

图 2-10　“新建文档”对话框

小提示

还可以通过两种方法快速创建空白文档，方法一为在快速访问工具栏中显示出“新建”按钮 ，然后单击该按钮创建文档；方法二为按下快捷键【Ctrl + N】。

任务 2　根据模板创建文档

Word 2007 中提供了更加丰富的文档模板，并且允许用户连接到网络获取更多模板。这些模板中定义了不同类型文档的轮廓与构架，通过模板创建文档后，用户直接修改其中的内容，即可快速完成文档的编排。

以创建一份传真为例，使用模板创建文档的具体操作步骤如下：

Step 1　打开“新建文档”对话框，在左侧列表框中选择“已安装的模板”选项，在中间列表框中拖动滚动条显示并选择“中庸传真”选项，如图 2-11 所示。

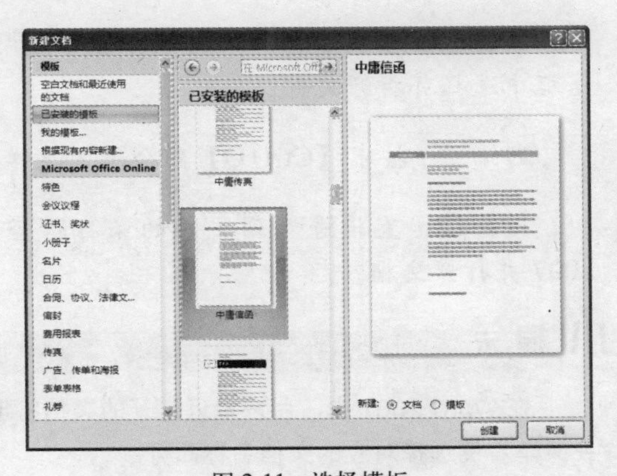

图 2-11　选择模板

Step 2 单击 创建 按钮，即可根据所选模板创建一份传真文档，如图 2-12 所示。模板中已经定义好了传真的样式，用户只需在对应位置修改内容即可。

图 2-12　根据模板创建文档

任务 3 打开已有文档

对于已经保存到电脑中的 Word 文档，可以在 Word 中打开并进行查看或编辑。在 Word 中打开文档的方法有以下几种：

方法一：在 Office 菜单中选择“打开”命令，将弹出如图 2-13 所示的“打开”对话框，在“查找范围”下拉列表中选择文档的保存路径，然后选中要打开的文档，单击 打开(O) 按钮，即可将文档在 Word 2007 中打开。

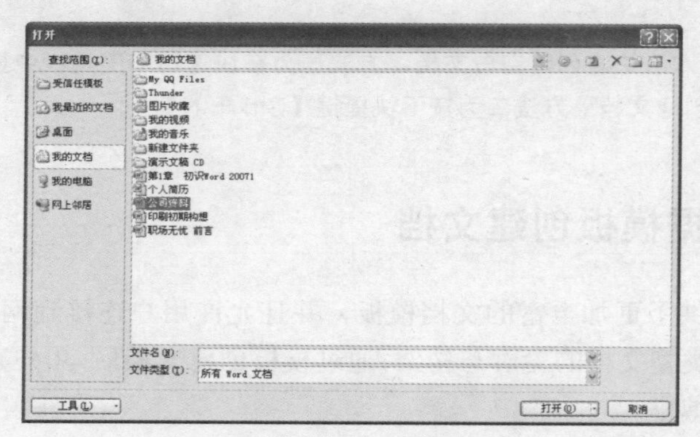

图 2-13　“打开”对话框

方法二：在快速访问工具栏中显示出“打开”按钮并单击，在弹出的“打开”对话框中选择并打开文件。

方法三：按下【Ctrl+O】组合键，在弹出的“打开”对话框中选择并打开文件。

方法四：直接进入到文件的保存路径，双击要打开的 Word 文档，即可启动 Word 2007 并打开文档。

小提示

在 Word 2007 中，用户最近打开的文档将现在 Office 菜单右侧，如果要打开这些文档，只要在菜单右侧选择对应的文档名称即可。

任务 4 保存文档

新建文档并编排文档内容，或打开已有文档并进行编辑后，就需要将文档以文件的形式保存到计算机中，从而便于以后查看或调用。保存文档的具体操作方法如下：

Step 1 在 Office 菜单中选择“保存”命令，弹出如图 2-14 所示的“另存为”对话框。

Step 2 在“保存范围”下拉列表中选择文档的保存路径，在“文件名”文本框中输入文档的保存名称。

Step 3 单击 保存(S) 按钮，即可将文档保存到计算机中指定位置。

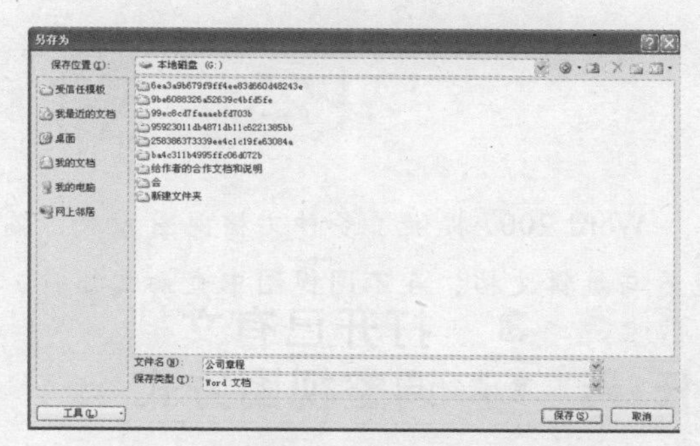

图 2-14 “另存为”对话框

小提示

单击快速访问工具栏中的“保存”按钮，或按下【Ctrl + S】组合键，可以快速对文档进行保存。对文档进行过一次保存后，以后进行保存操作就不会弹出“另存为”对话框要求用户设定保存路径与文件名，而是直接覆盖源文件。

任务 5 另存文档

在 Word 打开已有文档并进行编辑后，如果直接保存，会将源文档全部覆盖。那么如何在保留源文档的情况下，将所做的修改另行保存呢？这时就可以通过“另存为”功能来实现，其具体操作步骤如下：

Step 1 打开已有文档并进行编辑后，在 Office 菜单中指向“另存为”命令，在子菜单中选择另存类型，这里选择“Word 文档”命令，如图 2-15 所示。

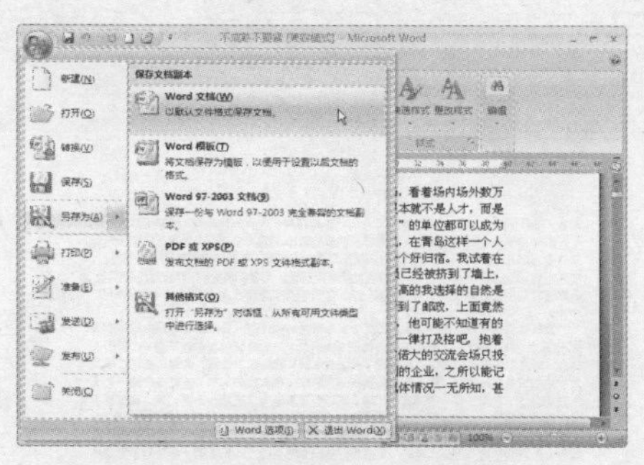

图 2-15 选择“Word 文档”命令

Step 2 打开如图 2-16 所示的“另存为”对话框，重新设定保存路径与保存名称后，单击 保存(S) 按钮即可。

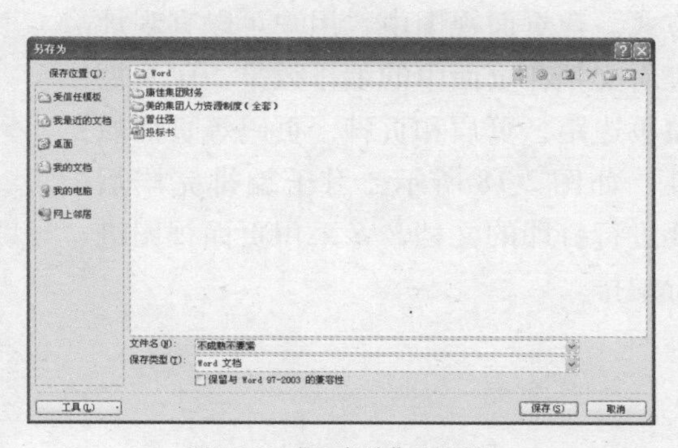

图 2-16 “另存为”对话框

小提示

如果要将在 Word 2007 中编排完毕的文档在 Word 2003 或之前的版本中打开，则在保存或另存文档时，需要将保存格式设置为“Word 97 ～ 2003 文档”格式。

2.3 Word 2007 视图

Word 2007 提供了多种文档视图方式，编排文档时可以根据编排需求切换到不同的视图中查看与编辑文档。在不同视图中查看文档时，还可以根据需要来调整文档的缩放比例。

任务 1 调整视图方式

在 Word 2007 窗口中选择“视图”选项卡，“文档视图”组中即显示所有文档视图类型，单击视图按钮，即可切换到相应的视图方式，如图 2-17 所示。

图 2-17 “文档视图”组

小提示

在 Word 窗口状态栏右侧显示对应的视图切换按钮，单击其中的按钮，也可切换到对应的视图方式。

任务 2 认识不同的视图方式

Word 2007 包含页面视图、阅读版式视图、Web 版式视图、大纲视图以及普通视图 5 种视图方式，每个视图方式提供了不同的显示方式，能帮助用户实现的功能也不同。

1. 页面视图

页面视图是 Word 2007 默认的视图方式。在页面视图中，用户可以直观地查看文档在页面中的编排效果，以及调整页边距、页眉和页脚、页码等页面属性，如图 2-18 所示。对于编排完毕后要进行打印的文档，多采用页面视图进行编排。

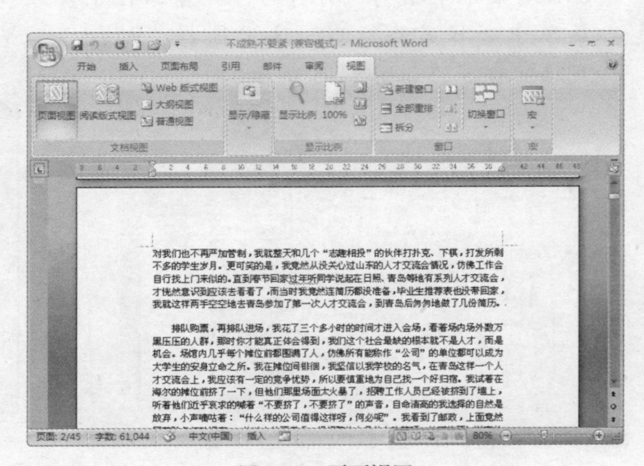

图 2-18 页面视图

2. 阅读版式视图

阅读版式视图采用书稿翻阅效果，同时分为两屏显示文档内容，适合浏览与阅读文档内容时采用。选择阅读版式视图后，将自动切换为全屏显示，如图 2-19 所示。

3.Web 版式视图

Web 版式视图是使用 Word 编排网页时采用的视图方式。该视图模拟 Web 浏览器的显示方式，不论文档内容如何排列，在该视图下都会自动折行以适应窗口，如图 2-20 所示。

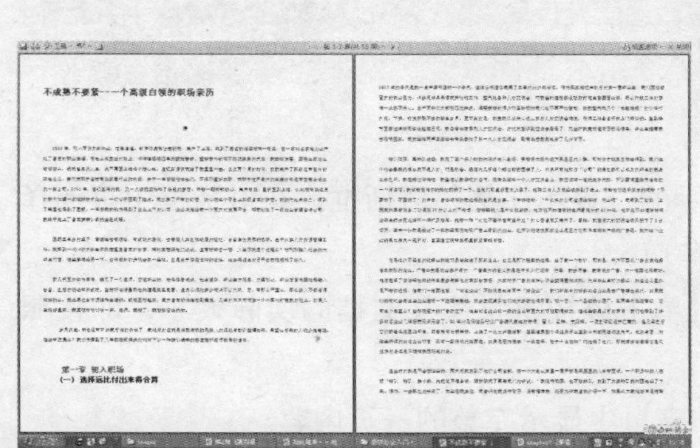

图 2-19　阅读版式视图

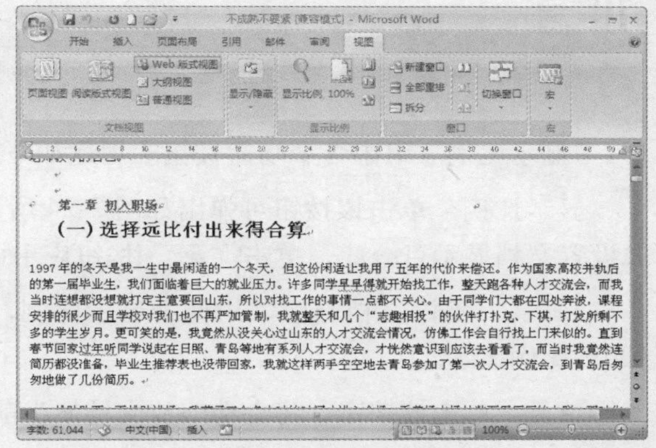

图 2-20　Web 版式视图

4. 大纲视图

大纲视图是一种缩进文档标题的视图显示方式。在该视图下可以方便地进行页面跳转、移动内容以及调整文档结构等功能以实现对文档的重组。对于篇幅较长的文档可以在该视图下直观地进行查看、编辑以及调整，如图 2-21 所示。

5. 普通视图

普通视图中可以显示大部分的字符、段落格式，但该视图中无法显示页眉和页脚等信息，显示效果与实际打印效果会有些出入，因而适合于编排不需要打印出来的普通文档，如图 2-22 所示。

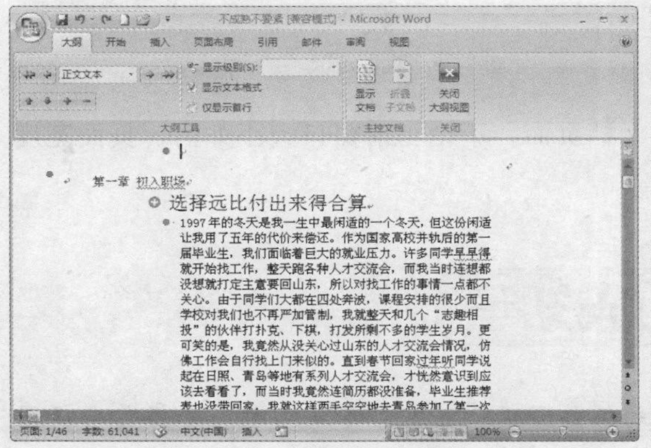

图 2-21　大纲视图

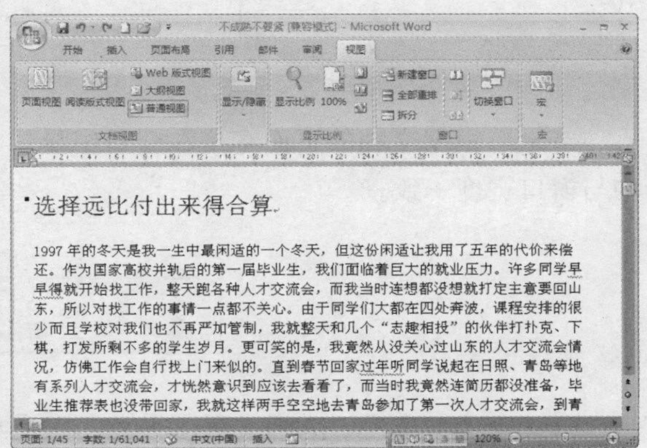

图 2-22　普通视图

任务 3 调整显示比例

Word 2007 提供更灵活的显示比例调整方式，可以根据百分比，或根据页面、窗口来进行调整。切换到“视图”选项卡，在“显示比例”组中单击对应的功能按钮，即可按照不同的方式来调整文档显示比例，如图 2-23 所示。

图 2-23 “显示比例”组

小提示

用鼠标拖动 Word 窗口状态栏右侧的显示比例滑块，可以同步调整文档的显示比例。

“显示比例”组中各个功能按钮的用途如下：

显示比例：单击该按钮可弹出如图 2-24 所示的“显示比例”对话框，在对话框中可选择或设置文档显示百分比，单击确定按钮应用设置。

100%：不论文档当前采用何种显示比例，单击该按钮将恢复文档的实际大小，即按照 100%比例显示。

单页：单击该按钮，将自动缩放文档使当前窗口中显示完整的一页内容。

双页：根据当前窗口自动缩放文档使窗口中显示完整的两页文档内容，如图 2-25 所示。

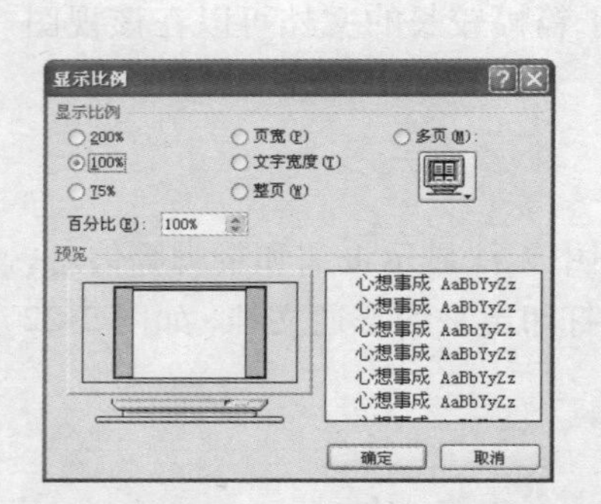

图 2-24 “显示比例”对话框

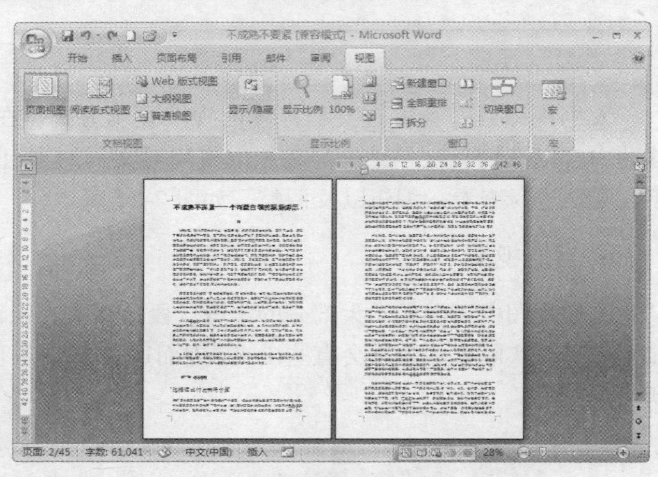

图 2-25 双页显示

页宽：根据文档的页面宽度在窗口中显示文档页面，不论当前窗口大小如何，页面宽度均与窗口宽度一致。

2.4 相关知识

通过本章的学习，我们了解了 Word 2007 的工作界面，并掌握了文档的基本操作与视图的显示方法。为了提高工作效率与便捷性，下面介绍与本章知识相关的其他设置。

任务 1　设置文档自动保存

在编排文档过程中，如果出现程序无响应或者电脑死机、断电等情况，而当前编排的内容又未经过保存，那么这些内容就会丢失。通过 Word 提供的自动保存功能，可以让文档实时自动保存，从而有效避免上述情况的发生。设置自动保存的具体操作方法如下：

Step 1　单击 Office 按钮，在打开的菜单中单击 Word 选项(I) 按钮，如图 2-26 所示。

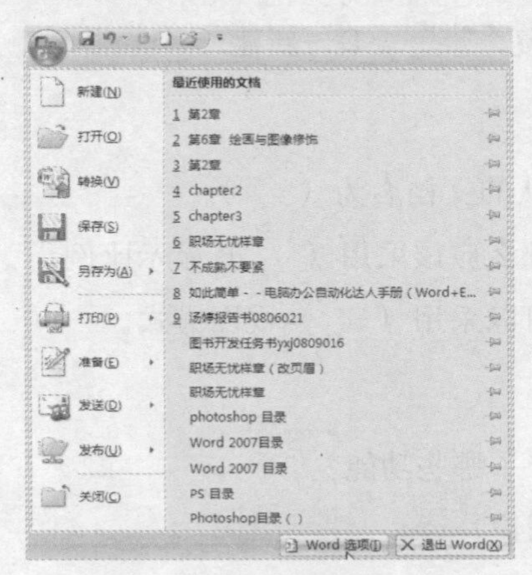

图 2-26　Office 菜单

Step 2　弹出“Word 选项”对话框，在左侧列表框中单击“保存”选项切换到保存界面，选中“保存自动恢复信息时间间隔”复选框，在后面的数值框中输入时间值，如输入“10”，表示每隔 10 分钟 Word 会自动保存一次文档，如图 2-27 所示。

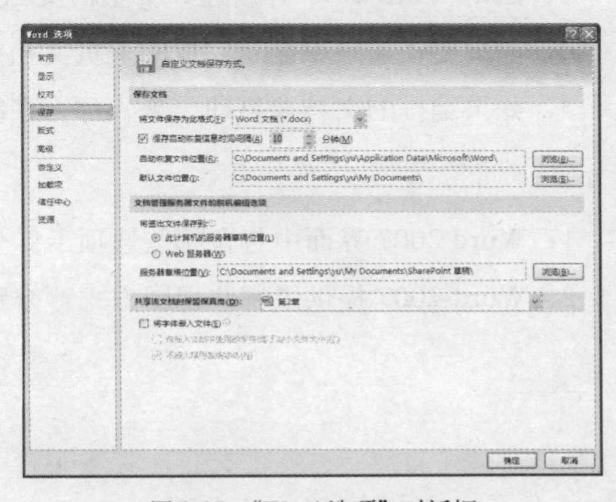

图 2-27　“Word 选项”对话框

Step 3　设置完毕后，单击对话框下方的 确定 按钮应用设置。这样在编排文档时，Word 就会按照所设置的自动保存间隔时间定时对当前文档进行自动保存。

任务 2　转换文档格式

在 Word 2007 中打开 Word 2003 或先前格式的文档后，如果要在文档中使用 Word 2007 新增的功能，如更丰富的图片效果、全新的 SmartArt 图形等，就需要将文档转换为 Word 2007 格式。

在 Word 2007 中转换文档格式的方法很简单，打开 Word 2003 格式的文档，在 Office 菜单中选择“转换”命令，在弹出如图 2-28 所示的提示框中单击 确定 按钮即可。

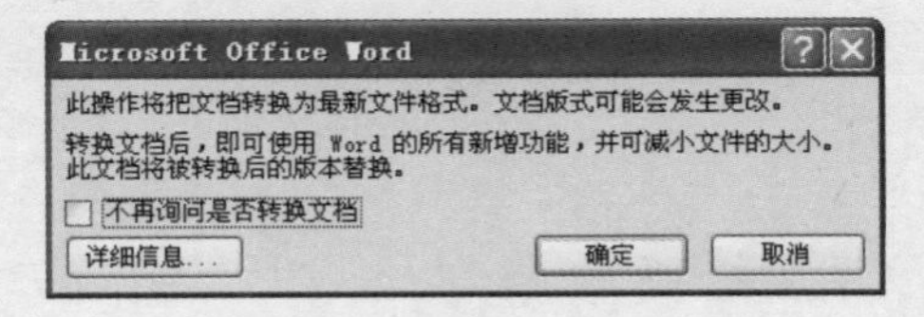

图 2-28　转换提示对话框

小提示

只有在 Word 2007 中打开 Word 2003 先前版本格式的文档，Office 菜单中才会显示出“转换”命令。

Office 2007 办公自动化达人手册

2.5 练习题

一、选择题

1．在 Word 2007 中，如果要调整文档视图，应切换到（　　）选项卡。

A．开始　　B．审阅　　C．插入　　D．视图

2．下列（　　）按钮没有默认显示在快速访问工具栏中。

A．保存　　B 撤销　　C．重复\恢复　　D．新建

二、填空题

1．启动 Word 2007 并新建一个空白文档后，默认的文档名为（　　）。

2．如果要在窗口中显示完成的一页文档内容，那么应该采用（　　）显示比例。

3．如果编排的文档要打印出来，那么在编排时可以采用（　　）视图方式。

三、问答题

1．Word 2007 界面中包含哪些选项卡？分别集合了哪些功能？

2．Word 2007 提供了哪些视图方式？分别有何用途？

第3章 Word 文档编排

Word 2007 具有强大的文字编辑与处理功能。用户可以在 Word 输入与编排各种文本，并对文本格式与段落格式进行设置，从而编排出规范的文档。

本章主要内容：

- 输入文本
- 编辑文本
- 设置文本格式
- 设置段落格式

3.1 输入文本

新建或打开 Word 文档后，就可以在文档中输入与编辑文本了，在 Word 中可以输入中文、英文、数字以及各种符号等。

任务 1 在文档中定位光标

在文档中输入文本之前，首先需要对光标进行定位，光标是指文档中闪烁的竖条，其所在位置即表示文本的输入位置。定位光标即是指明要在文档中什么位置输入文本。

1. 使用鼠标定位光标

使用鼠标定位光标是最常用的方法，操作起来直观明了。其定位方法有以下两种：

- 单击鼠标左键定位光标：在文档已有文本范围内单击，即可将光标定位到指定位置。图 3-1 所示为将光标定位到文档中的词组“工作”与“计划”之间。
- 双击鼠标左键定位光标：新建文档或当前文本范围外，双击文档任意位置，即可将光标定位于此，该方法也称为即点即输。图 3-2 所示为将光标定位到文档第 5 行正中。

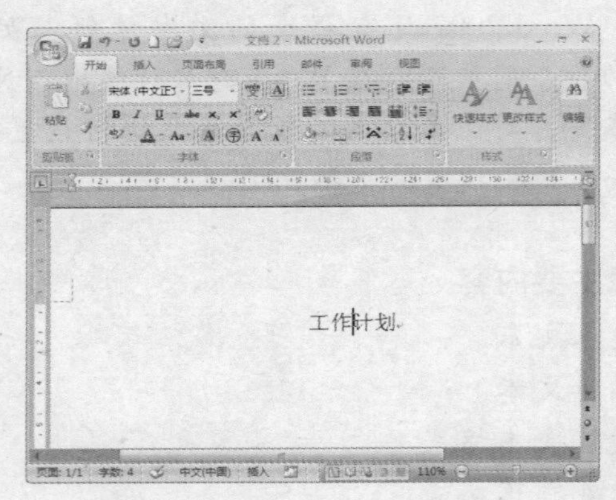

图 3-1 定位光标

图 3-2 即点即输

2. 使用键盘定位光标

使用键盘上的按键或组合按键，可以按照一定规律对在文档中快速定位光标，定位方法如表 3-1 所示。

表 3-1 键盘按键定位光标的方法

按 键	功 能	按 键	功 能
←	光标左移一个字符	Page Down	光标下移一页
→	光标右移一个字符	End	光标移至当前行尾
↑	光标上移一行	Home	光标移至当前行首
↓	光标下移一行	Ctrl+Home	光标移至文档开头
Page Up	光标上移一页	Ctrl+End	光标移至文档末尾

任务 2 输入文本

在 Word 中可以输入英文字母、中文字符、数字以及各种标点符号。输入之前，需要切换到对应的输入法，对于英文字母、数字或者符号，只要按下键盘上对应的按键即可输入；对于中文字符，则需要按照对应的汉字编码进行输入。在文档中输入中文字符的操作步骤如下：

Step 1 新建一个空白文档，双击第 1 行中间，将光标定位与此，如图 3-3 所示。

图 3-3 定位光标

Step 2 单击语言栏中的输入法指示按钮，在弹出的输入法列表中选择一种中文输入法，如图 3-4 所示。

图 3-4 切换输入法

Step 3 按照输入法的编码规则输入对应的汉字编码，如图 3-5 所示。

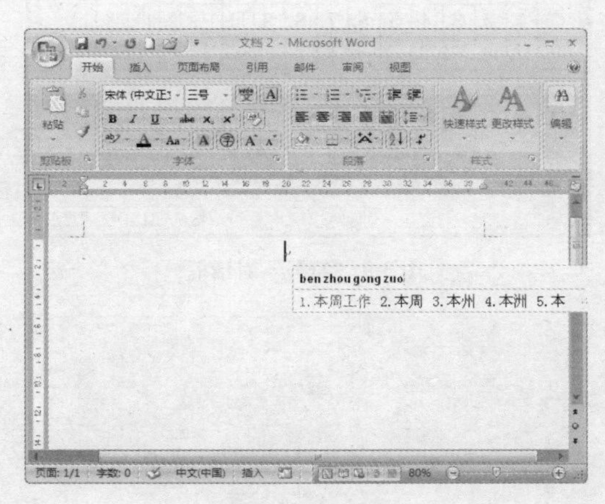

图 3-5 输入编码

Step 4 输入完毕后，按【Back Space】键，即可将对应的汉字输入到文档中，如图 3-6 所示。

图 3-6 输入汉字

Step 5 按照同样的方法，继续输入其他文本，当需要换行时，按【Enter】键换行输入即可，如图 3-7 所示。

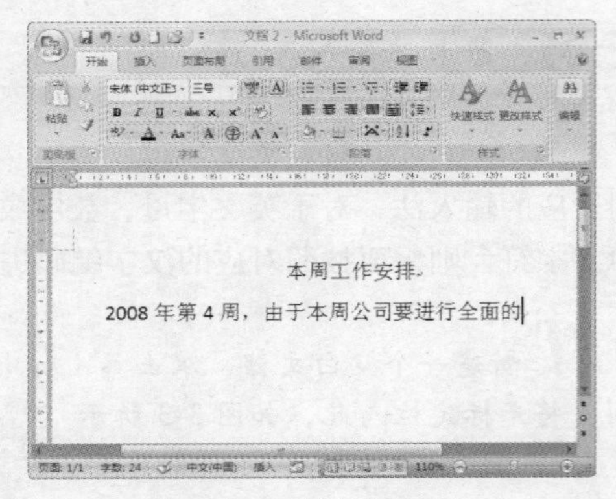

图 3-7　换行输入

小提示

在输入过程中，一行输满后会自动换行。当按【Enter】键换行后，就形成了一个新的段落。

任务 3　插入符号

一些常用的标点符号，可通过按键盘上的按键直接输入，但对于键盘上没有的符号或特殊字符，就需要通过 Word 提供的插入功能进行插入。其具体操作步骤如下：

Step 1 将光标移动到要插入符号的位置，切换到“插入”选项卡，单击“符号”组中的下拉按钮，在弹出的列表中选择“其他符号”选项，如图 3-8 所示。

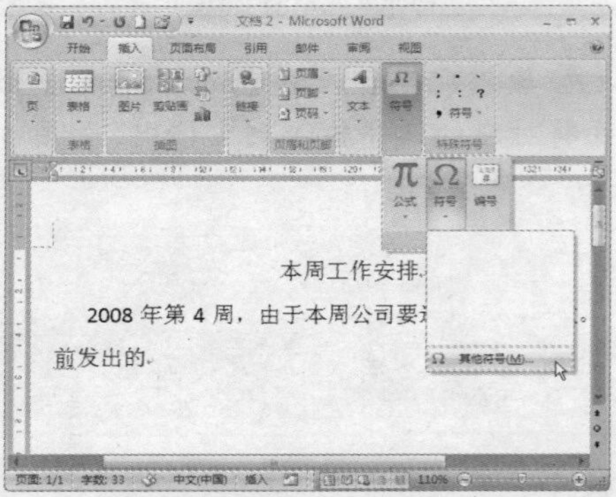

图 3-8　选择“其他符号”选项

Step 2 弹出如图 3-9 所示的“符号”对话框，在列表框中选择要插入的符号，单击“插入(I)”按钮。

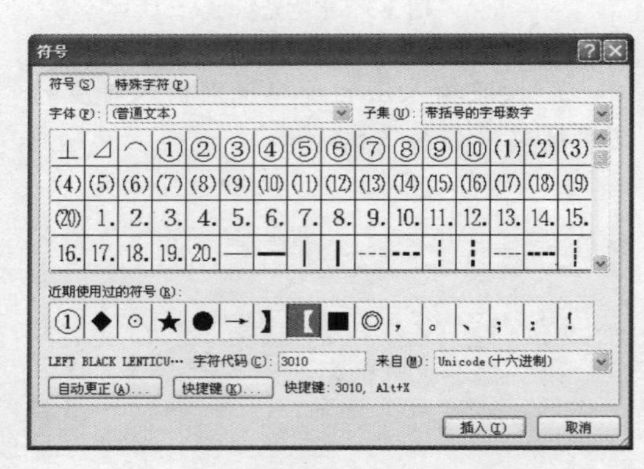

图 3-9 “符号”对话框

Step 3 此时即可将所选符号插入到文档中，继续输入文本。当需要再次插入符号时，按照同样的方法进行插入即可，如图 3-10 所示。

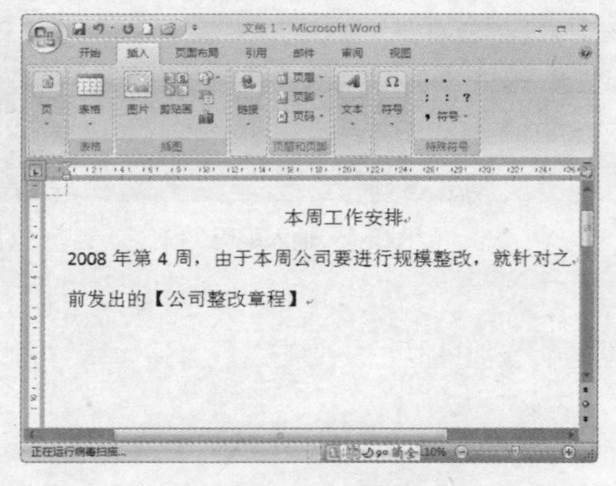

图 3-10　插入符号

3.2　编辑文本

在文档中输入文本后，可以根据需要对文本进行一系列编辑操作，包括选取文本、删除文本、复制与移动文本以及查找与替换文本等。

任务 1　选取文本

对文本进行任意编辑与设置前，都需要先对文本进行选取，也就是指明要对哪些文本进行编辑或设置，在 Word 中可以通过多种方法对文本进行灵活选取：

- 将指针移动到要选取文本的起始位置，按住左键并拖动鼠标到终止位置，起始位置和终止位置之间的文本即被选中，如图 3-11 所示。
- 将光标定位到要选取文本的起始位置，按【Shift】键，移动鼠标到终止位置后单击，起始位置和终止位置之间的文本即被选中。
- 在要选取的词组中间双击，即可将该词组选中。
- 将指针移动到行的左侧，当指针形状变为↗状时单击，可以选中该行，如图 3-12 所示。

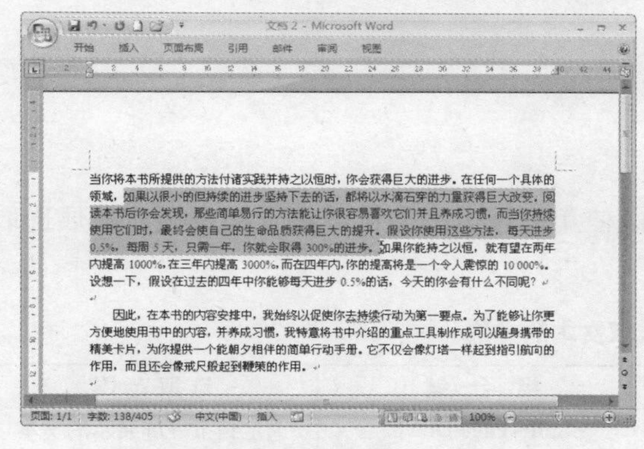

图 3-11　选取连续文本

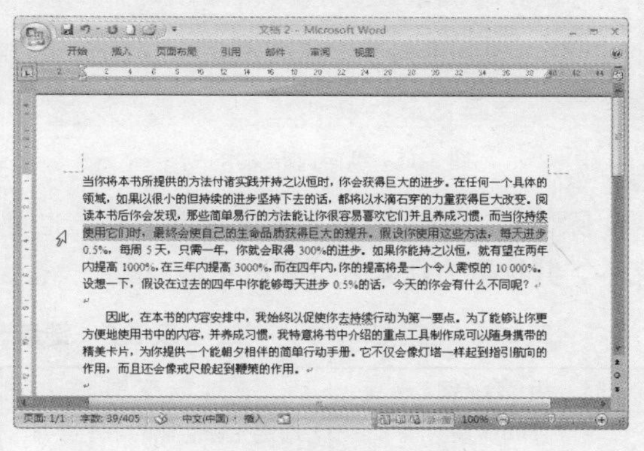

图 3-12　选取一行文本

- 将指针移动到行左侧，当指针形状变为↗状时双击，可以将该行所在段落全部选中，如图 3-13 所示。
- 将鼠标移动到行左侧，当指针形状变为↗状时，向上或向下拖动，可以选中连续的多行。
- 将指针移动到行左侧，当指针形状变为↗状时，三击鼠标左键，可以选中整个文档。
- 按【Ctrl】键后，单击句中的任意位置，可以选中该句文本。其选取范围是从当前句子开始处到以“。”为结束的位置。
- 拖动鼠标选中部分文本后，按【Ctrl】键，然后可以选取文档中的其他不连续的文本，如图 3-14 所示。

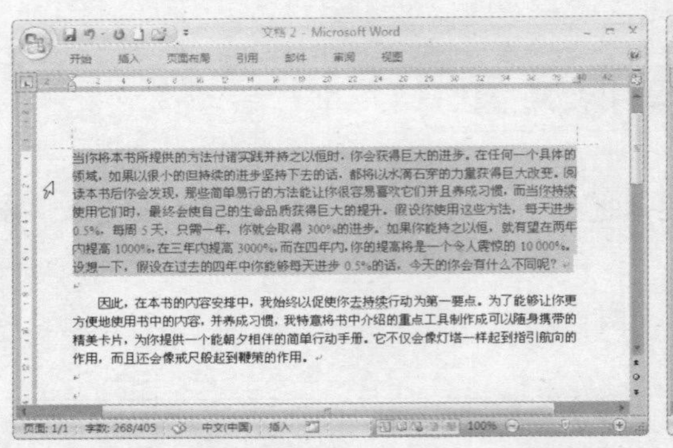

图 3-13　选取段落

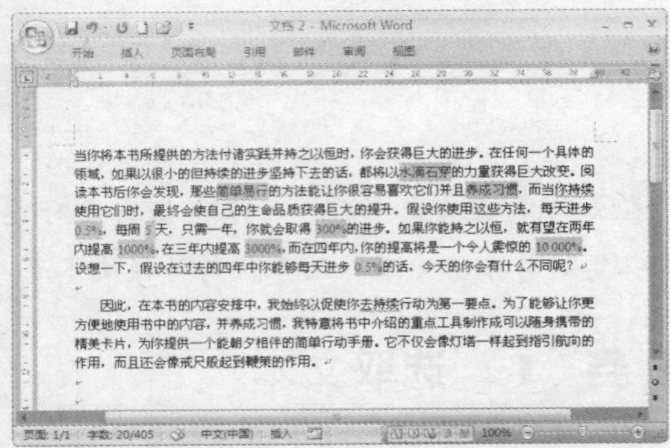

图 3-14　选取不连续文本

- 按【Alt】键，拖动鼠标可以纵向选择文本，如图 3-15 所示。

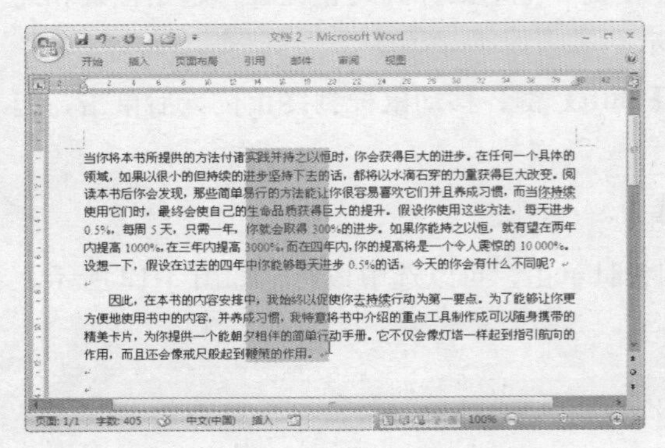

图 3-15　纵向选取文本

小提示

按【Ctrl + A】组合键，可以快速选取整个文档。

除使用上述方法对文本进行选取外，也可以使用键盘上的按键或组合键按规律扩展选取文本，其选取方法如表 3-2 所示。

表 3-2　键盘选取文本的方法

组 合 键	选 取 范 围	组 合 键	选 取 范 围
Shift+ →	选定光标右侧的一个字符	Shift+Page Down	选定到下一屏显示的文本
Shift+ ←	选定光标左侧的一个字符	Shift+Page Up	选定到上一屏显示的文本
Shift+ ↓	选定到下一行	Ctrl+Shift+End	选定到文档结尾
Shift+ ↑	选定到上一行	Ctrl+Shift+Home	选定要文档开头
Shift+Home	选定到行首	Ctrl+A	选定所有内容
Shift+End	选定到行尾		

任务 2　删除文本

输入文本过程中，如果输入了错误的文本，或者某段文本不再需要，就可以将其从文档中删除，删除文本的方法有如下几种：

- 按【Back Space】键删除光标左侧的一个字符。
- 按【Delete】键删除光标右侧的一个字符。
- 选中文本后，按【Delete】键将选中的文本全部删除。

任务 3 复制文本

编排文档过程中，如果需要重复输入已经输入过的文本，就可以通过复制功能来进行快速输入。其具体操作方法如下：

Step 1 在文档中选中要复制的文本，单击“剪贴板”组中的 按钮，如图3-16所示。

图3-16　复制文本

Step 2 将光标移动目标位置，单击“剪贴板”组中的 按钮，即可将复制的文本粘贴于此，如图3-17所示。

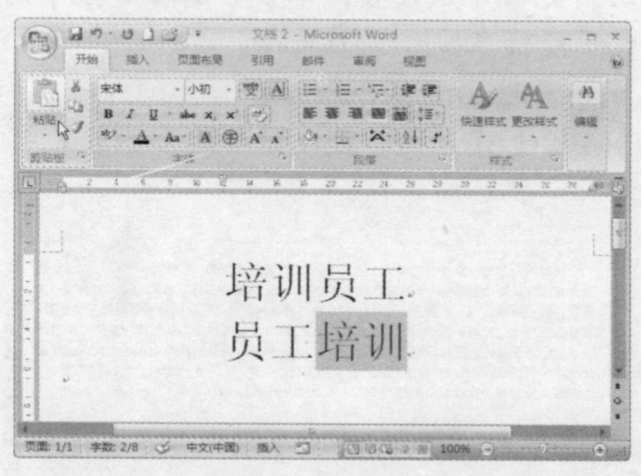

图3-17　粘贴文本

小提示

也可以通过快捷键实现文本的复制，复制的快捷键为【Ctrl + C】；粘贴的快捷键为【Ctrl + V】。

任务 4 移动文本

移动文本就是将文本从一个位置移动到文档另外一个位置，与复制文本的操作方法大致相同，不同的是移动文本是通过“剪切”与“粘贴”命令来完成的。移动文本的具体操作步骤如下：

Step 1 在文档中选中要移动的文本，单击“剪贴板”组中的 按钮，如图3-18所示。

图3-18　剪切文本

Step 2 将光标移动目标位置，单击“剪贴板”组中的 按钮，即可将剪贴的文本粘贴于此，从而实现对文本的移动，如图3-19所示。

图3-19　粘贴文本

任务 5 查找文本

使用查找功能可以快速在文档中查找指定的字符、英文字母、数字或者符号，尤其对于篇幅比较长的文档，合理使用查找功能，可以使用户编排和阅读更加便捷。在文档中查找文本的具体操作步骤如下：

Step 1 打开要进行查找的文档，将光标移动到文档开始位置，单击“编辑”组中的 查找 按钮，如图 3-20 所示。

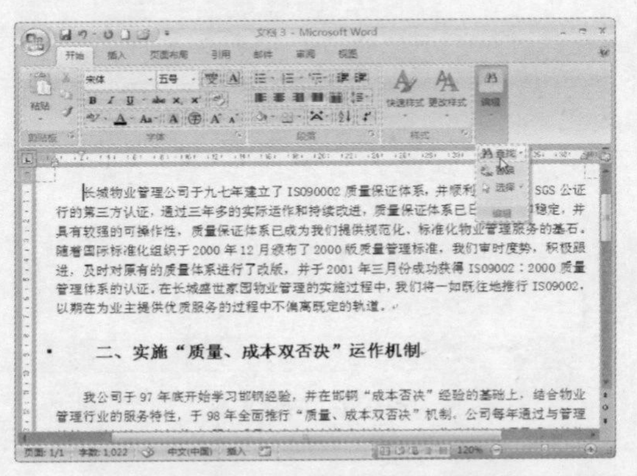

图 3-20 单击“查找”按钮

Step 2 弹出“查找与替换”对话框并选择“查找”选项卡，在“查找内容”文本框中输入要查找的内容，如图 3-21 所示。

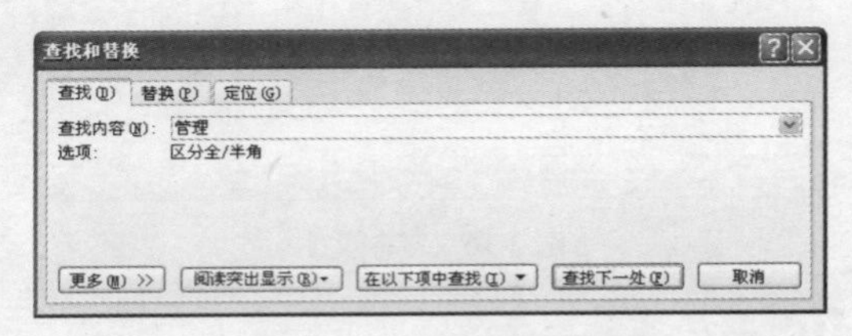

图 3-21 “查找”选项卡

Step 3 单击 查找下一处(F) 按钮，即可从文档起始位置开始查找，当查找到之后，即以选中状态显示，如图 3-22 所示。

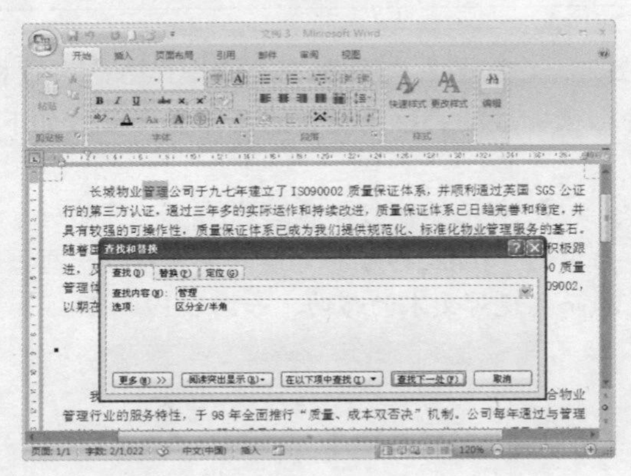

图 3-22 查找文本

Step 4 如果要继续查找，则逐次单击 查找下一处(F) 按钮，即按顺序逐个查找出并选中指定字符，如图 3-23 所示。

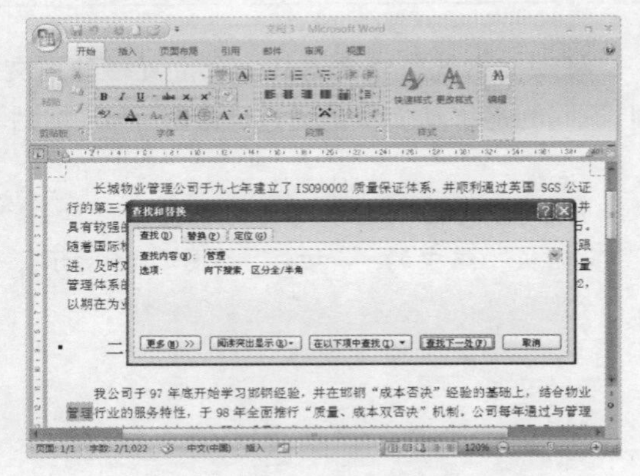

图 3-23 继续查找

任务 6 替换文本

使用替换功能可以将文档中的指定文本替换为其他文本，从而实现相同内容的快速修改，提高工作效率。替换文本的具体操作步骤如下：

step 1 打开要替换内容的文档，单击“编辑”组中的 替换 按钮，如图 3-24 所示。

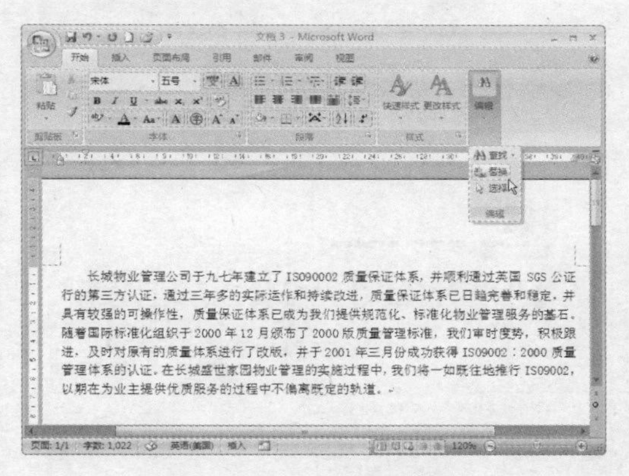

图 3-24　单击“替换”按钮

step 2 弹出“查找与替换”对话框并选择“替换”选项卡，在“查找内容”框中输入要替换的文本“物业管理”，在“替换为”框中输入替换后的文本“物管”，如图 3-25 所示。

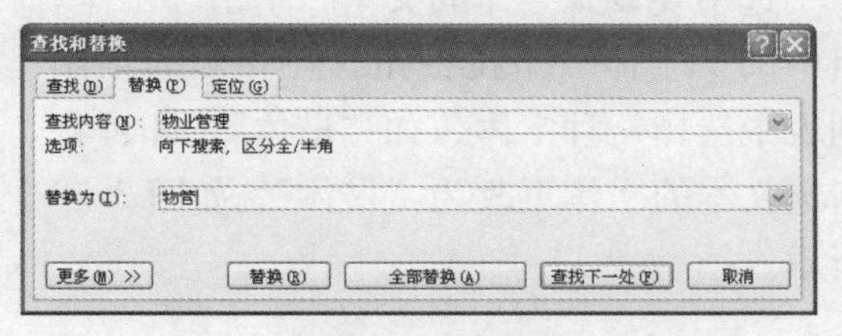

图 3-25 “替换”选项卡

step 3 单击 替换(R) 按钮，可在文档中查找第一个“物业管理”并替换为“物管”，如图 3-26 所示。

step 4 单击 全部替换(A) 按钮，可同时将文档中所有文本“物业管理”替换为“物管”，并弹出提示框提示替换数目，单击“确定”按钮完成替换，如图 3-27 所示。

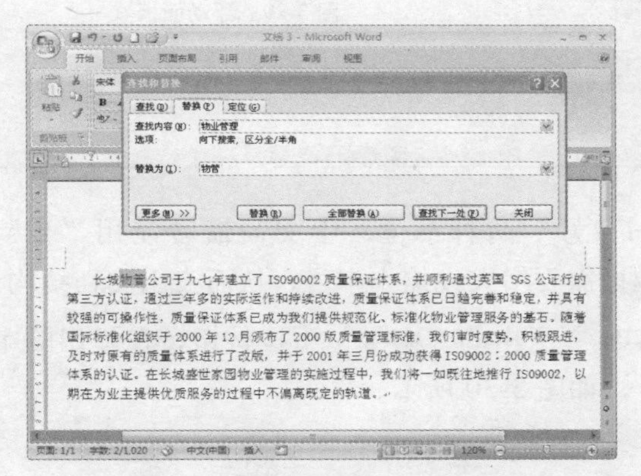

图 3-26　替换文本

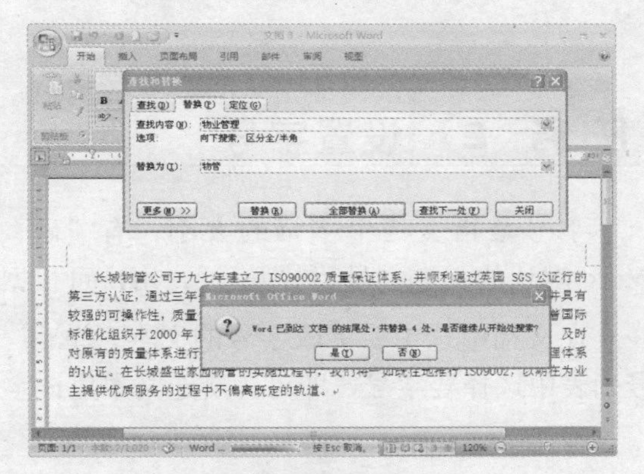

图 3-27　替换完成

小提示

可以使用快捷键快速进行查找与替换，查找的快捷键为【Ctrl + F】，替换的快捷键为【Ctrl + H】。

3.3　设置文本格式

输入与编辑文本后，可以对文本格式进行一系列设置，包括设置字号、字体、字形、字符颜色以及字符间距等，从而让文档更加规范，也增强文档整体的美观与协调性。

任务 1 设置字体

字体是指字符的形态，如常见的“宋体”、“楷体”等就是指字符的字体，在Word中输入中文字符后，默认的字体为宋体，用户可根据编排需要更改文本的字体。

选中要设置字体的文本，单击“字体”组中的“字体”下拉按钮，在弹出的字体列表中选择一种字体，如“楷体”，即可将所选文本的字体更改为“楷体”，如图 3-28 所示。

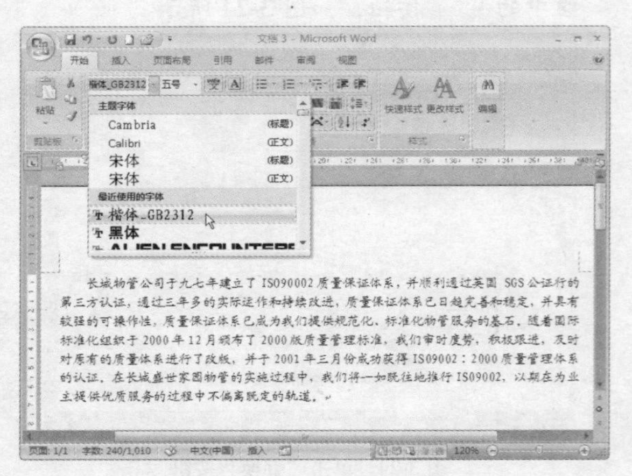

图 3-28 选择与更改字体

小提示

选中文本后，将显示出如图 3-29 所示的浮动面板，通过浮动面板中选项，可以对文本的字体等格式进行快速设置。

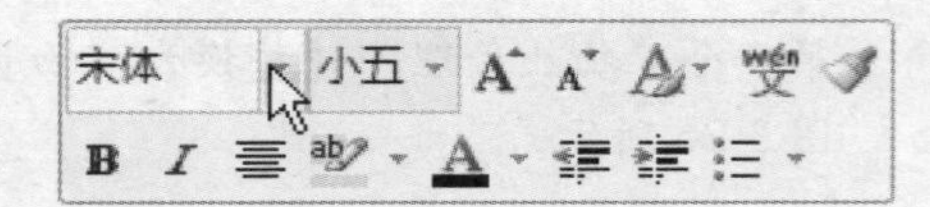

图 3-29 浮动面板

任务 2 设置字号

字号是指文档中字符的大小，有“磅”与“号”两种单位，中文习惯多使用“号”，Word 默认的文本字号为“五号”，用户可根据编排需要增大或缩小字号，从而突出文档结构。

在文档中选中要更改字号的文本，单击“字体”组中的“字号”下拉按钮，在弹出的字号列表中选择要字号，即可为所选文本应该字号，如图 3-30 所示。

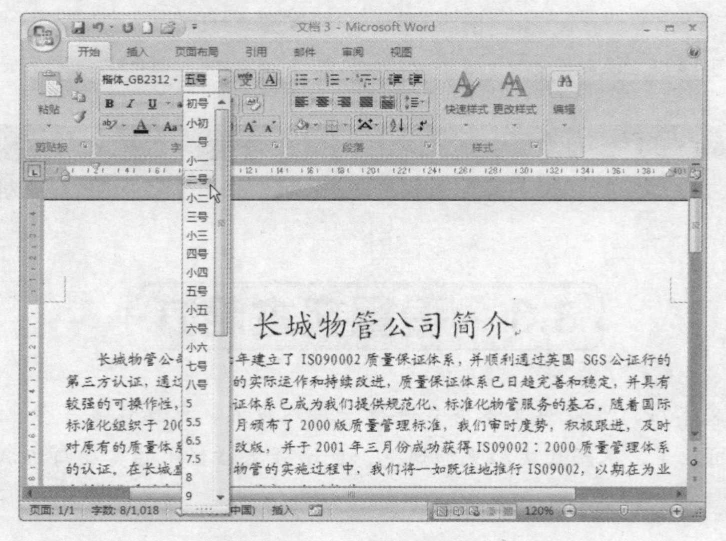

图 3-30 更改字号

小提示

对于超大字符，可以直接在“字号”框中输入磅值，按【Enter】键应用输入的字号。

任务 3　设置字形

Word 中的字形包括加粗、倾斜、以及下画线 3 种。选择文本后，在“字体”组中单击对应的按钮，即可为文本设置相应的字形。

1. 加粗文本

选中要加粗的文本，单击“字体”组中的“加粗”按钮 B，即可将文本加粗显示，如图 3-31 所示。加粗显示后的文本主要用于突出显示。

2. 倾斜文本

选中文本后，单击“字体”组中的“倾斜”按钮 I，即可将文本倾斜显示，如图 3-32 所示。倾斜文本在日常文档中多用于英文字母与数字。

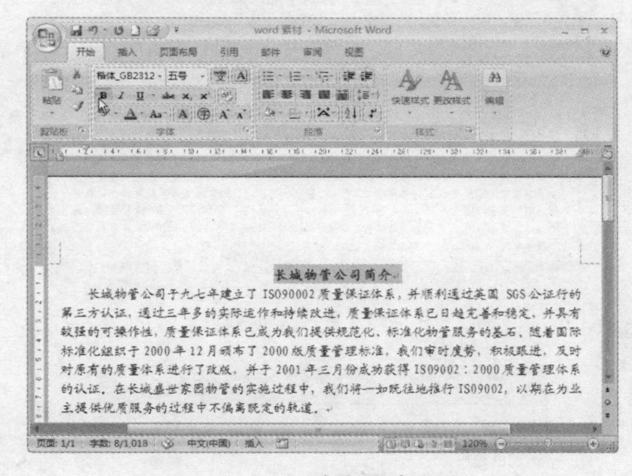

图 3-31　加粗文本

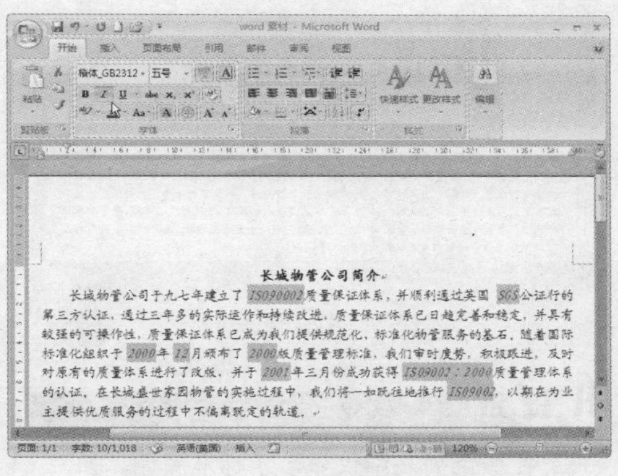

图 3-32　倾斜文本

3. 为文本添加下画线

选中文本后，单击“字体”组中的“下画线”按钮 U 14，可添加直线下画线，单击“下画线”下拉按钮，在弹出的列表中可以选择下画线样式，如图 3-33 所示。下画线多用于对文档中的重点内容进行标示。

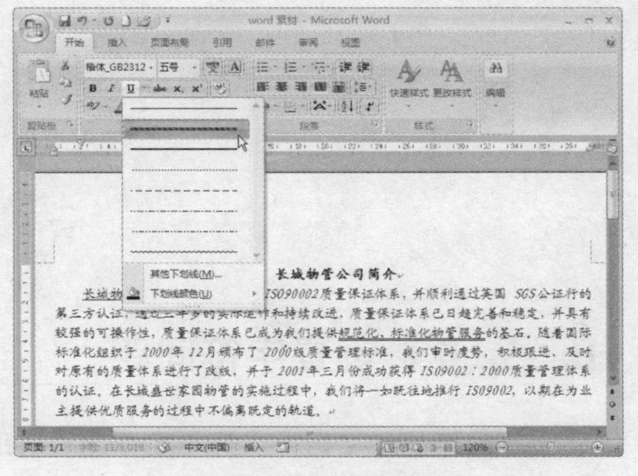

图 3-33　为文本添加下画线

小提示

可以通过快捷键快速为文本设置字形，加粗的快捷键为【Ctrl + B】、倾斜的快捷键为【Ctrl + I】，下画线的快捷键为【Ctrl + U】。

任务 4 设置字符颜色

字符颜色是指文档中文本的颜色，Word 默认颜色为黑色，为不同文本设置不同的颜色，可以对文档起到美化作用，并突出显示指定文本。设置字符颜色的具体操作步骤如下：

Step 1 在文档中选中要更改颜色的文本，单击“字体”组中的“字符颜色”下拉按钮，如图 3-34 所示。

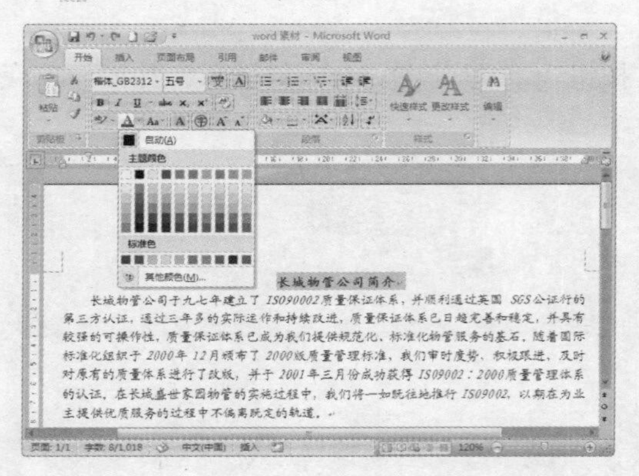

图 3-34 打开颜色列表

Step 2 在打开的颜色列表中选择要更改的颜色，即可为文本应该所选颜色。更改文本颜色后的效果如图 3-35 所示。

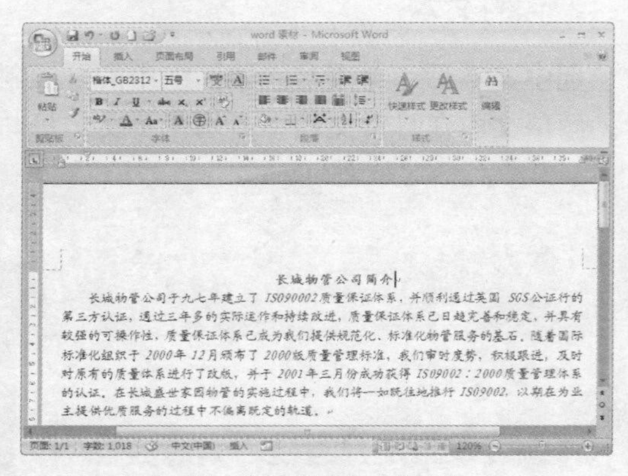

图 3-35 更改文本颜色

小提示

在颜色列表中仅显示了标准颜色，如果要选择其他颜色或自定义颜色，则可在列表中选择“其他颜色”选项，在弹出的如图 3-36 所示的“颜色”对话框中进行选择。

图 3-36 “颜色”对话框

任务 5 设置字符间距

字符间距是指文档中字符与字符之间的距离，Word 默认的字符间距基本可以满足多数文档的编排需求，但对于文档标题或一些特殊文档，可以适当调整字符间距。其具体操作方法如下：

Step 1 选中要调整间距的文本，单击“字体”组右下角的 按钮，如图 3-37 所示。

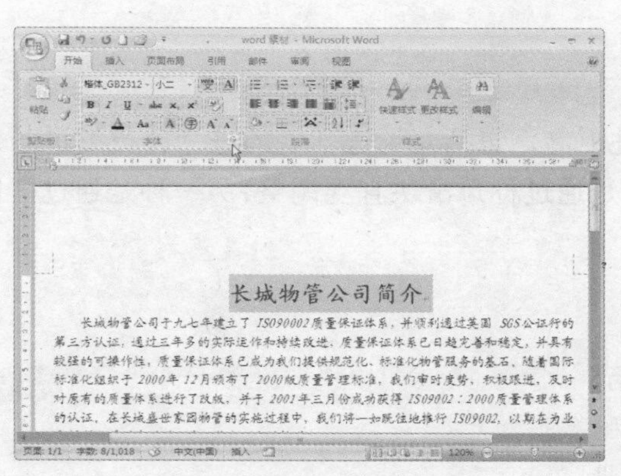

图 3-37 选取文本

Step 2 弹出“字体”对话框并切换到“字符间距”选项卡，在“间距”下拉列表中选择“加宽”选项，然后在右侧的数值框中输入“2 磅”，如图 3-38 所示。

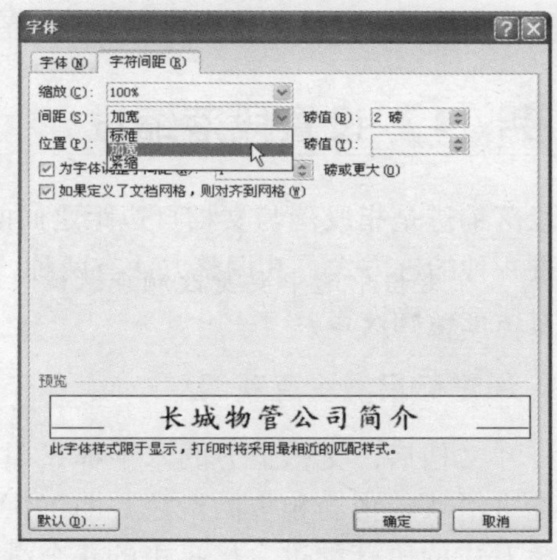

图 3-38 “字体”对话框

Step 3 设置完毕后，单击 确定 按钮，即可为所选文本应用设置的字符间距，如图 3-39 所示。

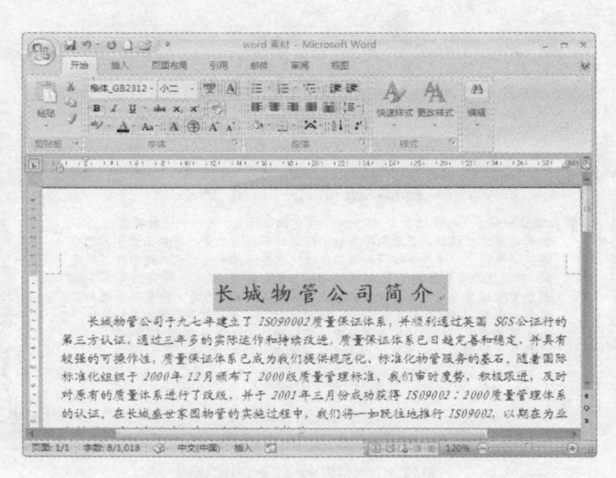

图 3-39 更改字符间距

小提示

弹出“字体”对话框后，在“字体”选项卡中可以对文本的字体、字号、字形、字符颜色以及字符效果进行更详尽的设置，如图 3-40 所示。

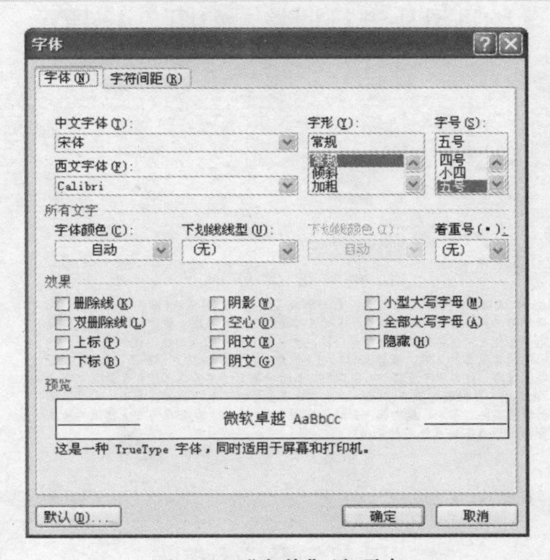

图 3-40 “字体”选项卡

3.4 设置段落格式

当编排的文档中包含多个段落时，为了使文档结构更加规范合理，需要对段落格式进行相应设置，段落格式主要包括设置段落对齐方式、段落缩进、行间距以及段落间距等。

任务 1 设置段落缩进

段落缩进是指段落与文档页边距之间的缩进距离，包括左缩进、右缩进、首行缩进与悬挂缩进 4 种缩进方式，其调整方法有两种，一种是通过标尺滑块直观调整；另一种是通过“段落”对话框精确设置。

1. 通过标尺滑块直观调整

打开文档后，文档上方的水平标尺中将显示所有缩进滑块，拖动相应的滑块，即可快速直观地调整对应的段落缩进。标尺中的 4 个滑块分别为“首行缩进”滑块、“悬挂缩进”滑块、“左缩进”滑块以及“右缩进”滑块，将指针指向滑块并略作停留，即显示出滑块名称，如图 3-41 所示。

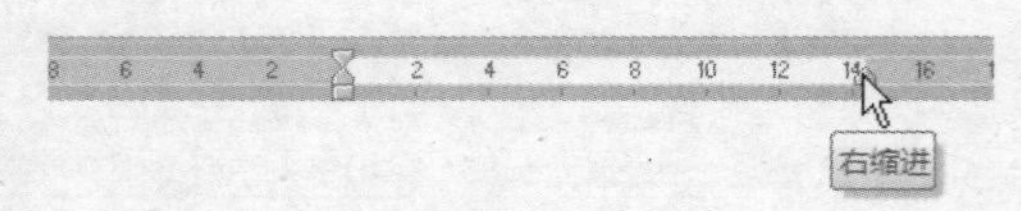

图 3-41 水平标尺中的滑块

- 首行缩进：段落中第一行向右侧缩进。将光标移动到段落中，向右侧拖动首行缩进滑块进行调整。调整过程中将显示一条虚线表示调整后的位置，如图 3-42 所示。
- 悬挂缩进：除段落首行外，其他行向右侧缩进。将光标移动到段落中，向右侧拖动悬挂缩进滑块进行调整，如图 3-43 所示。

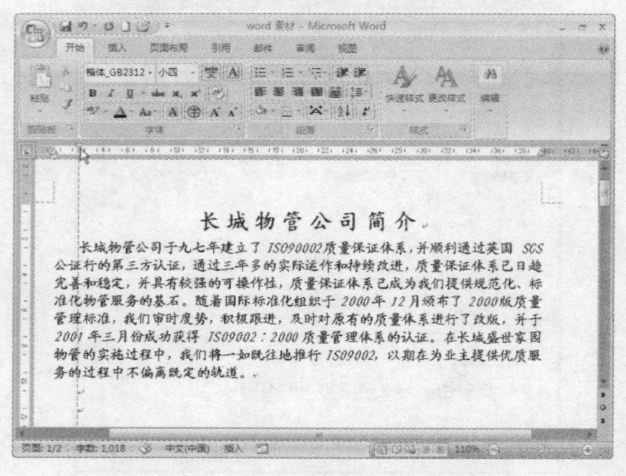

图 3-42 调整首行缩进

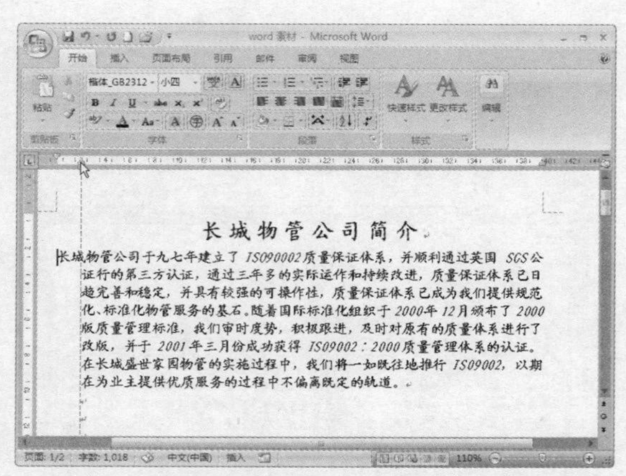

图 3-43 调整悬挂缩进

- 左缩进：段落左边界向右侧缩进。将光标移动到段落中，向右侧拖动左缩进滑块进行调整。调整左缩进后，首行缩进与悬挂缩进滑块会同步调整，如图 3-44 所示。
- 右缩进：段落右边界向左侧缩进。将光标移动到段落中，向左侧拖动右缩进滑块进行调整，如图 3-45 所示。

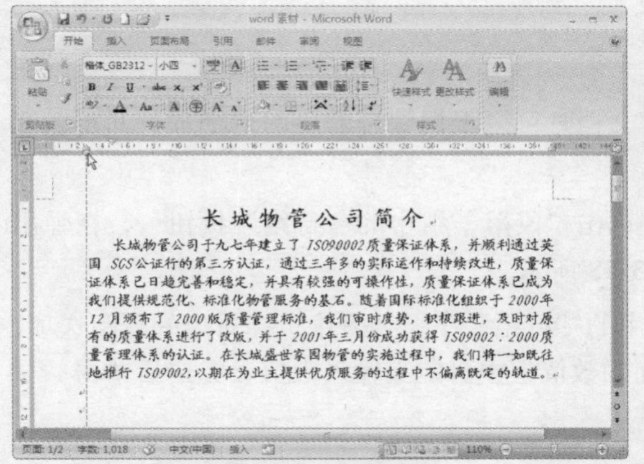
图3-44 调整左缩进

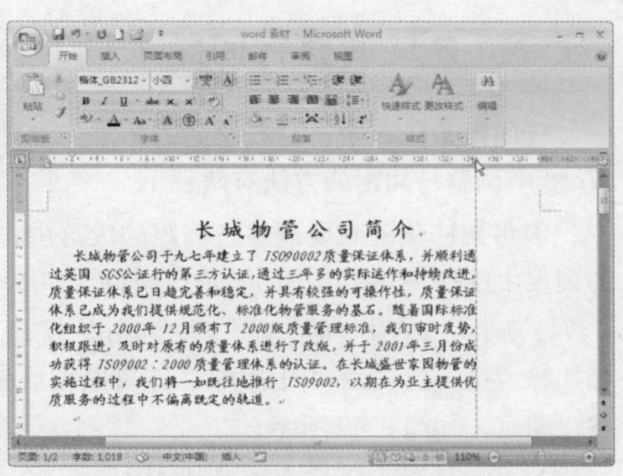
图3-45 调整右缩进

2. 通过段落对话框精确设置

对于编排要求比较严格的文档，则可能需要精确设置段落的缩进，如首行缩进2个字符。这时就可以通过“段落”对话框进行设置。选中段落后，单击“段落”组右下角的按钮，弹出“段落”对话框并显示“缩进和间距”选项卡，在“缩进”选项区域中的“左侧”和“右侧”数值框中可分别设置左缩进与右缩进；如设置首行缩进或悬挂缩进，则在“特殊格式”下拉列表中进行选择，并在右侧的数值框中输入缩进值，单击确定按钮即可，如图3-46所示。

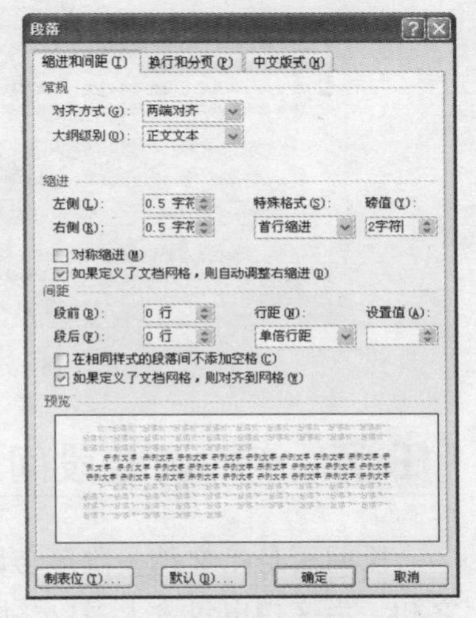
图3-46 “段落”对话框

任务 2 设置对齐方式

段落对齐方式段落在文档页面的对齐基准，Word中提供了左对齐、居中对齐、右对齐、两端对齐以及分散对齐5种对齐方式，分别对应“段落”组中的对齐按钮。将光标移动到段落中，或选中多个段落后，单击对应的按钮，即可为段落设置相应的对齐方式。图3-47所示为分别为段落应用“左对齐”、“居中对齐”以及“右对齐”后的效果。

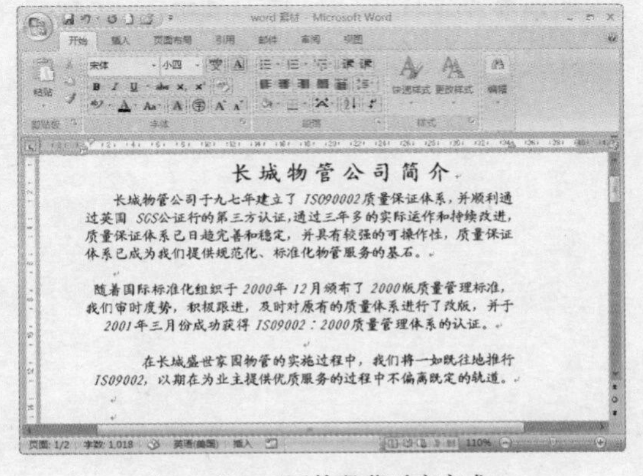
图3-47 不同的段落对齐方式

任务 3 调整行间距

行间距是段落中行与行之间的距离，编排文档时可以根据编排需要酌情增加行间距。在 Word 中调整行间距的方法有两种：

①将光标移动到要调整行间距的段落中，单击“段落”组中的“行距”按钮，在弹出的列表中选择 Word 预设的常用行间距，如图 3-48 所示。

②弹出“段落”对话框，在“间距”区域中的“行距”下拉列表中选择对应的行距选项，如选择“最大值”或“固定值”，还可以在后面的数值框中自定义输入数值，完毕后单击按钮即可，如图 3-49 所示。

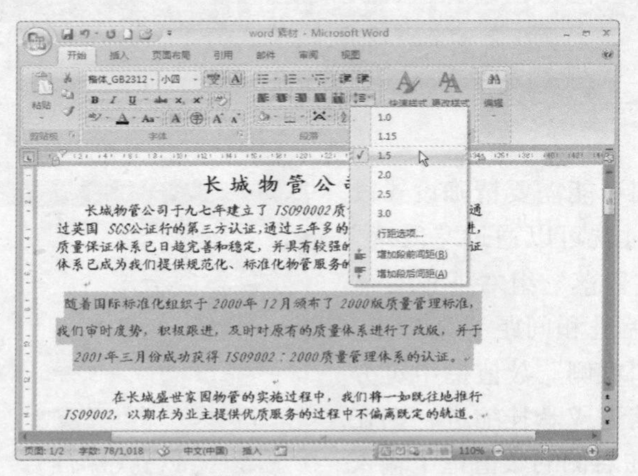

图 3-48 选择行距

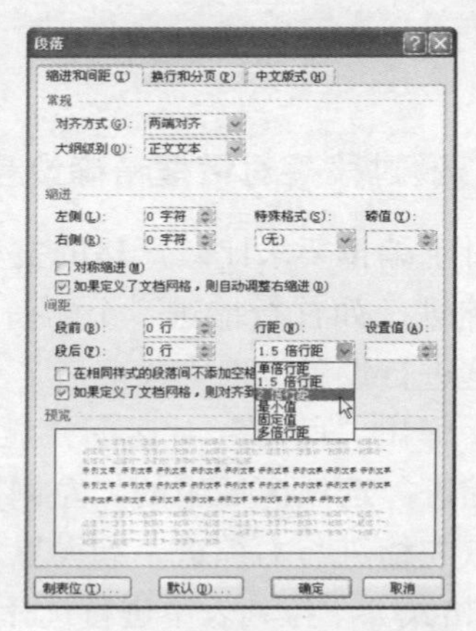

图 3-49 “行距”下拉列表

任务 4 调整段间距

段间距是指文档中段落与段落之间距离，是上一段落的段后间距加下一段落的段前间距之和。当文档中包含太多段落时，适当调正段间距，可以让文档结构更加清晰合理。设置段间距的具体操作步骤如下：

Step 1 选中要调整段间距的一个或多个段落，单击“段落”组右下角的按钮，弹出如图 3-50 所示的“段落”对话框。

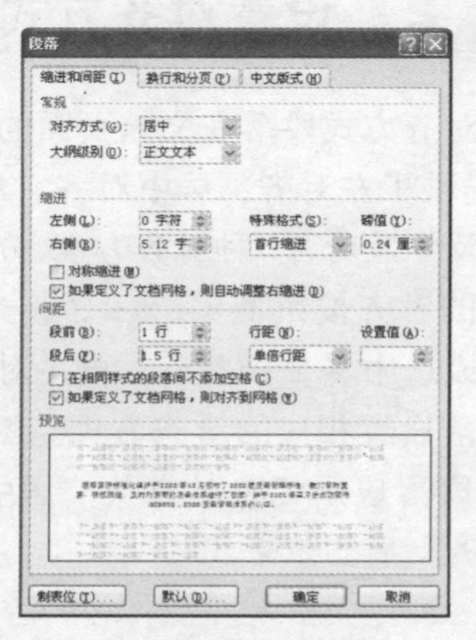

图 3-50 设置段间距

Step 2 在"缩进与间距"选项卡下"间距"栏中的"段前"和"段后"数值框中分别输入间距值，单击 确定 按钮，即可调整所选段落的段间距，如图 3-51 所示。

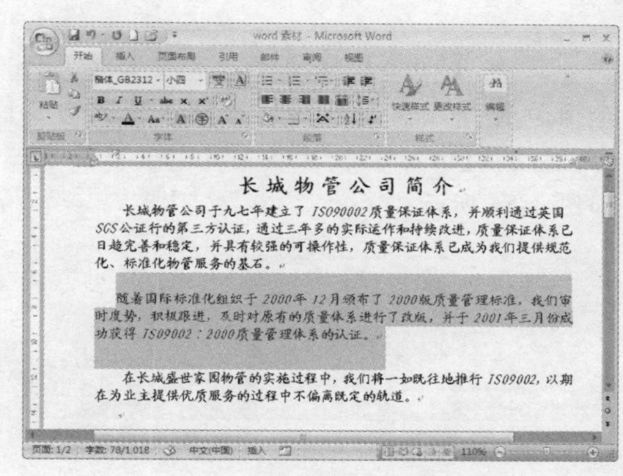

图 3-51　调整段间距

3.5　项目符号与编号列表

项目符号与编号用于将文档中一些并列内容以列表形式显示出来，从而使文档结构更加清晰有序，便于用户直观地查看与阅读。

任务 1　创建项目符号列表

项目符号列表可以直观地将并列的内容显示出来，Word 中提供了多种样式的项目符号供用户选择。创建项目符号列表的具体操作方法如下：

Step 1 将光标移动到要插入项目符号的位置，单击"段落"组中的"项目符号"下拉按钮 ，在弹出的列表中选择一种项目符号样式，如图 3-52 所示。

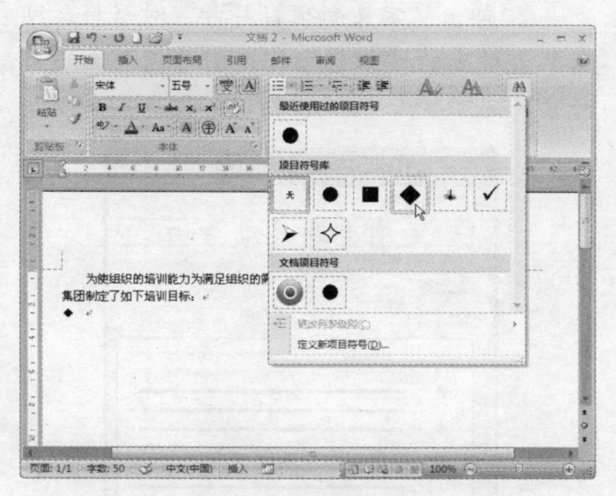

图 3-52　选择项目符号

Step 2 此时即在光标位置插入一个项目符号，在项目符号后输入列表内容，如图 3-53 所示。

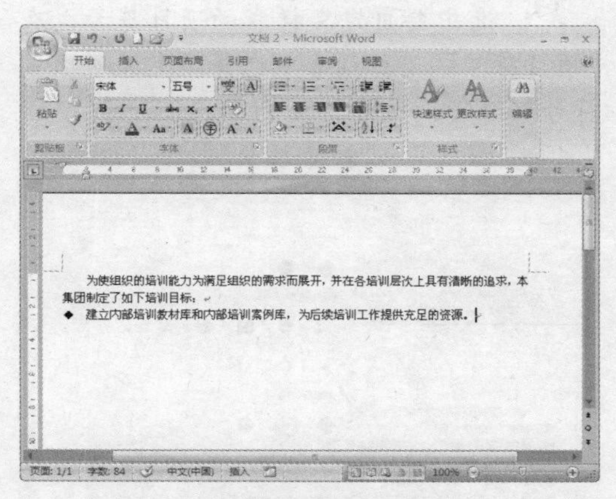

图 3-53　插入项目符号

Step 3 按【Enter】键换行，自动生成下一个项目符号，在项目符号后输入列表内容后，继续按【Enter】键，生成第 3 个项目符号，如图 3-54 所示。

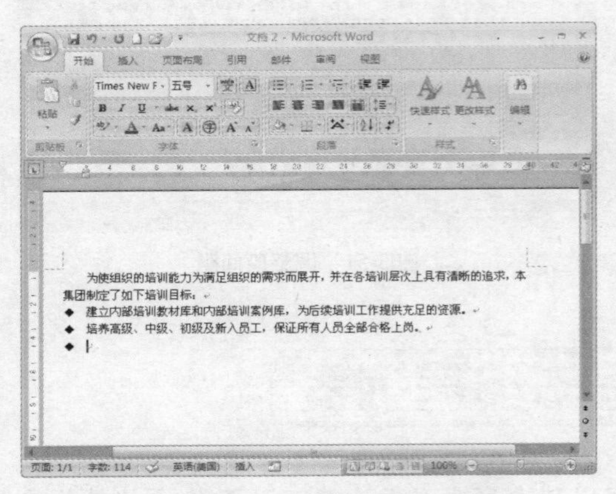

图 3-54　继续创建

Step 4 输入列表内容，并按照同样的方法创建多个项目符号以及输入列表内容，一个项目符号列表就创建完成了，如图 3-55 所示。

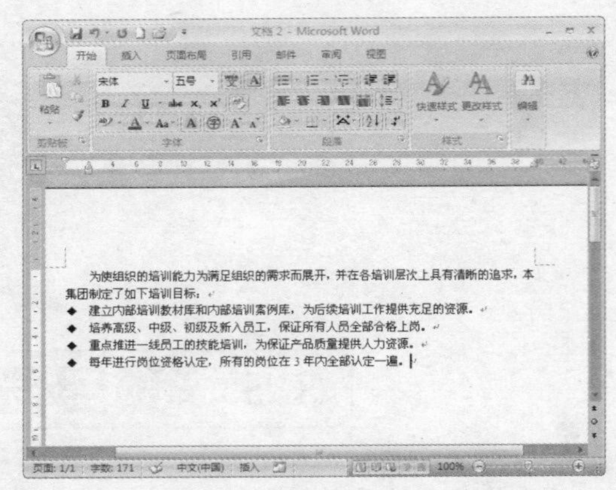

图 3-55　创建完成

小提示

也可以也可以先输入列表内容，然后将列表全部选中，单击"段落"组中的 按钮，为列表添加项目符号。

任务 2　自定义项目符号样式

创建项目符号列表时，除了可以使用 Word 中提供的项目符号样式外，用户还可以自定义将字符或图片设置为项目符号并应用到当前项目符号列表。其具体操作方法如下：

Step 1 选中要自定义样式的项目符号，在"项目符号"下拉列表中选择"定义新项目符号"选项，如图 3-56 所示。

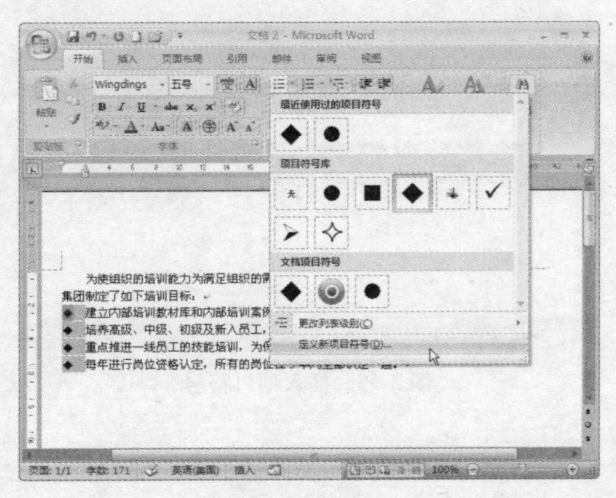

图 3-56　选择选项

Step 2 弹出"定义新项目符号"对话框，可以单击对应的按钮将字符或图片设置为项目符号，这里单击 符号(S)... 按钮，如图 3-57 所示。

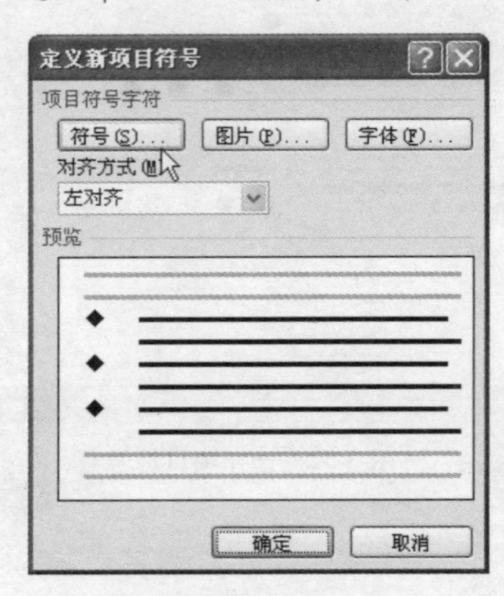

图 3-57 "定义新项目符号"对话框

Step 3　弹出如图 3-58 所示的“符号”对话框，在列表框中选择要设置为项目符号的符号，。

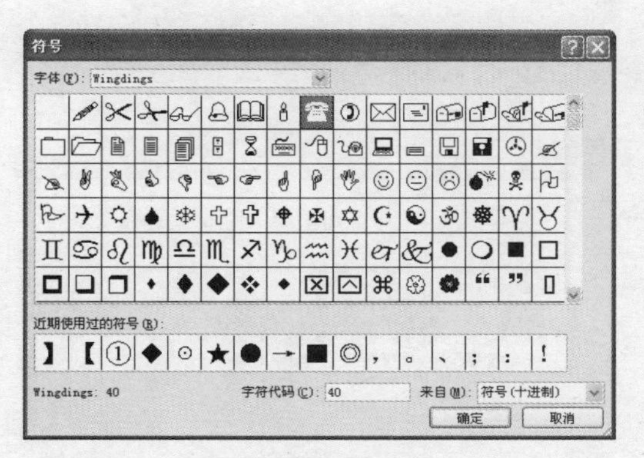

图 3-58　选择符号

Step 4　依次单击 确定 按钮，即可更改项目符号样式，如图 3-59 所示。

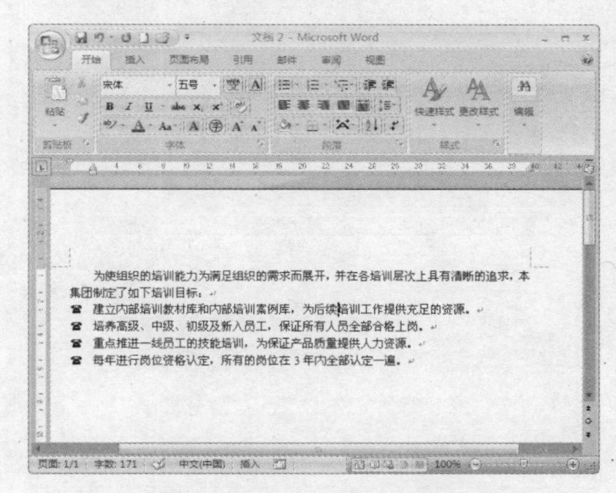

图 3-59　更改项目符号样式

小提示

在要创建项目符号的位置输入一个符号“*”，按下【Back Space】键，将自动更正为项目符号。

任务 3　创建编号列表

编号列表用于将文档中列表内容按次序排列，多用于对于文档中一些知识点步骤的描述。创建编号列表的操作方法如下：

Step 1　将光标移动到要插入编号的位置，单击“段落”组中的“编号”下拉按钮，在弹出的列表中选择要采用的编号样式，如图 3-60 所示。

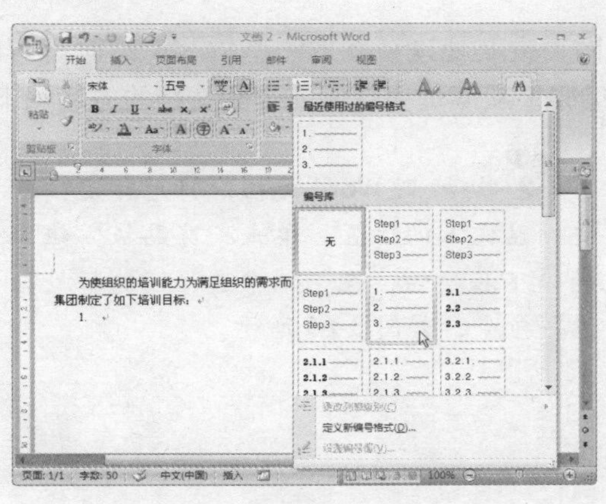

图 3-60　选择编号

Step 2　将在光标位置插入编号“1”，在编号后输入编号列表内容，如图 3-61 所示。

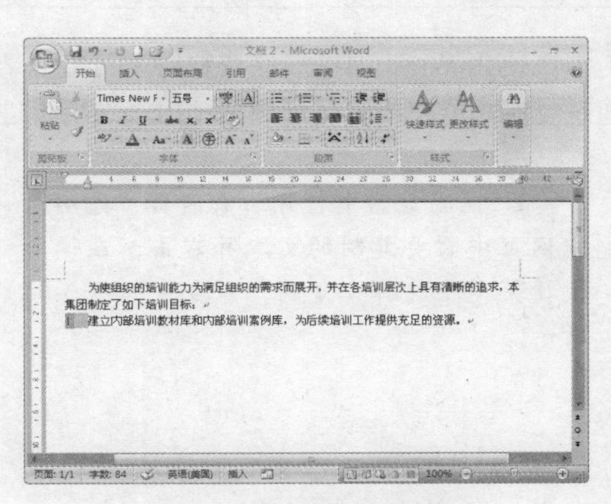

图 3-61　输入编号列表内容

Step 3 按下【Enter】键换行，将自动生成编号“2”，如图 3-62 所示。

Step 4 在编号“2”后输入列表内容，继续按下【Enter】键生成其他编号并输入列表内容，如图 3-63 所示。

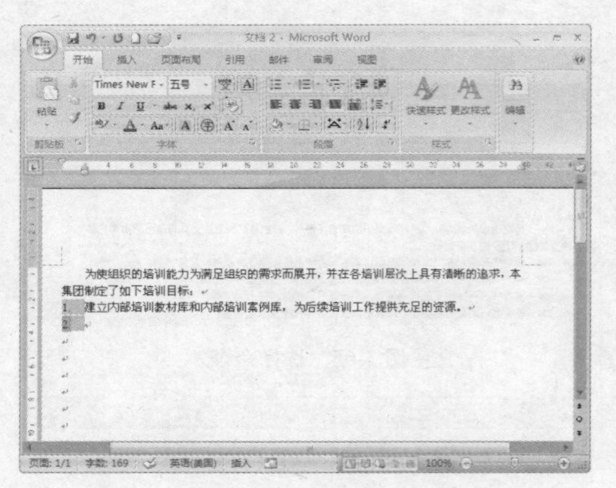

图 3-62　生成编号

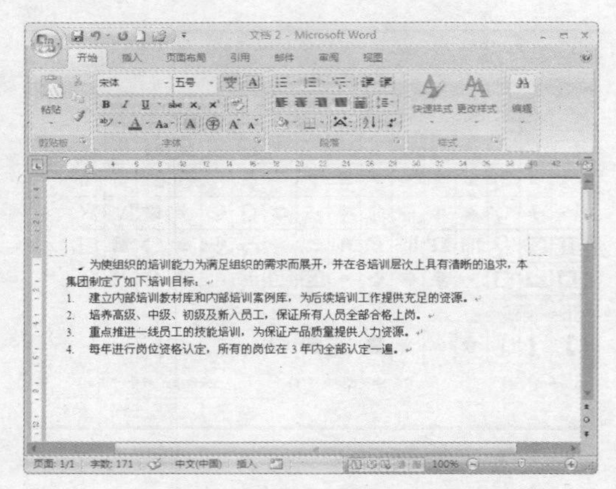

图 3-63　继续生成编号

Step 5 编号列表创建完毕后，按【Enter】键换行并按【BackSpace】键删除自动编号，然后输入其他正文内容。

3.6　相关知识

通过本章的学习，我们掌握了在文档中输入与编辑文本的方法，以及对文本格式与段落格式的设置。下面来介绍两个关于日常编辑与设置文本格式的常用知识。读者通过延伸学习后，可以方便以后在编排文档过程中灵活使用相关功能。

任务 1　从网页复制内容到文档中

在使用 Word 编排一些资料时，可能需要从网页或其他途径获取一些内容，这时就可以通过复制功能将内容复制到文档中，然后再进行编辑。从网页中复制内容到文档的方法如下：

Step 1 在浏览器中打开所需网页，拖动选中网页中需要复制的文本并右击，在弹出快捷菜单中选择“复制”命令，如图 3-64 所示。

Step 2 切换到 Word 文档，将光标定位到要粘贴文本的位置，单击“剪贴板”组中的 下拉按钮，在菜单中选择“选择性粘贴”命令，如图 3-65 所示。

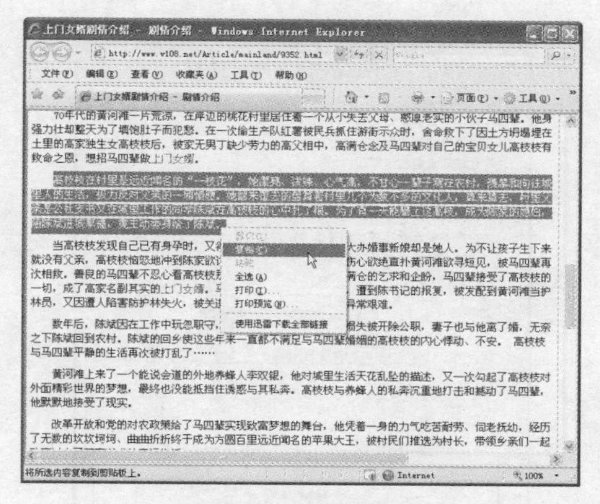

图 3-64 复制网页内容

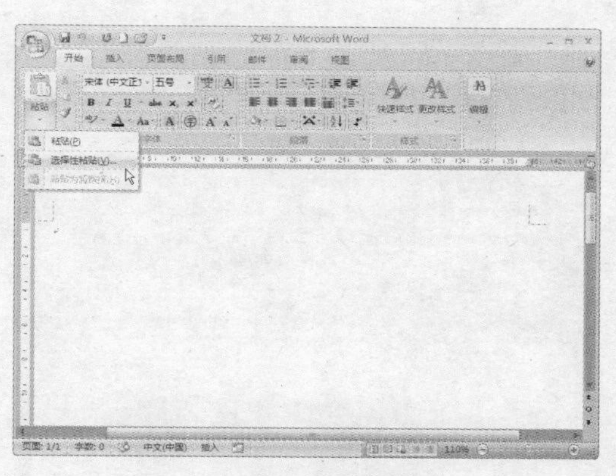

图 3-65 选择命令

step 3 弹出“选择性粘贴”对话框，选择“粘贴”单选按钮，在列表框中选择“无格式文本”选项，如图 3-66 所示。

step 4 单击 [确定] 按钮，即可将网页中复制的文本粘贴到文档，粘贴后的文本将沿用前面内容的格式，如图 3-67 所示。

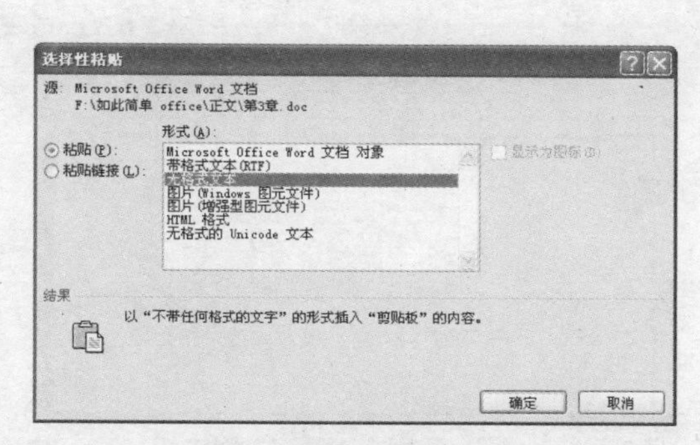

图 3-66 “选择性粘贴”对话框

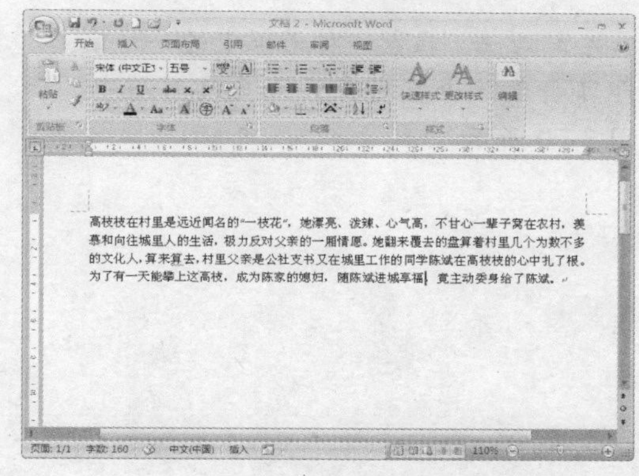

图 3-67 粘贴文本

任务 2 调整段落垂直对齐

在编排与设计一些文档时，如果段落中的文本使用不同的字号，Word 默认的垂直对齐方式为低端对齐，即文本的底部对齐。这时用户可以对段落的垂直对齐方式进行调整。以将对齐方式设置为垂直居中对齐为例，其具体操作步骤如下：

step 1 将光标移动到段落中，或选中整个段落，单击“段落”对话框右下角的 [] 按钮，如图 3-68 所示。

step 2 弹出“段落”对话框并切换到“中文版式”选项卡，在“文本对齐方式”下拉列表中选择“居中”选项，如图 3-69 所示。

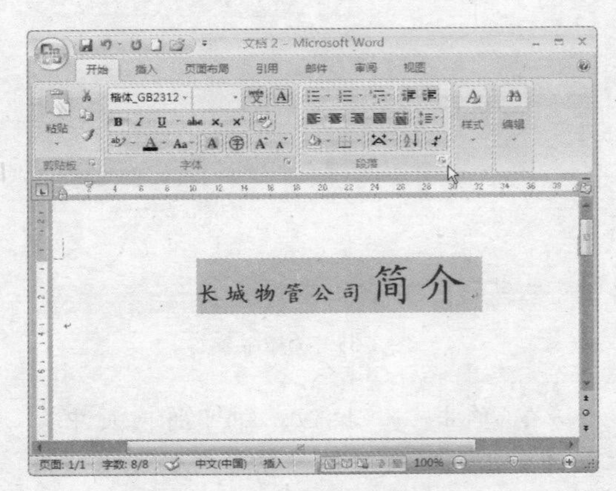

图 3-68 选取文本

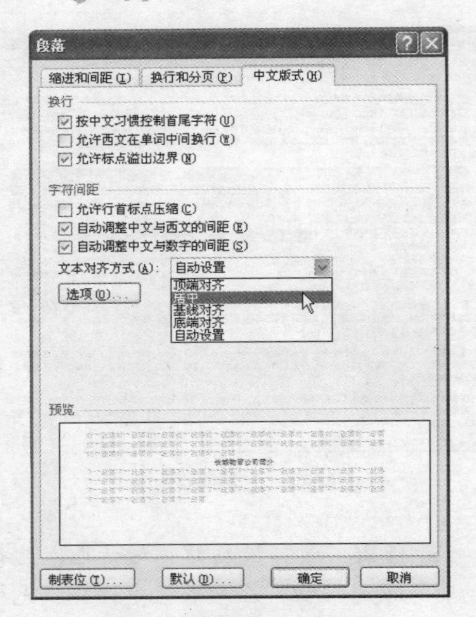

图 3-69 选择垂直对齐方式

Step 3 单击"段落"对话框中的 确定 按钮，即可将段落垂直对齐方式更改为居中，如图 3-70 所示。

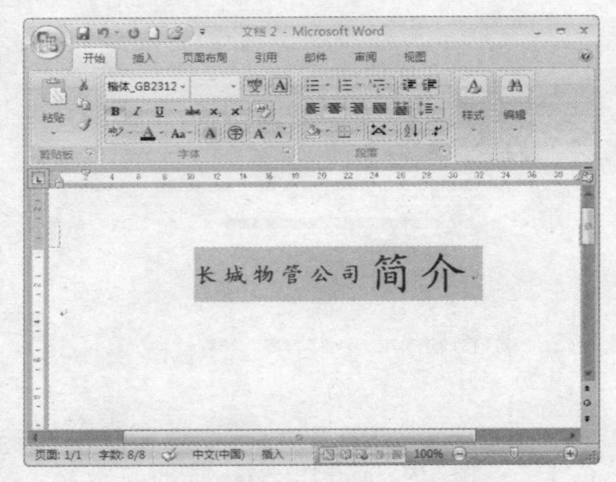

图 3-70 选择垂直对齐方式

3.7 练习题

一、选择题

1．为文本添加"加粗"字形的快捷键为（ ）。

A．Ctrl + U　　B．Ctrl + B　　C．Ctrl + I　　D．Ctrl + C

2．将指针移动到行的左侧，双击鼠标左键，将选中（ ）。

A．一行文本　　B．整个段落　　C．全部文档　　D．一句文本

3．关于文本的编辑操作，下列说法正确的是（ ）。

A．选中一段文本后，按【Delete】键可将选中的文本删除

B．复制文本时，不会复制文本的格式

C．删除文本后，光标右侧文本会依次向左侧移动

D．替换文本时，替换内容与替换后内容的字符数必须相同

二、填空题

1．移动文本时，先选中文本，单击“字体”组中的（　　）按钮，然后移动到目标位置进行粘贴。

2．设置行距时，如果选择（　　）选项，用户可以自定义设置间距值。

3．设置字号时，通常采用“号”为单位，还可以采用（　　）为单位。

三、问答题

1．在文档中选取文本的方法有哪些？

2．在 Word 中设置文本格式时，可以对哪些格式进行调整？

第4章 Word图表混排

在Word文档中，除了可以编排文本外，还可以插入各种图片、形状以及表格。从而制作出图文混排、图表混排的文档，增强文档的可读性。Word 2007提供的全新功能，可以对文档中的图形与表格进行各种修饰，使文档更加美观。

本章主要内容：

- 插入图片
- 插入形状
- 插入SmartArt图形
- 插入表格

4.1 插入与修饰图片

可以将电脑中的各种图片文件插入到文档中，从而编排出图文并茂的文档，增强文档美观性与说服力。除插入图片文件外，还可以将Office剪贴画库中的剪贴画插入到文档中。并且，Word 2007提供了强大的图片修饰功能，可以对文档中的图片进行多种修饰。

任务 1 插入图片

Word支持多种图片格式，用户可以将电脑中保存的各种图片文件插入到文档中，如产品图片、个人照片等。其具体操作方法如下：

step 1 将光标移动到要插入图片的位置，切换到“插入”选项卡，单击“插图”组中的“图片”按钮，如图4-1所示。

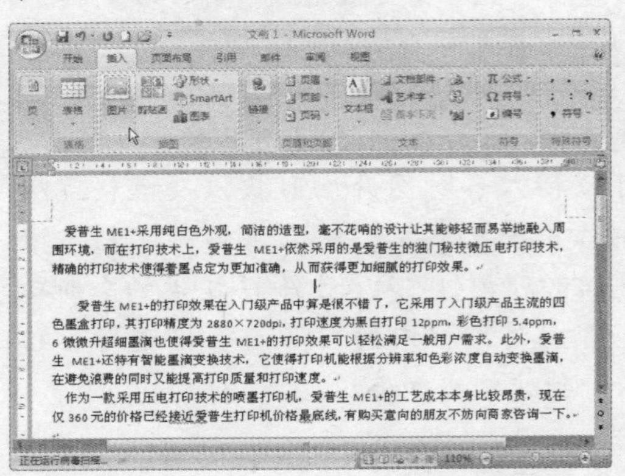

图4-1 单击“图片”按钮

step 2 弹出“插入图片”对话框，在“查找范围”下拉列表中选择图片的保存路径，然后在列表框中选择要插入的图片文件，如图4-2所示。

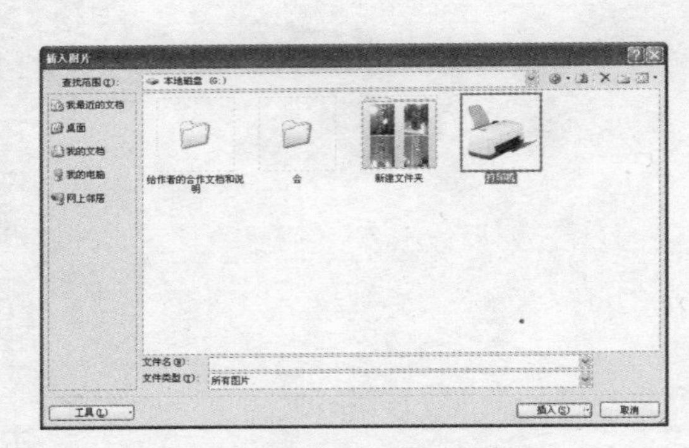

图4-2 “插入图片”对话框

step 3 单击 插入(S) 按钮，即可将所选图片插入到文档中，如图4-3所示。

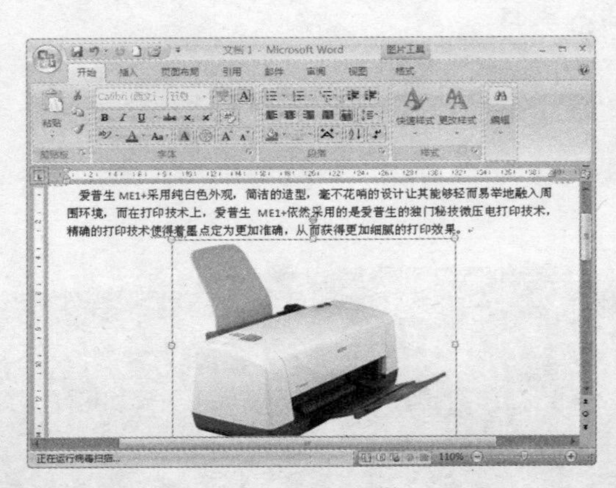

图4-3 插入图片

step 4 选中插入的图片，将指针移动到四周的任意控点上，拖动鼠标调整图片大小到合适，如图4-4所示。

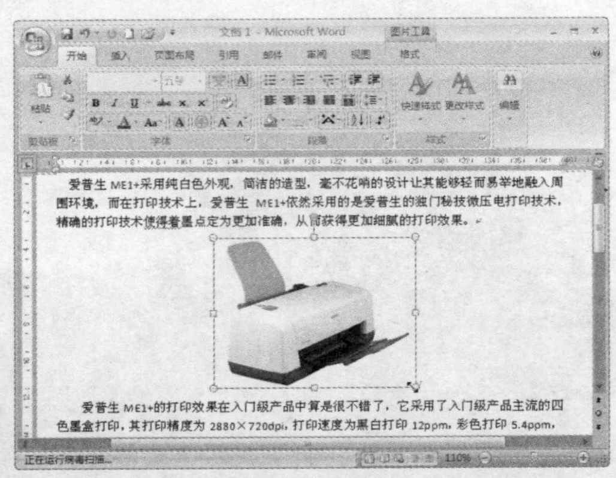

图4-4 调整图片大小

任务 2　插入剪贴画

剪贴画是指 Office 剪贴画库中自带的一些图形、视频片段等内容，多用于对文档进行修饰。在文档中插入剪贴画的操作方法如下：

Step 1　切换到“插入”选项卡，单击“插图”组中的“剪贴画”按钮，在窗口右侧显示出“剪贴画”窗格，如图 4-5 所示。

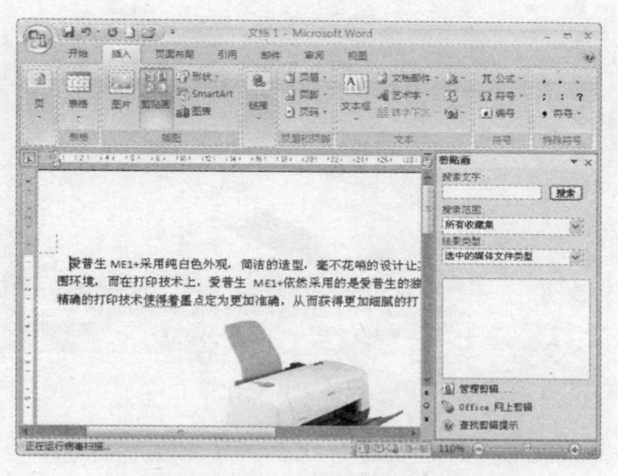

图 4-5　显示“剪贴画”窗格

Step 2　在“搜索文字”文本框中输入剪贴画关键字，单击 搜索 按钮，即可在下方列表框中显示出符合条件的所有剪贴画；如果直接单击 搜索 按钮，则显示剪贴画库中的所有剪贴画，如图 4-6 所示。

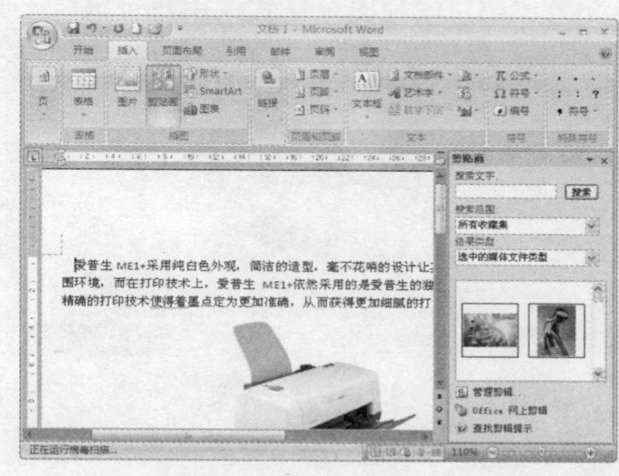

图 4-6　搜索剪贴画

Step 3　将光标移动到要插入剪贴画的位置，然后在列表框中单击要插入的剪贴画，即可将其插入到文档中，如图 4-7 所示。

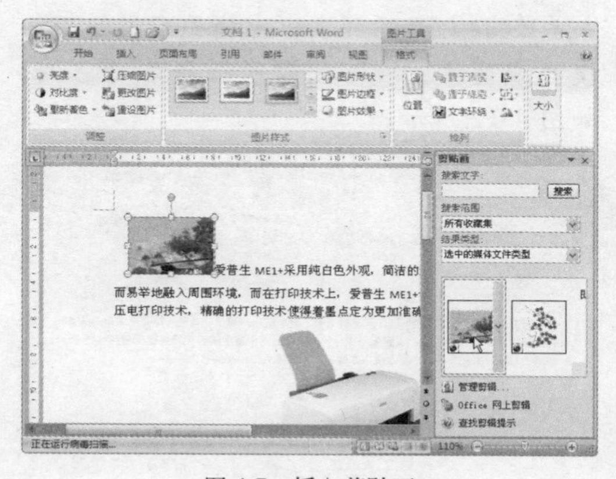

图 4-7　插入剪贴画

Step 4　插入完毕后，单击“剪贴画”窗格右上角的 × 按钮关闭窗格，然后按照同样的方法拖动鼠标调整剪贴画大小，如图 4-8 所示。

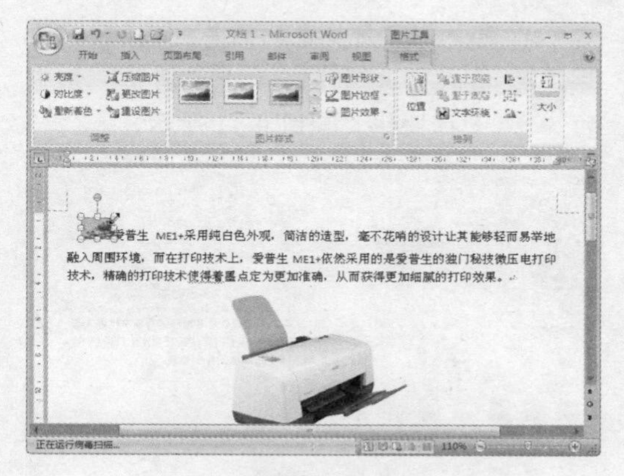

图 4-8　调整剪贴画大小

任务 3　调整图片亮度与对比度

在文档中插入图片或剪贴画后，可以对图片的亮度与对比度进行适当调整，从而使插入的图片更符合编排需求。

1. 调整图片亮度

单击选中图片，切换到“图片工具 格式”选项卡，单击“调整”组中的 亮度 下拉按钮，在下拉列表中选择亮度比值，如图 4-9 所示。

2. 调整图片对比度

选中图片后，单击“调整”组中的 对比度 下拉按钮，在下拉列表中选择对比度比值，如图 4-10 所示。

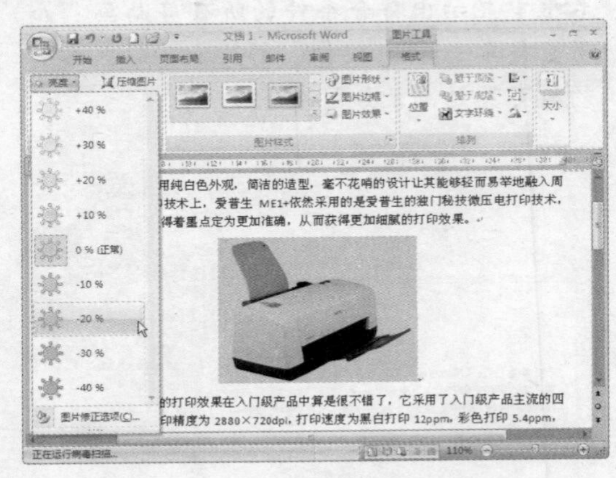

图 4-9 调整图片亮度

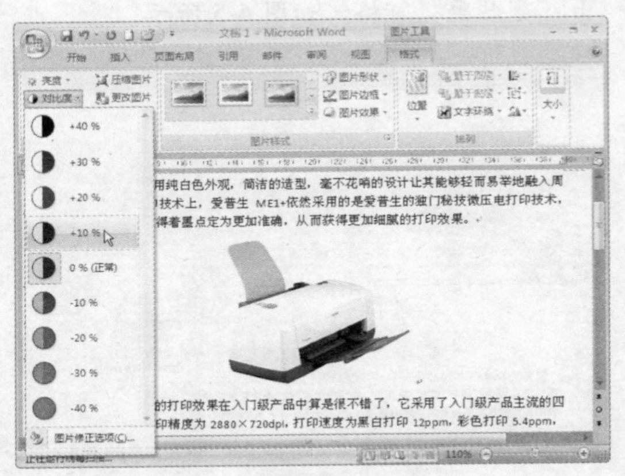

图 4-10 调整图片对比度

任务 4 图片重新着色

插入图片后，可以根据编排需求来调整图片的色调，如将彩色图片更改为灰度、黑白或其他色调等，从而使图片与文档其他内容更加协调。调整图片色调的具体操作方法如下：

step 1 选中要重新着色的图片，切换到“图片工具 格式”选项卡，单击“调整”组中的 重新着色 下拉按钮，如图 4-11 所示。

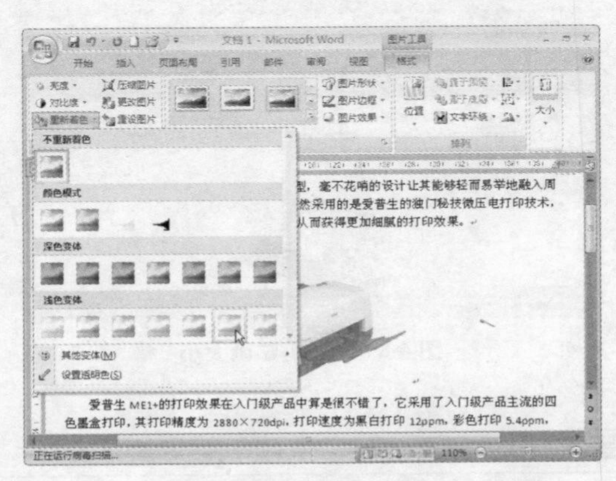

图 4-11 选择色调

step 2 在打开的列表中选择要采用的颜色模式或变体，即可更改所选图片的色调，如图 4-12 所示。

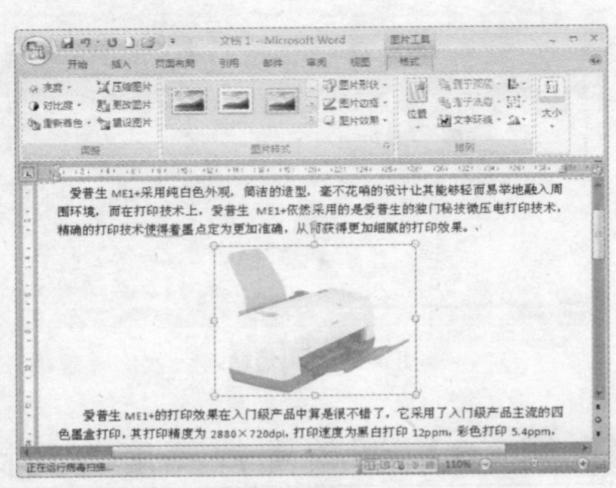

图 4-12 更改色调

任务 5 设置图片样式

Word 2007 提供了全新的图片样式，可以直接为图片应用这些样式，以对图片进行修饰，并增强文档效果。应用图片样式的具体操作方法如下：

Step 1　在文档中单击选中图片，切换到“图片工具 格式”选项卡，在“图片样式”组中的列表框中选择要采用的图片样式，如图 4-13 所示。

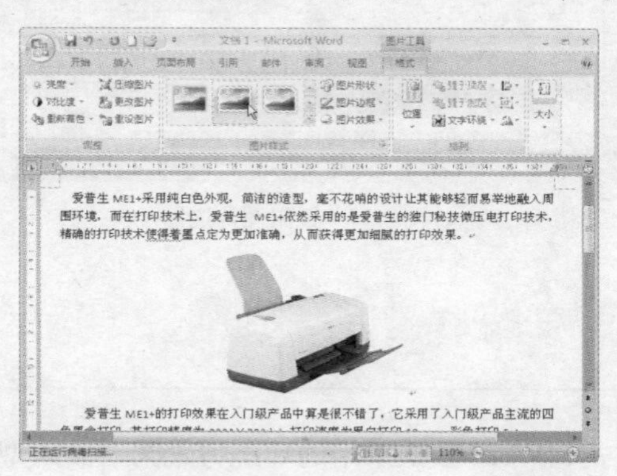

图 4-13　选择样式

Step 2　单击选择后，即可为图片应用选择样式，如图 4-14 所示。

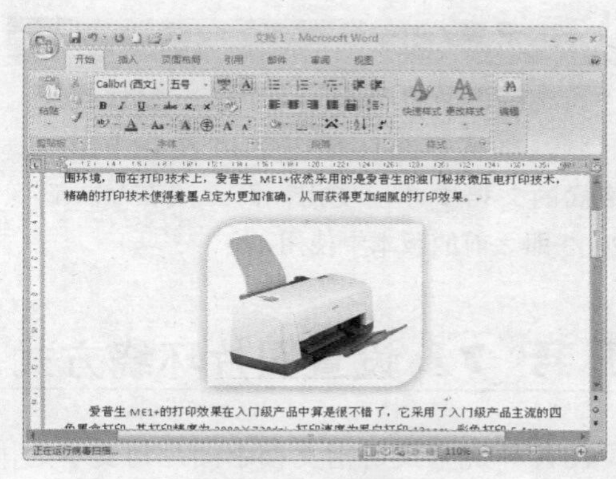

图 4-14　应用样式

任务 6 设置图片形状与边框样式

在 Word 2007 中可以对文档中图片的形状进行更改以及为图片添加边框并自定义边框样式。

1. 更改图片形状

在文档中插入的图片形状一般均为矩形，用户可根据编排需求将图片更改为任意形状，其具体操作方法如下：

Step 1　选中要更改形状的图片，单击“图片样式”组中的 图片形状 下拉按钮，在弹出的形状列表中选择要更改的形状，如图 4-15 所示。

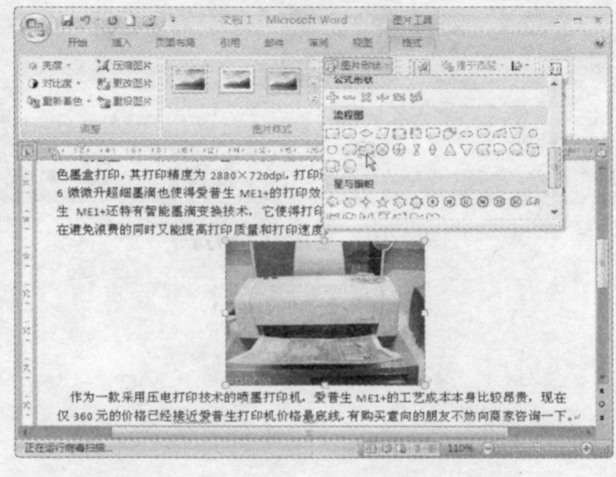

图 4-15　选择形状

Step 2　此时可将图片更改为所选形状，更改后的效果如图 4-16 所示。

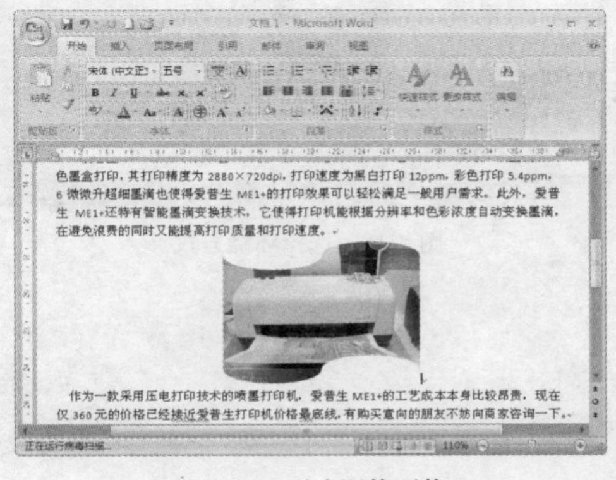

图 4-16　更改图片形状

2. 设置图片边框

对于一些边界不明显的图片，为了便于区分，就可以为图片添加边框。添加边框时用户可自定义边框线条颜色与样式。选中图片，单击“图片样式”组中的 图片边框 按钮，在弹出的列表中可以选择边框颜色、线条粗细以及线条样式等，如图 4-17 所示。

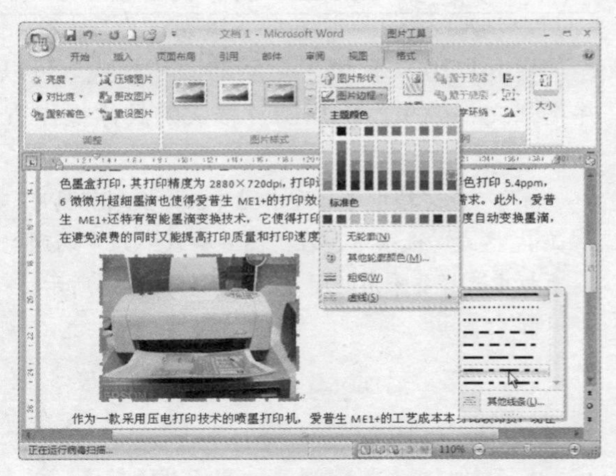

图 4-17 设置图片边框

小提示

部分图片修饰与设置功能，如样式、形状、边框等，只有在采用 Word 2007 格式的文档中才能使用；而无法在 Word 2003 即之前的版本中使用。

任务 7 设置图片环绕方式

图片环绕方式是指文档中图片与文本的排列方式，Word 默认采用的环绕方式为“嵌入型”，同时提供了其他多种环绕方式。如果需要更改图片环绕方式，只要选择图片后，单击“排列”组中的 文字环绕 按钮，在弹出的列表中进行选择即可。

以将图片与文字实现四周型环绕为例，其具体操作方法如下：

Step 1 选中文档中要更改环绕方式的图片，单击“排列”组中的 文字环绕 按钮，在弹出的列表中选择“四周型环绕”选项，如图 4-18 所示。

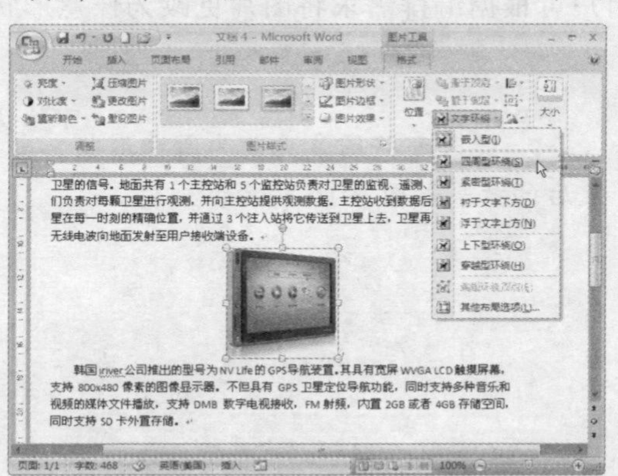

图 4-18 选择环绕方式

Step 2 此时即可更改文字与图片的环绕方式，并且图片能够在文档中任意移动，如图 4-19 所示。

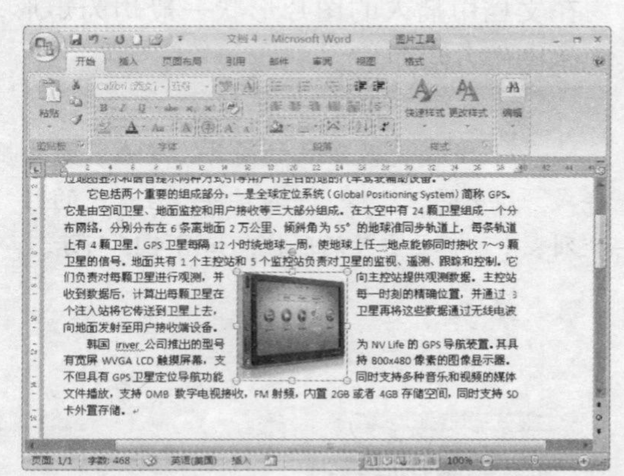

图 4-19 更改环绕方式

4.2　插入与编辑形状

形状是一系列由线条组成的图形，Word 2007 中提供了多种类型的形状，用户可以将这些形状插入到文档中进行修饰，或将多个形状组合为新的形状。

任务 1　插入形状

绘制形状之前，需要先选择绘制的形状，然后进行绘制，绘制过程中通过鼠标拖动可控制所绘制形状的大小。在文档中绘制形状的操作方法如下：

Step 1　选择“插入”选项卡，单击“插图”组中的“形状”下拉按钮，在弹出的列表中单击要插入的形状，如图 4-20 所示。

Step 2　此时，指针将变为十字状，拖动鼠标直到形状合适大小后，松开鼠标按键即可，如图 4-21 所示。

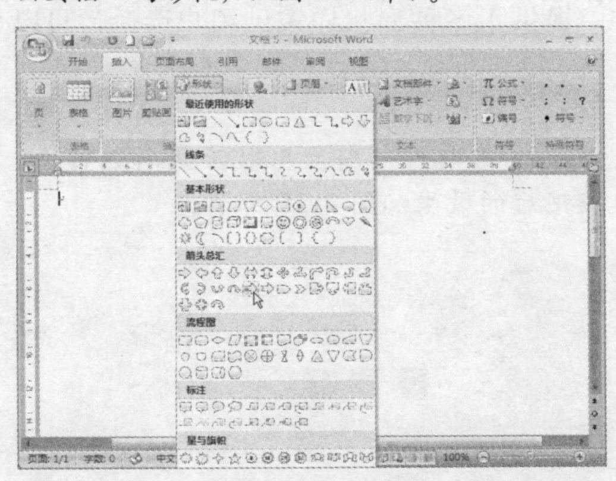

图 4-20　选择形状

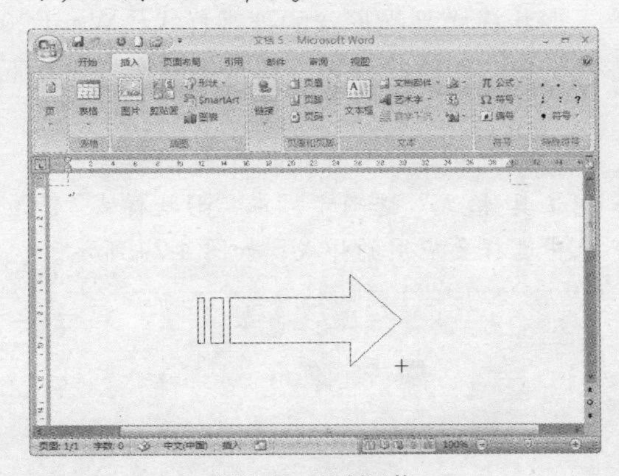

图 4-21　绘制形状

任务 2　调整形状大小与位置

在文档中插入形状后，用户可根据需要任意调整形状的大小与位置。其调整方法如下：

- 调整形状大小：单击选中形状，然后向内侧或外侧拖动形状四周的任一控点，在拖动过程中会显示虚框表示调整后的大小，拖动到目标大小后，松开鼠标即可，如图 4-22 所示。
- 调整形状位置：将指针移动到形状中，当指针形状变为十字箭头时，按下左键拖动形状到目标位置后，松开左键即可，如图 4-23 所示。

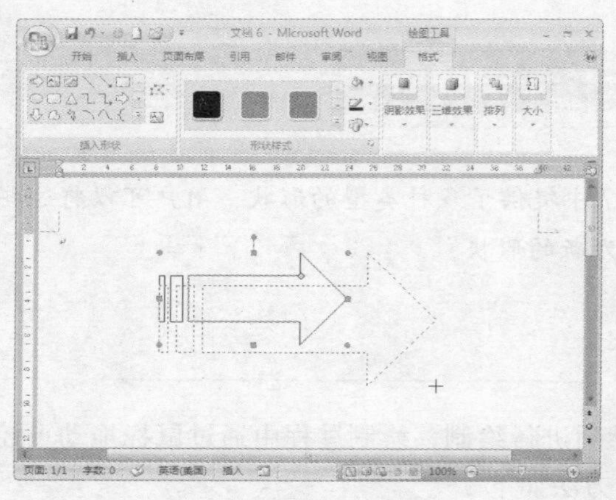

图 4-22　调整形状大小

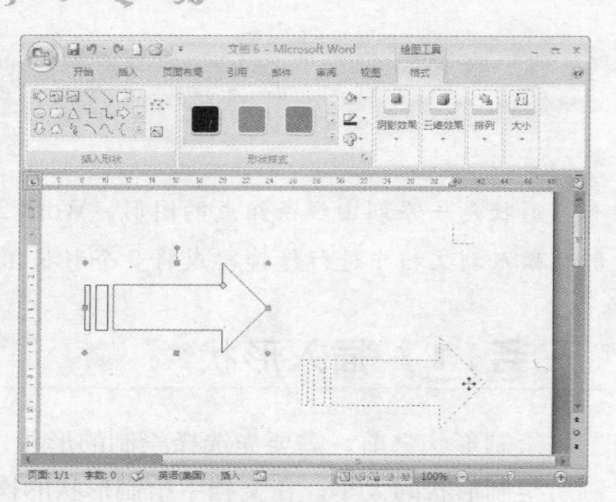

图 4-23　调整形状位置

任务 3　设置形状样式

形状样式是指形状的外观样式，Word 2007 中提供了多种形状样式供用户选择，可以为形状直接应用这些样式，其具体操作方法如下：

Step 1　选中要设置样式的形状，切换到“绘图工具 格式”选项卡，在“形状样式”列表中选择要应用的样式，如图 4-24 所示。

Step 2　此时即可将为形状应用所选样式，应用后的效果如图 4-25 所示。

图 4-24　选择样式

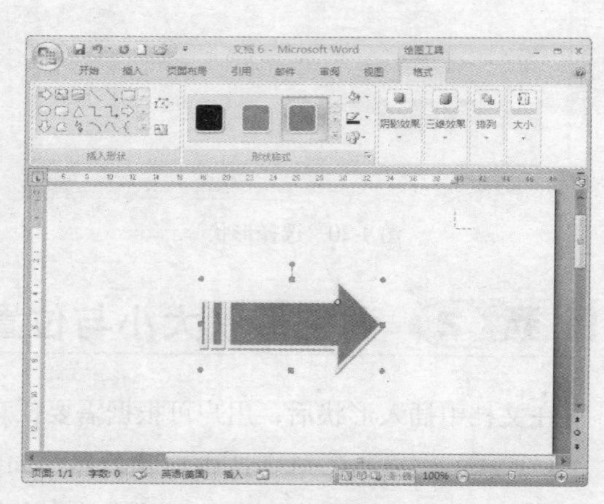

图 4-25　应用样式

任务 4　设置形状填充

形状填充指形状的内部填充颜色或效果，在 Word 2007 中除了可以使用单色填充外，还可以为形状设置渐变、纹理、图案以及图片等填充效果。以采用纹理填充形状为例，其具体操作方法如下：

Step 1　选中要设置填充的形状，单击“形状样式”组中的“形状填充”按钮，在打开的列表中可以选择填充颜色，由于采用纹理填充，因此这里指向“纹理”选项，展开纹理样式列表，如图 4-26 所示。

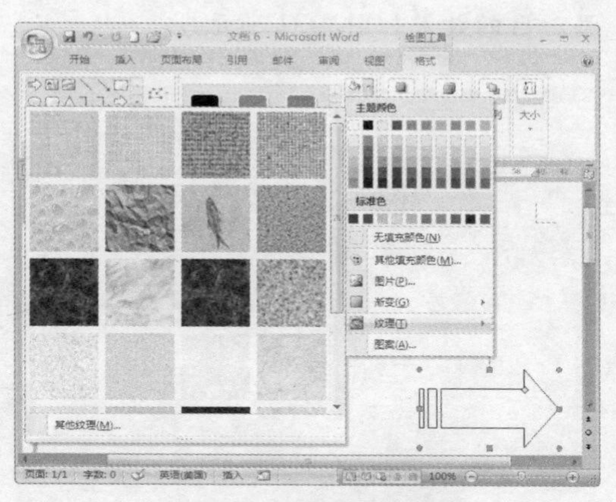

图 4-26　选择纹理效果

Step 2　在列表中单击选择一种纹理样式，即可为形状应用所选纹理填充，其效果如图 4-27 所示。

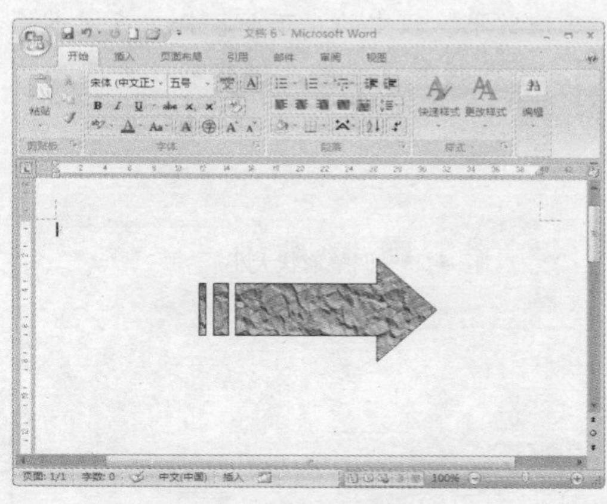

图 4-27　填充形状

任务 5　为形状添加阴影与三维效果

在 Word 中可以为形状添加阴影效果与三维效果，从而增强形状的立体感与空间感。添加形状效果时，无法同时为形状应用阴影效果与三维效果。

1. 设置阴影效果

合理为形状设置阴影效果可以增强形状的空间感，其具体操作方法如下：

Step 1　选中要添加阴影效果的形状，单击“阴影效果”组中的下拉按钮，在弹出的列表中选择要设置的阴影样式，如图 4-28 所示。

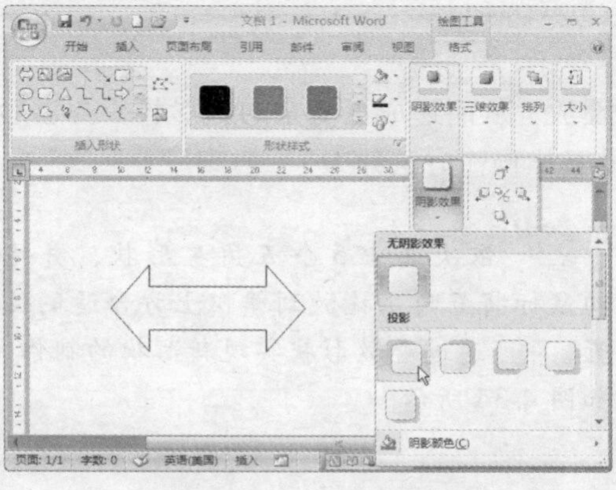

图 4-28　选择阴影效果

Step 2　选择后即可为形状添加阴影，添加后的效果如图 4-29 所示。

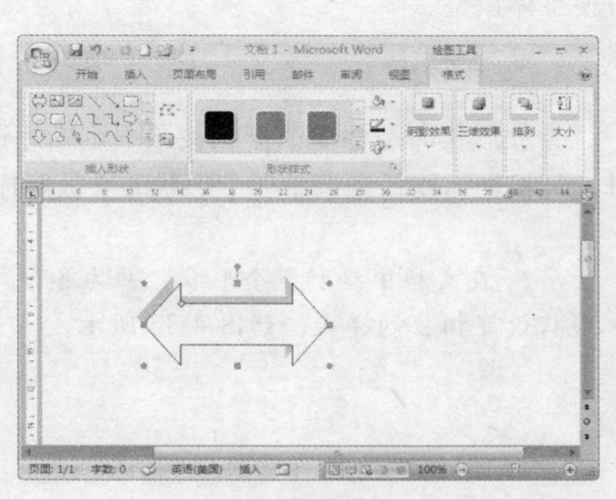

图 4-29　添加阴影

2. 设置三维效果

Word 中提供的形状多为平面形状，如果需要，可以为形状添加三维效果以转换为三维形状。其具体操作方法如下：

1 选中要添加阴影效果的形状，单击"三维效果"组中的下拉按钮，在弹出的列表中选择要设置的三维样式，如图 4-30 所示。

2 选择后即可为形状添加三维效果，添加后的效果如图 4-31 所示。

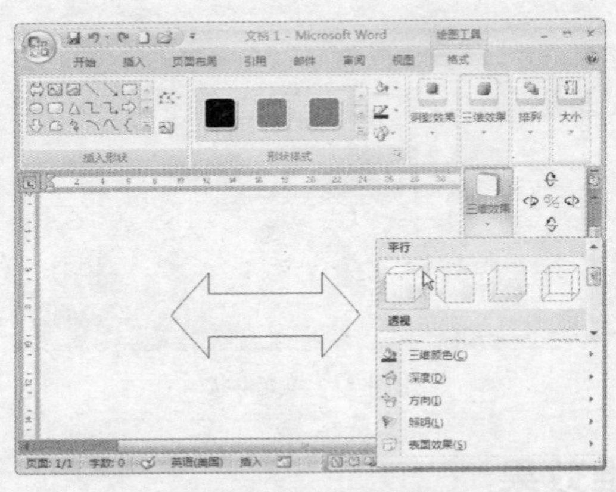

图 4-30 选择三维效果

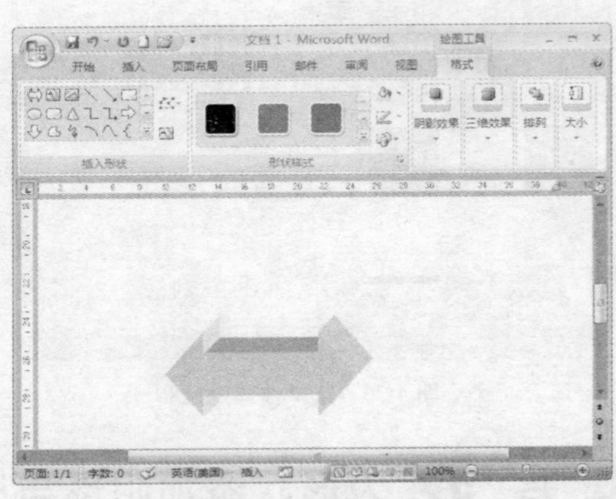

图 4-31 添加三维效果

小提示

对于本身已经具有三维特征的形状，是无法再添加三维效果的，如图 4-32 所示。

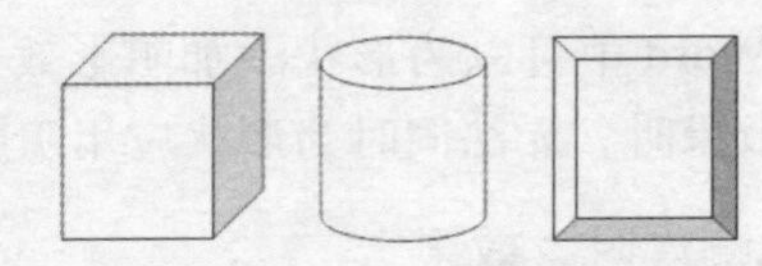

图 4-32 本身具备三维特征的图形

任务 6 叠放与组合形状

Word 中仅提供了简单的形状，这些形状可能无法满足用户需求，这时就可以在文档中插入多个形状，然后按照一定次序进行叠放以形成新的形状；或者将多个形状组合为一个形状，方便整体调整。

1. 叠放形状

叠放形状即是将多个形状按照一定顺序进行叠放，从而形成更复杂的新形状。叠放形状时，可根据需要任意调整各个形状的叠放顺序。其具体操作方法如下：

1 在文档中绘制多个形状，并为各个形状设置相应的样式，如图 4-33 所示。

2 依次选中 5 个五角星形状，并拖动鼠标将五角星拖放到旗帜上方合适的位置，即可通过叠放形状实现新形状的制作，如图 4-34 所示。

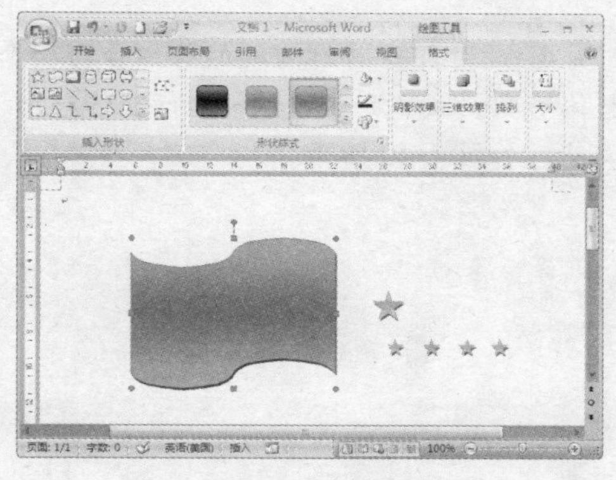

图 4-33　绘制形状

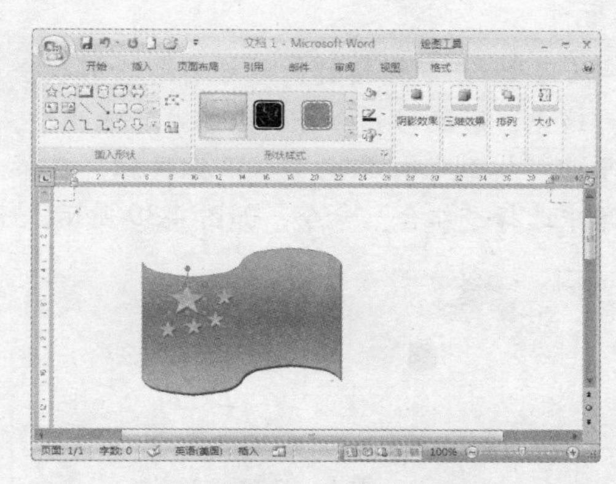

图 4-34　叠放形状

Word 默认顺序为最开始绘制的形状在叠放后置于最底层，其他依次排列，最后绘制的形状在叠放后位于最顶层。在叠放形状时，可以通过“排列”组中的 置于顶层 或 置于底层 按钮调整形状的叠放顺序。

选择形状，单击 置于顶层 按钮，可将形状叠放到最顶层，单击 置于顶层 下拉按钮，选择“上移一层”命令，可逐层向上调整叠放顺序。同样，若要将形状置于底层或者逐层向下调整，则单击 置于底层 按钮，或在下拉菜单中选择“下移一层”命令，如图 4-35、图 4-36 所示。

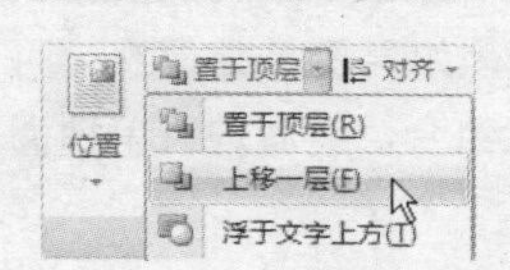

图 4-35　“置于顶层”菜单

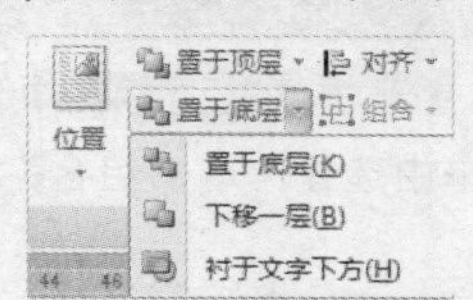

图 4-36　“置于底层”菜单

2. 组合形状

组合形状就是将多个形状组合为一个形状，从而方便对形状进行整体的移动、调整等操作。组合的形状既可以是叠放后的形状，也可以是同一文档页面中不同位置的形状。其具体操作方法如下：

Step 1　打开要组合形状的文档，单击“编辑”组中的 选择 下拉按钮，在弹出的菜单中选择“选择对象”命令，如图 4-37 所示。

Step 2　此时指针将变为 状，在文档中拖动鼠标框选所有形状，如图 4-38 所示。

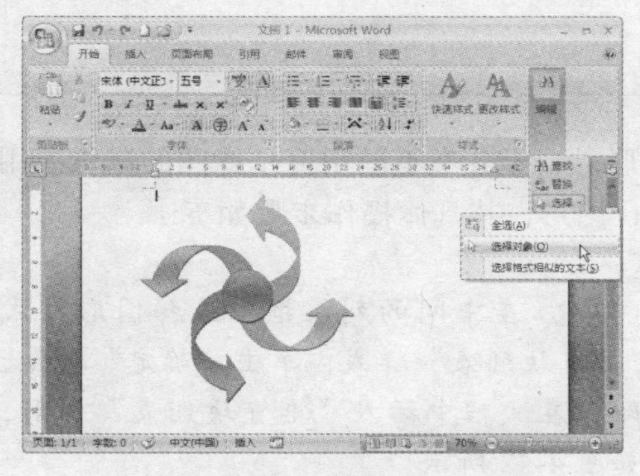

图 4-37　选择命令

图 4-38　选取形状

Step 3 松开鼠标按键，即可将所选形状全部选中，切换到“绘图工具格式”选项卡，单击“排列”组中的 下拉按钮，在菜单中选择“组合”命令，如图 4-39 所示。

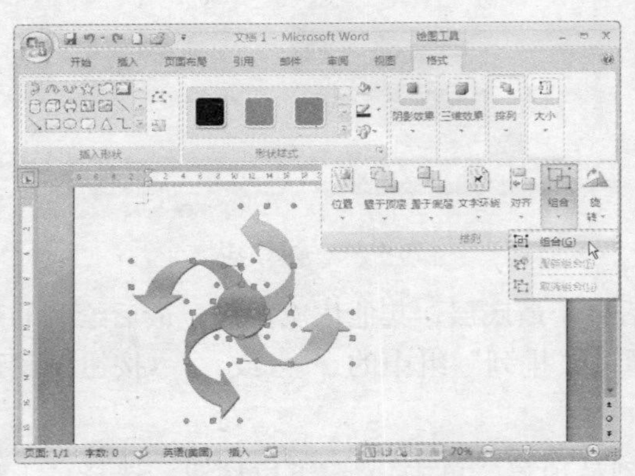

图 4-39 选择命令

Step 4 此时即可将所选的形状组合为一个整体形状，从而便于对形状进行整体移动、调整，如图 4-40 所示。

图 4-40 组合形状

小提示

组合形状后，就无法单独调整其中任意一个形状了，如果要单独调整，可选择整体形状后，在“组合”下拉菜单中选择“取消组合”命令，取消形状组合，然后进行单独调整。

4.3 插入与设计 SmartArt 图形

SmartArt 图形是 Word 2007 中新增的图形样式，具有美观新颖、结构清晰等特点，主要用于制作流程图、组织结构图等图示。

小提示

SmartArt 图形只能应用在 Word 2007 格式的文档中，而不能在 Word 2003 或之前版本中使用。

任务 1 插入 SmartArt 图形

Word 2007 中提供了多种类型的 SmartArt 图形，用于各类不同用途示意图的制作。用户可根据要制作示意图的类型来选择相应的 SmartArt 图形，其具体操作步骤如下：

Step 1 打开要插入 SmartArt 图形的文档，切换到“插入”选项卡。单击“插图”组中的“SmartArt”按钮 ，弹出“选择 SmartArt 图形”对话框，如图 4-41 所示。

Step 2 在中间的列表框中选择图形样式“垂直块列表”样式，单击“确定”按钮，即可在文档中插入“垂直块列表”图形，如图 4-42 所示。

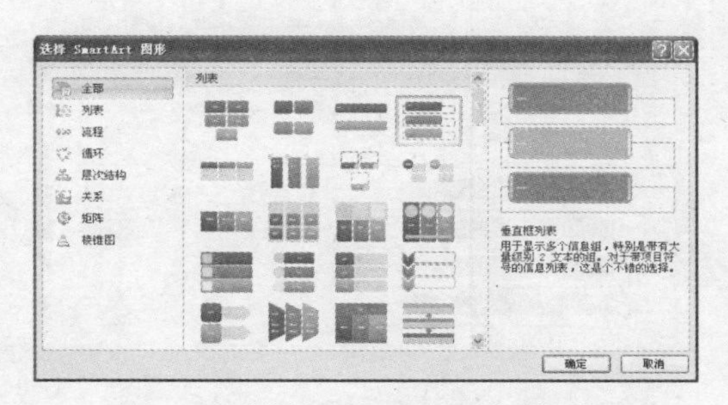

图 4-41　"选择 SmartArt 图形"对话框

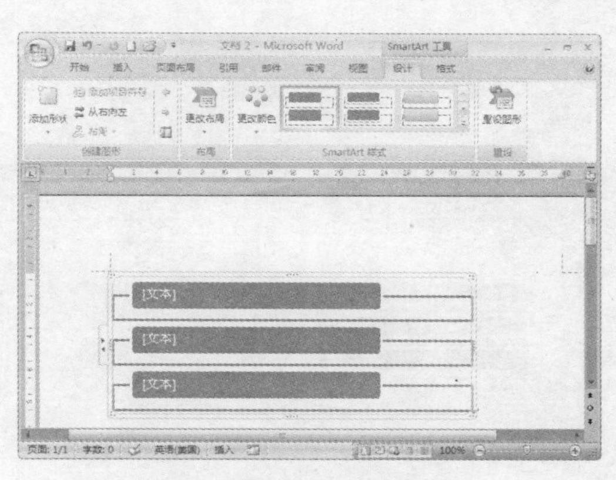

图 4-42　插入 SmartArt 图形

Step 3　图形左侧将显示文本编辑框，在编辑框中输入对应的文本，即可显示在对应的图形中。也可以在图形中直接输入文本，如图 4-43 所示。

Step 4　编辑完毕后关闭文本编辑框，然后拖动图形四周的控点调整大小，调整过程中图形中的文本也会自动进行调整，如图 4-44 所示。

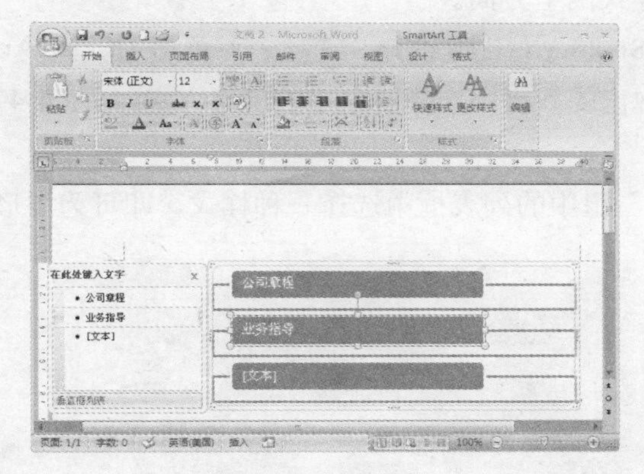

图 4-43　编辑文本

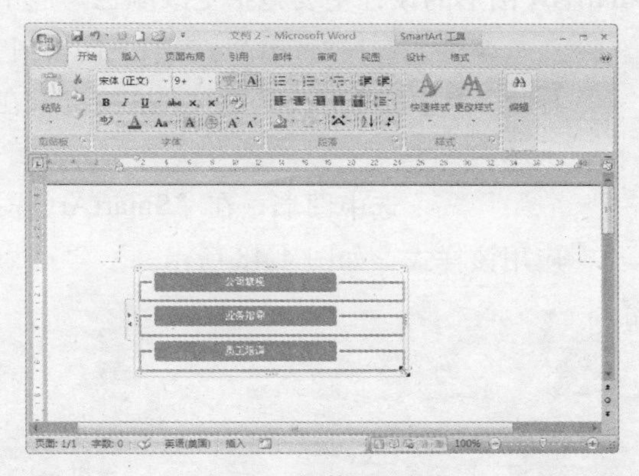

图 4-44　调整图形大小

任务 2　在 SmartArt 图形中添加形状

默认插入的 SmartArt 图形中包含的形状并不一定能满足用户需求，这时可以在图形中添加继续形状，然后在添加的形状中输入与编辑文本。添加形状的具体操作方法如下：

Step 1　在图形中选中任意一个形状，切换到"SmartArt 工具 格式"选项卡，单击"创建图形"组中的"添加形状"下拉按钮，如图 4-45 所示。

Step 2　在弹出的列表中选择形状的添加位置，即可在 SmartArt 图形中添加新形状，如图 4-46 所示。添加形状后，在其中输入对应的文本即可。

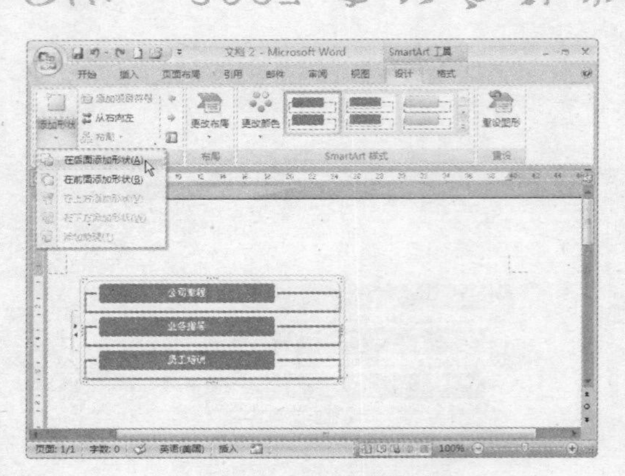
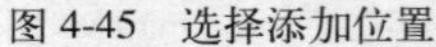

图 4-45　选择添加位置

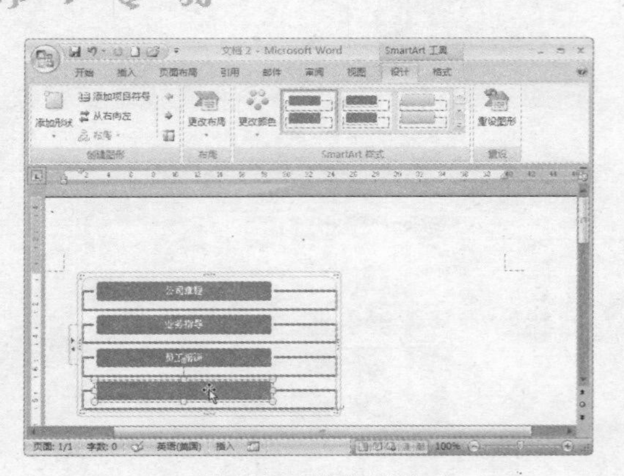

图 4-46　添加新形状

任务 3　设置 SmartArt 图形样式

可以对插入的 SmartArt 图形的样式进行一系列设计，从而使编排出的图形更加美观。对 SmartArt 图形的设计主要包括更改颜色与应用样式两个方面。

- 更改颜色：选中 SmartArt 图形，切换到“SmartArt 工具 设计”选项卡，单击“SmartArt 样式”组中的“更改颜色”下拉按钮，在弹出的列表中选择要采用的颜色方案，如图 4-47 所示。
- 应用样式：选中图形，在“SmartArt 样式”组中的列表框中选择一种样式，即可为图形应用该样式，如图 4-48 所示。

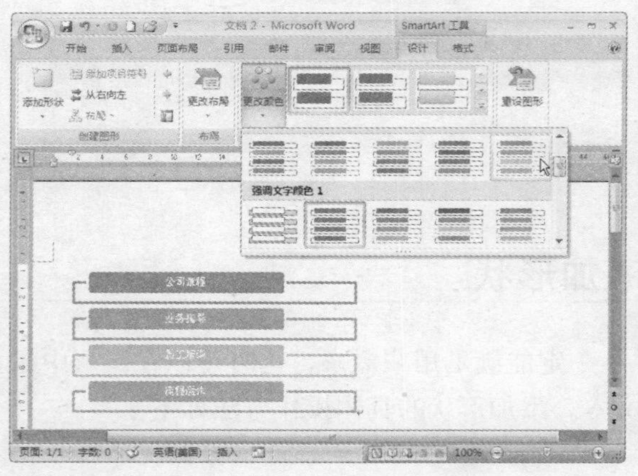

图 4-47　更改图形颜色

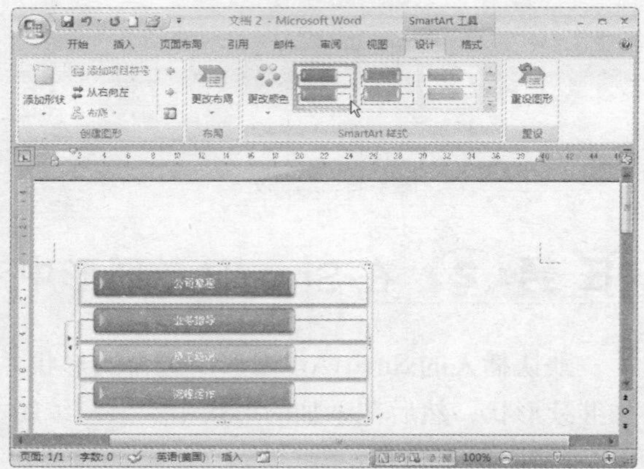

图 4-48　应用图形样式

任务 4　设置 SmartArt 图形中的形状样式

定义 SmartArt 图形样式后，会同时定义图形中形状的样式。用户也可以自定义对图形中各个形状的样式进行设置。其具体操作方法如下：

step 1 在 SmartArt 图形中单击选中要设置样式的形状，切换到“SmartArt 工具格式”选项卡，如图 4-49 所示。

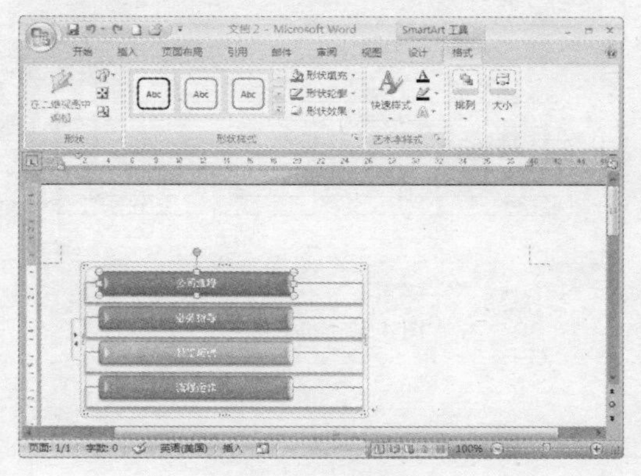

图 4-49　选择形状

step 2 在“形状样式”组中的列表框中选择某个样式，即可为所选形状应用该样式，如图 4-50 所示。

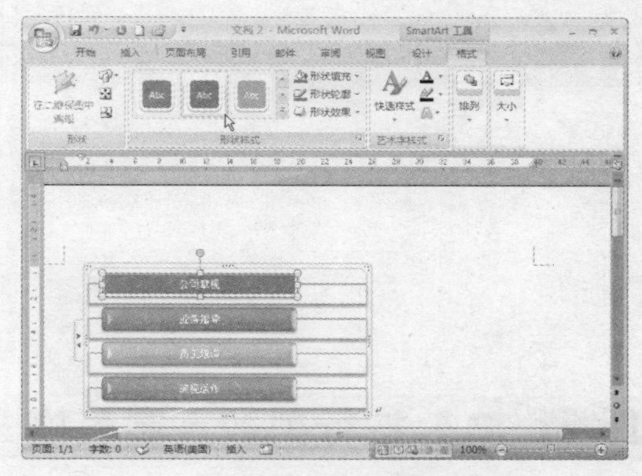

图 4-50　应用形状样式

小提示

在“形状样式”组中也可以为图形中的形状自定义设置填充、边框样式以及效果，其方法与形状的设置方法基本相同。

4.4　插入与编排表格

表格用于将文档中罗列的信息规则显示出来。在编排各类文档时，经常需要在文档中插入表格。在 Word 2007 中，可以快速插入指定行列的表格，或者根据需要自行绘制表格。

任务 1　快速插入表格

如果要插入 8 行 10 列以内的表格，可以通过在“表格”列表中选取的方式快速插入，其具体操作方法如下：

step 1 将光标定位到要插入表格的位置，切换到“插入”选项卡，单击“表格”组中的 下拉按钮，在列表中移动鼠标选择表格行列数，如图 4-51 所示。

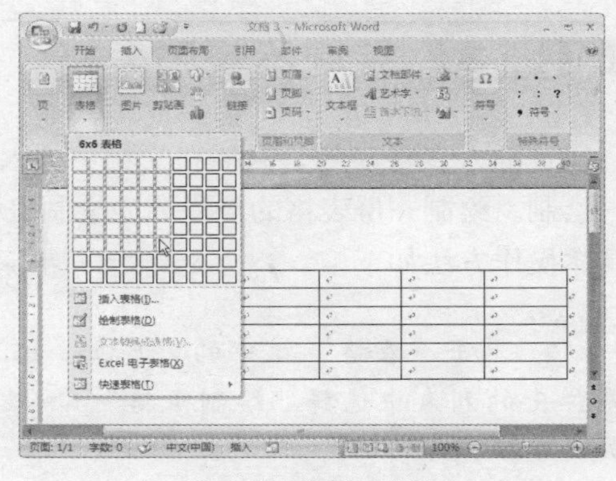

图 4-51　选择行列数

Step 2 在指定行列数交叉的方格上单击，即可在文档中插入对应行列数的表格，如图 4-52 所示。

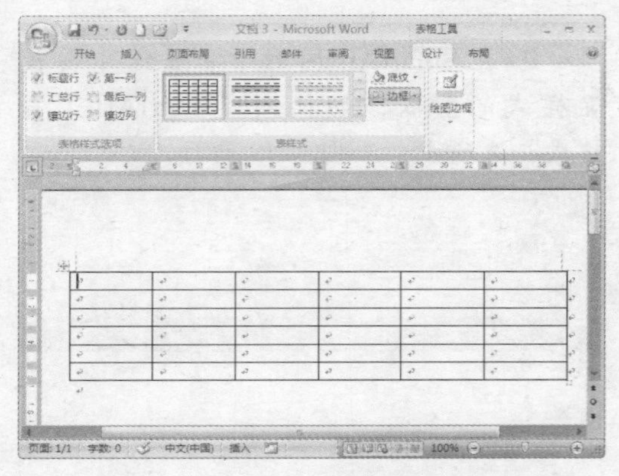

图 4-52 插入表格

任务 2 按行列数定制表格

对于包含行列数较多的表格，可以通过插入表格功能精确设置表格行列数进行插入，其具体操作方法如下：

Step 1 在“表格”下拉列表中选择“插入表格”命令，弹出“插入表格”对话框，在“列数”和“行数”数值框中输入行列数，如图 4-53 所示。

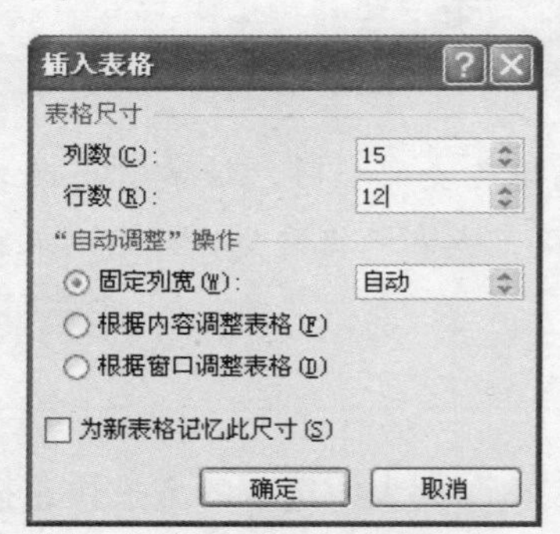

图 4-53 “插入表格”对话框

Step 2 单击 确定 按钮，即可在文档中插入指定行列的表格，如图 4-54 所示。

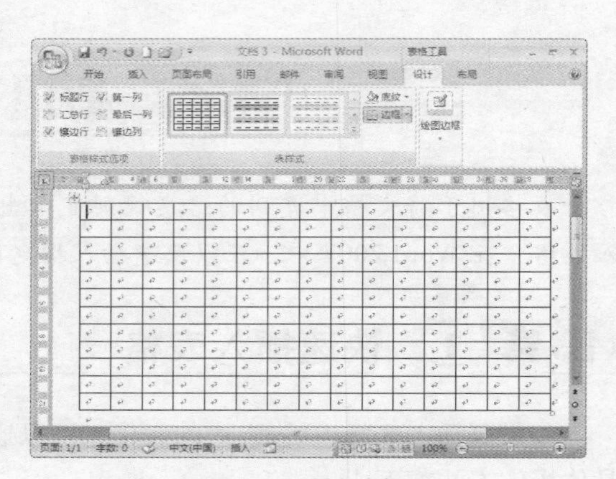

图 4-54 插入表格

任务 3 绘制不规则表格

通过插入表格功能，只能在文档中插入规则表格；对于一些不规则的表格，就需要用户自行绘制。绘制一份表格的流程为先绘制表格边框，然后绘制行线与列线，最后绘制表格斜线。其具体操作方法如下：

Step 1 单击“表格”组中的 下拉按钮，在弹出的列表中选择“绘制表格”命令，如图 4-55 所示。

Step 2 此时指针将变为笔状，在文档中斜向拖动绘制表格边框，如图 4-56 所示。

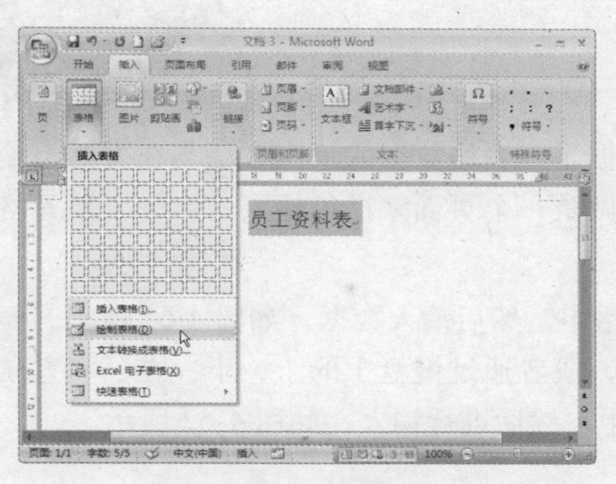

图 4-55　选择命令

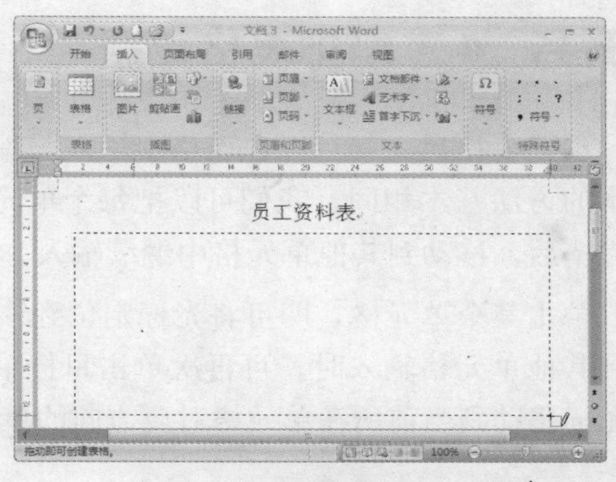

图 4-56　绘制表格边框

Step 3 绘制边框表格边框后，将指针移动到表格的左边框线上，向右拖动绘制表格的行线，如图 4-57 所示。

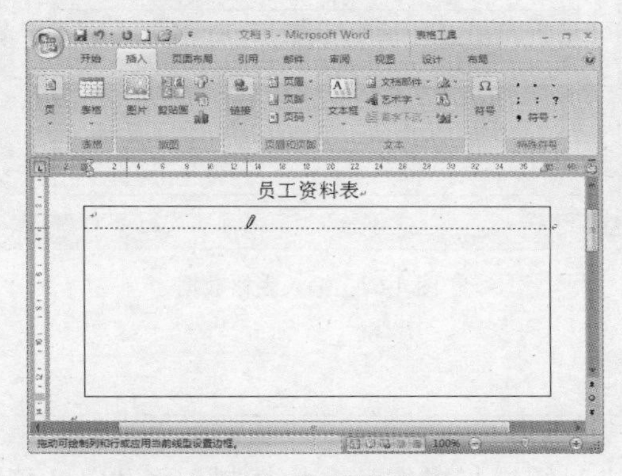

图 4-57　拖动绘制行线

Step 4 按照同样的方法，根据编排要求继续绘制多条行线，如图 4-58 所示。

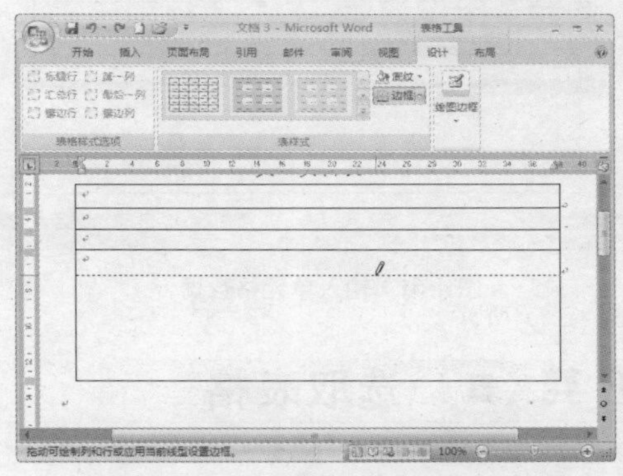

图 4-58　绘制多条行线

Step 5 将光标移动到表格上框线上，向下拖动绘制列线。如果要绘制非通栏的列线，则可将指针移动到表格中的任意一条行线上，向上或向下纵向拖动至其他行线进行绘制即可，如图 4-59 所示。

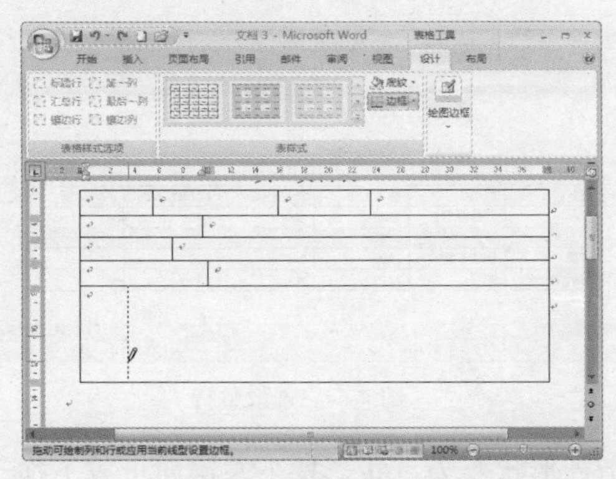

图 4-59　绘制列线

小提示

如果要绘制表格斜线，只要在表格内或单元格内对角斜向绘制即可，如图 4-60 所示。

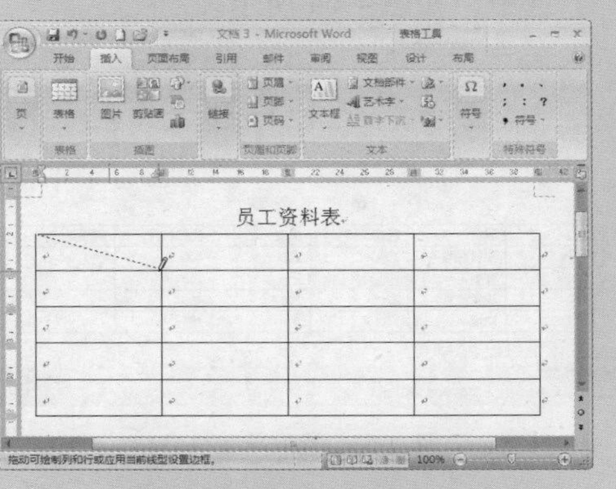

图 4-60　绘制表格斜线

任务 4 编排表格数据

创建表格后，就可以在表格中输入与编排数据了，表格数据的输入方法与在文档中输入文本的方法基本相同。我们可以把每个单元格看做是一个页面来进行输入。当一个单元格输入完毕后，移动到其他单元格中继续输入。

单击某个单元格，即可将光标定位到该单元格中，然后输入数据，如图 4-61 所示。要切换到其他单元格输入时，可再次单击目标单元格，或者通过键盘上的上、下、左、右方向键将光标移动到当前所在单元格对应方向的单元格中，然后进行输入，如图 4-62 所示。

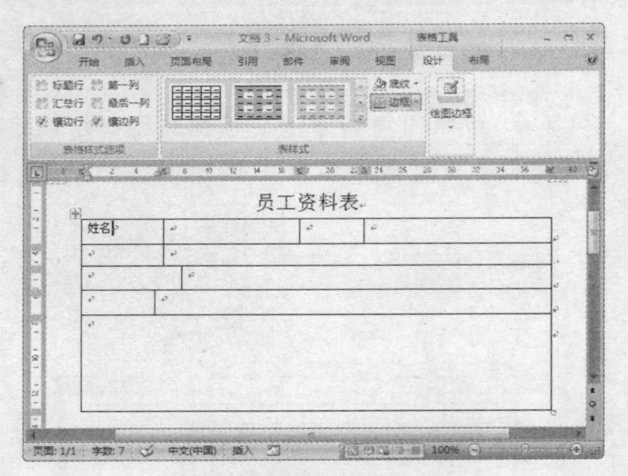

图 4-61 输入单元格数据

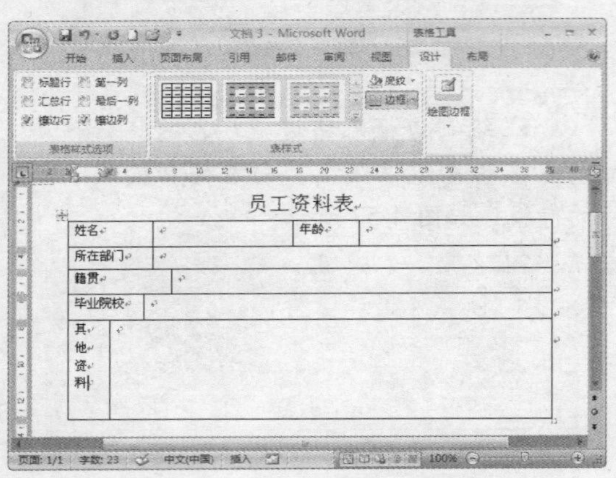

图 4-62 输入表格数据

任务 5 选取表格

表格内容的编排与文档相同，当对指定内容进行编辑与操作时，如复制、移动以及清除单元格等，必须先选取内容所在单元格、行、列或整个表格。

- 选取单个单元格：将指针移动到单元格左侧，指针形状变为 ➚ 状，单击即可将该单元格选中，如图 4-63 所示。
- 选取整行：将指针移动到任意单元格的左侧，指针形状变为 ➚ 状，双击即可将该行全部选中，如图 4-64 所示。

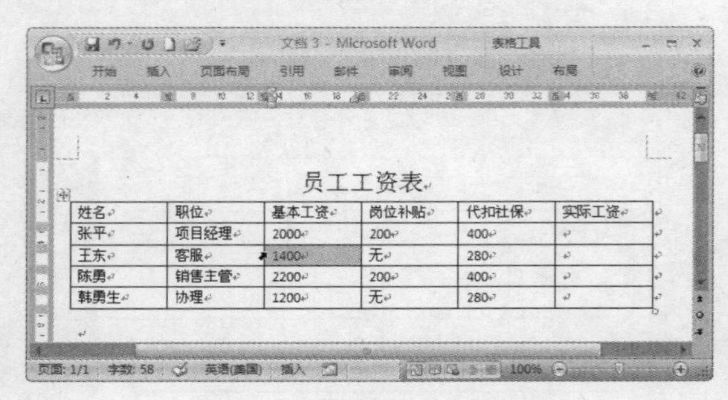

图 4-63 选取单元格

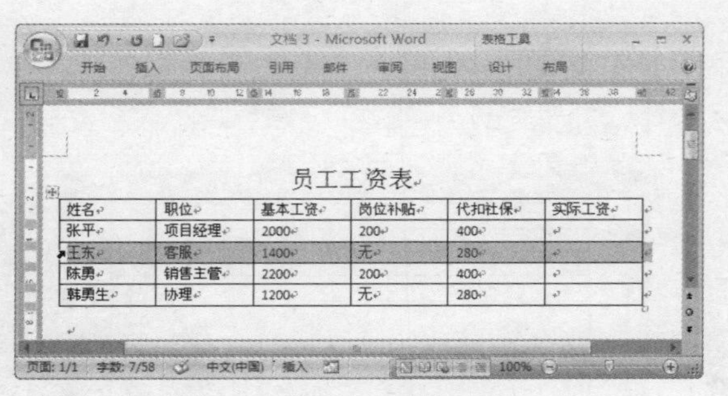

图 4-64 选取整行

- 选取多行单元格：将指针移动到行的左侧，指针形状变为 ➚ 状，按下左键向上或下拖动，即可选取连续的多行单元格，如图 4-65 所示。

- 选取整列：将指针移动到列的上方，当指针形状变为 ⬇ 状时，单击即可将该列全部选中，如图 4-66 所示。

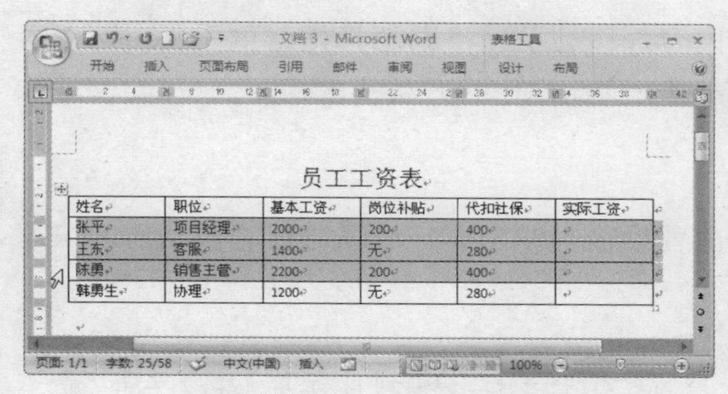

员工工资表

姓名	职位	基本工资	岗位补贴	代扣社保	实际工资
张平	项目经理	2000	200	400	
王东	客服	1400	无	280	
陈勇	销售主管	2200	200	400	
韩勇生	协理	1200	无	280	

图 4-65 选取多行

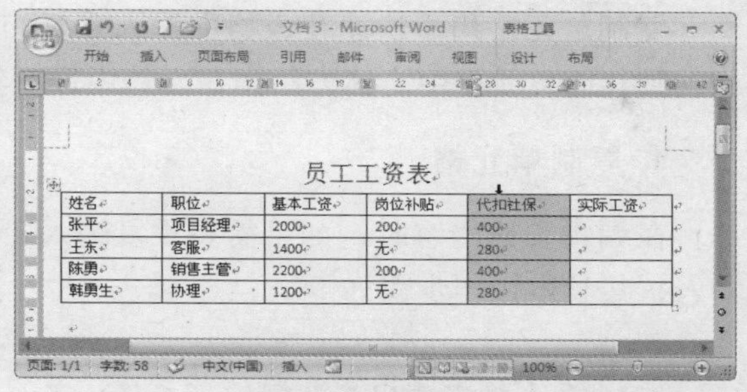

员工工资表

姓名	职位	基本工资	岗位补贴	代扣社保	实际工资
张平	项目经理	2000	200	400	
王东	客服	1400	无	280	
陈勇	销售主管	2200	200	400	
韩勇生	协理	1200	无	280	

图 4-66 选取整列

- 选取多列单元格：将指针移动到列的上方，当指针形状变为 ⬇ 状时，按下左键向左或右拖动，即可选取连续的多列单元格，如图 4-67 所示。
- 选取连续单元格：在表格中拖动，起始位置和终止位置之间的单元格将被选中，如图 4-68 所示。

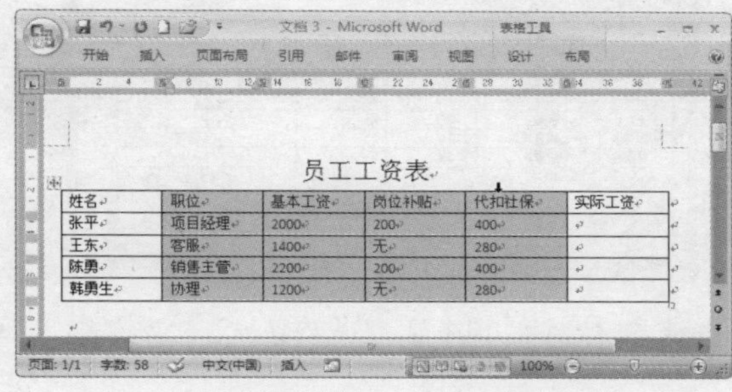

员工工资表

姓名	职位	基本工资	岗位补贴	代扣社保	实际工资
张平	项目经理	2000	200	400	
王东	客服	1400	无	280	
陈勇	销售主管	2200	200	400	
韩勇生	协理	1200	无	280	

图 4-67 选取多列单元格

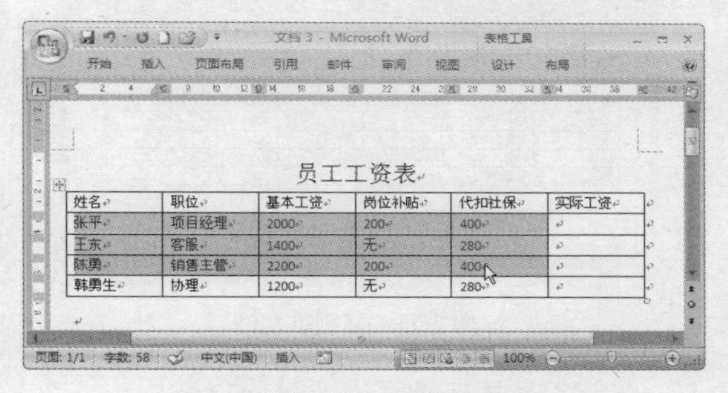

员工工资表

姓名	职位	基本工资	岗位补贴	代扣社保	实际工资
张平	项目经理	2000	200	400	
王东	客服	1400	无	280	
陈勇	销售主管	2200	200	400	
韩勇生	协理	1200	无	280	

图 4-68 选取连续单元格

- 选取不连续单元格：选中任意一个单元格后，按下【Ctrl】键单击其他单元格，可以将不连续的单元格选中，如图 4-69 所示。
- 选取整张表格：将指针移动到表格的任意位置，表格左上角就显示 ⊞ 标记，单击该标记，即可将整个表格全部选中，如图 4-70 所示。

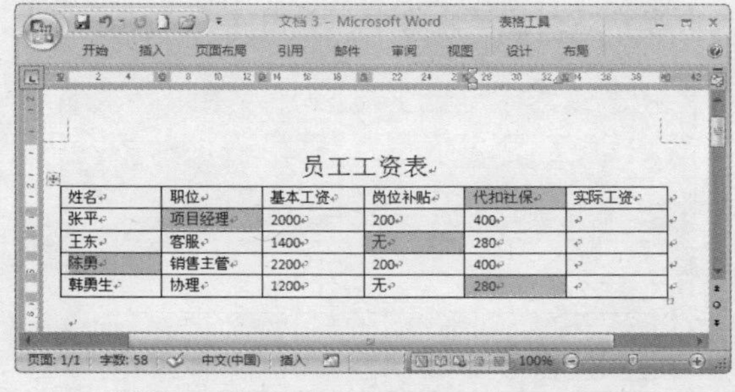

员工工资表

姓名	职位	基本工资	岗位补贴	代扣社保	实际工资
张平	项目经理	2000	200	400	
王东	客服	1400	无	280	
陈勇	销售主管	2200	200	400	
韩勇生	协理	1200	无	280	

图 4-69 选取不连续单元格

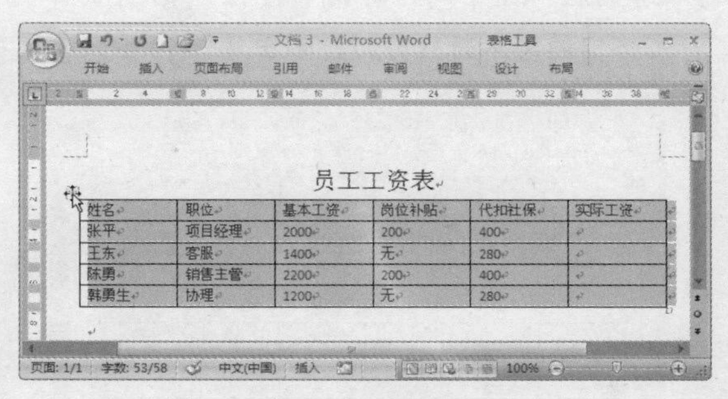

员工工资表

姓名	职位	基本工资	岗位补贴	代扣社保	实际工资
张平	项目经理	2000	200	400	
王东	客服	1400	无	280	
陈勇	销售主管	2200	200	400	
韩勇生	协理	1200	无	280	

图 4-70 选取整张表格

任务 6 复制与移动单元格

复制单元格用于快速在表格中输入重复的内容，移动单元格则是将指定单元格中的内容移动到其他单元格中。其方法与在文档中进行复制与移动操作的方法基本相同。

1. 复制单元格

在编辑表格内容时，如果需要重复输入之前曾经输入的内容，可以通过复制功能来快速输入，其具体操作步骤如下：

step 1 在表格中选中要复制的单元格，单击“剪贴板”组中的“复制”按钮，如图 4-71 所示。

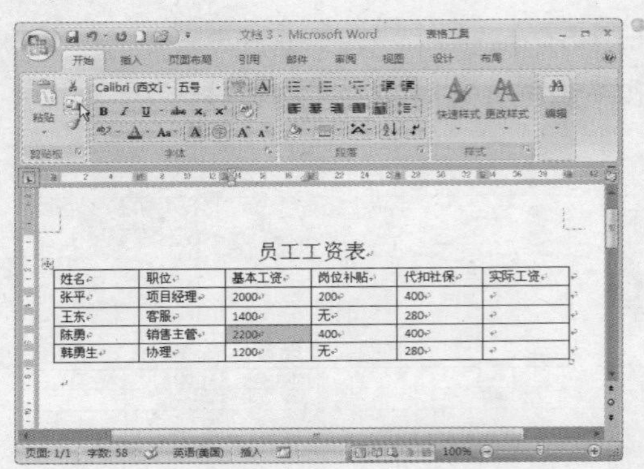

员工工资表

姓名	职位	基本工资	岗位补贴	代扣社保	实际工资
张平	项目经理	2000	200	400	
王东	客服	1400	无	280	
陈勇	销售主管	2200	400	400	
韩勇生	协理	1200	无	280	

图 4-71　复制单元格

step 2 将光标移动到目标单元格，单击“剪贴板”组中“粘贴”按钮，即可将复制内容粘贴到该位置，如图 4-72 所示。

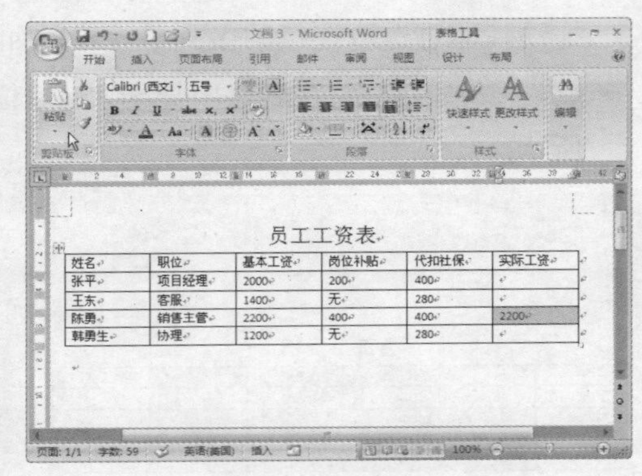

员工工资表

姓名	职位	基本工资	岗位补贴	代扣社保	实际工资
张平	项目经理	2000	200	400	
王东	客服	1400	无	280	
陈勇	销售主管	2200	400	400	2200
韩勇生	协理	1200	无	280	

图 4-72　粘贴内容

2. 移动单元格

移动单元格就是将指定单元格中的数据移动到其他单元格中，多在调整表格时使用，其具体操作方法如下：

step 1 在表格中选中要移动的单元格，单击“剪贴板”组中的“剪切”按钮，此时单元格中的文本将被剪切，如图 4-73 所示。

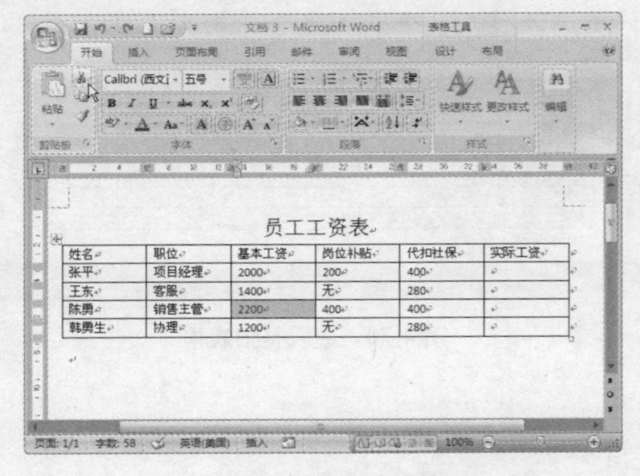

员工工资表

姓名	职位	基本工资	岗位补贴	代扣社保	实际工资
张平	项目经理	2000	200	400	
王东	客服	1400	无	280	
陈勇	销售主管	2200	400	400	
韩勇生	协理	1200	无	280	

图 4-73　剪切单元格

step 2 将光标移动到目标单元格，单击“剪贴板”组中“粘贴”按钮，即可将剪切的内容粘贴到该单元格中，如图 4-74 所示。

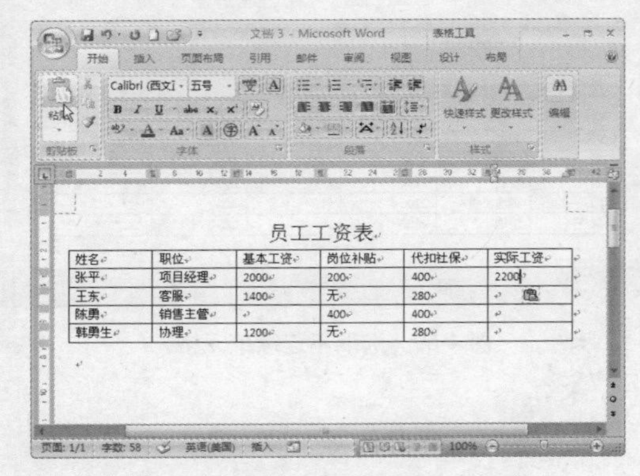

员工工资表

姓名	职位	基本工资	岗位补贴	代扣社保	实际工资
张平	项目经理	2000	200	400	2200
王东	客服	1400	无	280	
陈勇	销售主管		400	400	
韩勇生	协理	1200	无	280	

图 4-74　粘贴内容

任务 7　清除单元格

清除单元格就是将单元格中的内容删除。清除单元格时，可以将单元格中的数据全部清除，也可以只清除部分单元格数据。

- 清除部分单元格内容：将光标移动到要清除数据的单元格中，按下【Delete】键可逐个删除光标右侧的字符；按下【BackSpace】键可逐个清除光标左侧的字符。
- 清除整个单元格：选中要清除数据的单元格或单元格区域，按下【Delete】键，即可将单元格数据全部清除。

4.5　调整与设计表格

创建表格后，可以根据表格内容的编排对表格的布局进行一系列调整以及修饰，从而使制作出的表格更为美观、结构更为清晰。

任务 1　在表格中插入行或列

创建表格并编排数据后，如果需要添加数据，就需要在表格中插入相应的行或列，然后输入要添加的内容。插入行列时，可以插入一行或一列，或同时插入多行或多列，并可以选择插入行列的位置。

- 在上方插入行：将指针移动任意单元格中，切换到"表格工具 布局"选项卡，单击"行和列"组中的"在上方插入"按钮，即可在当前单元格所在行上方插入新的一行，如图 4-75 所示。
- 在下方插入行：将指针移动任意单元格中，单击"行和列"组中的"在下方插入"按钮在下方插入，即可在当前单元格所在行下方插入新的一行，如图 4-76 所示。

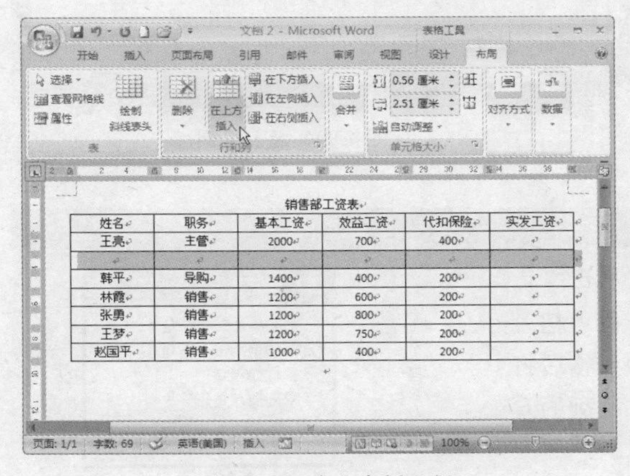

图 4-75　在上方插入行

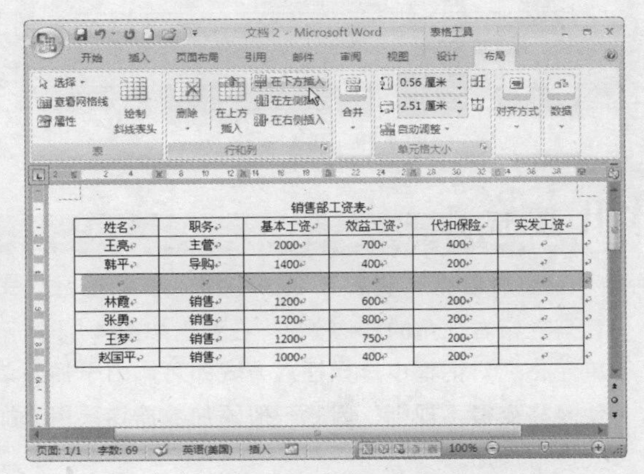

图 4-76　在下方插入行

- 在左侧插入列：将指针移动任意单元格中，单击"行和列"组中的在左侧插入按钮，即可在当前单元格所在列的左侧插入新的一列，如图 4-77 所示。

• 在右侧插入列：将指针移动任意单元格中，单击“行和列”组中的 在右侧插入 按钮，即可在当前单元格所在列的右侧插入新的一列，如图 4-78 所示。

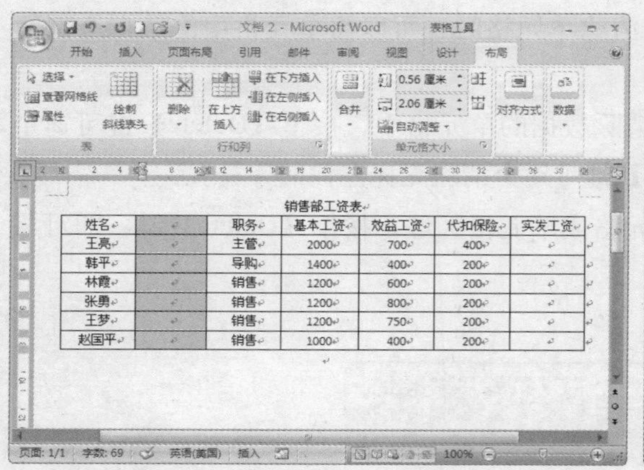

图 4-77　在左侧插入列

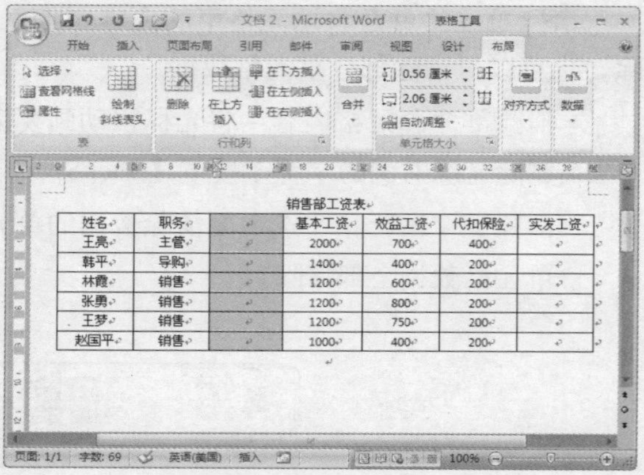

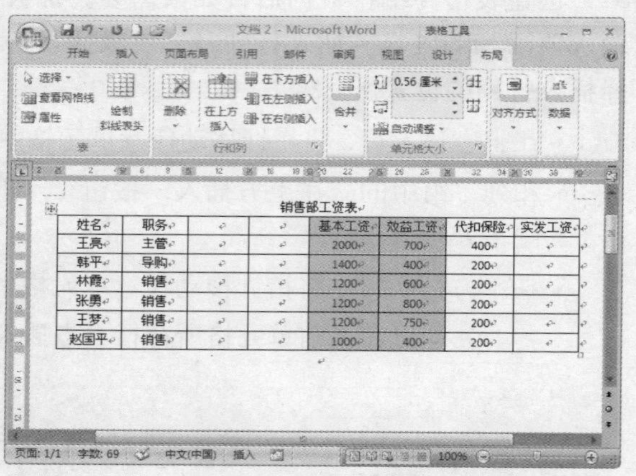

图 4-78　在右侧插入列

• 插入多行：同时选中多行，单击 在上方插入 或 在下方插入 按钮，即可在所选行的上方或下方插入与所选行数目相同的行，如图 4-79 所示。

• 插入多列：同时选中多列，单击 在左侧插入 或 在右侧插入 按钮，即可在所选列的左侧或右侧插入与所选列数目相同的列，如图 4-80 所示。

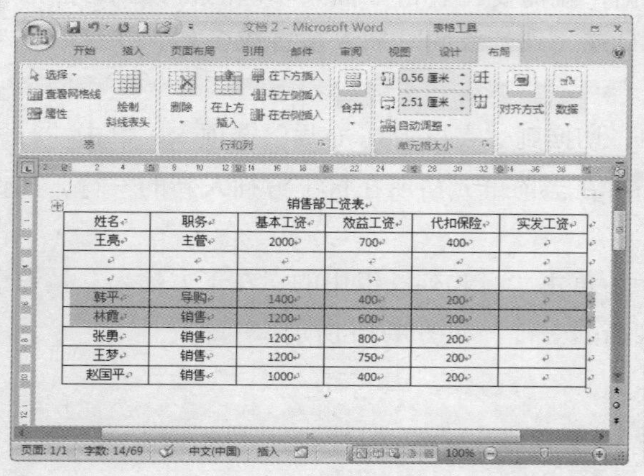

图 4-79　插入多行

图 4-80　插入多列

小提示

也可以根据需要在表格中插入单元格，只要单击“行和列”组右下角的 按钮，在弹出如图 4-81 所示的“插入单元格”对话框中选择插入方式即可，由于插入单元格后将使表格变得不规则，因此一般添加数据均采用添加行列的方式进行添加。

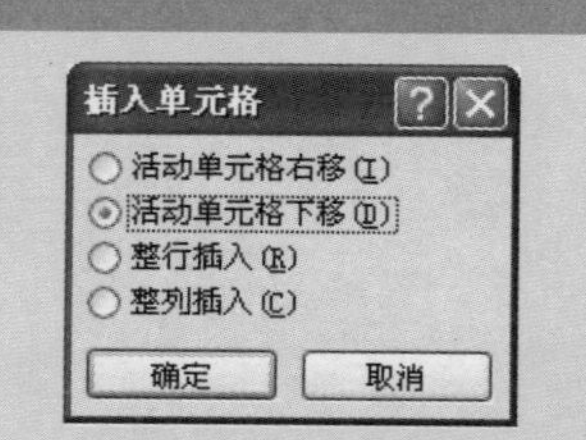

图 4-81　“插入单元格”对话框

任务 2　删除表格中的行或列

对于表格中不需要的数据，可以将数据所在的单元格或行、列从表格中删除。与清除单元格不同，删除单元格是将数据连同所在单元格、行列一起删除。

- 删除行：选中要删除的一行或多行，单击“行和列”组中的下拉按钮，在弹出的快捷菜单中选择“删除行”命令，如图 4-82 所示。
- 删除列：选中要删除的一列或多列，单击“行和列”组中的下拉按钮，在弹出的快捷菜单中选择“删除列”命令。
- 删除单元格：选中要删除的一个或多个单元格，在“删除”下拉列表中选择“删除单元格”命令，在弹出的“删除单元格”对话框中选择删除方式，单击确定按钮，如图 4-83 所示。

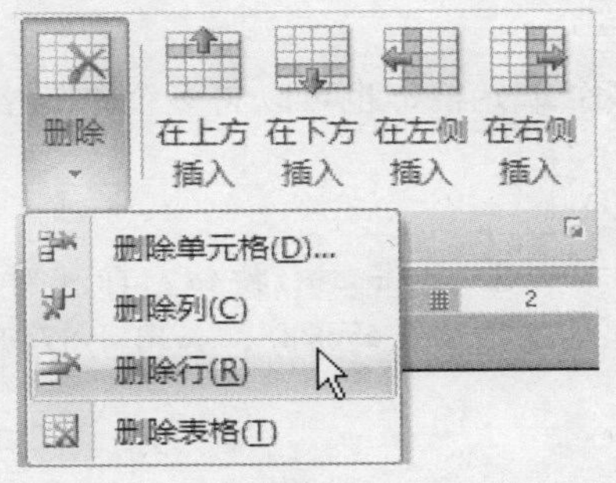

图 4-82　选择“删除行”命令

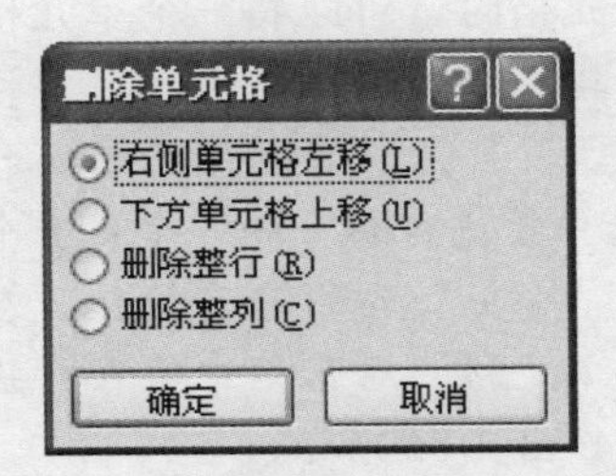

图 4-83　“删除单元格”对话框

小提示

如果要删除整个表格，只要将光标移动到光标中，在“删除”下拉列表中选择“删除表格”命令即可。

任务 3　合并与拆分单元格

拆分与合并单元格功能多用于制作不规则表格。合并单元格是将多个连续的单元格合并为一个单元格，拆分单元格则是将一个单元格拆分为连续的多个单元格。

1. 合并单元格

要合并的单元格必须为连续的单元格，如果其中的单元格中包含数据，那么将同时显示在合并后的单元格中。合并单元格的具体操作方法如下：

Step 1　选中要合并的多个单元格，切换到“表格工具 布局”选项卡，单击“合并”组中的“合并单元格”按钮，如图 4-84 所示。

Step 2　此时即可将所选单元格合并为一个单元格，合并后效果如图 4-85 所示。

文档 2 - Microsoft Word　表格工具
开始　插入　页面布局　引用　邮件　审阅　视图　设计　布局
选择　查看网格线　属性　绘制斜线表头　表
删除　在上方插入　在下方插入　在左侧插入　在右侧插入　行和列
合并　0.56 厘米　2.51 厘米　自动调整　单元格大小　对齐方式　数据
合并单元格　拆分单元格　拆分表格　合并

销售部工资表

姓名	职务	基本工资	效益工资	代扣保险	实发工资
王亮	主管	2000	700	400	
韩平	导购	1400	400	200	
林霞	销售	1200	600	200	
张勇	销售	1200	800	200	
王梦	销售	1200	750	200	
赵国平	销售	1000	400	200	

页面: 1/1　字数: 20/69　中文(中国)　插入　100%

图 4-84　单击“合并单元格”按钮

文档 2 - Microsoft Word　表格工具
开始　插入　页面布局　引用　邮件　审阅　视图　设计　布局
选择　查看网格线　属性　绘制斜线表头　表
删除　在上方插入　在下方插入　在左侧插入　在右侧插入　行和列
合并　3.31 厘米　自动调整　单元格大小　对齐方式　数据

销售部工资表

姓名 职务 基本工资 效益工资 代扣保险 实发工资					
王亮	主管	2000	700	400	
韩平	导购	1400	400	200	
林霞	销售	1200	600	200	
张勇	销售	1200	800	200	
王梦	销售	1200	750	200	

页面: 1/1　字数: 69　中文(中国)　插入　100%

图 4-85　合并单元格

2. 拆分单元格

拆分单元格时，可以将一个单元格拆分为多个单元格，也可以将多个单元格拆分为更多的单元格，其具体操作方法如下：

Step 1　选中要进行拆分的一个或多个单元格，单击“合并”组中的按钮，在弹出的“拆分单元格”对话框中输入要拆分的行列数，如图 4-86 所示。

Step 2　单击 确定 按钮，即可对所选单元格进行相应的拆分，如图 4-87 所示。

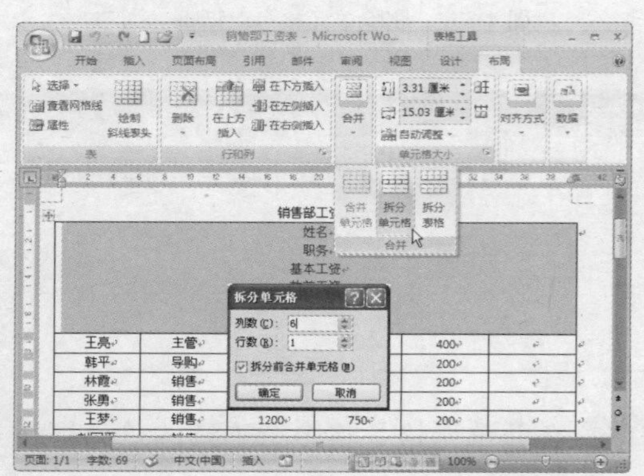

图 4-86　设置拆分行列数

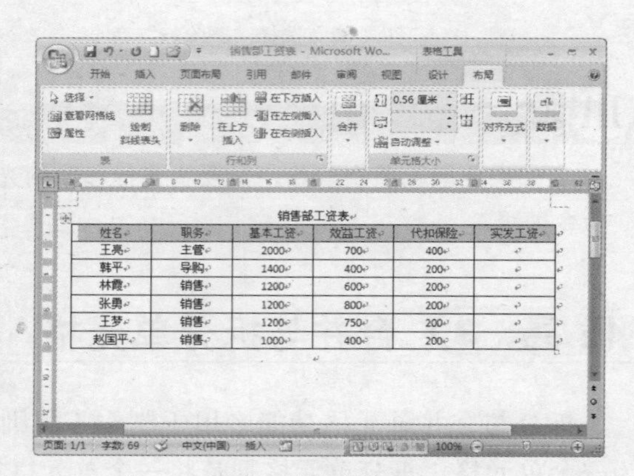

图 4-87　拆分单元格

任务 4　编排表格数据

Word 2007 提供了丰富的表格样式，用户创建与编排表格后，可以为在表格应用这些样式，从而使制作出的表格更加美观。应用表格样式的具体操作方法如下：

Step 1　将光标移动到表格中的任意位置，切换到“表格工具 设计”选项卡，在“表样式”组的列表框中选择一种表格样式，如图 4-88 所示。

Step 2　确定采用某个样式后，单击该样式，即可为表格套用所选样式，如图 4-89 所示。

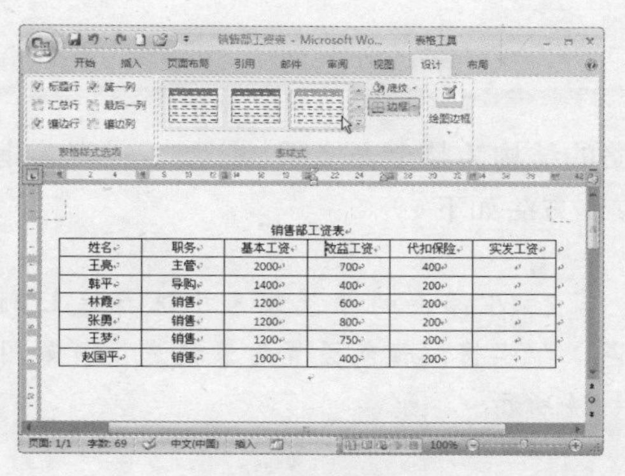

图 4-88　选择样式

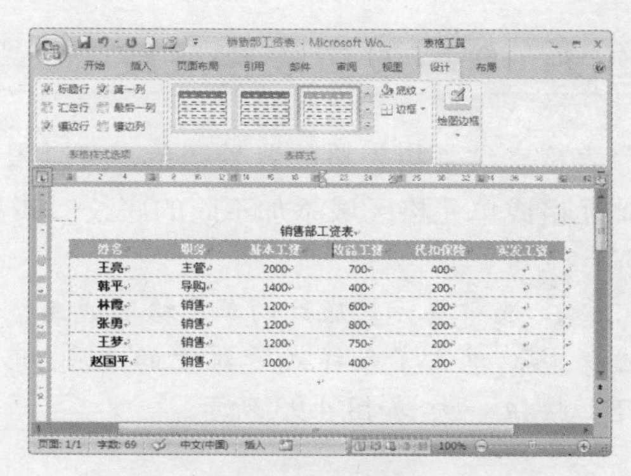

图 4-89　应用样式

任务 5 设置表格边框

在 Word 2007 中允许用户自定义设置表格边框的样式，包括边框线条的粗细、线条颜色以及样式等。设置表格边框样式的具体操作步骤如下：

Step 1 选中整个表格或单元格区域，单击“表样式”组中的“边框”下拉按钮，在弹出的列表中选择“边框和底纹”命令，如图 4-90 所示。

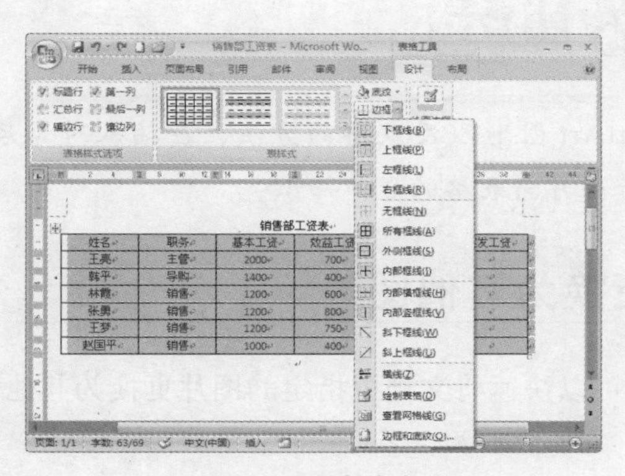

图 4-90　选择命令

Step 2 弹出“边框和底纹”对话框并显示“边框”选项卡，在“设置”选项区域中选择边框样式，“样式”列表框中选择线条样式、“颜色”下拉列表中选择线条颜色、“宽度”下拉列表中选择线条粗细。然后单击“预览”区域中的对应按钮，设定框线的显示，如图 4-91 所示。

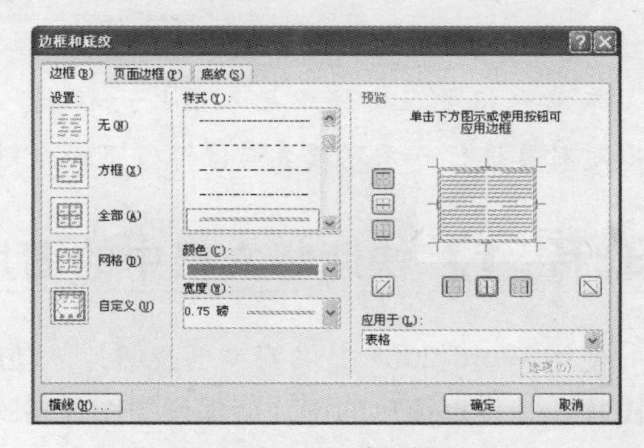

图 4-91　设置边框样式

Step 3 设置完毕后，单击“确定”按钮，即可为表格或单元格区域应用所选边框样式，如图 4-92 所示。

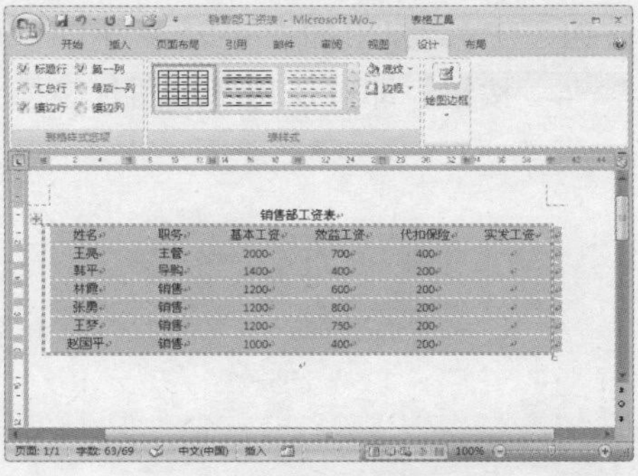

图 4-92　应用边框

任务 6 设置表格底纹

表格底纹是指表格的背景颜色，可以根据表格的结构为整个表格添加底纹，或者为指定的单元格或单元格区域添加不同的底纹。其具体操作方法如下：

Step 1 选中要设置底纹的单元格区域或整个表格，单击“表样式”组中的“底纹”下拉按钮，如图 4-93 所示。

Step 2 在弹出的颜色列表中选择底纹颜色，即可将该颜色设置为表格底纹，如图 4-94 所示。

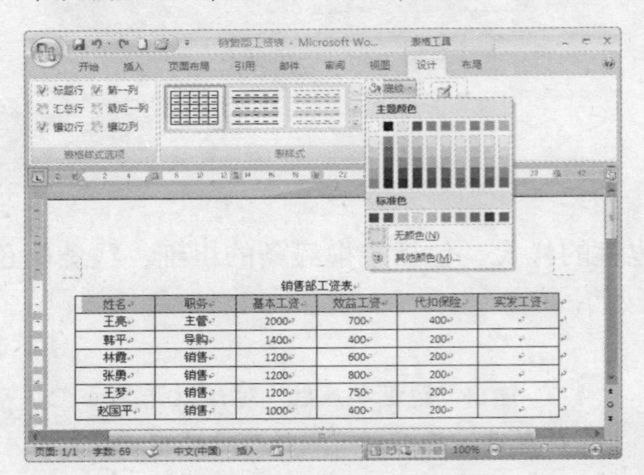
销售部工资表

姓名	职务	基本工资	效益工资	代扣保险	实发工资
王亮	主管	2000	700	400	
韩平	导购	1400	400	200	
林霞	销售	1200	600	200	
张勇	销售	1200	800	200	
王梦	销售	1200	750	200	
赵国平	销售	1000	400	200	

图 4-93 选择底纹颜色

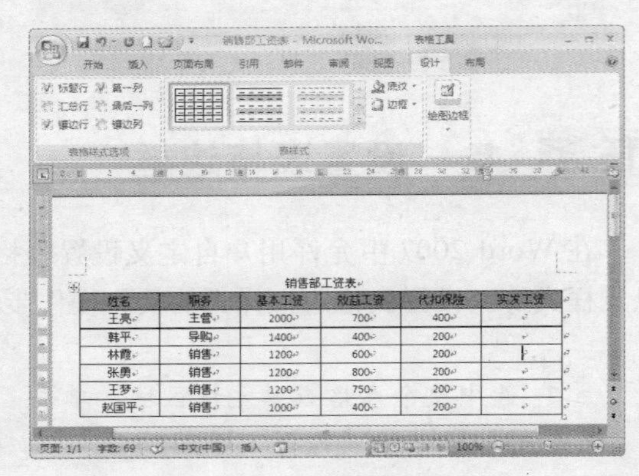
销售部工资表

姓名	职务	基本工资	效益工资	代扣保险	实发工资
王亮	主管	2000	700	400	
韩平	导购	1400	400	200	
林霞	销售	1200	600	200	
张勇	销售	1200	800	200	
王梦	销售	1200	750	200	
赵国平	销售	1000	400	200	

图 4-94 添加表格底纹

4.6 相关知识

本章介绍了在文档中插入图片、形状、SmartArt 图形以及表格的方法，在插入对象后，可以对对象进行一系列设置与修饰。下面介绍关于图片与表格的延伸知识。

任务 1 快速将文档中的图片更换为其他图片

使用 Word 2007 提供的“更改图片”功能，可以快速将文档中指定的图片更换为其他任意图片，并且更换后的图片会保留原图片格式。

选中要更换的图片，切换到“图片工具 格式”选项卡，单击“调整”组中的“更改图片”按钮，弹出如图 4-95 所示的“插入图片”对话框，在对话框中选择新图片后，单击 插入(S) 按钮，即可使用所选图片替换文档中原有图片。

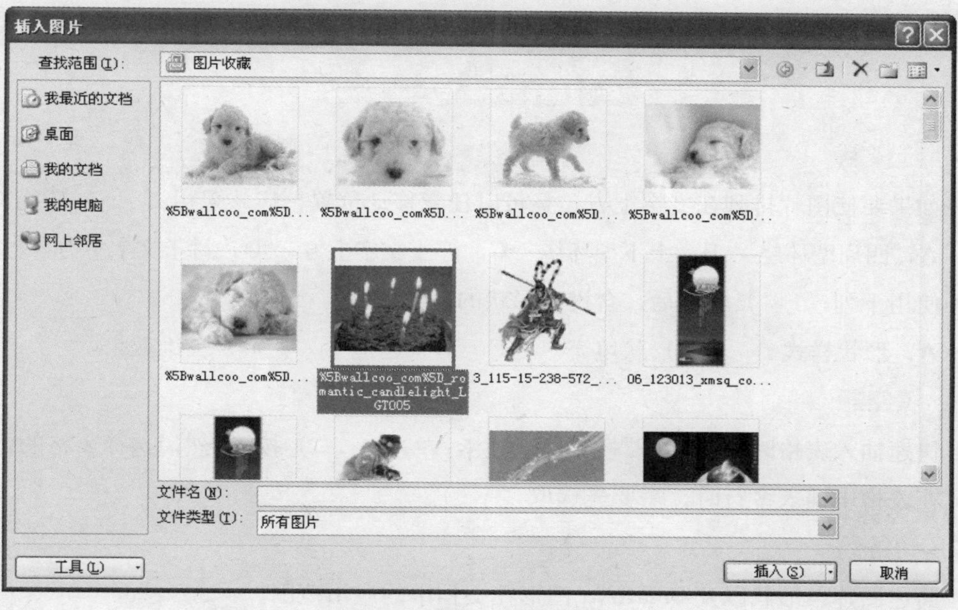

图 4-95　“插入图片”对话框

任务 2　快速将表格转换为文本

在表格中编排数据后，可以将表格转换为文本，转换后原单元格中的数据将采用指定的符号分隔。其具体操作方法如下：

Step 1　选中要转换为文本的表格，切换到“表格工具 布局”选项卡，单击“数据”组中的“转换为文本”按钮，在弹出的“表格转换为文本”对话框中选择转换后的文本分隔符，如图 4-96 所示。

图 4-96　选择分隔符

Step 2　单击“确定”按钮，即可将表格转换为文本，如图 4-97 所示。

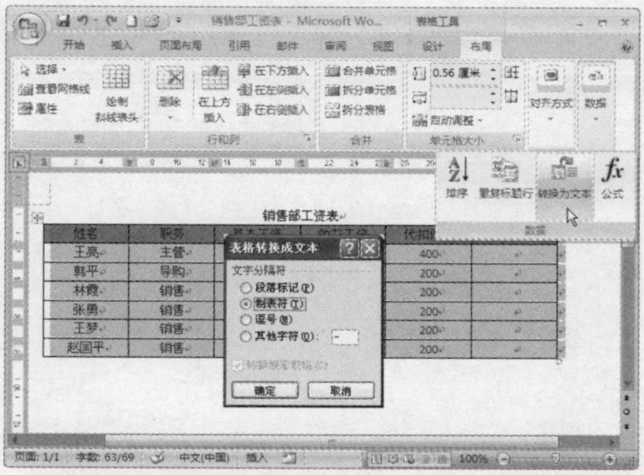

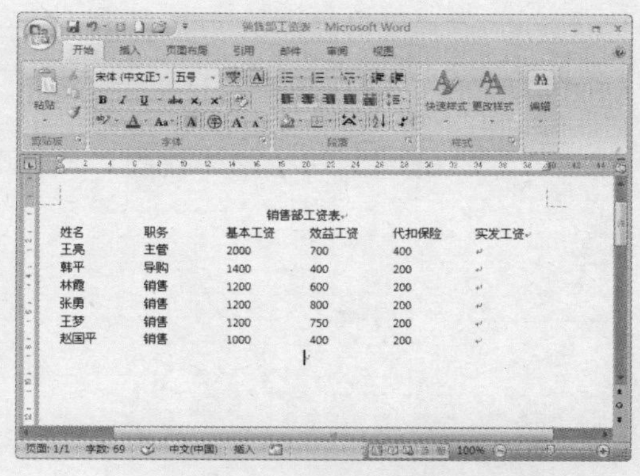

图 4-97　转换为文本

4.7 练习题

一、选择题

1．如果要使图片排列在文字上方，且可以任意移动位置，应该采用（　　）环绕方式。

A．四周型环绕　B．上下型环绕　C．浮于文字上方　D．衬于文字下方

2．使用下列（　　）功能后，会设定形状的填充效果。

A．形状样式　B．形状填充　C．形状边框　D．三维效果

二、填空题

1．快速插入表格时，切换到“插入”选项卡，单击（　　）按钮，然后选择表格的行列数。

2．在表格中插入多行时，需要先选取（　　）。

三、问答题

1．简述图片、形状以及 SmartArt 图形在文档中的应用范围。

2．简述表格的各种插入方式以及适应的范围？

第5章

Word 页面设置与文档打印

在 Word 中编排完成后，可以对文档的页面进行一系列设置，以及为文档添加页眉页脚信息，使编排出的文档更加规范。一些特殊文档还可以通过水印、背景或边框来修饰。如果需要还可以将文档通过打印机打印到纸张上。

本章主要内容：

- 设置纸张大小
- 设置页眉与页脚
- 插入文档水印
- 预览文档打印
- 打印文档

5.1 文档页面设置

文档页面设置主要针对编排完毕后要打印出来的文档，包括页面边距、纸张方向以及纸张大小几个方面。设置文档页面时，可以在编排文档内容之前设置，也可以在文档内容编排完毕后设置。

任务 1 设置纸张大小

当编排的文档需要通过打印机打印出来时，就需要对文档页面采用的纸张大小进行设置。Word 默认的纸张大小为 A4 纸型。如果打印机采用了其他型号的纸张，就需要在打印文档前在 Word 中进行相应设置。设置纸张大小的具体操作方法如下：

step 1 切换到“页面布局”选项卡，在“页面设置”组中单击“纸张大小”下拉按钮，在弹出的列表中选择要采用的纸张大小，如 B5，如图 5-1 所示。

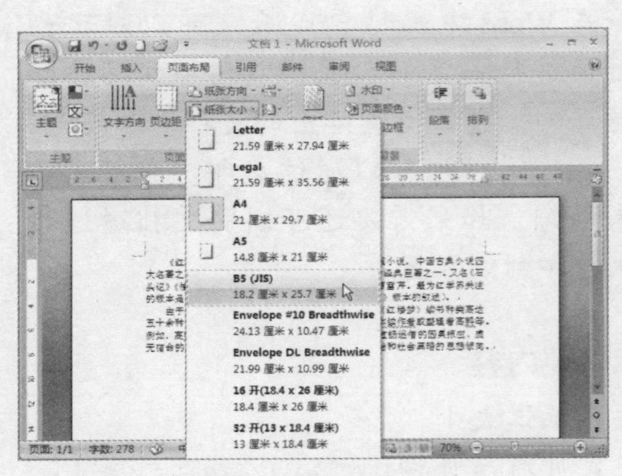

图 5-1 选择页面大小

step 2 如果要自定义纸张的高度与宽度，则在“纸张大小”下拉列表中选择“其他页面大小”选项，

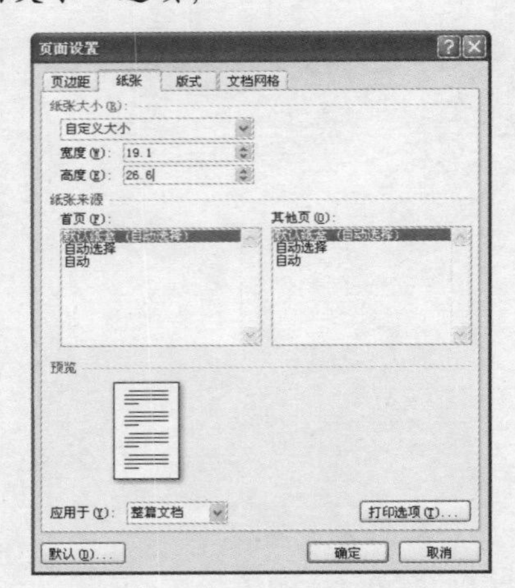

图 5-2 自定义纸张大小

step 3 设置完毕后，单击 确定 按钮，即可更改文档页面的纸张大小，同时文档排版也会根据页面大小的变化而自动调整，如图 5-3 所示。

小提示

设置纸张大小时，必须根据打印机所采用的纸张型号进行对应设置，如打印机采用 B5 纸张，那么为了使得编排与打印效果一致，同样应该将纸张大小设置为 B5。

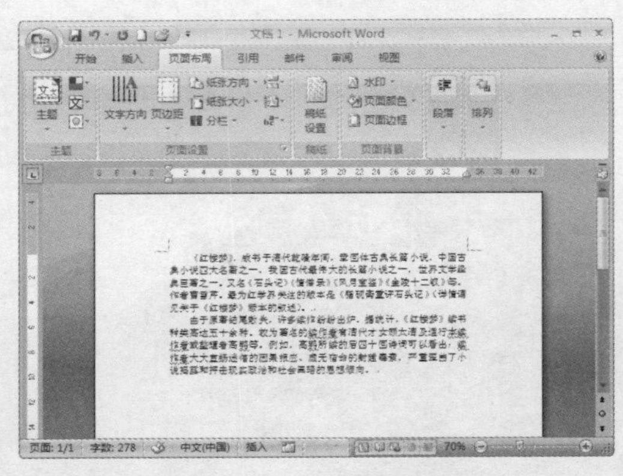

图 5-3 更改文档页面

任务 2　设置纸张方向

纸张的方向包括“横向”与“纵向”两种，Word 默认的纸张方向为横向，用户根据文字方向与打印机的纸张方向来调整文档的纸张方向，在“页面设置”组中单击“纸张方向”下拉按钮，在弹出的列表中选择对应选项即可，如图 5-4 所示。

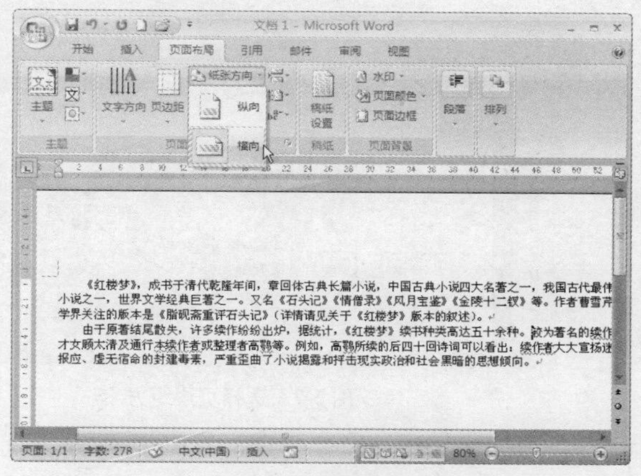

图 5-4　更改纸张方向

任务 3　设置页边距

页边距是指文档内容与页纸张边缘之间的距离，包括上边距、下边距、左边距以及右边距，需要文档需要装订成册，还可以在页面中设置装订线距离。在 Word 2007 中可通过以下几种方法设置与调整页边距：

方法一：将指针移动到水平标尺中页左边距与右边距的位置，向左或向右拖动，即可直观地调整页面的左边距与右边距，如图 5-5 所示；移动到垂直标尺中上边距与下边距的位置拖动，即可直观地调整上边距与下边距，如图 5-6 所示。

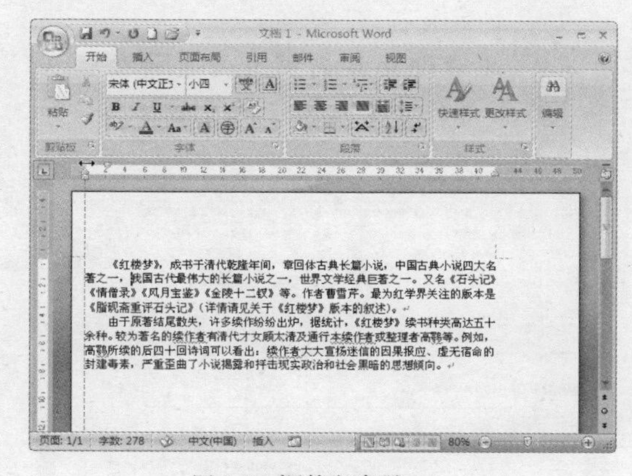

图 5-5　调整左边距

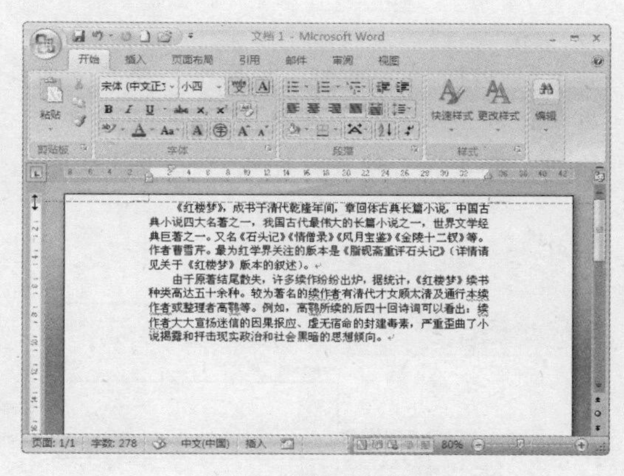

图 5-6　调整上边距

方法二：Word 2007 中提供了多种页边距方案，基本上可以常见文档的编排需求。切换到“页面布局”选项卡，单击“页面设置”组中的“页边距”下拉按钮，在弹出的列表中进行选择即可，如图 5-7 所示。

方法三：在“页边距”下拉列表中选择“自定义边距”命令，弹出“页面设置”对话框，在“页边距”选项卡中的“页边距”栏中输入相应的上、下、左、右边距值，单击确定按钮即可，如图 5-8 所示。

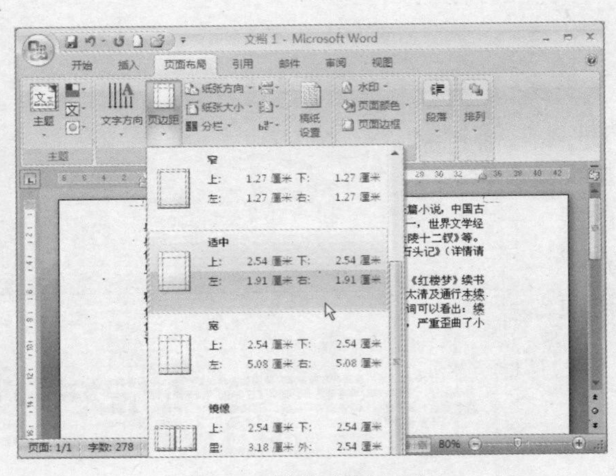

图 5-7　选择页边距方案

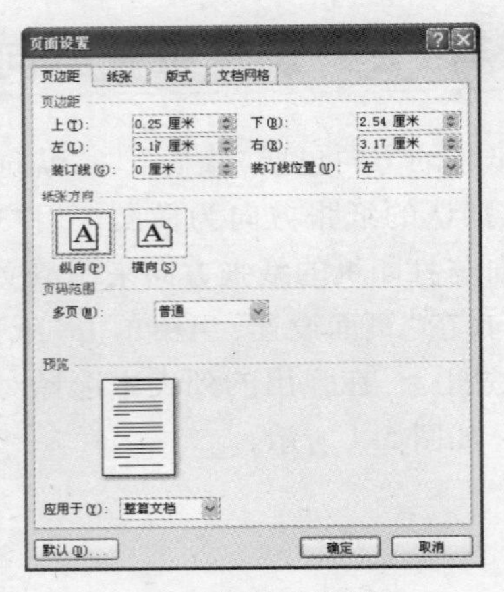

图 5-8　设置页边距值

5.2　设置页眉、页脚以及页码

页眉和页脚分别是指在文档页面顶部和底部添加的相关说明信息，如果文档中包含很多页，那么为了打印后便于排列和阅读，可以为文档添加页码。

任务 1　插入页眉与页脚

Word 2007 中提供了多种页眉与页脚样式，用户可以直接应用这些样式，然后输入与编辑页眉 \ 页脚内容即可。其具体操作方法如下：

Step 1　切换到“插入”选项卡，单击“页眉和页脚”组中的“页眉”下拉，在弹出的列表中选择一种页眉样式，如图 5-9 所示。

图 5-9　页眉样式

Step 2　此时即切换到页眉与页脚编辑状态，在页眉位置输入相应的页眉信息，如图 5-10 所示。

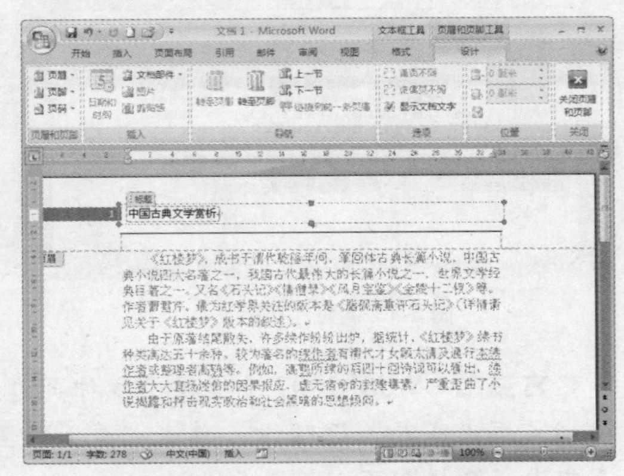

图 5-10　输入页眉信息

Step 3 此时将自动切换到“页眉和页脚工具 设计”选项卡，单击“导航”组中的 按钮，将切换到页脚编辑区域，然后输入相应的页脚信息，如图 5-11 所示。

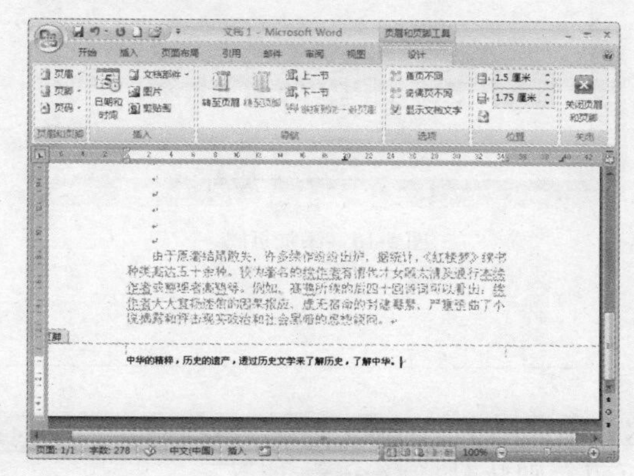

图 5-11 输入页脚信息

Step 4 页眉与页脚信息输入并编辑完毕后，单击“关闭”组中的“关闭页眉和页脚”按钮，返回到正文编辑状态，如图 5-12 所示。

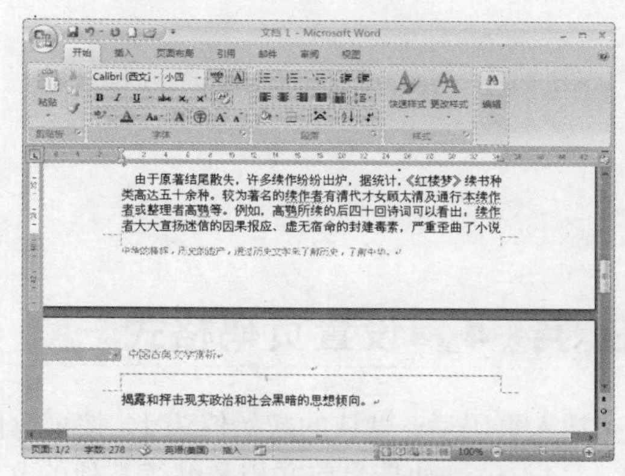

图 5-12 单击“关闭页眉和页脚”按钮

任务 2 设置不同的页眉与页脚

在 Word 中可以设置首页不同的页眉与页脚，与奇偶页不同的页眉与页脚。首页不同的页眉与页脚多用于文档的首页扉页或封面时与其他页面采用不同的页眉与页脚；奇数页和偶数页设置不同的页眉和页脚则多用于装订成册的书稿、手册等。

要设置不同的页眉与页脚，只要在“页眉与页脚工具 格式”选项卡中“选项”组中选中对应的选项，然后分别对不同页的页眉和页脚进行编辑即可，如图 5-13 所示。

首页不同
奇偶页不同
显示文档文字
选项

图 5-13 选择相应选项

任务 3 插入页码

Word 中提供了多种页码样式，并且在插入时还可以选择页码在页面中的位置。其具体操作方法如下：

Step 1 切换到“插入”选项，单击“页眉和页脚”组中的 下拉按钮，在弹出的菜单中指向“页面底端”选项，在弹出的子列表中选择页码样式，如图 5-14 所示。

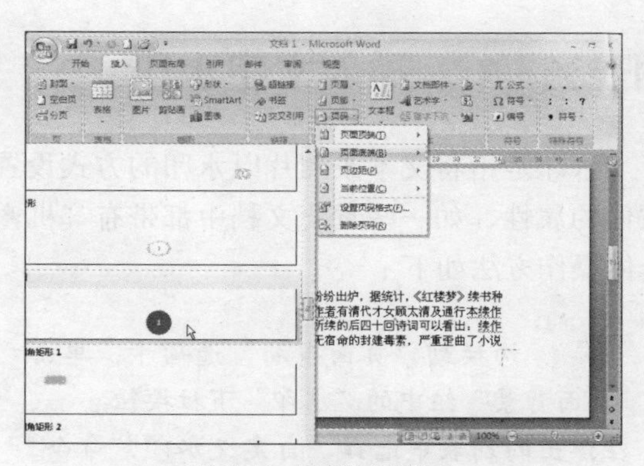

图 5-14 选择页码样式

Step 2 此时即可在页面指定位置插入所选样式的页码，插入后单击文档正文区域退出页码编辑状态，如图 5-15 所示。

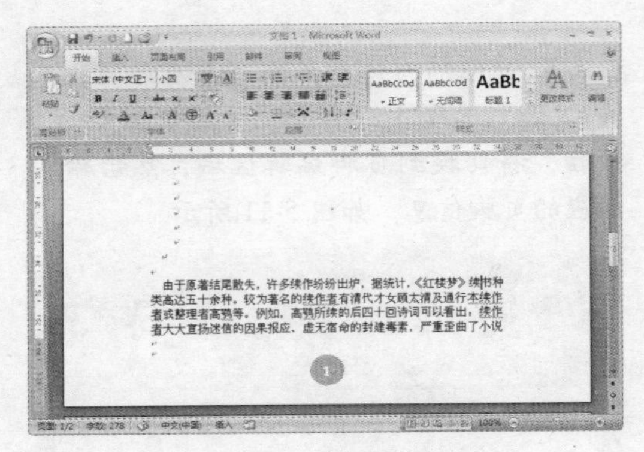

图 5-15　添加页码

任务 4 设置页码格式

插入页码后，默认的起始值为 1，按页数依次显示页码 1、2、3、4、…。如果当前文档是继续其他的文档页码，则此时应该更改文档的起始页码。如果文档中划分了章节，那么还可以在页码中包含章节号。

在“页码”下拉菜单中选择“设置页码格式”命令，弹出如图 5-16 所示的“设置页码格式”对话框。在“编号格式”下拉列表中选择编号的格式；“起始页码”数值框中输入页码的起始值；如果要在页码中包含章节号，则选中“包含章节号”复选框，并设置起始样式与分隔符，然后单击 确定 按钮即可。

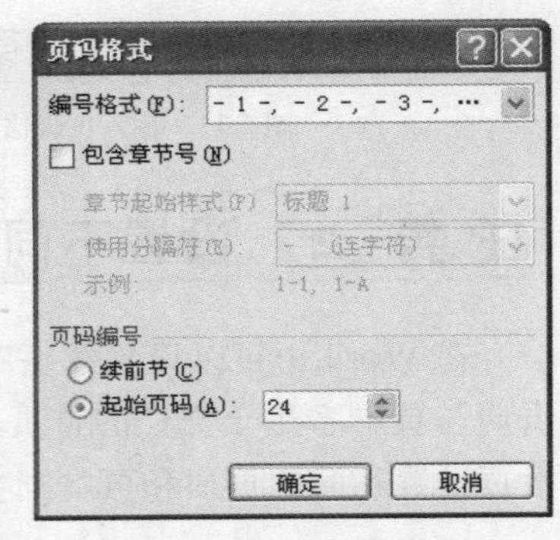

图 5-16 “页码格式”对话框

5.3 设置页面背景

文档编排完毕后，在 Word 2007 中可以更加方便地为文档页面设置背景、水印以及边框，从而让打印出来的文档页面更为美观。

任务 1 插入文字水印

水印是指将文本或图片以水印的方式设置为页面背景。以文字水印较给常用，用于说明文件的属性，如一些重要文档中都带有“机密文件”字样的水印。在文档中插入文字水印的具体操作方法如下：

Step 1 切换到“页面布局”选项卡，单击“页面背景”组中的“水印”下拉按钮 水印，在弹出的列表中选择“自定义水印”命令，如图 5-17 所示。

Step 2 在弹出的“水印”对话框中选中“文字水印”单选按钮，然后设置水印内容以及格式，如图 5-18 所示。

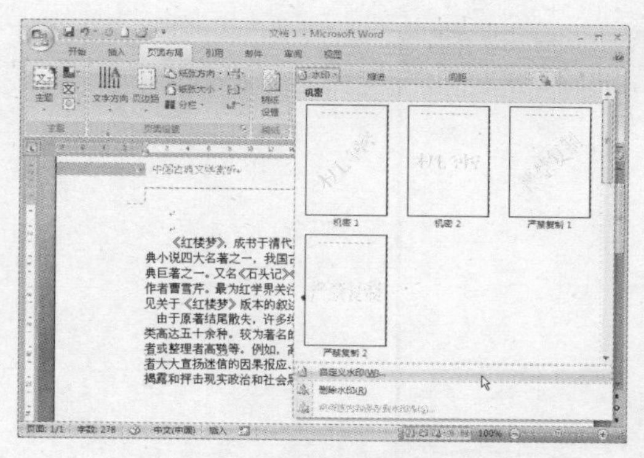

图 5-17　选择“自定义水印”命令

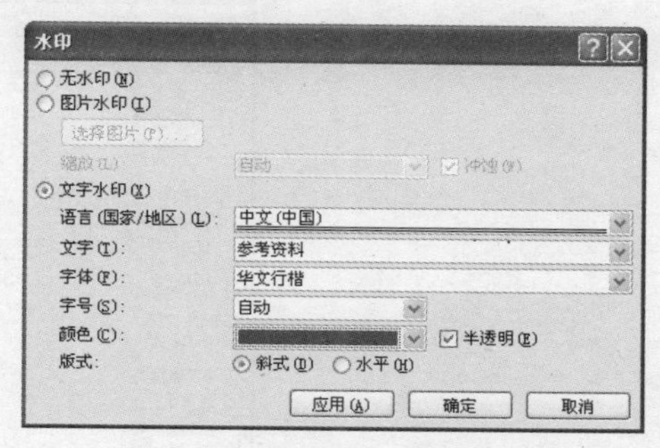

图 5-18　“水印”对话框

Step 3 单击 应用(A) 按钮，即可为文档添加自定义文字水印，添加后单击对话框中的 关闭 按钮关闭对话框，如图 5-19 所示。

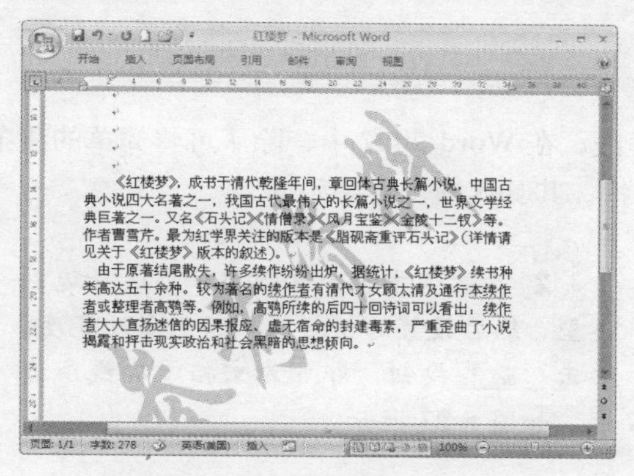

图 5-19　添加文字水印

小提示

设置文字水印时，建议选中“水印”对话框中的“半透明”复选框，否则与水印重叠的文本内容可能显示不清楚。

任务 2　设置页面颜色

页面颜色是指文档页面的背景颜色，在 Word 2007 中，可以为文档页面设置任意的颜色背景，或者设置各种填充效果的背景。

要设置颜面颜色，只要单击“页面设置”组中的“页面颜色”下拉按钮，在弹出的颜色列表中选择页面颜色即可，如图 5-20 所示。

如设置背景填充效果，则在列表中选择“填充效果”选项，在弹出如图 5-21 所示的“填充效果”对话框中的各个选项卡中进行相应的设置即可。

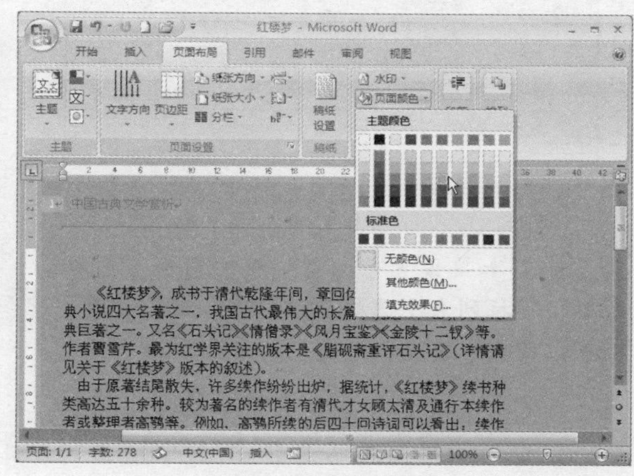

图 5-20　选择页面颜色

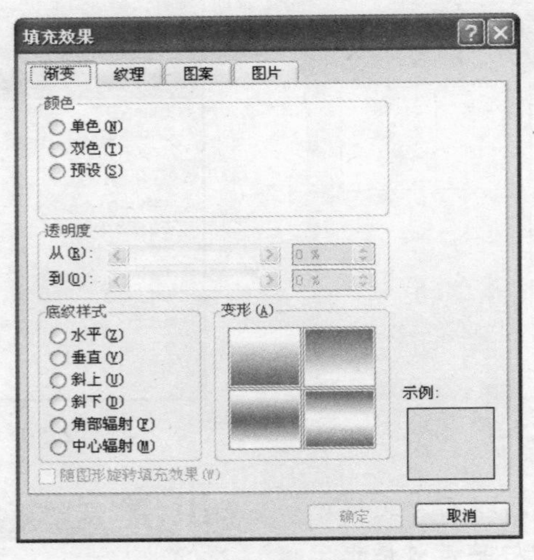

图 5-21 “填充效果”对话框

任务 3 设置页面边框

页面边框是指在页边距位置处显示的页面框线，在 Word 2007 中，除了可将简单的线条设置为页面边框外，还可选用各种艺术型页面边框。其具体操作方法如下：

step 1 在“页面布局”选项卡中的“页面设置”组中单击 按钮，弹出“边框和底纹”对话框并自动显示“页面边框”选项卡，如图 5-22 所示。

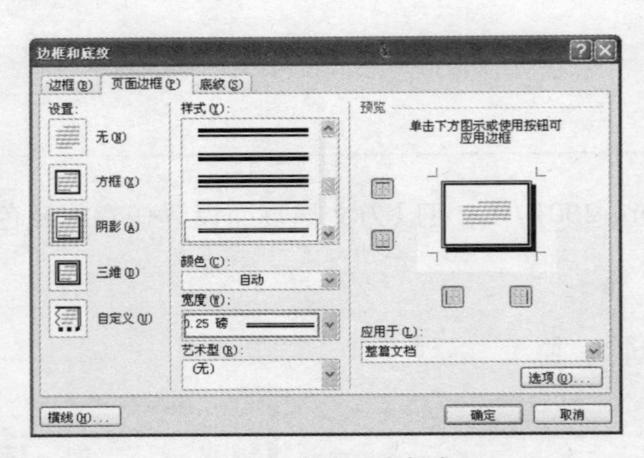

图 5-22 设置线条样式

step 3 如要设置艺术型边框，则在“艺术型”下拉列表中选择边框样式，在“宽度”下拉列表中设置边框宽度，如图 5-24 所示。

step 2 在选项卡各个选项中分别选择边框类型，然后设置边框样式、颜色以及宽度，单击 确定 按钮，即可为文档添加线条边框，如图 5-23 所示。

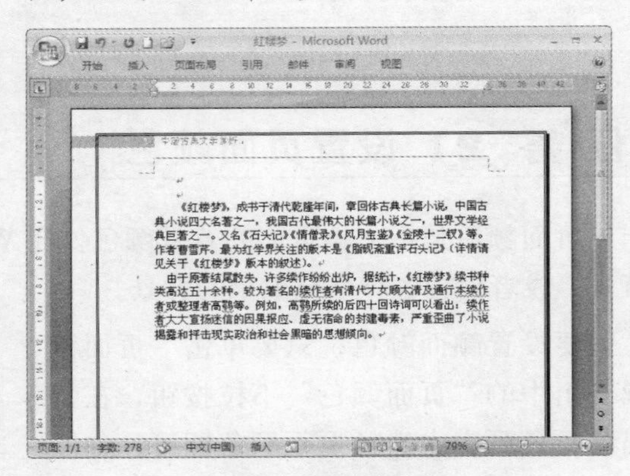

图 5-23 添加页面边框

step 4 设置完毕后，单击 确定 按钮，即可为文档添加艺术型边框，如图 5-25 所示。

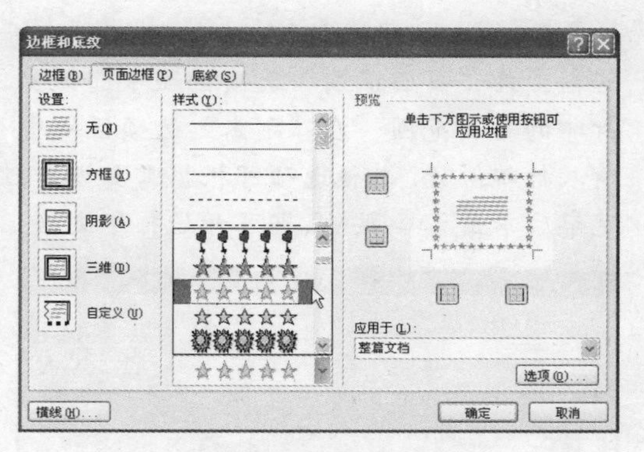

图 5-24　选择边框样式

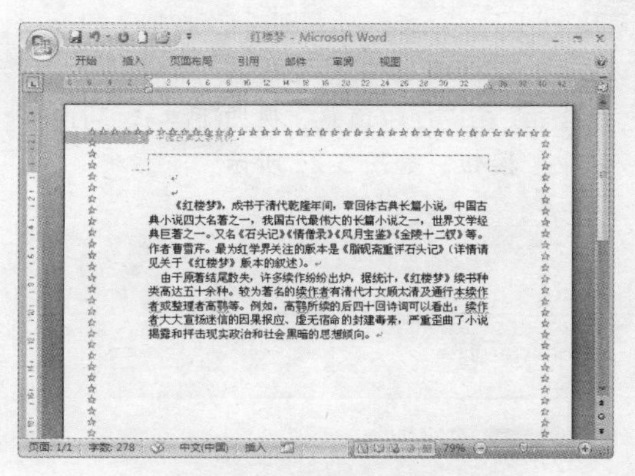

图 5-25　添加艺术型边框

5.4　打印文档

文档编排完毕后，如果电脑连接了打印机，就可以通过打印机将文档打印出来。打印文档之前，还可以预览最终的打印效果以及对打印选项进行设置。

任务 1　打印预览

打印文档之前，可以先在 Word 中预览文档的最终打印效果，从而对文档中不恰当的地方进行修改，直至完全符合要求后在进行打印。要预览文档的打印效果，只要在 Office 菜单中选择“打印 \ 打印预览”命令，就可以进入到打印预览视图，视图中显示当前文档的最终打印效果，通过“打印预览”选项卡中的选项，还可以对文档页面等进行基本设置，如图 5-26 所示。

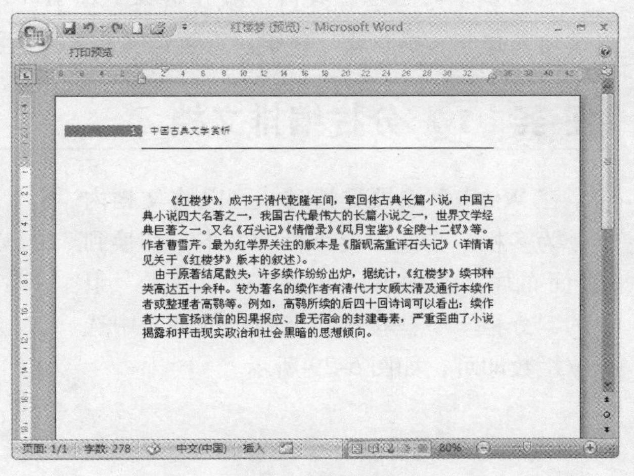

图 5-26　打印预览

任务 2　打印设置

对文档进行预览并确保无误后，即可通过打印机将文档打印出来，打印之前还可以对打印范围、打印份数进行设定，其具体操作方法如下：

Step 1 在Office菜单中选择“打印\打印”命令，或在“打印预览”视图下单击“打印”组中按钮，如图5-27所示。

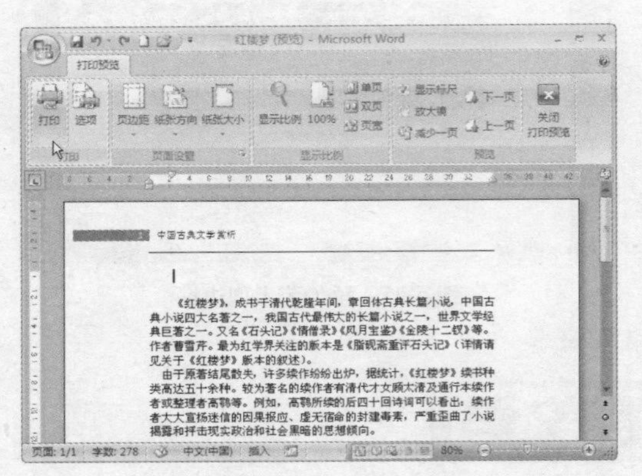

图5-27 单击“打印”按钮

Step 2 弹出如图5-28所示的“打印”对话框，在“页面范围”选项区域中选择要打印的页面范围，在“副本”选项区域中输入打印份数，其他选项可根据需要设定，完毕后单击按钮，即可开始打印文档。

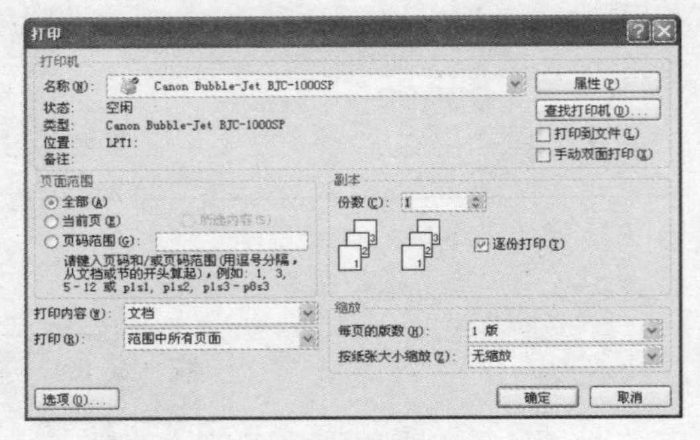

图5-28 设置打印选项

5.5 相关知识

通过本章的学习，我们了解并掌握了在Word 2007对文档页面、纸张大小的设置方法，以及预览打印文档并进行打印。下面介绍关于页面设置以及打印文档的相关操作与设置。

任务1 分栏编排文档

在Word中编排文档时，可以将文档内容分为多栏。先选中要分栏的文本，切换到“页面布局”选项卡，单击“页面设置”组中的“分栏”下拉按钮，在弹出的列表中选择分栏数即可，如图5-29所示。

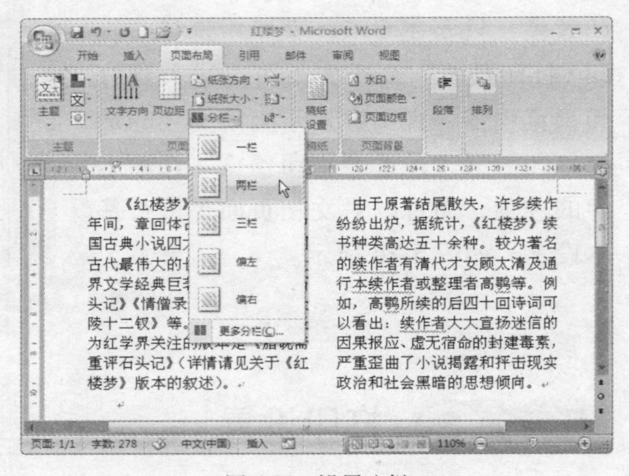

图5-29 设置分栏

任务2 终止文档打印

在Word中通过“打印”命令将文档发送到打印机开始打印后，可以在打印过程中随时终止文档打印，多用于文档打印错误，或打印了不需要的文档时进行终止。其具体操作方法如下：

Step 1 开始打印文档后，任务栏通知区域中显示打印任务图标，用鼠标双击该图标，如图 5-30 所示。

图 5-30　单击图标

Step 2 此时将弹出“打印机”对话框，在列表框中用右击要终止打印的文档，在弹出的快捷菜单中选择“取消”命令即可，如图 5-31 所示。

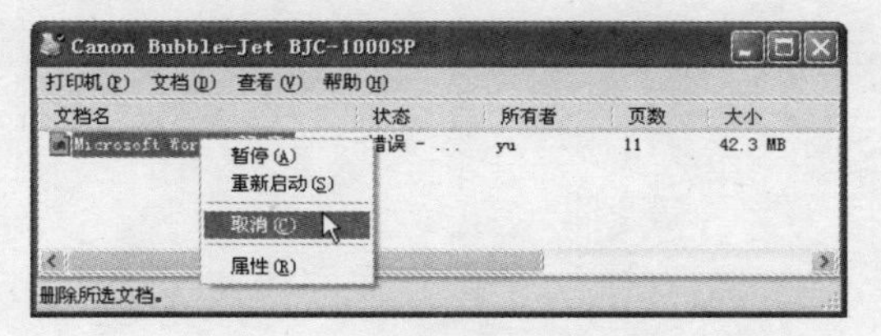

图 5-31　选择“取消”命令

5.6　练习题

一、选择题

1．Word 2007 默认的纸张大小为（　　）。

A．A4　　B．B5　　C．16 开　　D．大 16 开

2．在 Word 文档中，如要将页码设置到页面右侧，应在“页码”下拉列表中的（　　）子列表中选择。

A．页面顶端　　B．页面底端　　C．页边距　　D．当前位置

二、填空题

1．Word 2007 中包含多个选项卡，对于页面大小、水印、背景等设置，需要在（　　）选项卡中进行。

2．插入文字水印时，需要选中（　　）选项，以降低水印文字透明度。

三、问答题

1．简述为文档设置页眉、页脚以及页码的方法。

2．简述设置文档页面时需要设置的方面。

第 6 章

Excel 基本操作

Excel 是目前使用最为广泛的电子表格制作工具，使用 Excel 可以制作出各种数据表格，并进行多种数据分析与统计。开始学习 Excel 之前，首先需要认识 Excel 并了解其基本操作。

本章主要内容：

- Excel 2007 工作界面
- 工作簿操作
- 工作表操作
- Excel 视图操作

6.1 认识 Excel 2007

在开始学习 Excel 之前，首先需要掌握 Excel 的启动与退出方法，并对 Excel 2007 的界面进行基本认识，以及了解 Excel 中工作簿、工作表以及单元格等基本概念。

任务 1 启动 Excel 2007

Excel 2007 的启动方法与 Word 2007 基本相同，在电脑中安装 Office 2007 后，通过在“开始”菜单中的“Microsoft Office”子菜单中选择“Microsoft Office Excel 2007”命令，即可启动 Excel 2007，如图 6-1 所示。

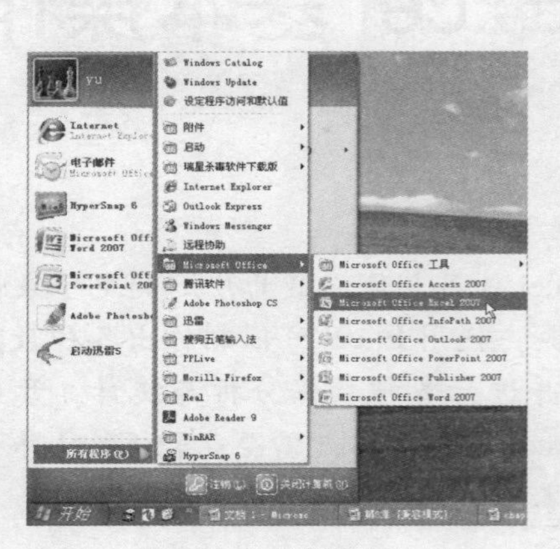

图 6-1 选择菜单命令

小提示

如果在桌面上已经创建了 Excel 的快捷方式图标，那么可直接双击图标启动 Excel，如图 6-2 所示。

图 6-2 双击桌面图标

任务 2 认识 Excel 2007 工作界面

Excel 2007 的窗口同样包括标题栏、Office 按钮、功能选项卡、状态栏等，布局与 Word 2007 大致相似。不同之处主要在于编辑窗口，如图 6-3 所示。

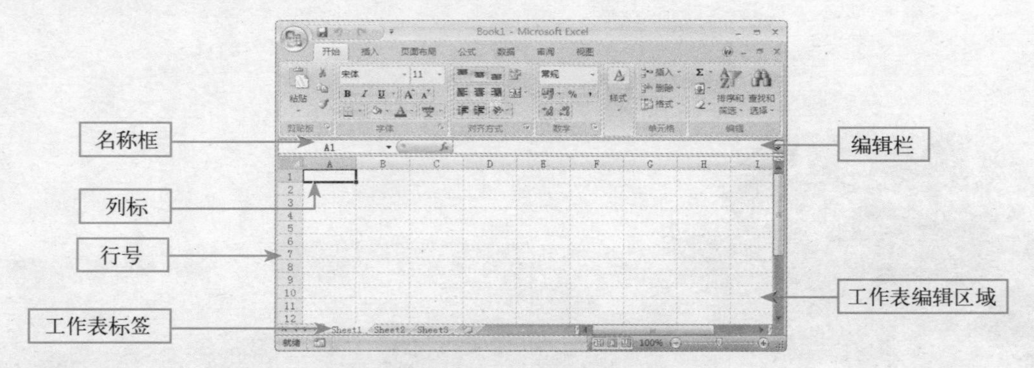

图 6-3 Excel 工作界面

- 名称框：显示当前所选单元格的名称。当用户选择某一个单元格后，即可在名称框显示出该单元格的名称，显示格式为行号 + 列标，如图 6-4 所示。
- 编辑栏：用于显示当前活动单元格中的数据。也可以通过编辑栏在所选单元格中输入数据，如图 6-5 所示。

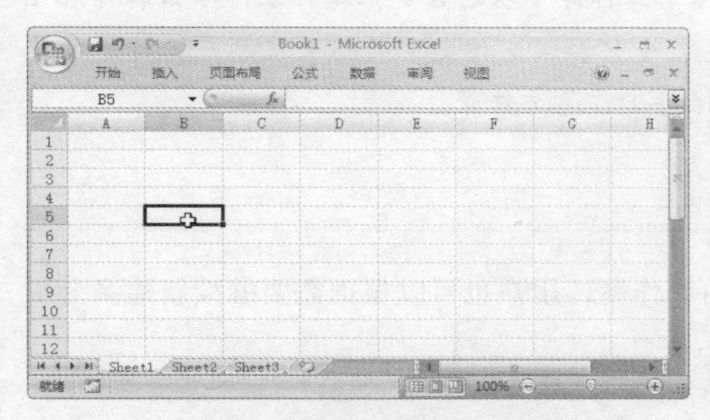

图 6-4　名称框中显示所选单元格名称

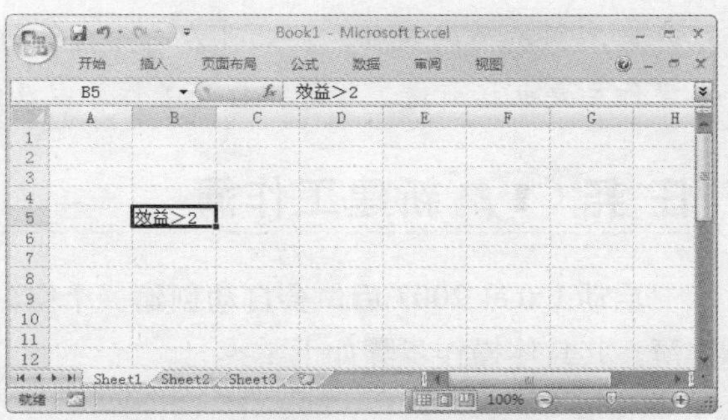

图 6-5　编辑栏中显示所选单元格数据

- 行号：用于表示工作表中行编号的数字，便于用户快速查看与编辑行中的内容。在 Excel 中行号范围为 1～65 536，即最多可以包含 65 536 行。
- 列标：用于表示工作表中列编号的字母，便于用户快速查看与编辑列中的内容。列标范围为 A～XFD。单击列标可以选取整列。
- 工作表编辑区域：即窗口中的表格区域，用户所输入与编排的各种数据都将显示在表格区域中。
- 工作表标签：用于显示工作表的名称，单击工作表标签将切换到相应的工作表。当工作簿中含有较多的工作表时，单击标签左侧的滚动按钮进行选择。

任务 3　退出 Excel 2007

Excel 使用完毕并将编排的内容保存后，就可以退出 Excel 程序了。正确的退出方法有如下几种：

- 单击窗口标题栏右侧的"关闭"按钮 x 。
- 在 Office 菜单中单击"退出 Excel"按钮 × 退出 Excel(X)，如图 6-6 所示。
- 右击任务栏中的程序按钮，在弹出的快捷菜单中选择"关闭"命令，如图 6-7 所示。

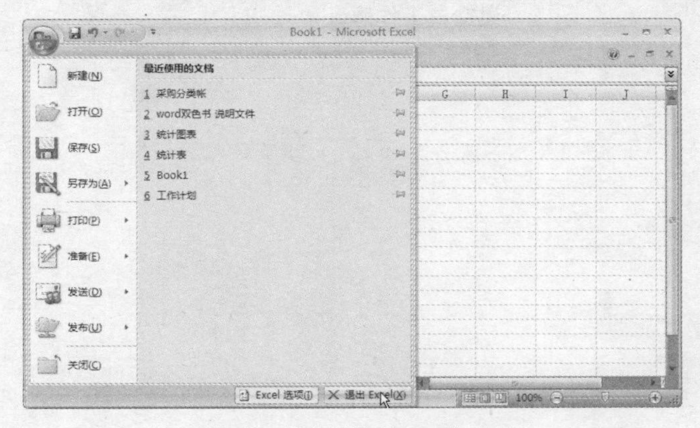

图 6-6　单击"退出 Excel"按钮

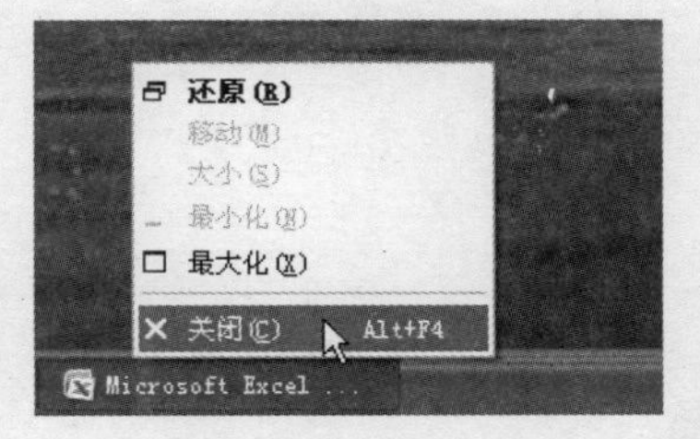

图 6-7　选择快捷命令

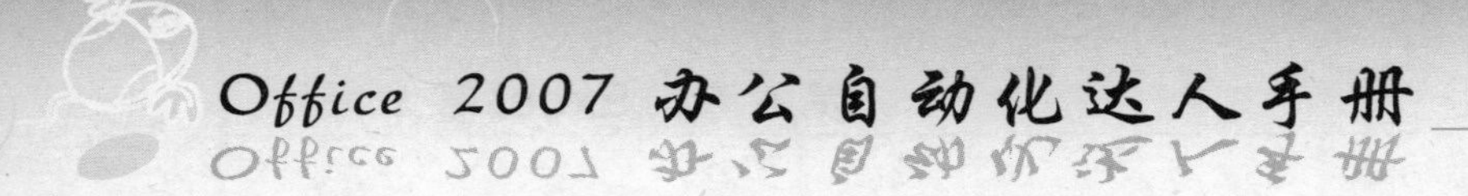

6.2 工作簿操作

工作簿是处理和存储 Excel 数据的文件，每个工作簿可以包含多张工作表，每张工作表可以存储不同类型的数据，因此可在一个工作簿文件中管理多种类型的相关信息。工作簿的基本操作主要包括新建工作簿、打开工作簿以及保存工作簿文件等。

任务 1 新建工作簿

启动 Excel 2007 后，会自动创建一个空白工作簿，用户也可以根据需要继续新建多个工作簿。其具体操作步骤如下：

step 1 单击窗口左上角的 Office 按钮，在弹出的菜单中选择"新建"命令，如图 6-8 所示。

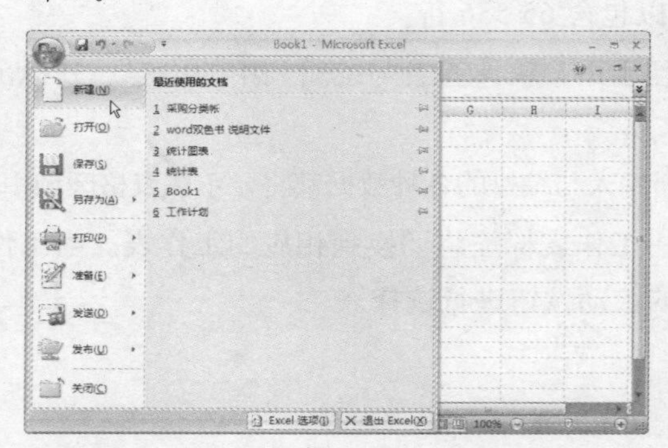

图 6-8 选择"新建"命令

step 2 弹出"新建工作簿"对话框，在中间列表框中选择"空白文档"选项，单击 创建 按钮，如图 6-9 所示。

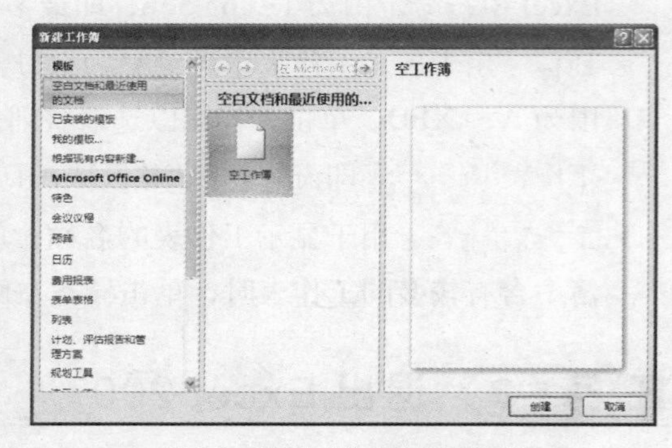

图 6-9 选择"空白文档"选项

step 3 此时即可新建一个空白工作簿，标题栏中按次序显示新建的工作簿名称"Book2"，如图 6-10 所示。

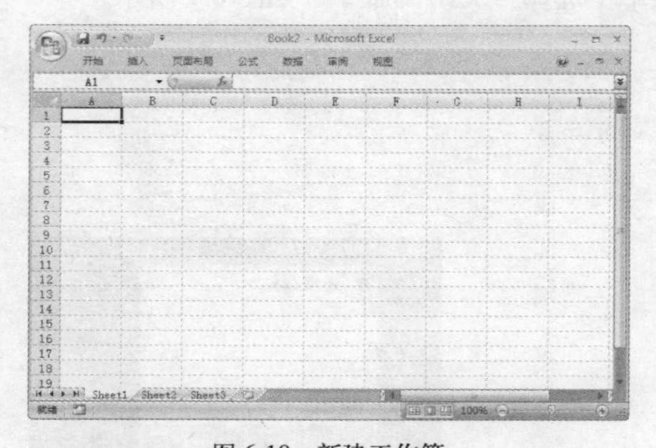

图 6-10 新建工作簿

小提示

单击快速访问工具栏中的"新建"按钮，或按下【Ctrl+N】键，也可快速创建空白工作簿。

任务 2 打开工作簿

对于电脑中已有的工作簿文件，可以在 Excel 2007 中将其打开后进行查看或编辑。其具体操作方法如下：

Step 1 在 Office 菜单中选择“打开”命令，弹出“打开”对话框，在对话框中选择要打开的工作簿文件，如图 6-11 所示。

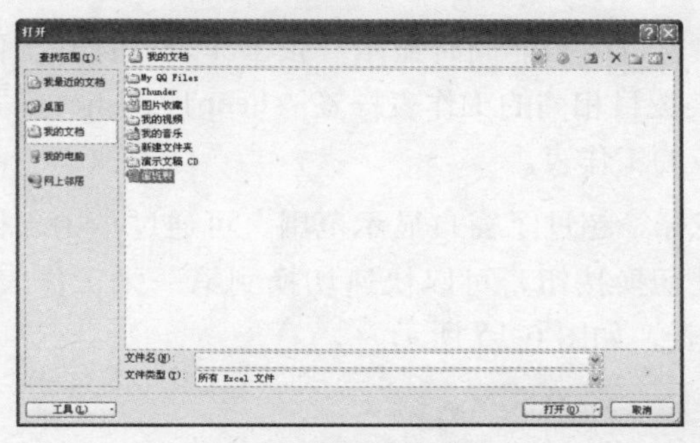

图 6-11 “打开”对话框

Step 2 选择后，单击 打开(O) 按钮，即可将所选文件在 Excel 中打开，如图 6-12 所示。

星期	时间	员工编号	员工姓名
星期一	9:00~12:	N00003	张林
星期二	9:00~12:	N00004	陈平
星期三	9:00~12:	N00005	王永志
星期四	9:00~12:	N00006	林湘
星期五	9:00~12:	N00007	韩功平
星期六	9:00~12:	N00008	程亚
星期日	9:00~12:	N00009	张燕

图 6-12 打开工作簿

任务 3 保存工作簿

创建工作簿并在工作表中编辑数据后，可以将工作簿以文件的形式保存到电脑中，以备日后调用或查看其中的数据。其具体操作方法如下：

Step 1 在 Office 菜单中选择“保存”命令，弹出“另存为”对话框，在“保存范围”下拉列表中选择保存路径、“保存名称”框中输入保存名称，如图 6-13 所示。

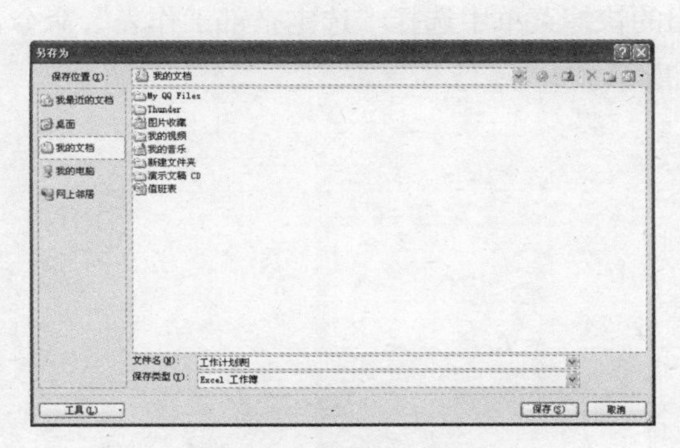

图 6-13 “另存为”对话框

Step 2 单击 保存(S) 按钮，即可将工作簿保存到电脑指定位置，同时 Excel 窗口标题栏中也会显示保存后的工作簿名称，如图 6-14 所示。

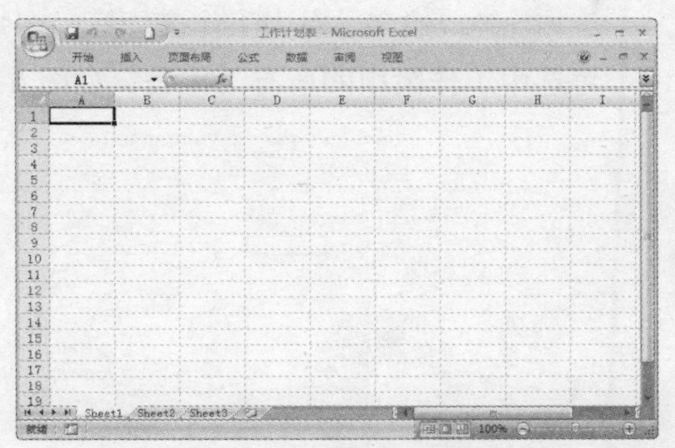

图 6-14 保存工作簿

6.3 工作表操作

在 Excel 中，输入与编辑数据操作都是在工作表中进行的，默认 Excel 工作簿中包含 3 张工作表，在编辑数据过程中，用户需要掌握工作表的基本操作。

任务 1 切换工作表

一个工作簿中包含多张工作表，但工作簿在窗口中只能同时显示一张工作表。打开工作簿窗口后，在工作簿窗口的左下角显示有与工作表数目相同的工作表标签“sheep1”、“sheep2”、“sheep3”……，单击某个标签，即可切换到对应的工作表。

当一个工作簿中包含很多工作表时，工作表标签超过了窗口显示范围，可通过单击工作表标签左侧的切换按钮进行切换。通过切换按钮，可以快速切换到第一张工作表、上一张工作表、下一张工作表以及最后一张工作表，如图 6-15 所示。

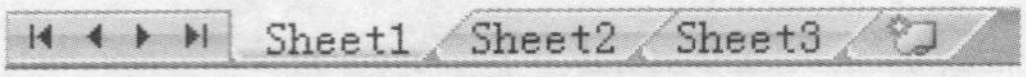

Sheet1 Sheet2 Sheet3

图 6-15　工作表标签

任务 2 选取工作表

对工作表进行一些整体操作前，需要对工作表进行选取，选取方法有以下几种：

- 选取一张工作表：单击某个工作表标签，即可将对应的工作表选中。
- 选取不连续工作表：单击第一张工作表标签后，按住【Ctrl】键单击其他工作表标签，可选中多张不相邻的工作表。
- 选取连续工作表：单击第一张工作表标签，然后按住【Shift】键单击其他工作表标签，可选中多张相邻的工作表。
- 选取全部工作表：右击工作表标签，在弹出的快捷菜单中选择“选定全部工作表”命令，可选中工作簿中的所有工作表，如图 6-16 所示。

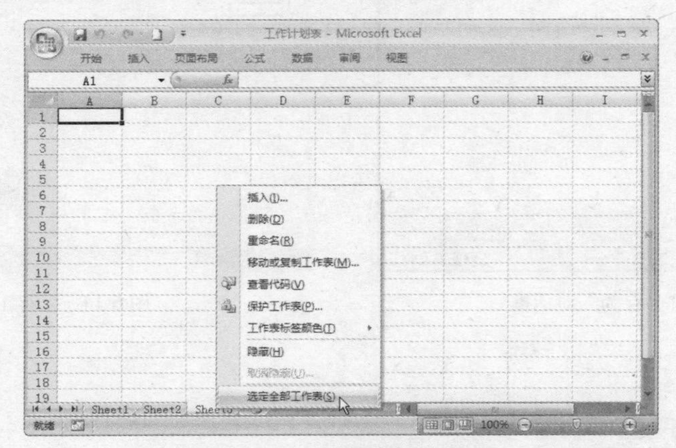

图 6-16　选择快捷命令

任务 3　移动与复制工作表

编排过程中，可以在同一工作簿中移动或复制工作表，也可以在不同的工作簿之间进行工作表的移动与复制。移动工作表的具体操作方法如下：

Step 1　右击要移动或复制的工作表标签，在快捷菜单中选择“移动或复制工作表”命令，如图 6-17 所示。

Step 2　弹出“移动或复制工作表”对话框，在“工作簿”下拉列表中选择目标工作簿；在“下列选定工作表之前”列表框中选择目标位置，如图 6-18 所示。

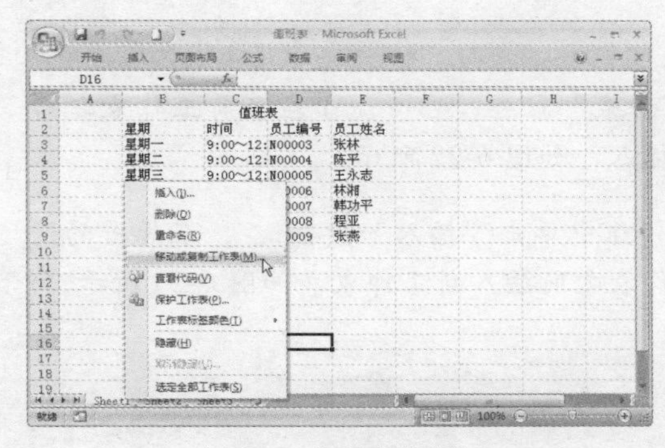

图 6-17　选择快捷命令

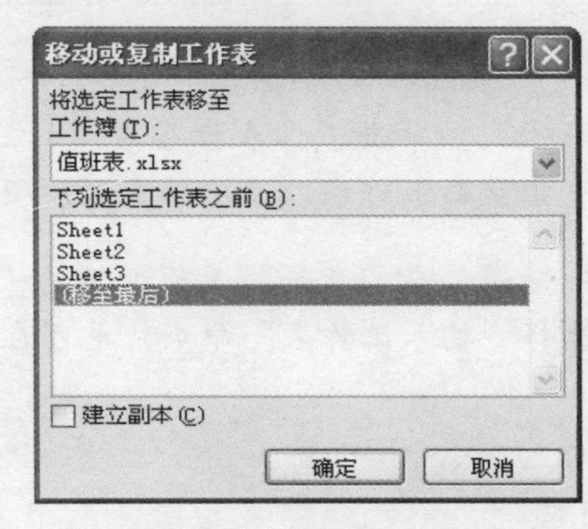

图 6-18 “移动或复制工作表”对话框

Step 3　设置完毕后，单击［确定］按钮，即可将所选工作表移动到指定位置，如图 6-19 所示。

小提示

如果要复制工作表，则在“移动或复制工作表”对话框中选中“建立副本”复选框。

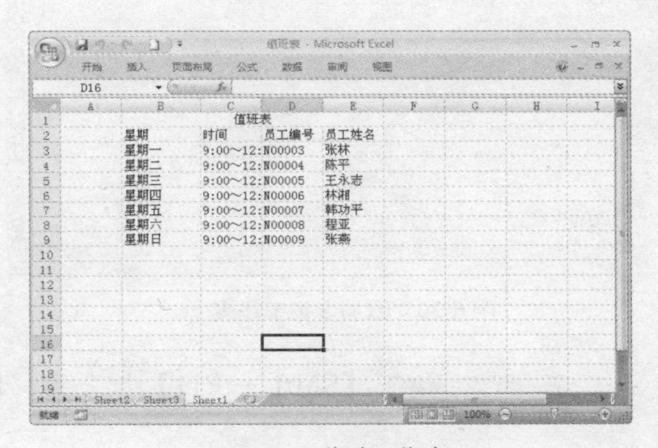

图 6-19　移动工作表

任务 4　添加工作表

Excel 工作簿默认包含 3 张工作表，当需要在工作簿中编排更多数据表时，就可以根据需要在工作簿中添加工作表，一个工作簿中最多可以包含 255 张工作表。添加工作表的方法有以下几种：

方法一：右击要在之前插入工作表的工作表标签，如果要插入多张工作表，则同时选中与要插入数量的工作表后右击，在弹出的快捷菜单中选择“插入”命令，弹出“插入”对话框，在列表框中选择“工作表”选项，单击［确定］按钮，如图 6-20、图 6-21 所示。

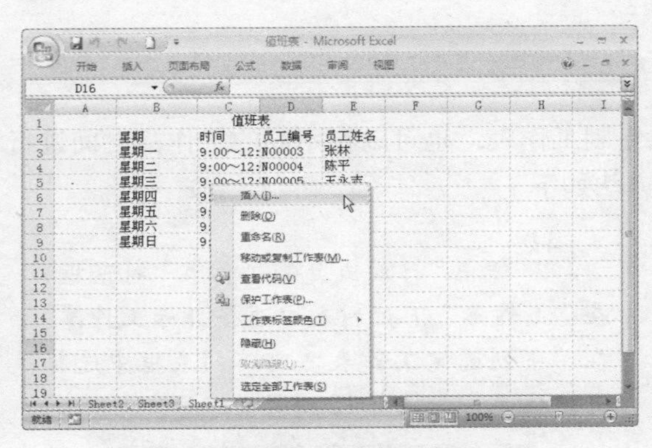

图 6-20 选择“插入”命令

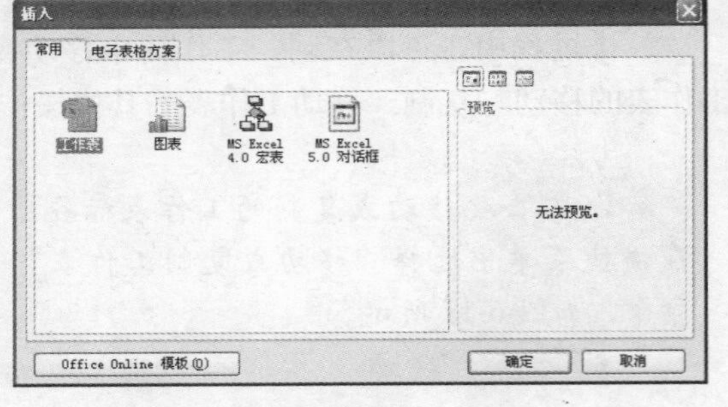

图 6-21 “插入”对话框

方法二：单击工作表标签右侧的“插入工作表”按钮，可在当前工作表之后插入一张空白工作表，逐次单击则按顺序逐张插入，如图 6-22 所示。

方法三：在“开始”选项卡下的“单元格”组中单击“插入”按钮，在弹出的菜单中选择“插入工作表”命令，也可在当前工作表之前插入新工作表，如图 6-23 所示。

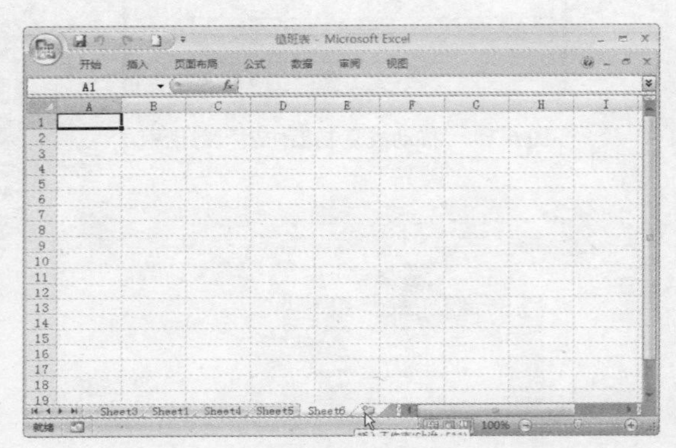

图 6-22 添加多张工作表

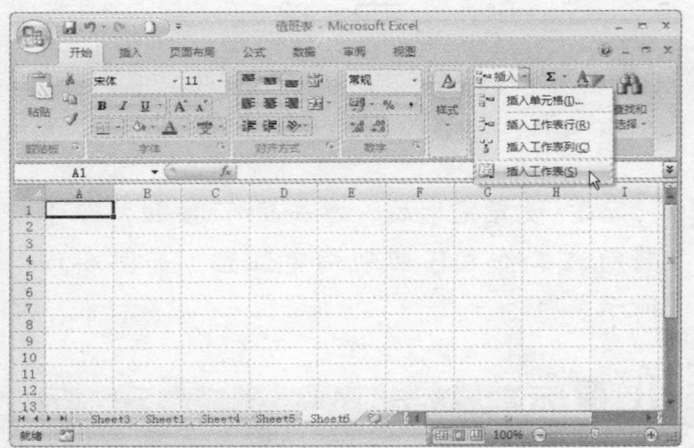

图 6-23 选择“插入工作表”命令

方法四：按下【Shift + F11】组合键，即可在当前工作表之前插入新工作表。

任务 5 删除工作表

对于工作簿中不需要的工作表，可以将其从工作簿中删除，删除工作表时，如果工作表中包含数据，那么会连同数据一起删除。删除工作表的具体操作方法如下：

Step 1 右击要删除的工作表标签，在弹出的快捷菜单中选择“删除”命令。如要同时删除多张工作表，则全部选中后右击，如图 6-24 所示。

Step 2 此时所选工作表即可被全部删除，如果被删除的工作表中包含数据，则弹出提示框提示用户，单击对话框中按钮确认删除，如图 6-25 所示。

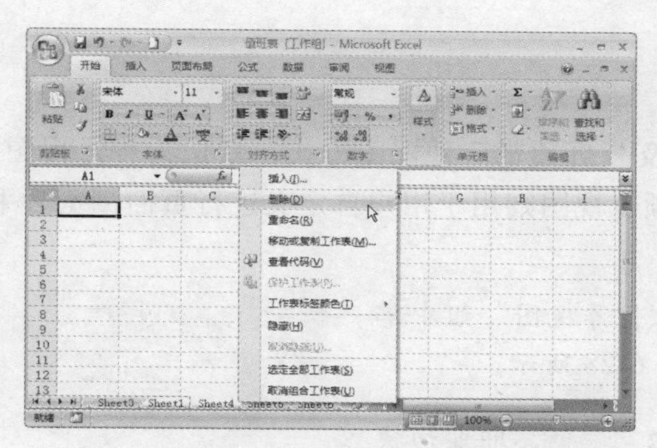

图 6-24 选择“删除”命令

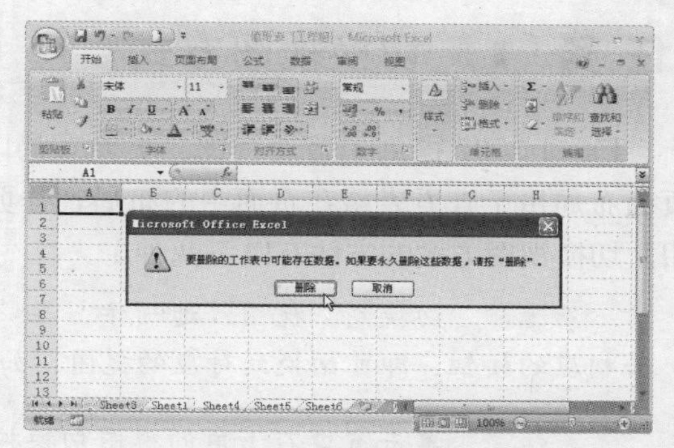

图 6-25 确认删除

任务 6 重命名工作表

Excel 默认的名称工作表为“Sheet1”、“Sheet2”、“Sheet3”等，以此类推，在工作表中编排内容后，可以根据工作表中的内容为工作表设置对应的名称。也就是对默认的工作表名称进行更改，其具体操作方法如下：

Step 1 右击工作表标签，在弹出的快捷菜单中选择“重命名”命令，如图 6-26 所示。

Step 2 此时工作表标签名称将变为可编辑状态，输入对应的名称后，单击其他位置即可，如图 6-27 所示。

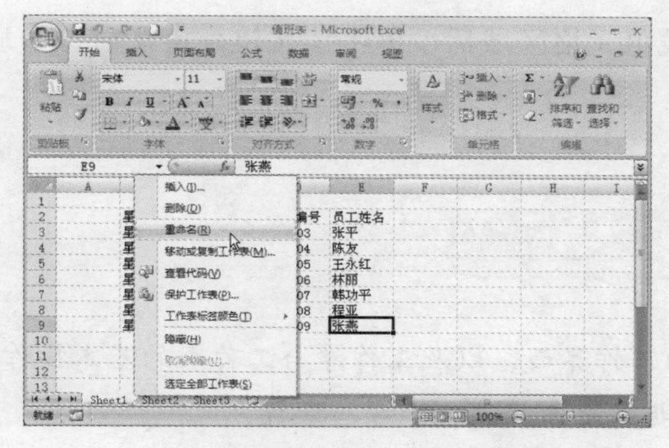

图 6-26 选择“重命令”命令

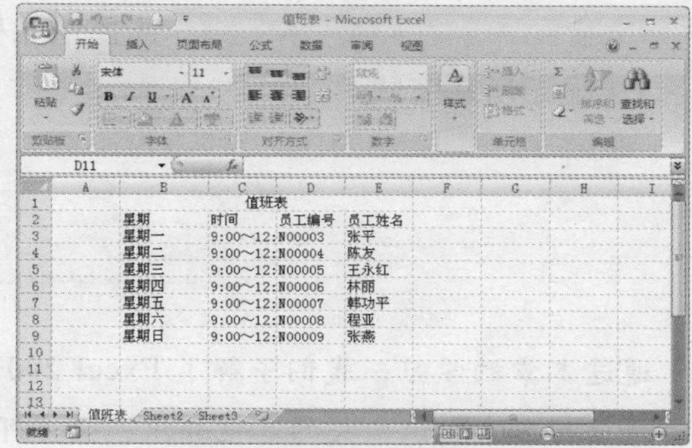

图 6-27 重命名完成

小提示

双击工作表标签，工作表名称即变为可编辑状态，然后输入新的名称即可。

6.4 工作簿视图操作

Excel 2007 中提供了 3 种工作簿视图，用户可以在不同视图中查看数据格的编排效果，并可以根据需要自定义调整工作簿的显示比例，以查看表格局部或整体效果。

任务 1 切换视图方式

Excel 2007 提供了普通视图、页面布局以及分页预览 3 种视图方式，默认为普通视图，页面布局用于查看表格在页面中的布局，分页预览视图则用于用户自定义进行页面浏览时采用。切换视图方式的方法有以下两种：

方法一：切换到“视图”选项卡，在“工作簿视图”组中单击相应的按钮，即可切换到对应的视图，如图 6-28 所示。

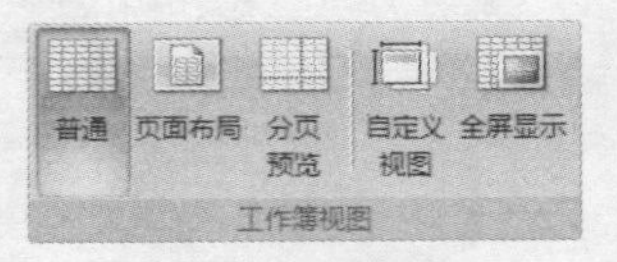

图 6-28 “工作簿视图”组

方法二：单击窗口右下角的视图切换按钮，即可切换到对应的视图。

任务 2 调整显示比例

工作簿窗口进行缩放主要是通过在“显示比例”组中相应的按钮进行调整的，如图 6-29 所示。

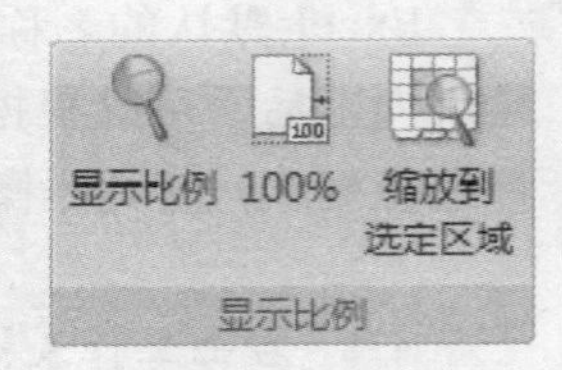

图 6-29 “显示比例”组

各按钮的功能如下：

- “显示比例”按钮：单击该按钮，在弹出如图 6-29 所示的“显示比例”对话框中选择或设置工作表的显示比例。
- “100%”按钮：不论当前采用何种显示比例，单击该按钮，均显示表格的实际大小。
- “缩放到选定区域”按钮：选择单元格或单元格区域后，单击该按钮，可在窗口中放大显示所选区域。

6.5 相关知识

通过本章的学习，我们了解了 Excel 2007 的工作界面，以及工作簿与工作表的基本操作。下面介绍与本章知识相关的其他知识，读者可根据需要选择进行学习与掌握。

任务 1 通过模板快速创建工作表

Excel 中预设了多种数据表模板，包括账单、报销单、分期付款单、预算单以及销售报表等，如果要创建这类数据表，那么就可以通过模板直接创建，其具体操作方法如下：

Step 1 在 Office 菜单中选择“新建”命令，弹出“新建”工作簿对话框。在左侧列表框中选择“已安装的模板”选项，然后在中间列表框中选择模板，如“账单”，如图 6-30 所示。

Step 2 单击“创建”按钮，即可根据所选模板创建对应的工作表，然后根据需要修改数据表中的数据，即可完成账单的快速制作，如图 6-31 所示。

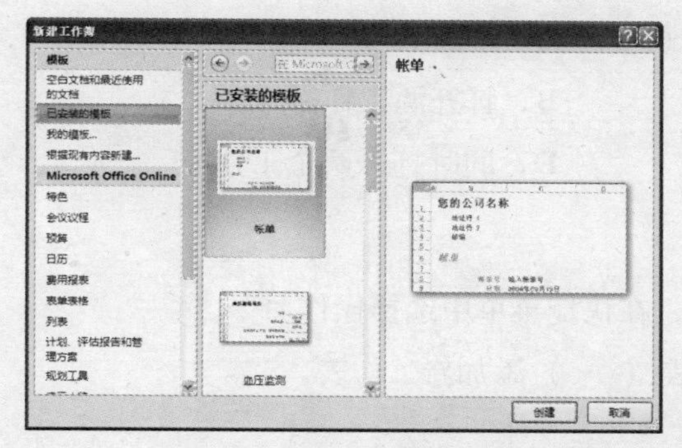

图 6-30 “已安装的模板”选项

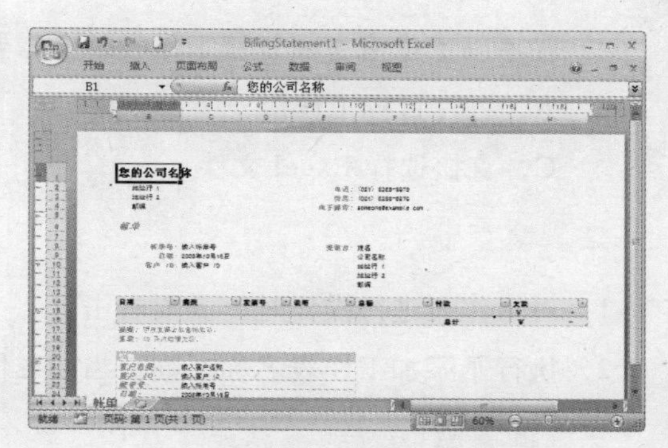

图 6-31　账单模板

任务 2　设置工作表标签颜色

一个工作簿中可以包含多张工作表，如果工作表中建立了数据表，那么除了可以为工作表标签设置对应的名称外，还可以对工作表标签的颜色进行更改。如将包含数据表的工作表分为多个类型，然后为每个类型的工作表标签设置不同的颜色，从而便于直观区分。

右击要更改颜色的工作表标签，在弹出的快捷菜单中指向“工作表标签颜色”选项，在弹出的颜色列表中选择某个颜色，即可为工作表标签设置该颜色，如图 6-32 所示。

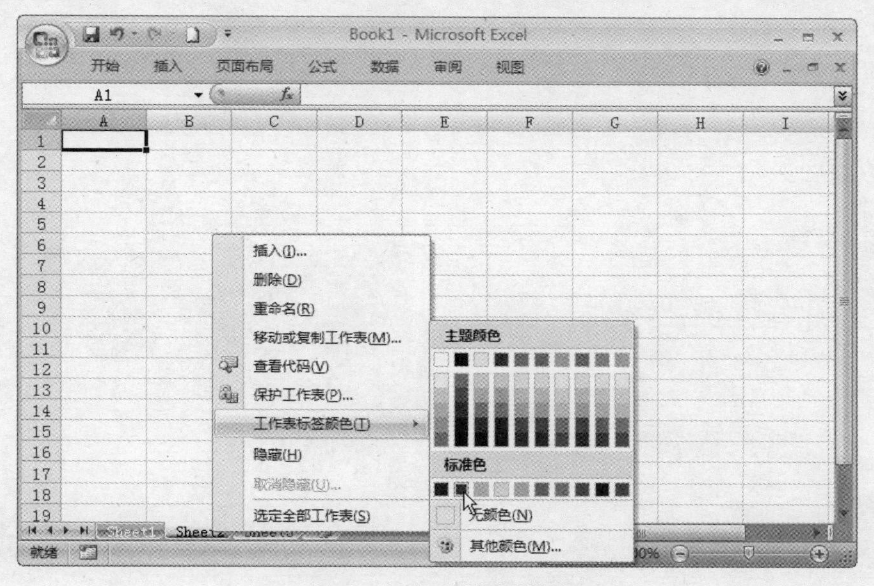

图 6-32　更改工作表标签颜色

6.6　练习题

一、选择题

1．在 Excel 中，一张工作簿最多可以包含（　　）张工作表。

A．64　　B．128　　C．255　　D．512

2．在不同工作簿之间复制工作表时，需要（　　）。

A．打开目标工作簿　　B．打开源工作簿

C．直接选择 Excel 文件　　D．同时打开两个工作簿

二、填空题

1．对工作表进行操作时，需要右击（　　），在快捷菜单中选择操作命令。

2．执行了添加工作表名称，则在当前工作表（　　）添加新工作表。

三、问答题

1．简述 Excel 中工作簿、工作表以及单元格的关系。

2．简述工作表有哪些操作，及分别用于什么用途。

第7章 编排 Excel 工作表

在 Excel 工作表中可以编排各种类型的数据表格，一些数据还可以通过序列填充快速输入。创建数据表后，允许用户根据需要对工作表数据进行各种编辑，以及对工作表格式进行多种设置，从而使制作出的数据表更加美观。

本章主要内容：

- 输入数据
- 填充数据
- 编辑单元格
- 设置表格样式

7.1 表格数据的输入

编排数据表时，首先需要在工作表中输入数据。Excel 工作表中的数据也是在各个单元格中进行输入的。输入数据时，需要先选取要输入数据的单元格，然后进行输入。

任务 1 选取单元格

输入单元格数据时，需要选中目标单元格进行输入；输入完毕后对单元格中数据进行编辑时，也需要选中编辑数据所在的单元格或单元格区域。因此单元格的选取是输入与编辑数据表必须掌握的基本操作。

可以通过鼠标灵活选取单元格，也可以通过键盘选取单元格。通过鼠标选取单元格的方法如下：

- 选取单元格：单击某单元格，即可将该单元格选中。
- 选取整行：将鼠标移动到某行单元格左侧的行号上，当指针形状变为 ➡ 状时，单击即可将该行单元格全部选中，如图 7-1 所示。
- 选取整列：将鼠标移动到某行单元格左侧的行号上，当指针形状变为 ⬇ 状时，单击即可将该行单元格全部选中，如图 7-2 所示。

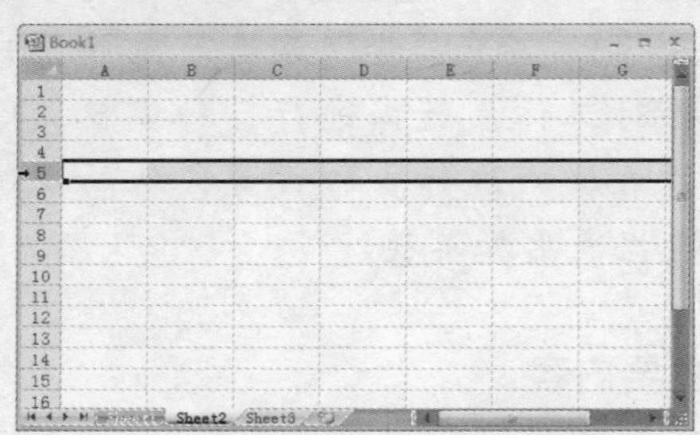

图 7-1 选取整行单元格

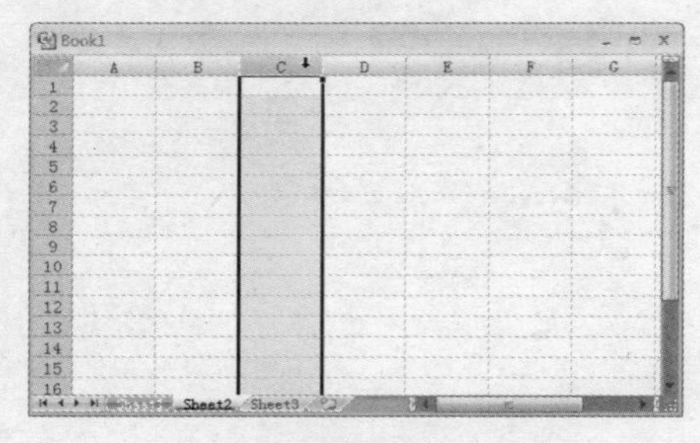

图 7-2 选取整列单元格

- 选取连续多行：将指针指向起始行号上，然后按下鼠标左键向左或向右连续拖动鼠标，即可选定连续的多行，如图 7-3 所示。
- 选取连续多列：将指针指向起始列标上，然后按下鼠标左键向上或向下连续拖动鼠标，即可选定连续的多行，如图 7-4 所示。

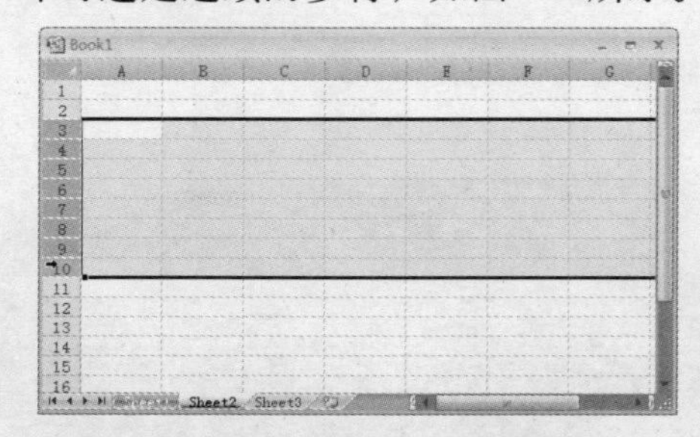

图 7-3 选取连续多行单元格

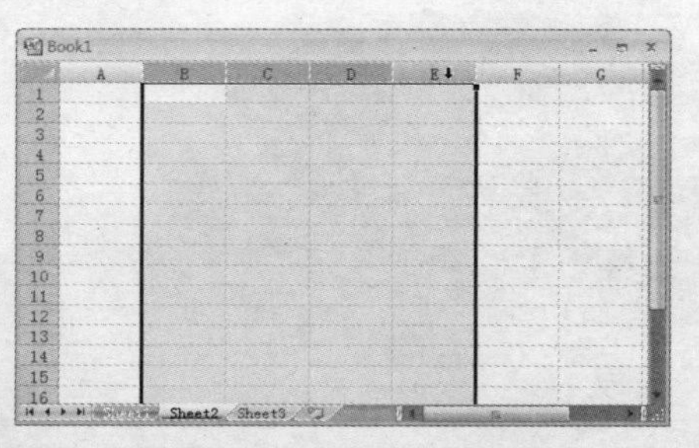

图 7-4 选取连续多列单元格

- 选取不连续多行：选中一行后，按下【Ctrl】键后单击其他行的行号，即可选取不连续的多行，如图 7-5 所示。
- 选取不连续多列：选中一列后，按下【Ctrl】键后单击其他列的列标，即可选取不连续的多列，如图 7-6 所示。

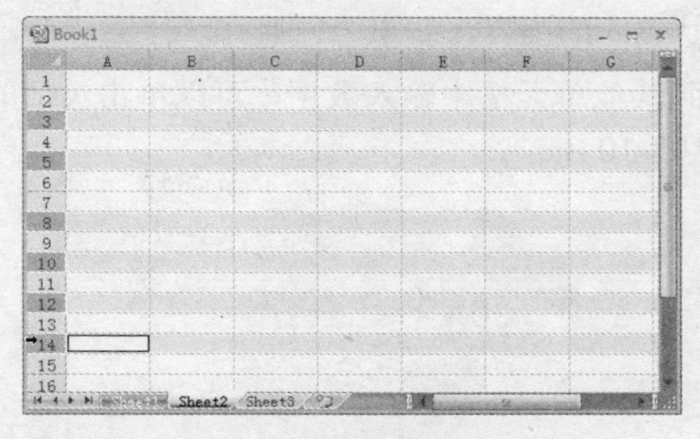
图 7-5　选取不连续多行单元格

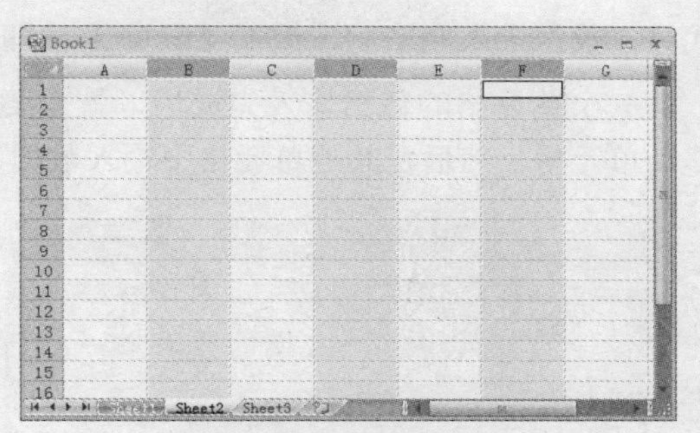
图 7-6　选取不连续多列单元格

- 选取单元格区域：将指针移动到任意单元格中，按下左键沿对角的方向拖动鼠标，拖动范围内的单元格将全部选中，如图 7-7 所示。
- 选取整张工作表：单击工作簿窗口左上角行号和列标相交的按钮，可选中整张工作表，如图 7-8 所示。

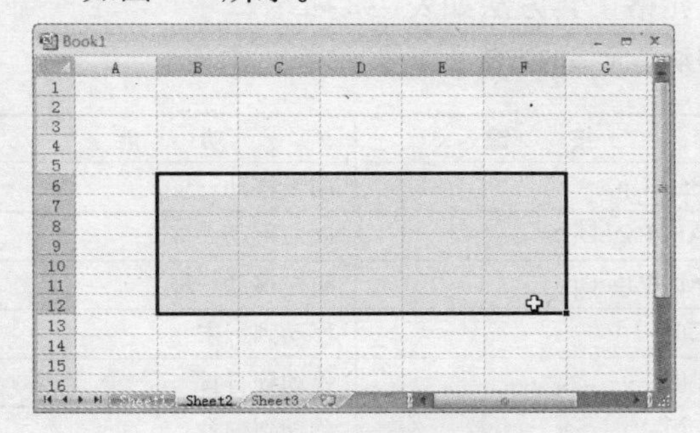
图 7-7　选取单元格区域

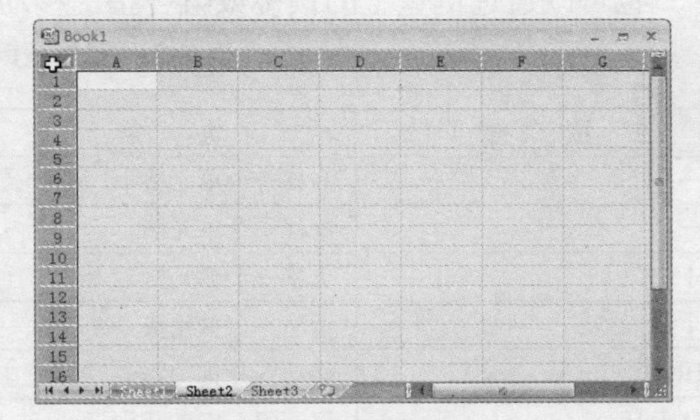
图 7-8　选取整张工作表

除使用鼠标灵活选取外，也可以通过键盘上的按键或组合键按照一定规律扩展选取单元格，选取方法如表 7-1 所示。

表 7-1　键盘选取单元格方法

按　键	功　能
Shift+ →	选定区域向右扩展一列
Shift+ ←	选定区域向左扩展一列
Shift+ ↑	选定区域向上扩展一行
Shift+ ↓	选定区域向下扩展一行
Shift+Ctrl+Home	将当前位置到工作表左上角第一个单元格之间的单元格全部选中
Shift+Page Up	将当前位置到所在列第一个单元格之间的单元格全部选中
Ctrl+A	选取整张工作表
Shift+Page Down	将当前位置到所在列的可见单元格全部选中

任务 2 输入单元格数据

在单元格中输入数据时，首先选择相应的单元格，然后再输入数据。所输入的数据将会同事显示在“编辑栏”和单元格中。在单元格中可以输入的内容包括文本、数字、日期和公式等。数据录入完毕后，按下【Enter】键即可确认输入的内容，如图 7-9 所示。

一个单元格的数据输入完成后，就需要移动到其他单元格中输入数据，可以单击灵活的移动单元格，然后在其他单元格中输入数据，如图 7-10 所示。

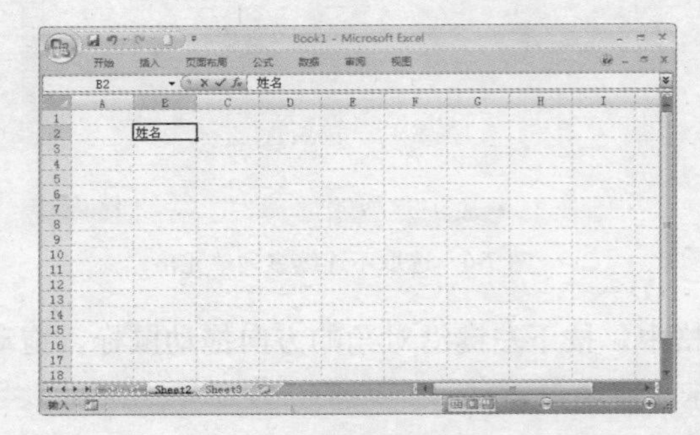

图 7-9 输入数据

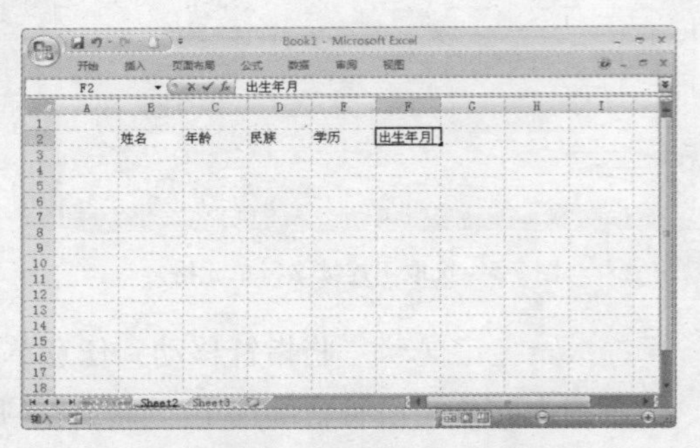

图 7-10 在其他单元格中输入数据

也可以通过键盘上的按键或组合按键移动单元格，其方法如表 7-2 所示。

表 7-2 键盘按键移动单元格的方法

按 键	功 能	按 键	功 能
→	右移一个单元格	PageUp	向上移动一屏
←	左移一个单元格	Alt+PageDown	向右移动一屏
↑	上移一个单元格	Alt+PageUp	向左移动一屏
↓	下移一个单元格	Ctrl+ →	移动到行末
Home	移动到行首	Ctrl+ ←	移动到行首
Ctrl+Home	移动到工作表开头	Ctrl+ ↑	移动到列首
Ctrl+End	移动到工作表的最后一个单元格	Ctrl+ ↓	移动到列末
PageDown	向下移动一屏		

任务 3 输入以“0”开始的数字编号

对于“00001、00002…”等以“0”开始的编号，如果在单元格中直接输入，则输入后将自动变为“1、2、3…”。如果要输入这类编号，则输入前需要先定义单元格数字格式。其具体操作方法如下：

Step 1 选中要输入以“0”开始编号的单元格或单元格区域，如“A2:A8”，单击“数字”组中的“数字格式”下拉按钮常规，在弹出的列表中选择“文本”选项，如图 7-11 所示。

Step 2 选中 A3 单元格，输入编号“00001”，就不会自动转变为“1”了。按照同样的方法，在“A4:A8”单元格中输入对应编号，如图 7-12 所示。

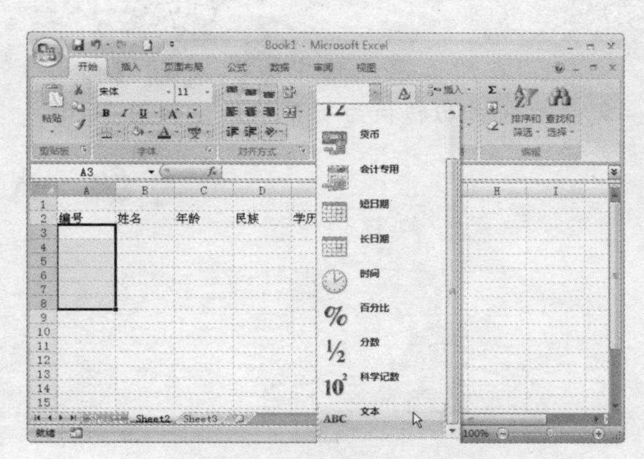

图 7-11　选择“文本”选项

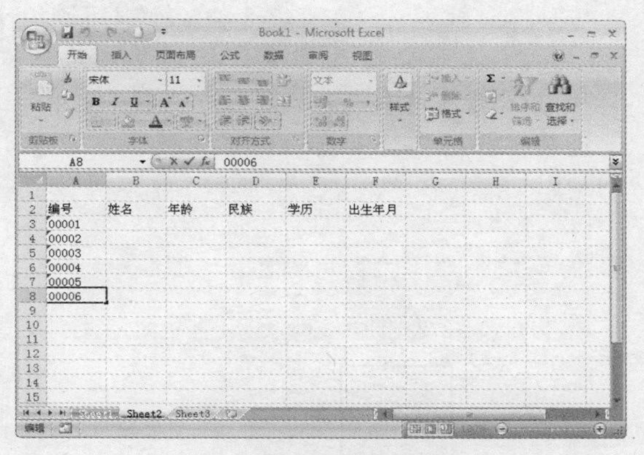

图 7-12　输入数据

任务 4　输入百分比数值

用户在输入百分比输入，如“10%”“0.05%”等时，一般都通过键盘上的按键输入百分号。但如果数据表中需要输入大量的百分比数值，手工输入就相当繁琐。这时可以通过设置单元格数字格式的方法，将单元格区域格式设置为百分比，然后输入数字后，就会自动转换为百分比数值了。其具体操作方法如下：

Step 1　选中要设置百分比格式的单元格区域，在“数字”组中的“数字格式”下拉列表中选择“百分比”选项，如图 7-13 所示。

Step 2　在单元格中输入百分比数值，如输入数字 55，输入完毕后，程序会自动将输入的数值转换为百分比值“55%”，如图 7-14 所示。

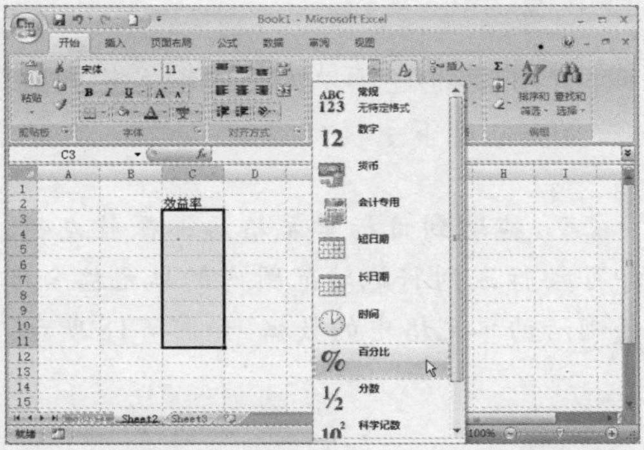

图 7-13　选择“百分比”选项

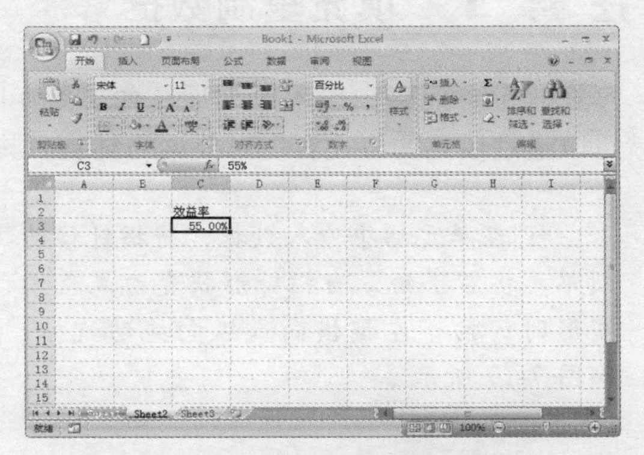

图 7-14　输入百分比数值

任务 5　输入货币数据

货币数据是 Excel 数据表时常用输入的数据格式，如“￥880.00”、“￥210,000.00”等，输入这些数据时，可通过设置单元格格式的方法快速输入，其具体操作方法如下：

step 1 选取要输入货币数据的单元格区域，在“数字格式”下拉列表中选择“货币”选项，如图 7-15 所示。

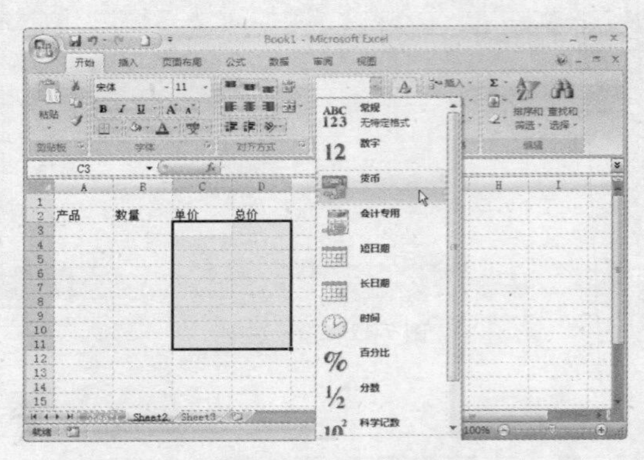

图 7-15 选择“货币”选项

step 2 在所选单元格中输入数字，输入完毕后将自动转换为货币格式，如图 7-16 所示。

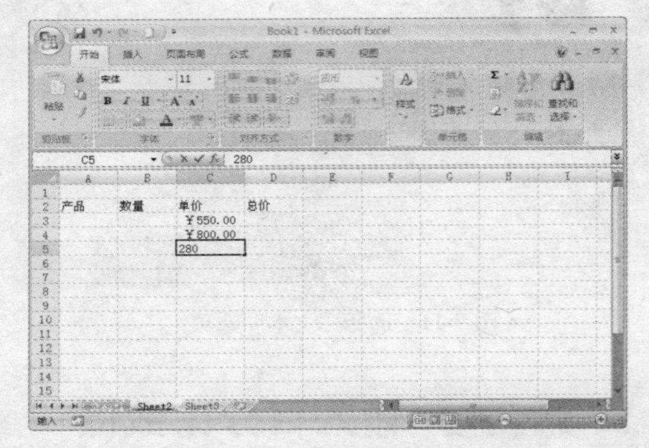

图 7-16 输入货币数据

7.2 数据填充输入

在 Excel 中，可以通过自动填充功能对单元格数据进行快速输入。当需要在单元格区域中输入相同内容，或存在等比、等差关系的数据，以及规律性数据如日期、星期等，都可以通过自动填充功能进行快速输入。

任务 1 填充复制数据

在一个单元格中输入数据后，如果要在同列或同行的其他连续单元格中输入相同数据，就可以通过填充的方式实现对数据的复制。其具体操作方法如下：

step 1 在单元格中输入数据，将指针移动到单元格右下角，当指针形状变为黑色十字形时，按下左键横向或纵向拖动鼠标，如图 7-17 所示。

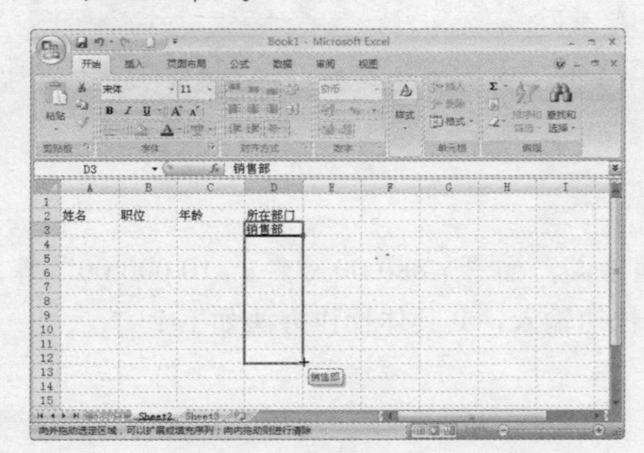

图 7-17 拖动填充柄

step 2 拖动到目标单元格后，释放左键，即可按行或列将拖动范围内的单元格全部复制活动单元格中的数据，如图 7-18 所示。

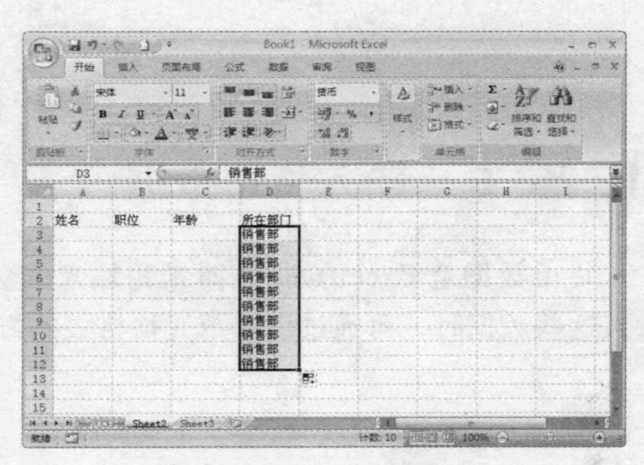

图 7-18 复制数据

任务 2　日期序列数据

日期序列包括指定天数、周数或月份数增长的序列。填充日期序列时，首先需要在起始单元格中输入一个初始日期值，然后拖动单元格右下角的填充柄进行填充。其具体操作方法如下：

Step 1　在单元格中输入日期“3 月 1 日”，然后将指针移动到单元格右下角，当指针形状变为十字形时，按下左键向下拖动鼠标，如图 7-19 所示。

图 7-19　拖动填充柄

Step 2　拖动到目标单元格后，释放鼠标左键，即可同列单元格中安顺序填充日期，如图 7-20 所示。

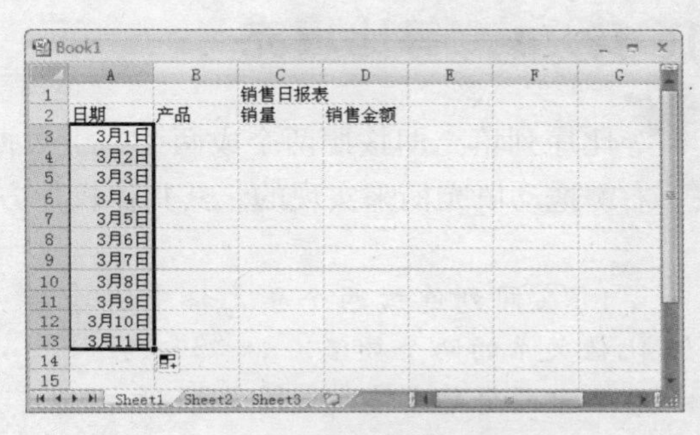

图 7-20　填充序列

任务 3　等差填充

等差填充即按照两个或两个以上数据之间的差值进行规律的序列填充，填充等差序列时，需要先指定步长值。如数字序列“1、3、5、7、…”的步长为 2。填充等差序列的具体操作方法如下：

Step 1　在同列两个单元格中分别输入要进行等差填充的前两个数值“2”与“4”，并同时选中两个单元格，如图 7-21 所示。

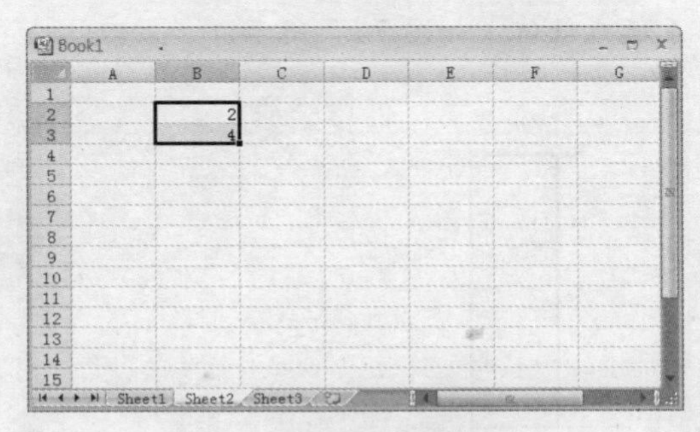

图 7-21　输入数值

Step 2　将光标移动到所选单元格区域右下角，指针变为黑色十字形时向下拖动，如图 7-22 所示。

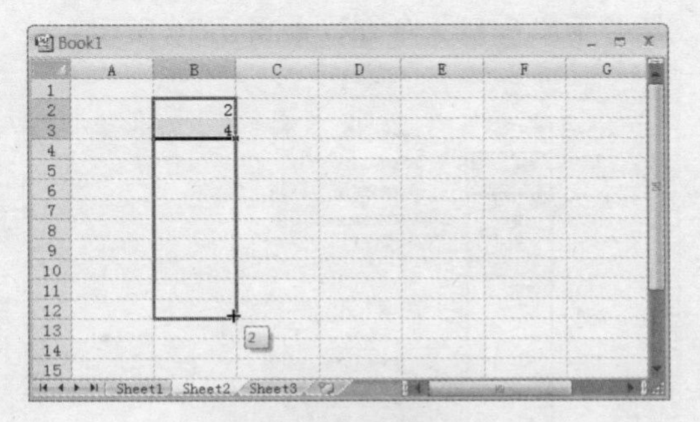

图 7-22　拖动鼠标

Step 3 拖动到目标单元格后，释放按键，即可按照等差方式对序列进行填充，如图 7-23 所示。

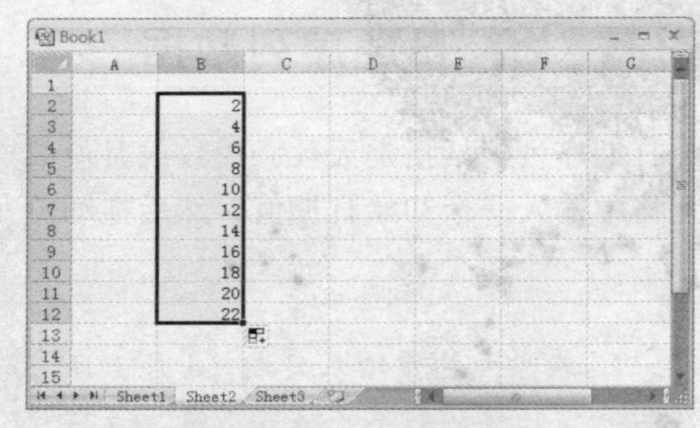

图 7-23　等差填充序列

任务 4 等比填充

等比序列填充即按照两个或两个以上数据之间的比值进行规律地序列填充，等比填充是按下右键拖动填充柄来实现的。其具体操作方法如下：

Step 1 在同列连续两个单元格中输入具有比值关系的两个数值，如“3”与“6”，然后选中两个单元格，如图 7-24 所示。

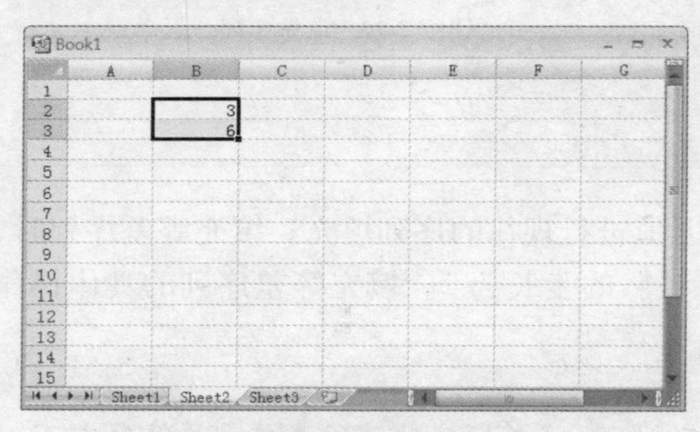

图 7-24　输入数值

Step 2 按下右键向下拖动填充柄到目标单元格，如图 7-25 所示。

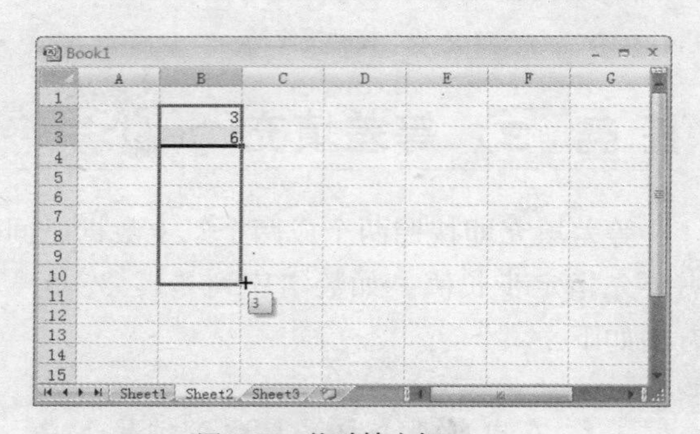

图 7-25　拖动填充柄

Step 3 释放右键，在弹出的快捷菜单中选择“等比序列”命令，如图 7-26 所示。

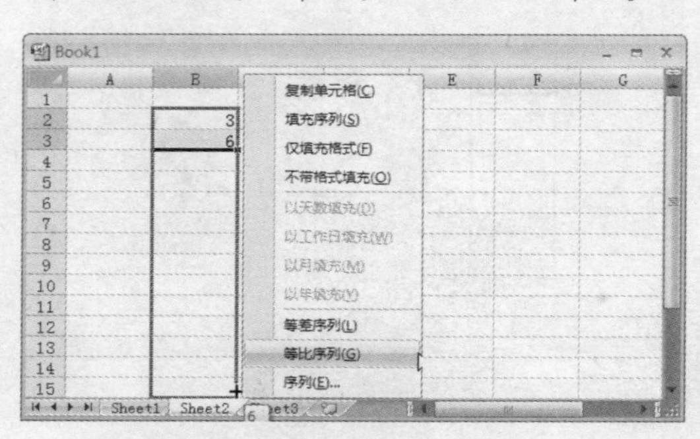

图 7-26　选择“等比序列”命令

Step 4 此时即可是所选单元格按照等比关系填充数值，如图 7-27 所示。

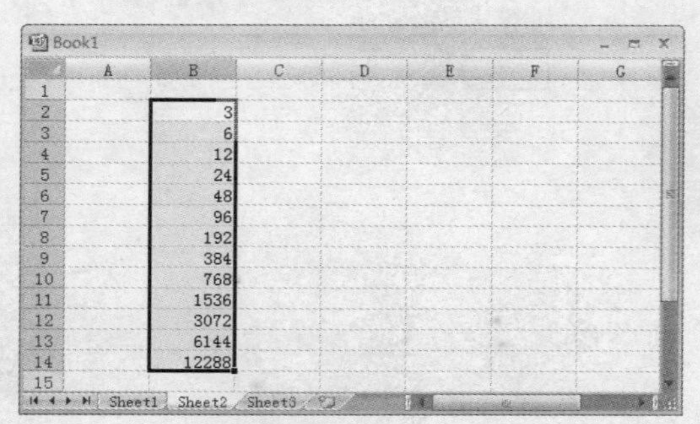

图 7-27　填充结果

7.3　编辑单元格数据

在工作表中输入数据后，可以根据需要对单元格进行一系列编辑操作。包括复制与移动单元格、清除单元格、查找与替换单元格数据等。如果需要在编辑完毕的工作表中添加数据，还可以根据需要插入单元格或行、列。

任务 1　复制单元格

在单元格中输入数据后，如果要在其他单元格中输入同样的数据，就可以通过复制功能实现相同数据的快速输入，其具体操作方法如下：

Step 1　选中要复制的单元格，然后单击“剪贴板”组中的“复制”按钮，如图 7-28 所示。

Step 2　选中要粘贴复制内容的单元格，单击“剪贴板”组中的“粘贴”按钮，即可将复制单元格中的数据粘贴到该单元格中，如图 7-29 所示。

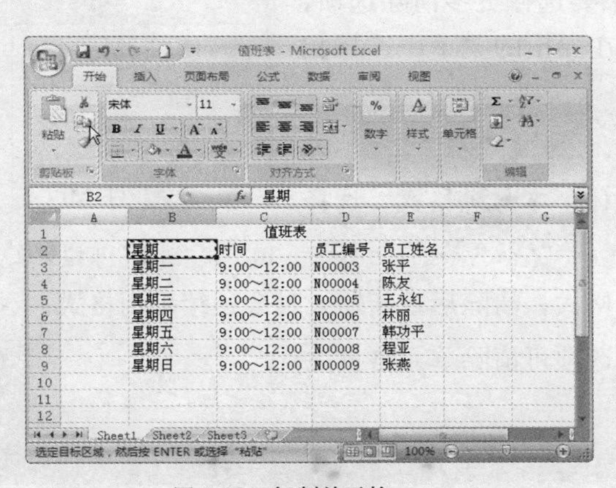

图 7-28　复制单元格

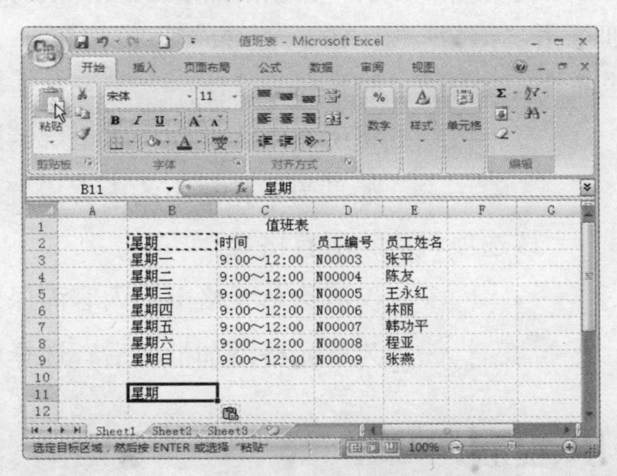

图 7-29　粘贴单元格

任务 2　移动单元格

移动单元格多用于调整数据表时使用，即指定位置单元格中的数据移动到其他单元格中，其具体操作方法如下：

Step 1　选中要复制的单元格，然后单击“剪贴板”组中的“剪切”按钮，如图 7-30 所示。

Step 2　剪切后，单元格内容将被删除，选中目标单元格，单击“剪贴板”组中的“粘贴”按钮，即可将剪切的内容粘贴于此，如图 7-31 所示。

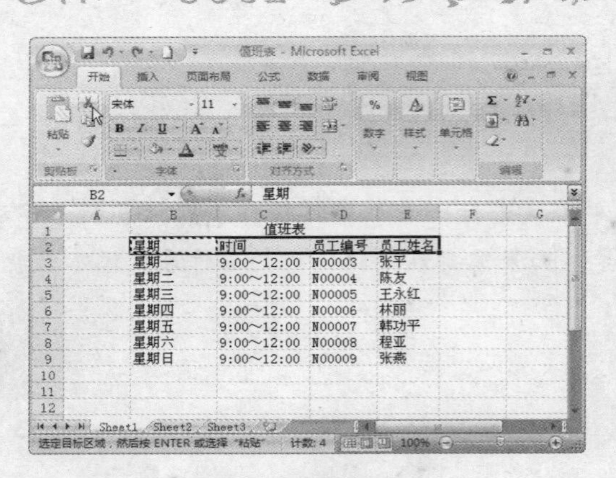

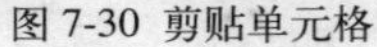
图 7-30 剪贴单元格

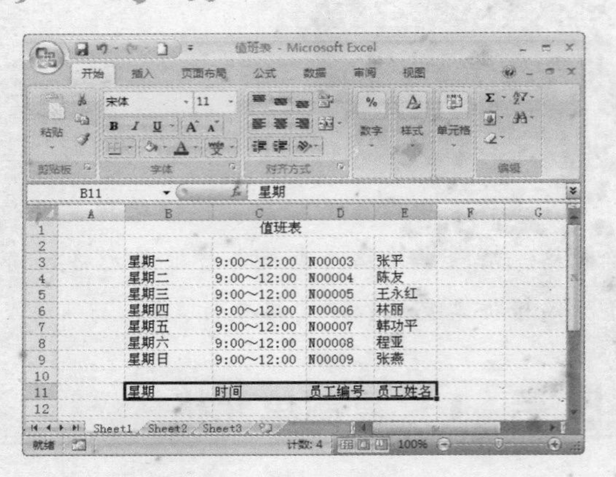

图 7-31 粘贴单元格

任务 3 清除单元格

在 Excel 中，清除单元格除了指将单元格中的数据删除外，还包括清除单元格格式、清除单元格批注等。选中要清除的单元格，按下【Delete】键，可以将单元格中的数据清除，如果要选择更多清除选项，则单击“编辑”组中的“清除”下拉按钮，在弹出的菜单中选择相应命令，如图 7-32 所示。

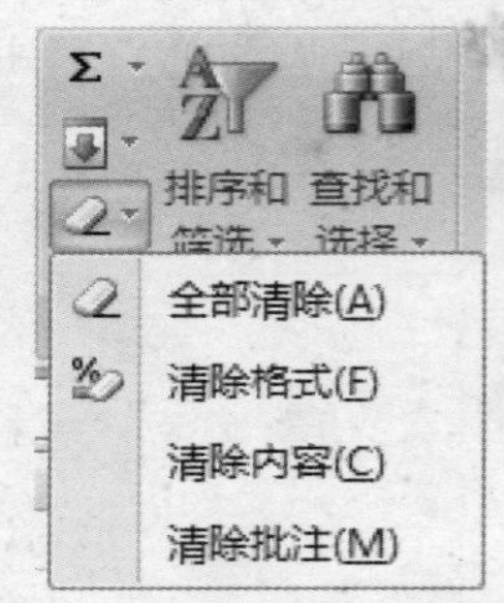

图 7-32“清除”下拉菜单

- 全部清除：将所有内容连同格式全部清除。
- 清除格式：如果为单元格中的内容设置字体、字号等格式，选择该选项将清除所有格式。
- 清除内容：仅清除单元格中的内容而保留格式，清除后重新输入时会延续采用格式。
- 清除批注：为单元格添加批注后，选择该选项可清除单元格批注。

小提示

如果仅清除单元格中的部分内容，则双击单元格将光标切换到单元格中，按下【Delete】键或【BackSpace】键选择性清除即可。

任务 4 替换单元格数据

在工作表中编排数据表后，如果一些数据发生变化，那么就需要将原有数据更改为变化后的数据。如果更改量较少，可以手动更改；如果更改两较大，则可以通过“替换”功能快速替换更改，其具体操作方法如下：

Step 1 单击“编辑”组中的“查找和选择”下拉按钮，在弹出的菜单中选择“替换”命令，如图 7-33 所示。

Step 2 弹出“查找和替换”对话框并显示“替换”选项卡，在“查找内容”文本框中输入要替换的内容，在“替换为”文本框中输入替换后的内容，如图 7-34 所示。

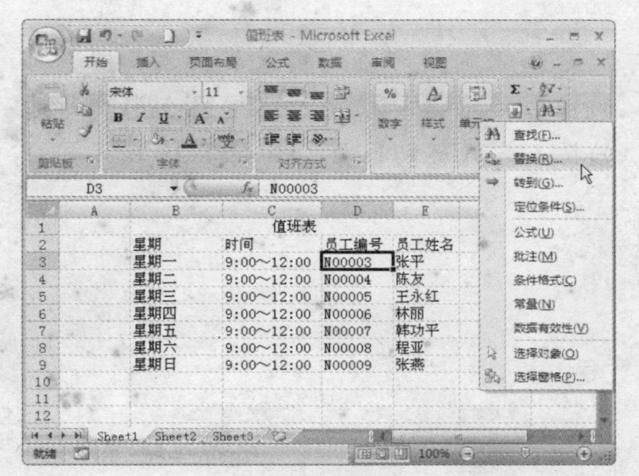

图 7-33　选择命令

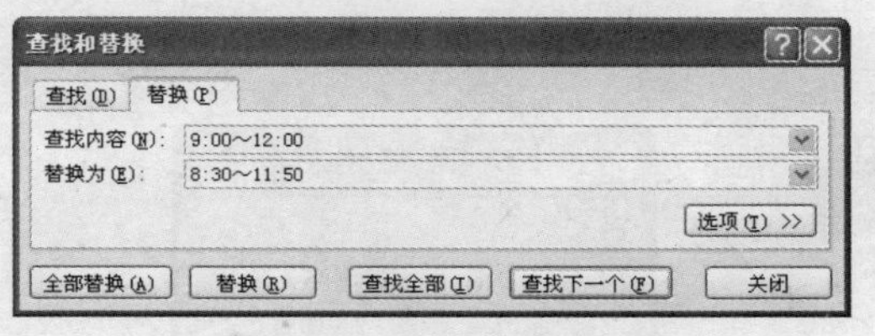

图 7-34 “替换”选项卡

step 3 逐次单击对话框中的“替换”按钮 替换(R) ，可从工作表中查找并逐个替换数据，如图 7-35 所示。

step 4 单击“全部替换”按钮 全部替换(A) ，可以同时将工作表中的所有指定数据替换为其他数据，并弹出对话框显示替换数目，如图 7-36 所示。

图 7-35　替换数据

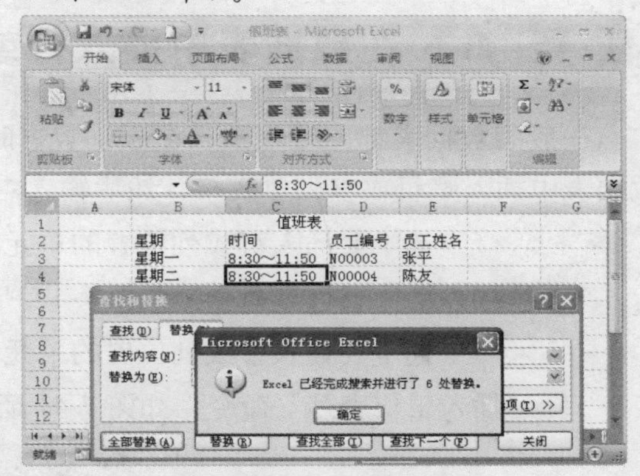

图 7-36　全部替换

任务 5　在数据表中插入单元格

数据表编排完毕后，如果出现疏漏或需要添加数据，就可以在相应的位置插入单元格，然后输入数据。插入单元格的具体操作方法如下：

step 1 选中要插入单元格的位置，如要同时插入多个单元格，则选择对应的单元格区域，单击“单元格”组中的“插入”下拉按钮 插入 ，在弹出的菜单中选择“插入单元格”命令，如图 7-37 所示。

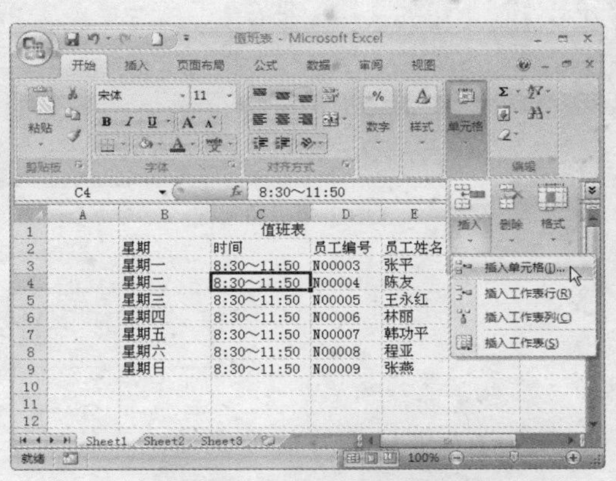

图 7-37　选择“插入单元格”命令

Step 2 打开图7-38所示的“插入”对话框，在对话框中选择一种插入方式后，单击 确定 按钮。

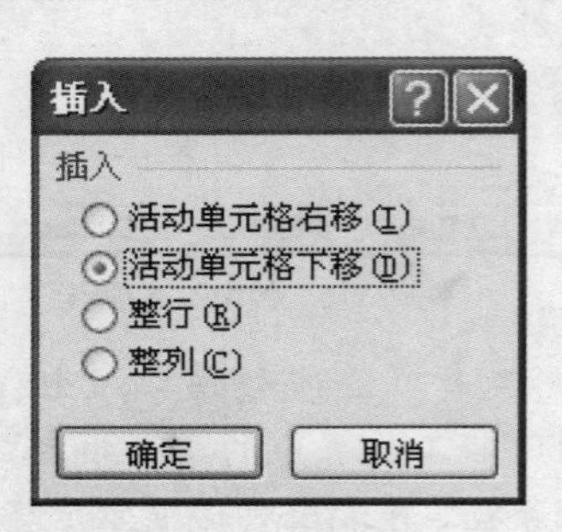

图 7-38 “插入”对话框

Step 3 此时即可在当前位置插入相同数目的空白单元格，原单元格按照在用户所选的插入方式移动位置，如图7-39所示。

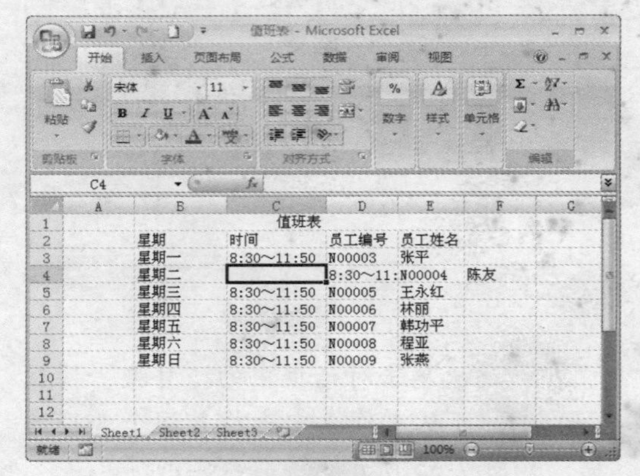

图 7-39 插入单元格

任务 6 在数据表中插入行或列

一般的数据表都比较规则，在添加数据时，也基本都是整行或整列添加，这时就可以在数据表中插入整行或整列单元格，然后输入需要添加的数据。

- 插入行：选中要插入行或列位置的单元格，在“单元格”组中的“插入”下拉菜单中选择“插入工作表行”命令，如图7-40所示。
- 插入列：选中要插入行或列位置的单元格，在“单元格”组中的“插入”下拉菜单中选择“插入工作表列”命令，如图7-41所示。

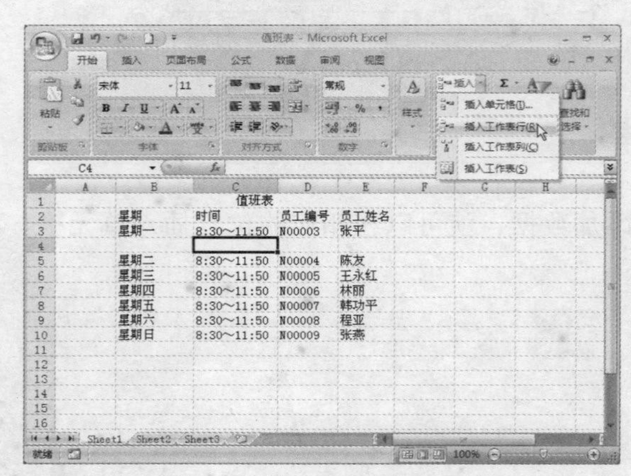

图 7-40 插入行

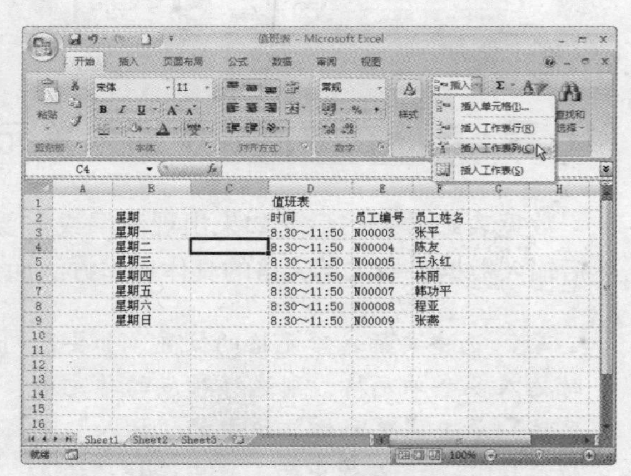

图 7-41 插入列

7.4 表格格式设置

在工作表中编辑的数据表时，一般不会占用到工作表所有单元格，而是在一个特定的区域中编辑。用户可以对表格区域的样式与格式进行一系列设置。

任务 1 套用表格样式

Excel 2007 中提供了更加丰富的表格样式，用户可以为当前数据表直接套用这些样式，套用表格样式后，Excel 会自动对数据表进行筛选。为数据表套用表格格式的具体操作方法如下：

Step 1 选中要套用样式的数据表区域，单击“样式”组中的“套用表格样式”下拉按钮，如图 7-42 所示。

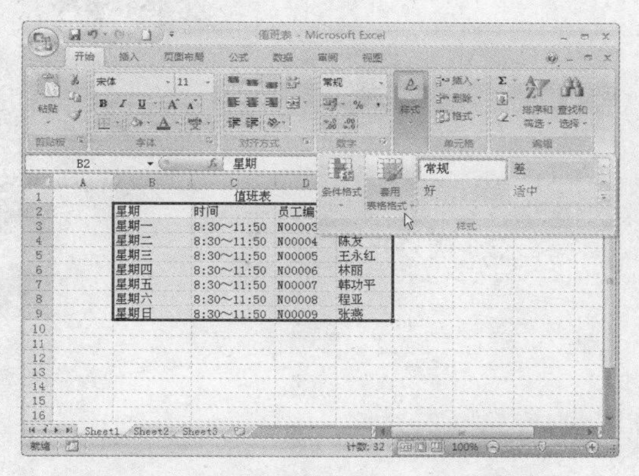

图 7-42 单击“套用表格样式”下拉按钮

Step 2 在弹出的表格样式列表中选择要套用的表格样式，如图 7-43 所示。

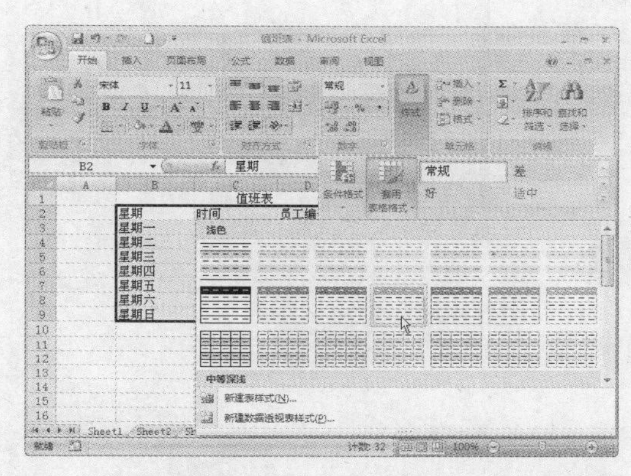

图 7-43 选择样式

Step 3 弹出“套用表样式”对话框，对话框中显示套用样式的表格区域，工作表中对应的表格区域将被选中，如图 7-44 所示。

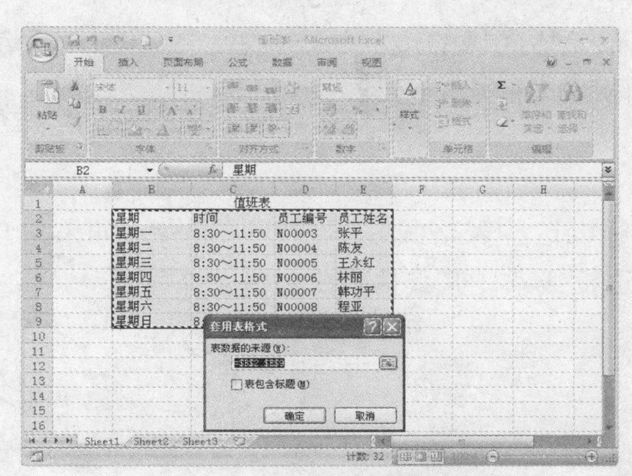

图 7-44 “套用表样式”对话框

Step 4 单击 确定 按钮，即可为所选区域应用样式，同时会自动筛选表格并在标题行中显示筛选按钮，如图 7-45 所示。

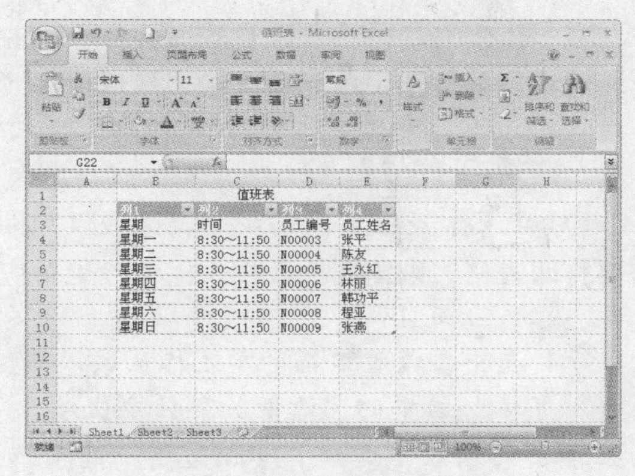

图 7-45 套用表格样式

小提示

套用表格样式后，如果要取消自动添加的筛选按钮，只要选中筛选字段单元格，切换到“数据”选项卡，单击“排序和筛选”组中的“筛选”按钮即可。

任务 2 设置单元格样式

除为数据表套用表格样式外，Excel 中还提供了多种单元格样式，用户可以为数据表中的指定单元格或单元格区域直接应用这些样式，从而突出显示出部分单元格。设置单元格样式的具体操作方法如下：

Step 1 选中要设置样式的单元格或单元格区域，单击“样式”组中的“单元格样式”下拉按钮，如图 7-46 所示。

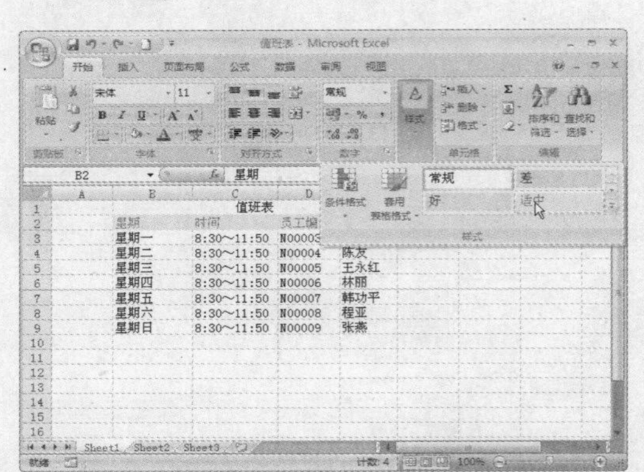

图 7-46 选择单元格样式

Step 2 在列表中选择某种样式，即可为所选单元格区域应用该样式，如图 7-47 所示。

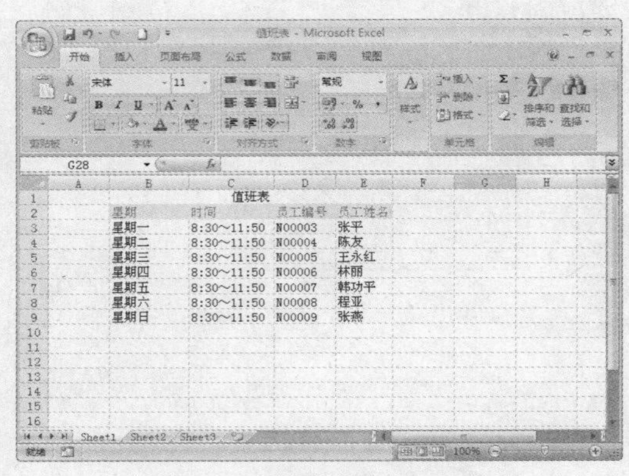

图 7-47 应用单元格样式

任务 3 设置边框与底纹

在 Excel 中，用户可以自定义设置单元格或单元格区域的边框与底纹样式，其设置方法比较简单，只要选中单元格区域，然后单击“字体”组中对应的按钮即可。

1. 设置单元格边框

Excel 工作表中显示的灰度表格线仅为网格线，这些表格线并不会打印出来。如果用户需要打印表格，则需要为数据表区域设置对应的边框线条。其具体操作方法如下：

Step 1 选中要设置边框的单元格区域，单击“字体”组中的“边框”下拉按钮，在弹出的列表中选择“其他边框”选项，如图 7-48 所示。

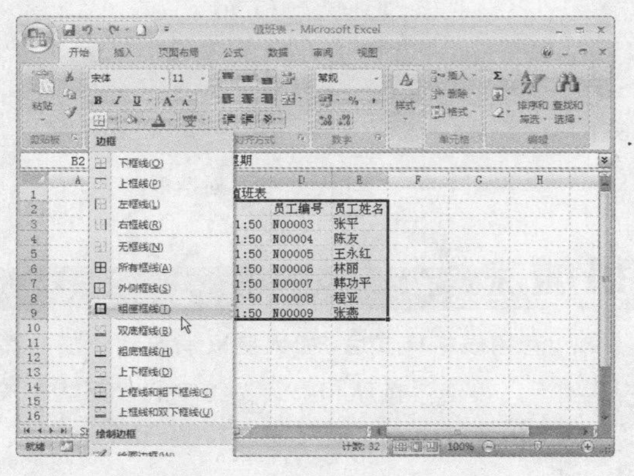

图 7-48 选择“其他边框”选项

Step 2　弹出“设置单元格格式”对话框并显示“边框”选项卡，在其中选择边框样式、边框颜色，并单击右侧对应的按钮设置边框显示范围，如图 7-49 所示。

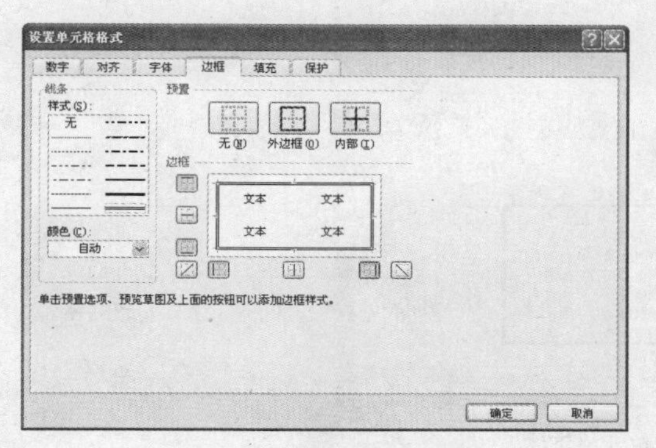

图 7-49　设置边框样式

Step 3　设置完毕后单击“确定”按钮 确定，即可为单元格区域添加对应的边框样式，如图 7-50 所示。

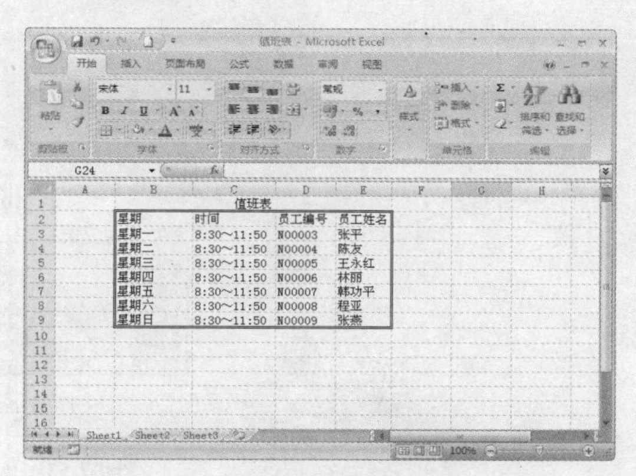

图 7-50　添加边框样式

小提示

在“边框”下拉列表中选择对应的选项，可以为单元格区域快速设置对应的边框线条。

2. 设置单元格底纹

制作数据表时，可以根据单元格内容为不同的单元格区域设置不同的底纹颜色。其具体操作方法如下：

Step 1　选中要设置底纹的单元格或单元格区域，单击“字体”组中的“填充颜色”下拉按钮，如图 7-51 所示。

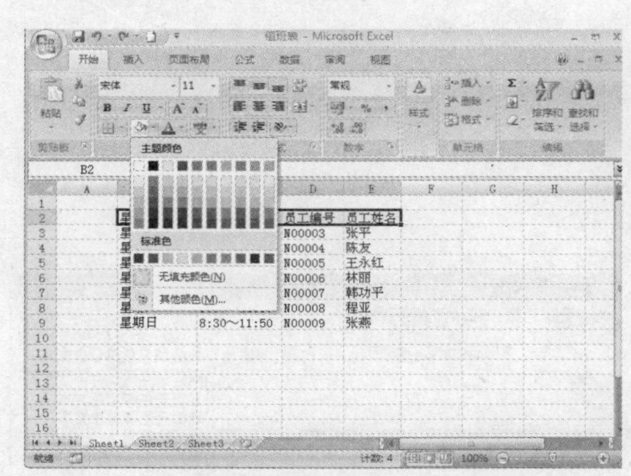

图 7-51　选择颜色

Step 2　在弹出的颜色列表中选择一种颜色后，即可为所选单元格区域添加该颜色底纹，如图 7-52 所示。

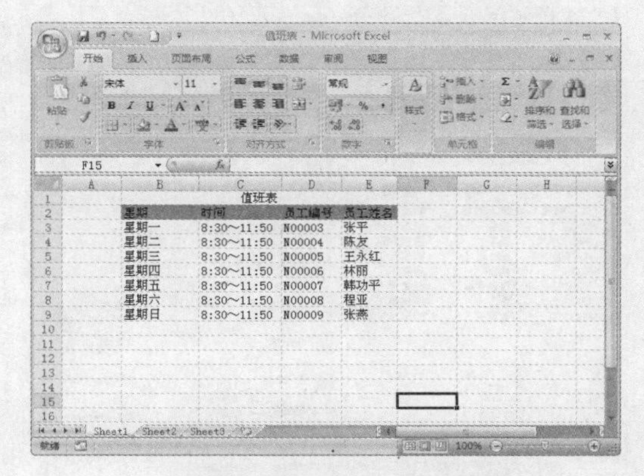

图 7-52　设置底纹

任务 4　设置单元格字体

在单元格中输入数据后，可以对数据的字体格式进行一系列设置，包括字体、字号、字符颜色、字形等。其设置方法与 Word 文本格式的方法基本相同。先选中要设置字体的单元格，然后通过“字体”组中对应的选项或按钮进行设置，如图 7-53 所示。

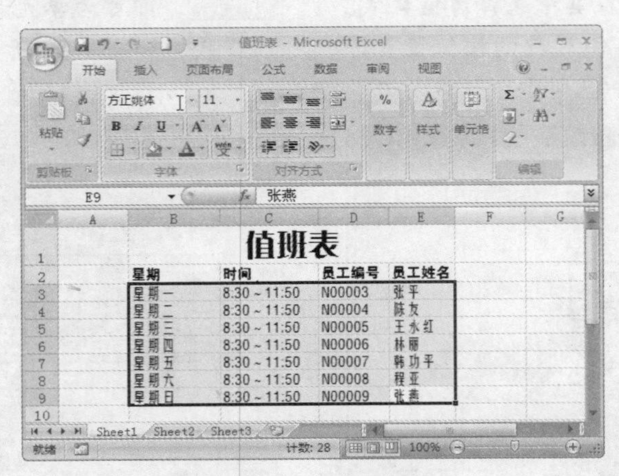

图 7-53　更改单元格字体

任务 5　应用条件格式

条件格式是 Excel 中针对数据的一项特殊格式设置方法，可以为数据表中符合指定条件的单元格快速设置特定格式。以为工资表中“实发工资”在“1 500 ～ 1 900”之间的记录应用格式为例，其具体操作方法如下：

Step 1　选中工作表中的“实发工资”序列，单击“样式”组中的“条件格式”下拉按钮，在弹出的列表中选择“突出显示单元格规则 \ 介于”命令，如图 7-54 所示。

图 7-54　选择条件

Step 2　此时弹出“介于”对话框，在数值框中分别输入“1500”与“1900”，然后在“设置为”下拉列表中选择“自定义格式”选项，如图 7-55 所示。

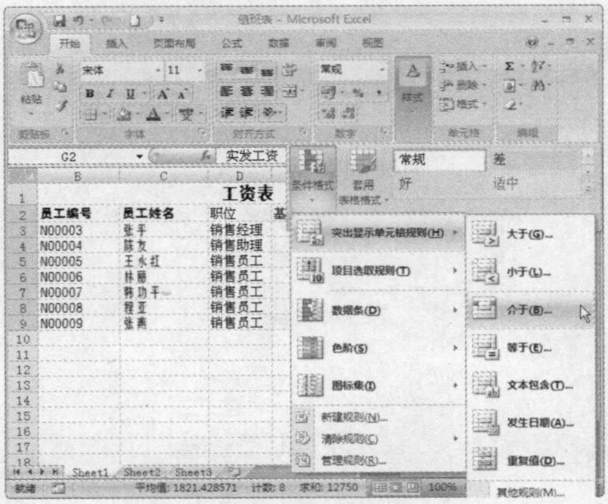

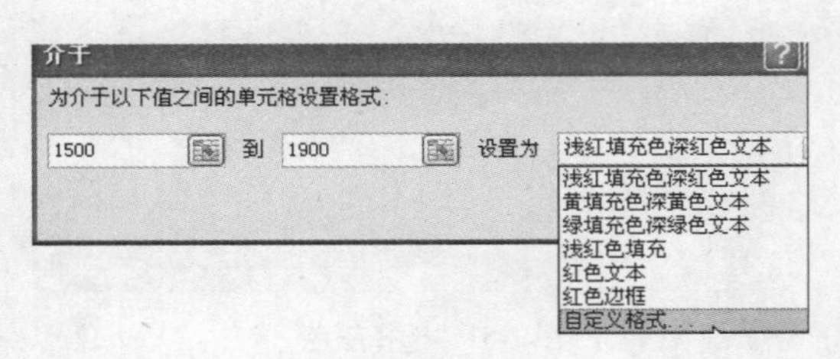

图 7-55　设置条件

Step 3　弹出“设置单元格格式”对话框，在“字体”选项卡中自定义设置符合条件单元格的字形、颜色等，或根据需要切换到其他单元格设置边框与底纹，完毕后单击“确定”按钮 确定 ，如图 7-56 所示。

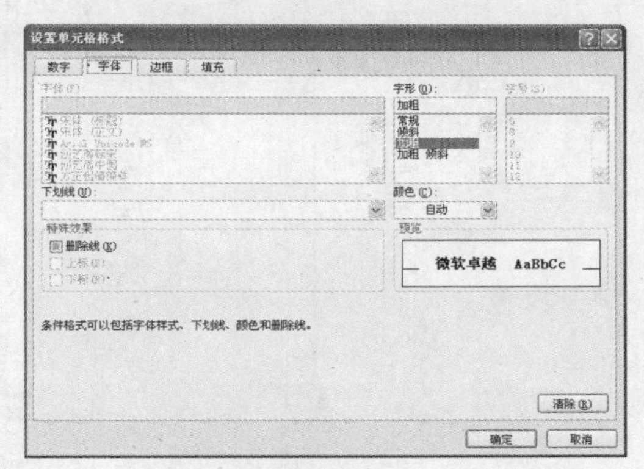

图 7-56 “设置单元格格式”对话框

Step 4　返回“介于”对话框，单击“确定”按钮 确定 ，即可为选定序列中符合条件的单元格设置指定格式，如图 7-57 所示。

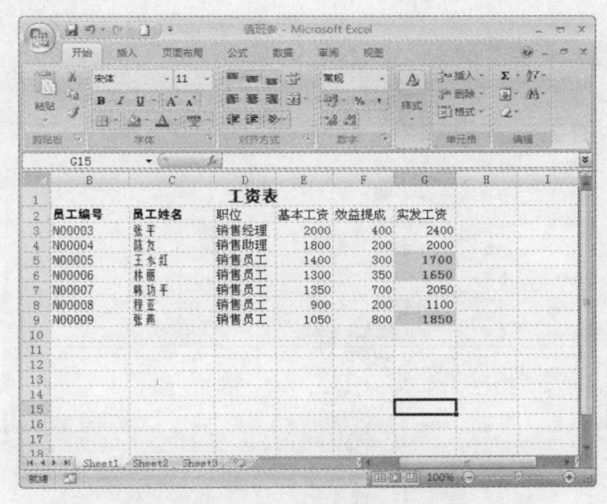

图 7-57　根据条件设置格式

任务 6　调整行高与列宽

在单元格中输入数据后，可以根据数据与表格的整体编排，调整表格中列的宽度与行的高度。调整行高与列宽的方法有以下几种：

- 鼠标拖动调整行高：将鼠标移动到行号分界线上，当指针形状变为双向箭头时，按下左键向上或向下拖动鼠标即可调整行的高度，如图 7-58 所示。
- 鼠标拖动调整列宽：将鼠标移动到列标分界线上，当指针形状变为双向箭头时，按下左键向左或向右拖动鼠标即可调整列的宽度，如图 7-59 所示。

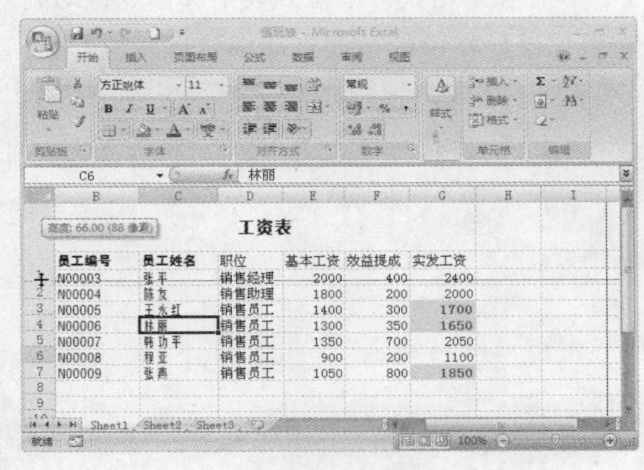

图 7-58　调整行高

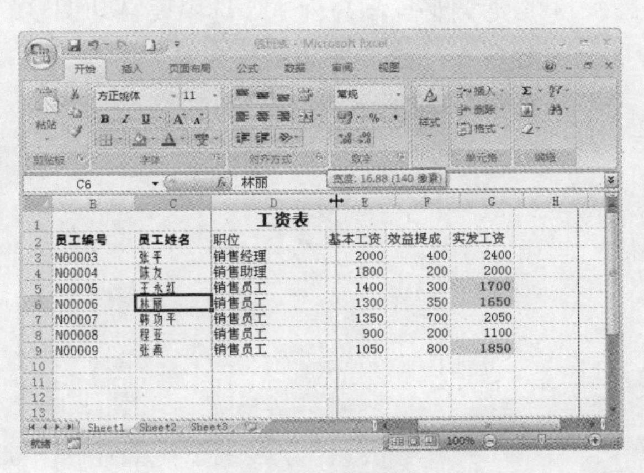

图 7-59　调整列宽

- 同时调整多行行高：选中多行后，拖动其中某一行的下边界可以改变所有选中行的行高，同时使所有选中行的行高相等，如图 7-60 所示。
- 同时调整多列列宽：选中多列后，拖动其中某一列的右边界可以改变所有选中列的列宽，同时使所有选中列的列宽相等，如图 7-61 所示。

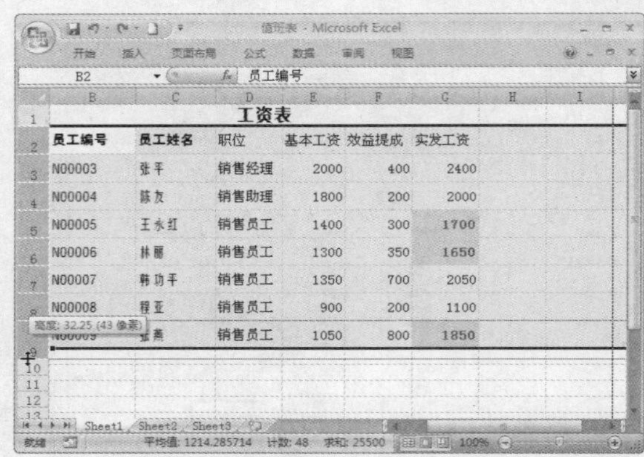

图 7-60 调整多行行高

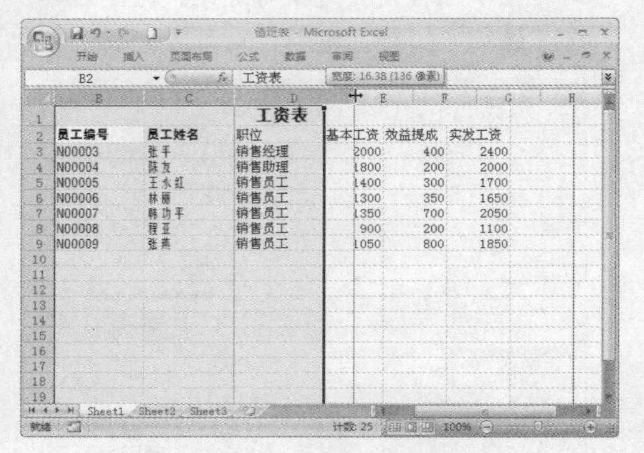

图 7-61 调整多列列宽

- 精确设置行高：选中一行或多行，单击“单元格”组中的“格式”下拉按钮，在弹出的列表中选择“行高”命令，在弹出的“行高”对话框中输入行的高度值，如图 7-62 所示。
- 精确设置列宽：选中一列或多列，单击“单元格”组中的“格式”下拉按钮，在弹出的列表中选择“列宽”命令，在弹出的“列宽”对话框中输入列的宽度值，如图 7-63 所示。

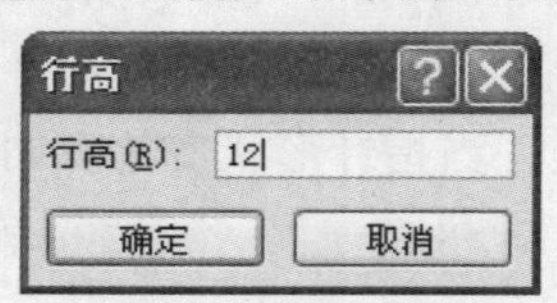

图 7-62 设置行高

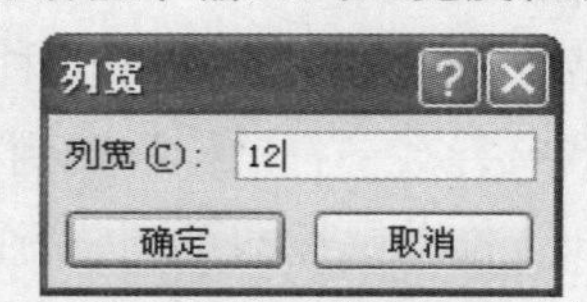

图 7-63 设置列宽

- 自动调整行高与列宽：选中要自动调整的行、列，在“格式”下拉列表中选择“自动调整行高”或“自动调整列宽”命令，即可将根据单元格中的数据自动调整行高与列宽，如图 7-64 所示。

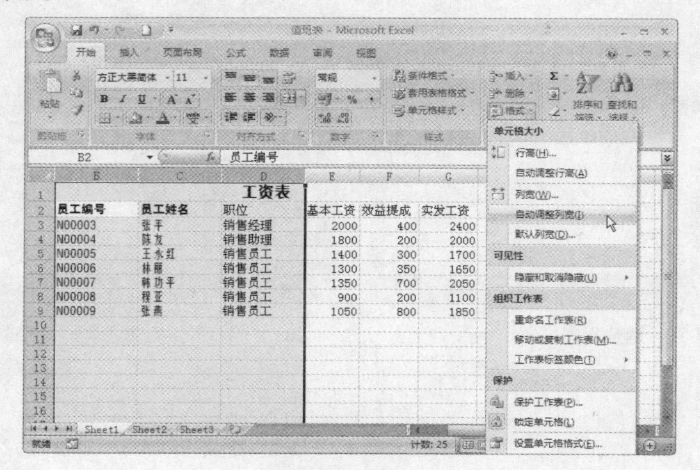

图 7-64 选择相应命令

7.5　相关知识

本章了解了在 Excel 2007 中输入与编排数据，以及对数据表格式进行设置的方法，下面介绍与本章知识相关的其他设置，读者可扩展学习并在实际操作过程中灵活运用。

任务 1　快速转换单元格数字格式

在工作表中输入数据时，可以先设定单元格区域的数据格式，输入常规数值后，就会自动转换为所设置的数字格式。用户也可以先编排数据表，编排完毕后根据需要为已有数值直接应用指定数字格式。

如在工资表中，工资数值都直接输入，为了规范，可以为数值设置货币单位，这时可选中包含数据的单元格区域，单击“数字”组中的“会计数字格式”下拉按钮，在弹出的菜单中选择中文货币符号，即可将所选单元格区域中的数值转换为货币格式，如图 7-65、图 7-66 所示。

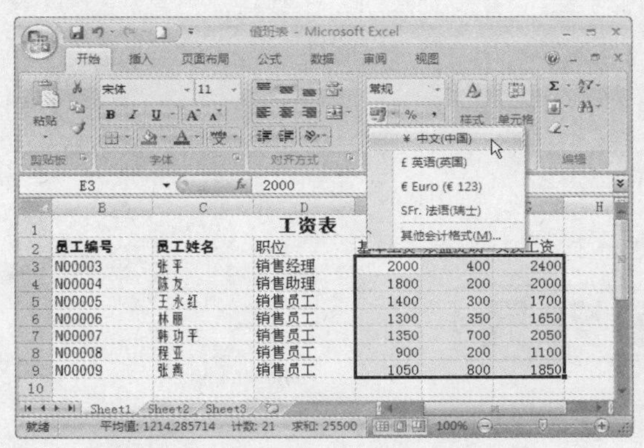

图 7-65　选中单元格

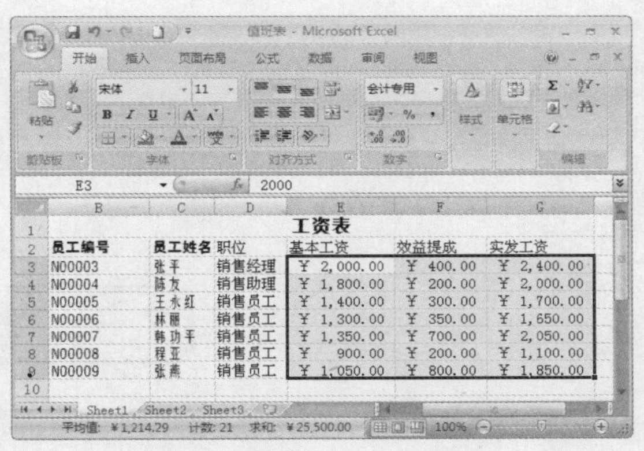

图 7-66　转换格式后的效果

任务 2　更改货币数值小数位数

Excel 在财务领域使用十分广泛，财务数据表中基本上都会包含货币，而 Excel 默认的小数点位数为 2 位，如果要精确到更多位数，就需要自定义设置单元格格式，其具体操作方法如下：

Step 1　打开数据表，选中要增加小数点位置的单元格区域，单击“数字”组右下角的按钮，如图 7-67 所示。

Step 2　弹出“设置单元格格式”对话框，默认显示“数字”选项卡，在“分类”列表框中选择“货币”选项，然后在右侧的“小数位数”数值框中输入小数位数，如“4”，单击 确定 按钮，如图 7-68 所示。

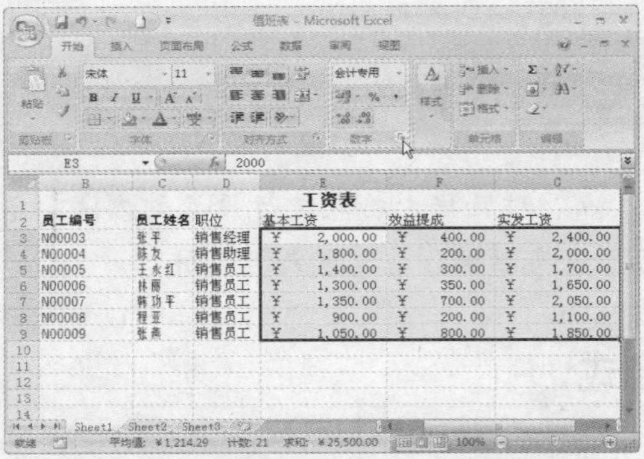

图 7-67　选取单元格区域

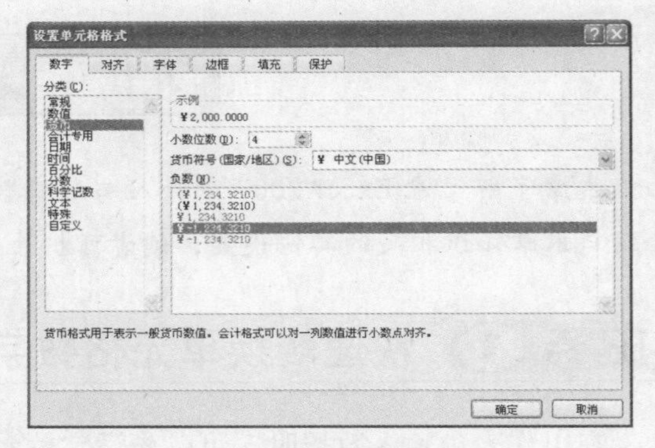

图 7-68　设置小数位数

Step 3　此时数据表单元格区域中的货币数据由 2 位小数点更改为 6 位小数点，如图 7-69 所示。

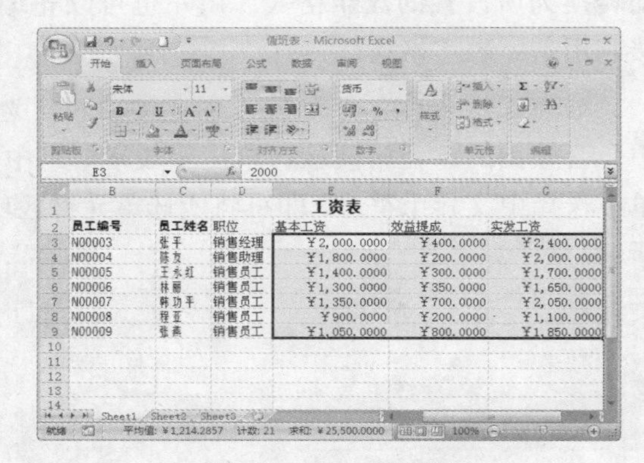

图 7-69　更改小数位数

7.6　练习题

一、选择题

1．（　　）数据填充方式可以通过填充复制数据。

A．复制填充　　B．序列填充　　C．等比填充　　D．等差填充

2．在 Excel 中可以通过行号与列表组合引用单元格，那么 C 列与 12 行交叉的单元格表示为（　　）。

A．C:12　　B．12:C　　C．C12　　D．12C

二、填空题

1．输入以“0”开头的数据时，需要将单元格格式设置为（　　）。

2．如果要将工作表中大于“500”的数据以红色字体颜色，应该采用（　　）快速设置。

三、问答题

1．Excel 中提供了哪些数据格式？分别用于何种情况？

2．通过填充可以快速输入数据，请简述 Excel 中不同的填充方式以及用途。

第 8 章

Excel 数据分析与处理

Excel 表格是专门用于处理数据的 Office 组件，通过该可以对数据进行运算、筛选等操作，本章中就来介绍一下在 Excel 中进行数据分析与处理的操作。

本章主要内容：

- 公式与函数
- 排序与筛选数据
- 数据分类汇总
- 数据图表
- 数据透视表与数据透视图

8.1 公式与函数

需要在 Excel 表格中进行运算时，就要应用到公式与函数的使用，本节中就来介绍一下公式与函数的使用。

任务 1 单元格相对引用

在进行公式的运算时，主要用于对当前数据表中指定单元格中的数据所进行的计算。工作表每个单元格都有行、列坐标位置，Excel 2007 中将单元格行、列坐标位置称为单元格引用，下面就来介绍一下单元格引用的不同方式。

1. 相对引用

相对引用是指将单元格中的公式剪切或复制到其他单元格时，引用会根据当前行和列的内容自动改变所引用单元格行号和列号。相对应用使用非常广泛，下面以计算某产品库存金额为例，相对引用的具体操作步骤如下：

Step 1 打开要输入公式的数据表，选中“F3”单元格，输入“＝”，单元格就会进入公式运算状态，如图 8-1 所示。

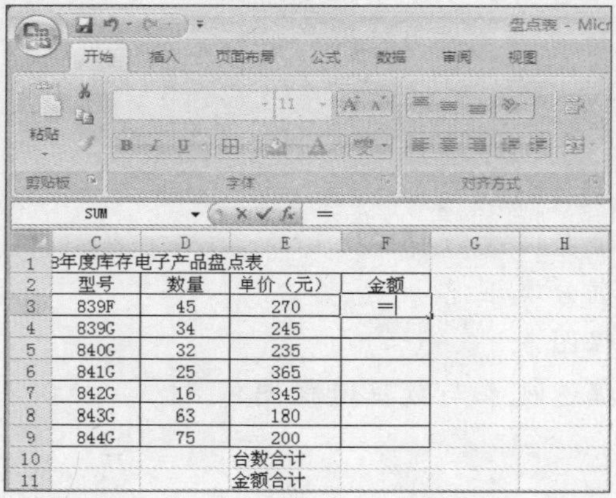

	C	D	E	F	G	H
1	8年度库存电子产品盘点表					
2	型号	数量	单价（元）	金额		
3	839F	45	270	=		
4	839G	34	245			
5	840G	32	235			
6	841G	25	365			
7	842G	16	345			
8	843G	63	180			
9	844G	75	200			
10			台数合计			
11			金额合计			

图 8-1 输入“＝”

Step 2 单击“D3”单元格，继续输入“*”，再单击“E3”单元格，如图 8-2 所示，即可在单元格中输入公式“＝ D3*E3”。

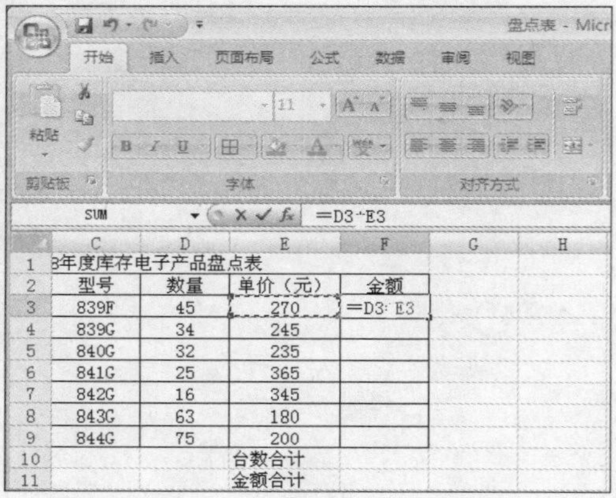

	C	D	E	F	G	H
1	8年度库存电子产品盘点表					
2	型号	数量	单价（元）	金额		
3	839F	45	270	=D3*E3		
4	839G	34	245			
5	840G	32	235			
6	841G	25	365			
7	842G	16	345			
8	843G	63	180			
9	844G	75	200			
10			台数合计			
11			金额合计			

图 8-2 输入引用单元格

Step 3 输入公式后，按下【Enter】键，将在单元格中显示公式的计算结果，如图 8-3 所示。

Step 4 向下复制“F3”单元格的公式，可以看到每个存放运算结果的单元格都是引用与它相对的单元格而得到的结果，如图 8-4 所示。

盘点表 - Micro

开始　插入　页面布局　公式　数据　审阅　视图

粘贴　宋体　11　剪贴板　字体　对齐方式

F3　fx =D3*E3

	C	D	E	F	G	H
1	08年度库存电子产品盘点表					
2	型号	数量	单价（元）	金额		
3	839F	45	270	12150		
4	839G	34	245			
5	840G	32	235			
6	841G	25	365			
7	842G	16	345			
8	843G	63	180			
9	844G	75	200			
10			台数合计			
11			金额合计			

图 8-3　显示运算结果

盘点表 - Micro

开始　插入　页面布局　公式　数据　审阅　视图

粘贴　宋体　11　剪贴板　字体　对齐方式

F4　fx =D4*E4

	C	D	E	F	G	H
1	08年度库存电子产品盘点表					
2	型号	数量	单价（元）	金额		
3	839F	45	270	12150		
4	839G	34	245	8330		
5	840G	32	235	7520		
6	841G	25	365	9125		
7	842G	16	345	5520		
8	843G	63	180	11340		
9	844G	75	200	15000		
10			台数合计			
11			金额合计			

图 8-4　相对引用效果

2. 绝对引用

单元格中绝对引用是指在生成公式时，对单元格或单元格区域的引用是单元格的绝对位置。不论包含公式的单元格处在什么位置，公式中所引用的单元格位置都不会发生改变。

绝对引用的形式是在单元格的行列号前加上符号“$”，如“$A$1、$A$2、”等。如果希望在复制公式时引用不发生改变，就可以使用绝对引用。下面来介绍一下使用绝对引用公式的操作步骤。

step 1 在数据表中的“E5”单元格中输入公式“= D3*E3，然后在编辑栏中分别为引用单元格的列表和行号前添加符号“$”，如图 8-5 所示。

step 2 再次复制“E5”单元格到“E6”单元格中，可以看到复制单元格后，单元格中的公式不会因单元格变化而改变，这就是绝对引用，如图 8-6 所示。

盘点表 - Micro

开始　插入　页面布局　公式　数据　审阅　视图

粘贴　11　剪贴板　字体　对齐方式

SUM　fx =$D$3*$E$3

	C	D	E	F	G	H
1	08年度库存电子产品盘点表					
2	型号	数量	单价（元）	金额		
3	839F	45	270	=$D$3*$E$3		
4	839G	34	245			
5	840G	32	235			
6	841G	25	365			
7	842G	16	345			
8	843G	63	180			
9	844G	75	200			
10			台数合计			
11			金额合计			

图 8-5　输入绝对引用公式

盘点表 - Micro

开始　插入　页面布局　公式　数据　审阅　视图

粘贴　宋体　11　剪贴板　字体　对齐方式

F4　fx =$D$3*$E$3

	C	D	E	F	G	H
1	08年度库存电子产品盘点表					
2	型号	数量	单价（元）	金额		
3	839F	45	270	12150		
4	839G	34	245	12150		
5	840G	32	235			
6	841G	25	365			
7	842G	16	345			
8	843G	63	180			
9	844G	75	200			
10			台数合计			
11			金额合计			

图 8-6　显示绝对引用效果

3. 混合引用

单元格的混合引用就是综合了相对引用与绝对引用的计算方式，也就是引用单元格的行和列之一，一个是相对的，一个是绝对的。混合引用有两种：一种是行绝对，列相对，如“E$5”；另一种是行相对，列绝对，如“$E5”。

在一个单元格地址引用中，既包含绝对单元格地址引用，也包含相对单元格地址引用。例如，复制的公式中单元格地址“$E5”就表示列保持不变，但是行会随着新的位置而发生变化；同理，单元格地址“E$5”则表示行不发生变化，但是列会随着新的位置发生变化。

Step 1 选中数据表中的“D3”单元格，输入“＝”，单击“B3”单元格，继续输入“*”，再单击“C3”单元格，即可在单元格中输入公式“＝ B3*C3”，如图 8-7 所示。

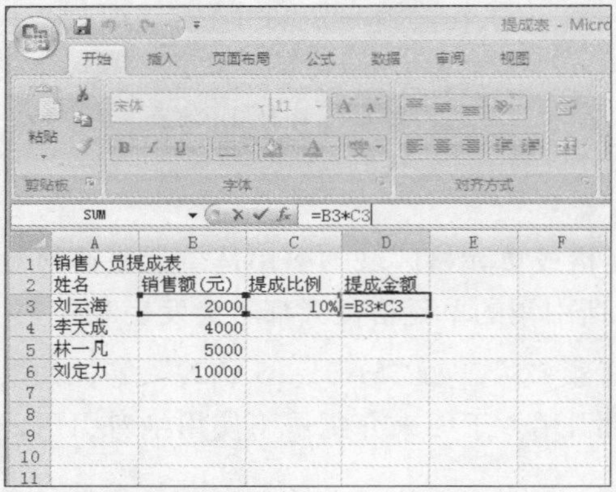

图 8-7　输入运算公式

Step 2 输入了运算符号后，分别在要公式中，要绝对引用的 B 列及 3 行的前面输入“$”，将公式更改为“＝ $B3*C$3”，如图 8-8 所示。

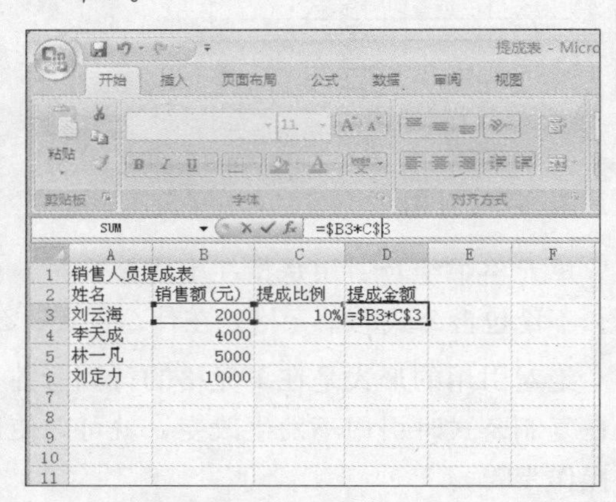

图 8-8　输入相对引用符号

Step 3 输入公式后，按下【Enter】键，将在单元格中显示公式的计算结果，如图 8-9 所示。

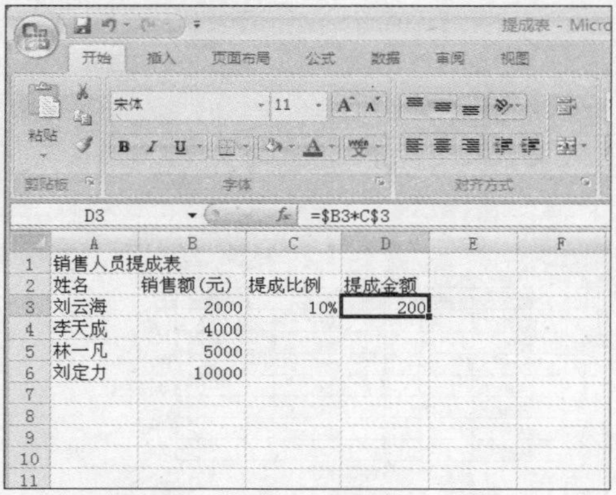

图 8-9　显示运算结果

Step 4 向下复制运算公式，可以看到复制单元格后，单元格中的公式处于混合引用状态，如图 8-10 所示。

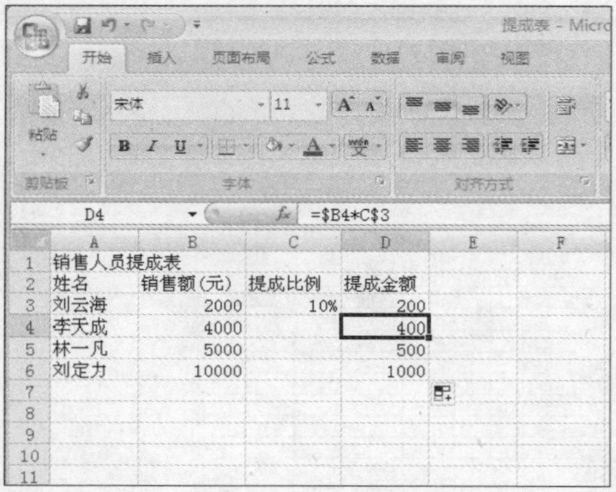

图 8-10　显示混合引用效果

任务 2 创建公式

创建公式即在 Excel 中使用公式，但是在创建公式前需要先了解公式中的运算符与公式的语法，然后就可以直接在单元格中输入公式并进行运算。下面就来介绍一下运算符的类型以及公式的创建操作。

1．运算符的类型

Excel 中包括 4 种运算符类型，分别为算术运算符、比较运算符、文本运算符以及引用运算符。

算术运算符：算术运算符可以完成基本的数学运算，如加法、减法等，用于连接数字并产生计算结果。常用的算术运算符包括“+”（加法）、“-”（减法）、“*”（乘法）、“/”（除法）、“%”（百分比）以及“^”（乘幂）等。

比较运算符：比较运算符用于比较两个数值并产生逻辑值 TRUE（真）或 FALSE（假）。常用的比较运算符包括“=”（等于）、“>”（大于）、“<”（小于）、“>=”（大于等于）、“<=”（小于等于）与“<>”（不等于）。

文本运算符：文本运算符仅包括一个符号“&”，将两个文本值连接或串起来产生一个连续的文本值。

引用运算符：引用运算符可以将单元格区域合并计算。包括“：”（冒号）、“，”（逗号）以及空格。

2．公式语法与运算顺序

Excel 中的公式是按照特定的顺序进行数值运算的，这一特定顺序即为语法。Excel 中的公式遵守一个特定的语法：最前面是等号，后面是参与计算的元素和运算符。如果一个公式中同时用到了多个运算符，Excel 会按照运算符的优先级别进行运算。如果公式中包含了相同优先级的运算符，则 Excel 将先算括号里面的，然后再从左到右进行计算。

公式中运算符的运算顺序依次为“：”、“，”、“空格”、“()”、“-”、“%”、“∧”、“* 和 /”、“+ 和 -”、最后为记表运算符“=，>，<，>=，<=，<>”。

3．创建公式

在单元格中输入公式时，必须先输入一个等号“＝”，然后输入公式。下面以计算“50*30 + (2.5*30)/2 为例，其具体操作步骤如下：

Step 1　选中要输入公式的单元格，输入“＝”，编辑栏中会同时显示输入的内容，如图 8-11 所示。

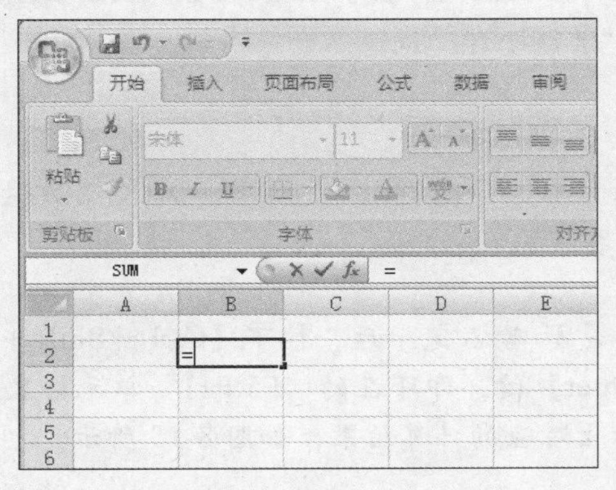

图 8-11　输入“＝”

Step 2　接着输入公式“50*30 + (2.5*30)/2”，此时单元格和编辑栏中都显示公式“＝50*30 + (2.5*30)/2”，如图 8-12 所示。

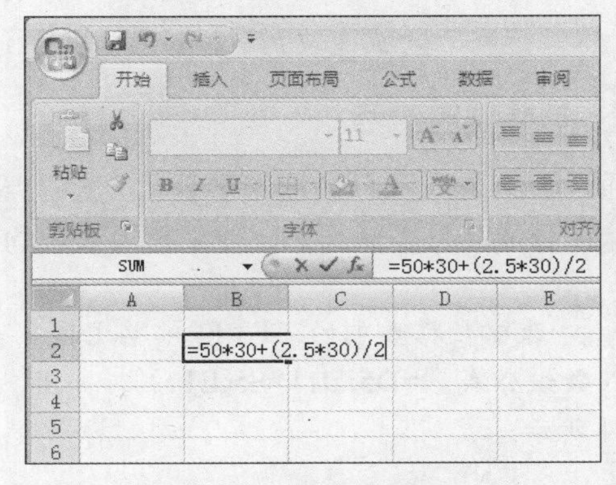

图 8-12　输入运算公式

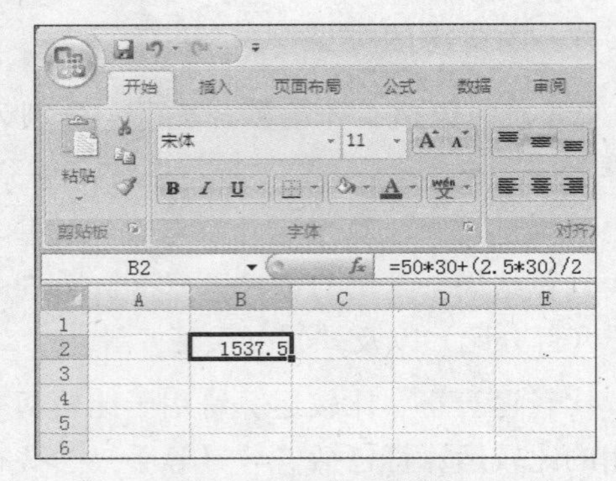

图 8-13 显示公式结果

Step 3 输入完毕后，按下【Enter】键或单击编辑栏前的☑按钮确认输入，此时单元格中将显示公式计算结果，而编辑栏中显示计算公式，如图 8-13 所示。

任务 3 数组公式

前面介绍的公式只是简单的数据运算，如果需要同时对两组以上的数据进行计算，就需要用到数组公式。数组公式可以对两组或两组以上的数据（两个或两个以上的单元格区域）同时进行计算，在使用相同公式计算多列或多行时，数组公式可帮助我们快速完成计算操作。

1. 数组公式使用规则

要使用数组公式进行批量数据的运算，首先要学会建立数组公式的方法，并了解数组公式的规则。

- 单元格区域的选择：输入数组公式时，应先选择用来保存计算结果的单元格或区域。如果计算公式将产生多个计算结果，必须选择一个与完成计算时所用区域大小相同的区域。
- 数组公式的确认输入：数组公式输入完成后，按【Ctrl+Shift+Enter】键，这时在公式编辑栏中可以看见 Excel 在公式的两边加上了花括号，表示该公式是一个数组公式。
- 引用单元格整体操作：在数组公式所引用的单元格区域中，不能编辑、清除或移动单个单元格，也不能插入或删除其中的任何一个单元格。也就是说，数组公式所涉及的单元格区域只能作为一个整体进行操作。
- 编辑数组公式：要编辑或清除数组，需要选择整个数组并激活编辑栏，然后在编辑栏中修改数组公式，或删除数组公式，操作完成后，按【Ctrl+Shift+Enter】键。
- 数组公式的移动：要把数组公式移到其他区域，需要先选中整个数据公式所包括的范围，然后把整个区域拖放到目标位置，也可通过“剪切”和“粘贴”命令进行。

2. 创建数组公式

通过数组公式可以快速对多组单元格区域进行计算，下面就以“盘点表”中使用数组公式快速计算产品总金额为例，使用数组公式的操作步骤如下：

Step 1 选中数据表中的“F3:F9”单元格，输入数组公式“=D5:D11*E5:E11”，如图 8-14 所示。

Step 2 输入完毕后，按下【Ctrl + Shift + Enter】键，即可在的“F5:F11”单元格显示出对应的计算结果，如图 8-15 所示。

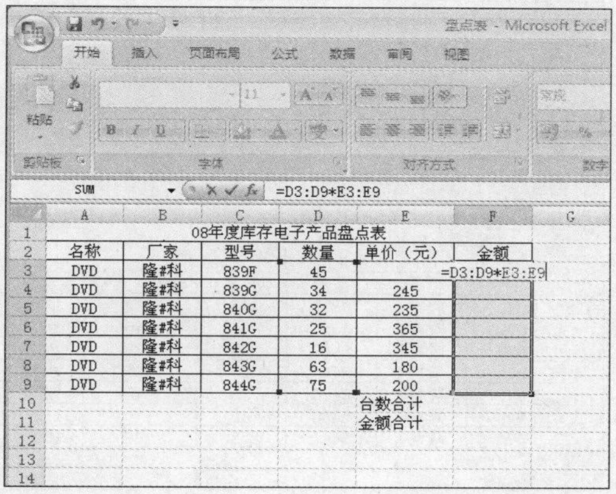

图 8-14 输入运算公式

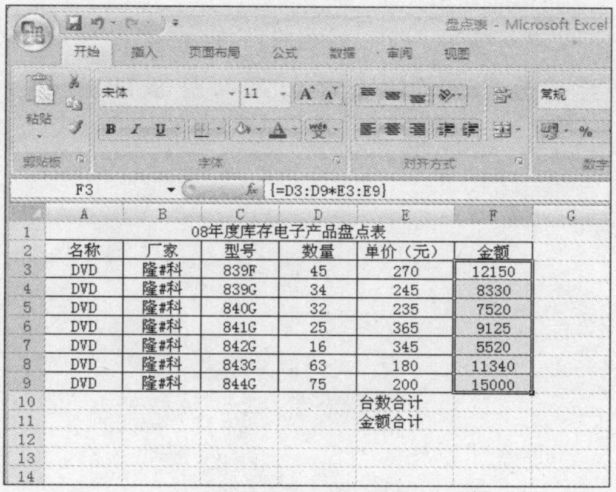

图 8-15 显示运算结果

任务 4 使用函数

函数是一些预定的公式，Excel 提供了大量的内置函数，这些函数涉及到许多工作领域，如财务、工程、统计、数据库、时间、数学等。函数处理数据的方式与公式大致相同，函数通过接收参数，并对它所接收的参数进行相关的运算，最后返回运算结果。

在 Excel 中使用函数的方法有多种，用户可根据自己的情况来灵活选择，下面就以插入常用函数为例，来介绍一下函数的使用方法。

Step 1 选中要插入函数的单元格后，切换到“公式”选项卡，单击“函数库”组中的 Σ 自动求和 按钮，在弹出的列表中选择要使用的函数，如图 8-16 所示。

Step 2 在选中的单元格内，就会出现运算的公式，将光标定位在公式外，如图 8-17 所示，按下【Enter】键。

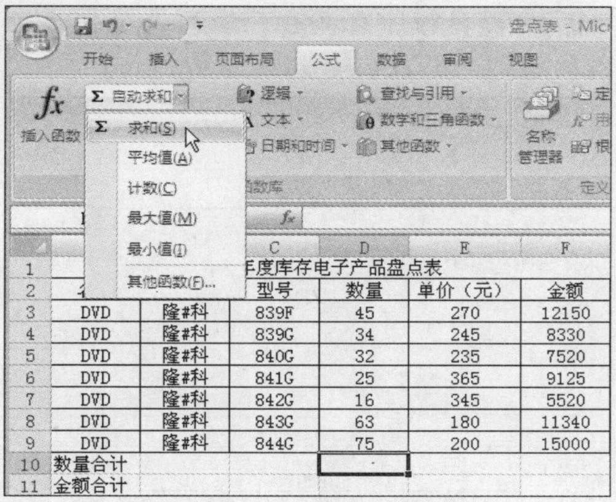

图 8-16 选择函数

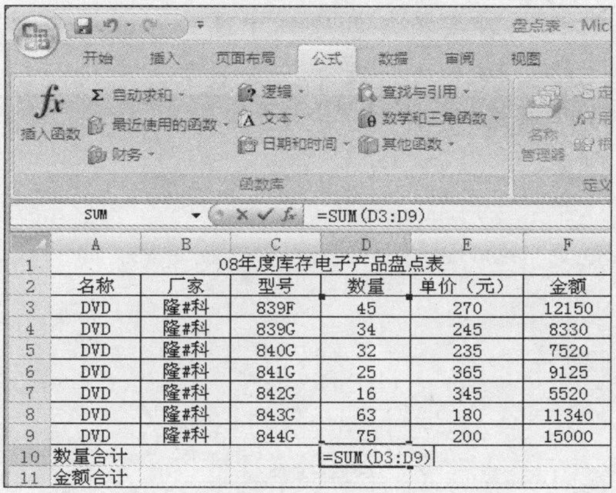

图 8-17 显示函数公式

Step 3 经过以上操作后，即可完成常用函数的运算操作，最终效果如图 8-18 所示。

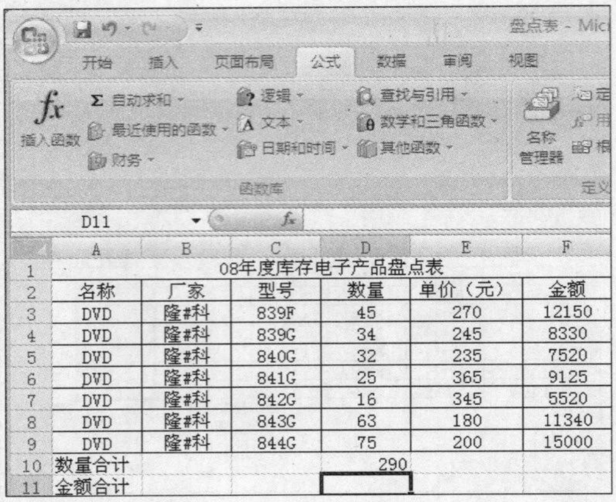

	A	B	C	D	E	F
1	08年度库存电子产品盘点表					
2	名称	厂家	型号	数量	单价（元）	金额
3	DVD	隆#科	839F	45	270	12150
4	DVD	隆#科	839G	34	245	8330
5	DVD	隆#科	840G	32	235	7520
6	DVD	隆#科	841G	25	365	9125
7	DVD	隆#科	842G	16	345	5520
8	DVD	隆#科	843G	63	180	11340
9	DVD	隆#科	844G	75	200	15000
10	数量合计			290		
11	金额合计					

图 8-18　显示函数运算结果

8.2　排序与筛选数据

在 Excel 表格中，除了进行函数的运算外，还可以对数据进行排序与筛选的操作，遇到需要排序和筛选的操作时，用户只要按照步骤进行操作后，Excel 表格会自动进行排序与筛选的操作，本节中就来介绍具体的操作步骤。

任务 1　快速排序

当用户需要对表格中的数据进行升序或降序排列时，可以按以下操作，快速的对数据进行排序，其具体操作步骤如下：

Step 1 在要排序的序列中选中任意一个单元格，切换到“数据”选项卡，单击“排序和筛选”组中的“升序”按钮，如图 8-19 所示。

	A	B	C	D	E
1	XX手机销售表				
2		3月（部）	4月（部）	5月（部）	6月（部）
3	沈阳	432	456	244	643
4	重庆	324	643	643	463
5	北京	523	246	643	356
6	石家庄	624	462	753	435
7	黑龙江	245	353	246	643

图 8-19　进行升序排列操作

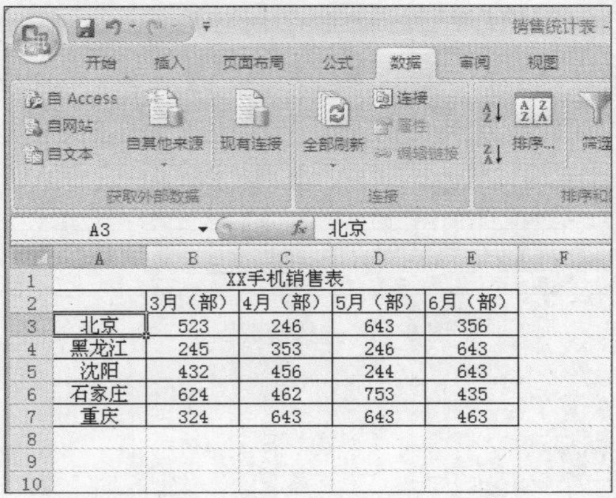

Step 2 经过以上操作后，就完成了快速排序的操作，最终效果如图 8-20 所示。

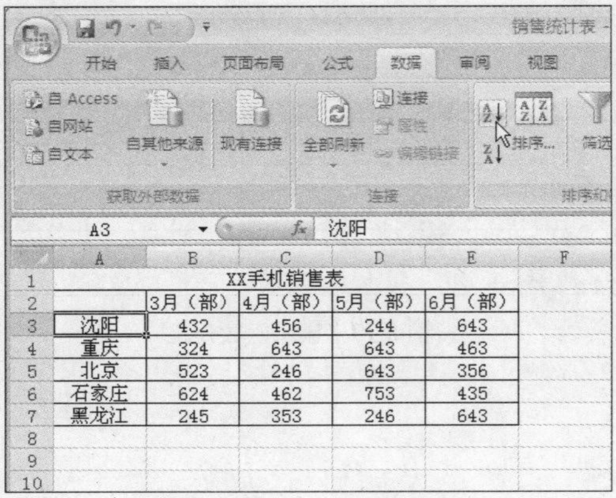

	A	B	C	D	E
1	XX手机销售表				
2		3月（部）	4月（部）	5月（部）	6月（部）
3	北京	523	246	643	356
4	黑龙江	245	353	246	643
5	沈阳	432	456	244	643
6	石家庄	624	462	753	435
7	重庆	324	643	643	463

图 8-20　显示排序效果

任务 2 高级排序

高级排序功能可以将数据表格按多个条件进行排序，即先按某一个关键字进行排序，然后将与此关键字相同的数据再按第二个关键字进行排序，依此类推。高级排序的具体操作步骤如下：

Step 1 选中数据表中任意一个单元格，单击“排序和筛选”组中的按钮，如图 8-21 所示。

	3月（部）	4月（部）	5月（部）	6月（部）
北京	523	246	643	356
黑龙江	245	353	246	643
沈阳	432	456	244	643
石家庄	624	462	753	435
重庆	324	643	643	463

图 8-21 单击按钮

Step 2 弹出“排序”对话框，在“主要关键字”下拉列表中选择排序序列“3 月份”，在“排序依据”下拉列表中选择“数值”选项，“次序”下拉列表中选择“升序”选项，如图 8-22 所示。

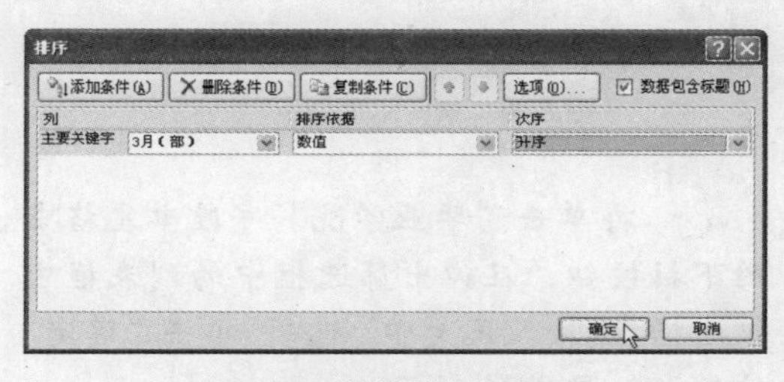

图 8-22 设置排序条件

Step 3 经过以上操作后，就可以完成自定义排序的操作，最终效果如图 8-23 所示。

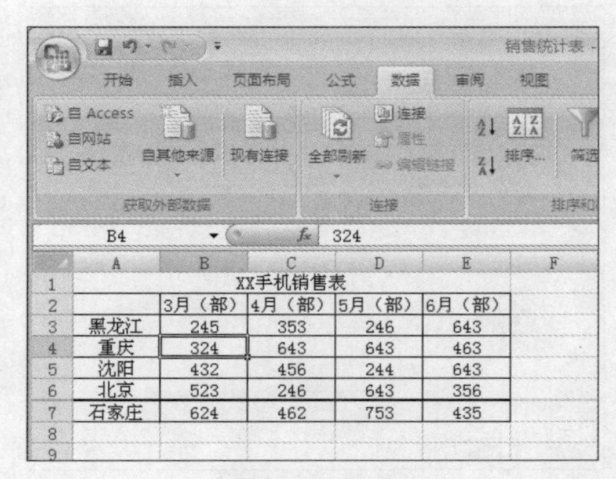

	3月（部）	4月（部）	5月（部）	6月（部）
黑龙江	245	353	246	643
重庆	324	643	643	463
沈阳	432	456	244	643
北京	523	246	643	356
石家庄	624	462	753	435

图 8-23 最终效果

任务 3 自动筛选

“自动筛选”功能，可以快速在数据表中显示符合条件的记录并隐藏其他记录，如果需要，还可以对多个条件同时进行筛选。自动筛选数据的具体操作步骤如下：

step 1 打开数据表后，切换到“数据”选项卡，单击“排序和筛选”组中的 按钮，此时所有序列字段标题单元格中将显示一个下拉按钮，如图 8-24 所示。

	A	B	C	D	E
1	应聘人员统计表				
2	姓名	学历	毕业学院	年龄	应聘职位
3	李维丽	大专	XX人民大学	24	销售
4	刘青林	大本	XX理工学院	25	行政
5	田霞	大专	XX大学	24	财务
6	秦向宏	大专	XX大学	25	销售
7	李红	大本	XX大学	26	后勤
8	赵天一	大本	XX理工学院	28	行政
9	钱学前	大本	XX理工学院	26	财务
10	孙一鹤	大本	XX理工学院	26	财务
11	周天庆	大本	XX人民大学	27	销售
12	吴敏	大本	XX人民大学	25	销售
13	刘力扬	大本	XX人民大学	26	行政

图 8-24　执行筛选命令

step 2 单击字段“应聘职位”单元格下拉按钮，将弹出筛选框，在列表框中仅选中“行政”，而取消其他选项，如图 8-25 所示，单击“确定”按钮。

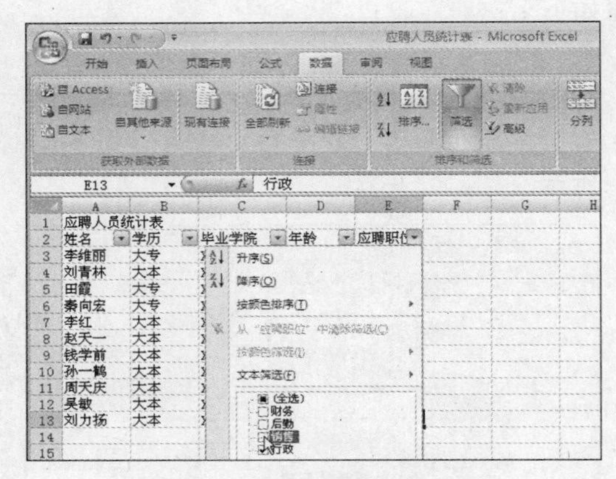

图 8-25　选择筛选条件

step 3 再单击“毕业学院”字段单元格中的下拉按钮，在弹出筛选框中的列表框中仅选择“XX 人民大学”选项，单击“确定”按钮，如图 8-26 所示。

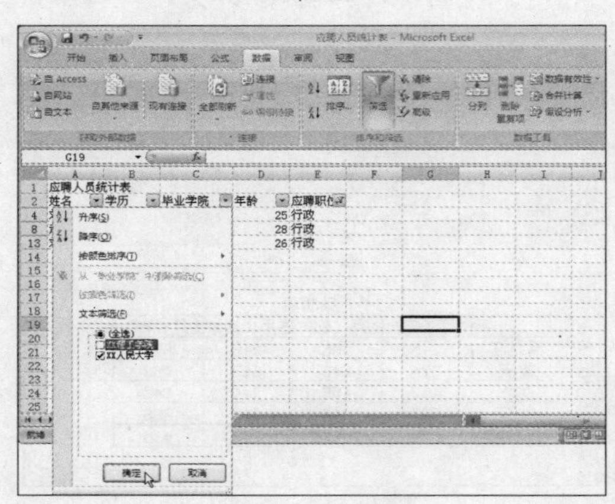

图 8-26　选择筛选条件

step 4 经过以上操作后，就完成了筛选数据的操作，最终效果如图 8-27 所示。

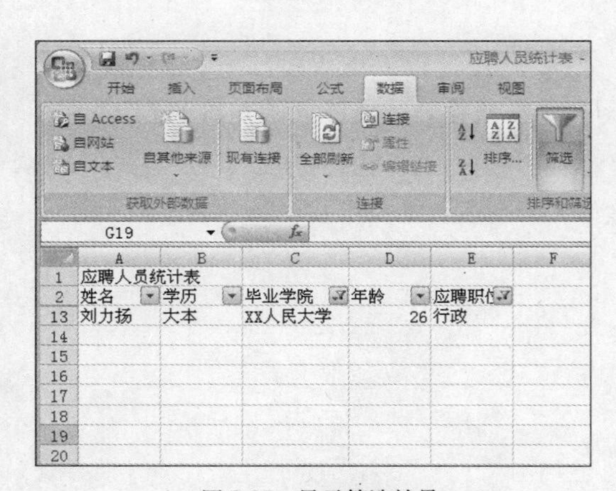

图 8-27　显示筛选效果

任务 4　高级筛选

当用户要筛选的条件比较复杂时，就需要用到高级筛选功能。下面就来介绍一下高级筛选的操作步骤。

Step 1 在数据表区域外建立一个条件区域，分别设定筛选条件，然后切换到“数据”选项卡下，单击“排序和筛选”组中的 高级 按钮，如图 8-28 所示。

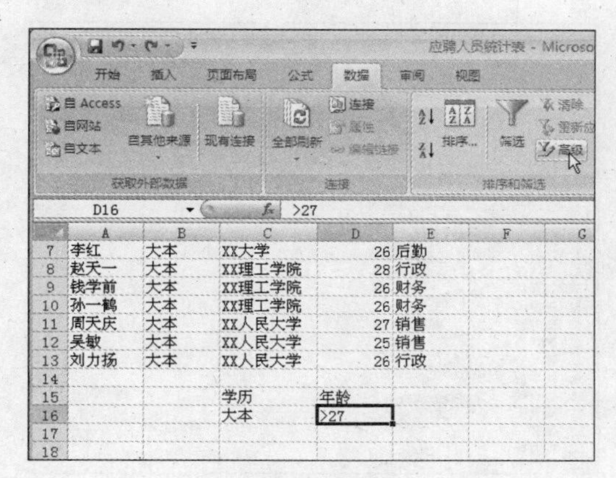

图 8-28 输入筛选条件

Step 2 弹出“高级筛选”对话框，光标定位在“列表区域”数值框内，选中表格中的列表区域，如图 8-29 所示。

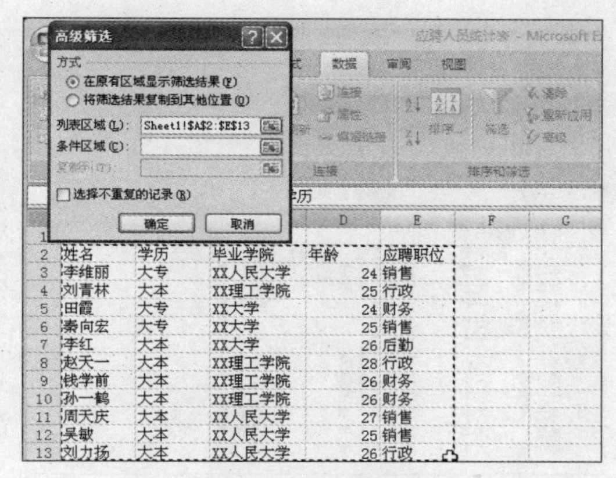

图 8-29 选择列表区域

Step 3 按照同样的方法，将“条件区域”选中，如图 8-30 所示，然后单击“确定”按钮。

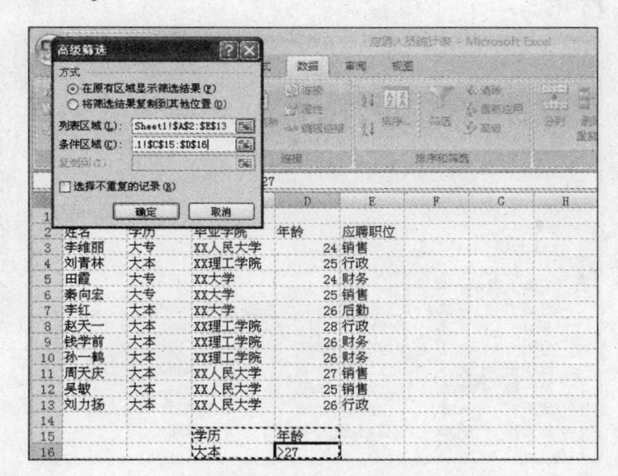

图 8-30 选择条件区域

Step 4 经过以上操作后，就完成了高级筛选的操作，最终效果如图 8-31 所示。

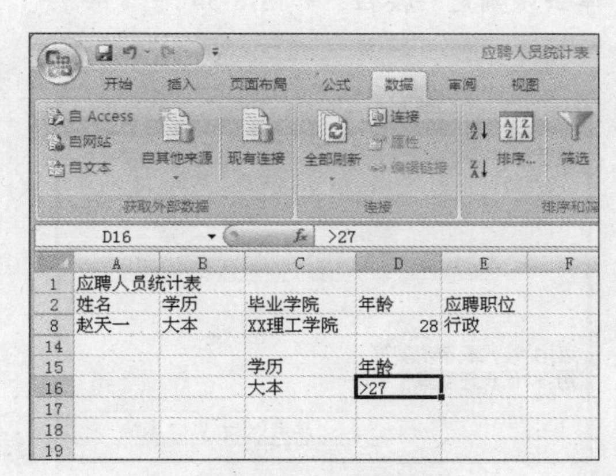

图 8-31 显示筛选结果

任务 5 自定义筛选

自定义筛选可根据用户需求灵活地筛选出指定数据或指定范围内的数据。以在“供货统计表”中筛选进货数量在 100 ～ 300 之间的数据为例，其具体操作步骤如下：

step 1 选中数据表中任意一个单元格，切换到“数据”选项卡，单击“排序和筛选”组中的按钮，此时每个序列字段单元格中将显示出下拉按钮，如图 8-32 所示。

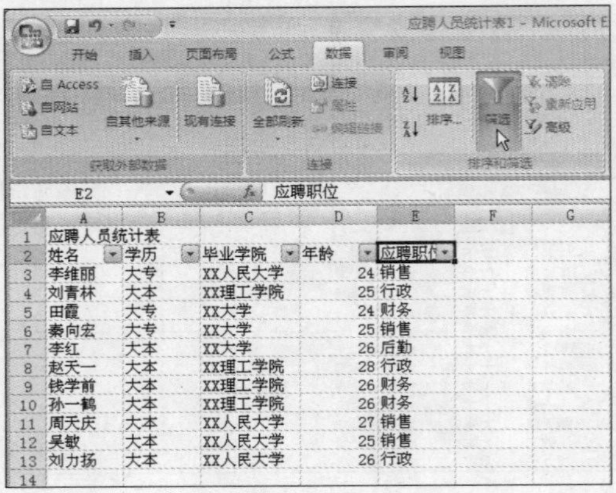

图 8-32　执行筛选命令

step 2 单击“年龄”下拉按钮，在打开的筛选框中指向“数字筛选”命令，在弹出的子菜单中选择“大于”命令，如图 8-33 所示。

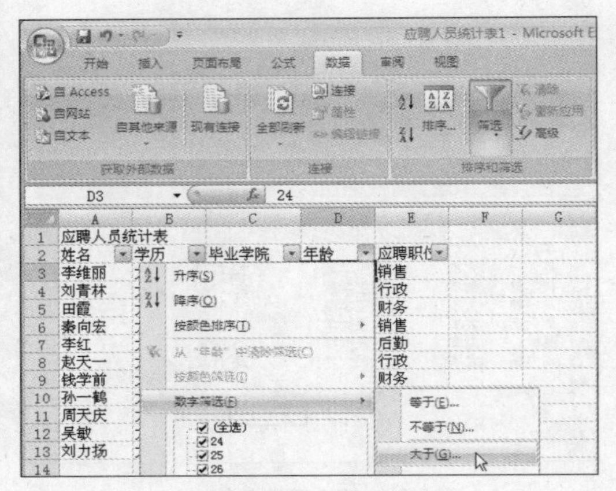

图 8-33　选择“大于”命令

step 3 在弹出的“自定义自动筛选方式”对话框中将筛选条件设置为“大于 25”，单击“确定”按钮，如图 8-34。

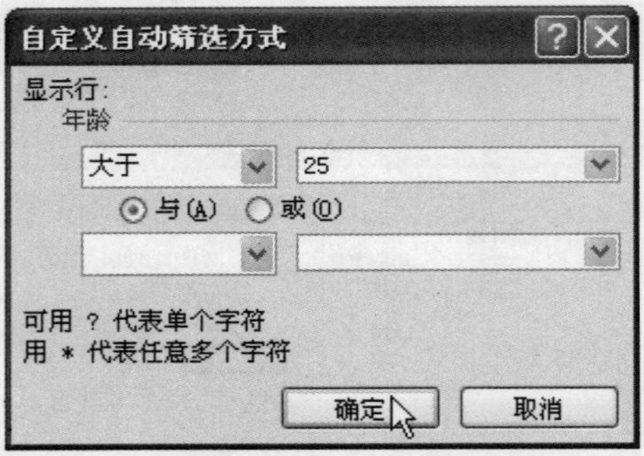

图 8-34　设置自定义筛选条件

step 4 此时即可在数据表中筛选出进货数量在 100～300 之间的所有记录，如图 8-35 所示。

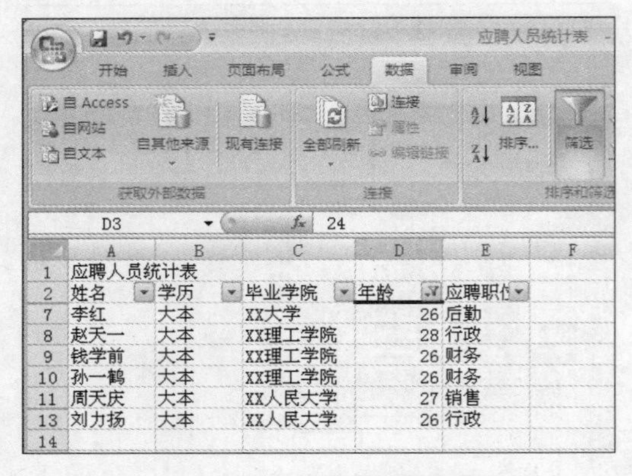

图 8-35　显示自定义筛选效果

8.3　数据分类汇总

通过 Excel 表格中的分类汇总功能，可以对数据列表进行数据分析，对数据列表中指定的字段进行分类，并统计同一类记录的有关信息，如求平均值、合计等，本节就来介绍一下分类汇总的创建、显示以及删除的操作。

任务 1 创建分类汇总

Excel 是根据字段名来创建数据组并进行分类汇总的，因此要求数据列表中的每一个字段都有字段名。以将工资表中按“部门”分类汇总“基本工资”、“奖金”与“实发工资”为例，创建分类汇总的具体操作步骤如下：

Step 1 创建如下图所示的数据表，选中“部门”列的任意单元格，切换到“数据”选项卡，单击“排序和筛选”组中的“升序”按钮，如图 8-36 所示，此时即可对“部门”序列进行排序。

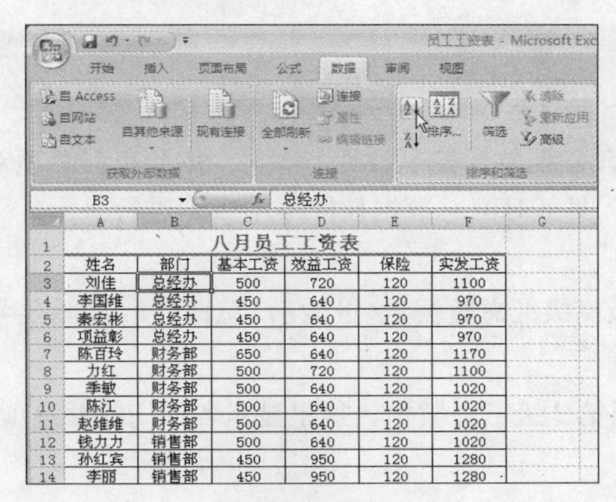

	A	B	C	D	E	F
1	八月员工工资表					
2	姓名	部门	基本工资	效益工资	保险	实发工资
3	刘佳	总经办	500	720	120	1100
4	李国维	总经办	450	640	120	970
5	秦宏彬	总经办	450	640	120	970
6	项益彰	总经办	450	640	120	970
7	陈百玲	财务部	650	640	120	1170
8	力红	财务部	500	720	120	1100
9	季敏	财务部	500	640	120	1020
10	陈江	财务部	500	640	120	1020
11	赵维维	财务部	500	640	120	1020
12	钱力力	销售部	500	640	120	1020
13	孙红宾	销售部	450	950	120	1280
14	李丽	销售部	450	950	120	1280

图 8-36 筛选表格

Step 2 选中表格中任意一个单元格，单击“分级显示”组中的按钮，如图 8-37 所示。

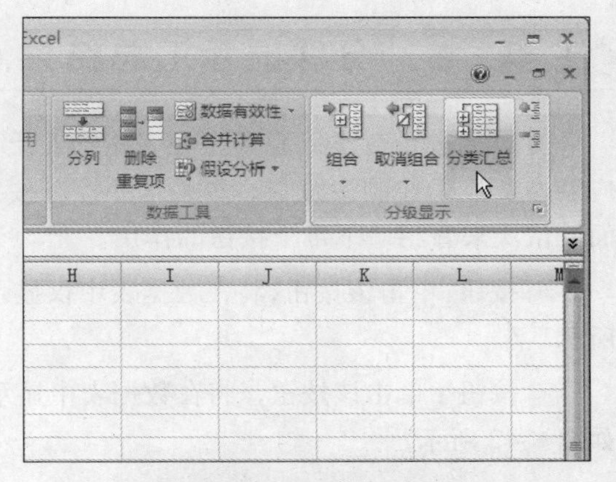

图 8-37 单击“分类汇总”按钮

Step 3 弹出“分类汇总”对话框，选择“分类字段”列表框，弹出下拉列表后，单击“部门”选项，如图 8-38 所示。

分类汇总
分类字段(A):
姓名
姓名
部门
基本工资
效益工资
保险
实发工资
部门
基本工资
效益工资
保险
实发工资
替换当前分类汇总(C)
每组数据分页(P)
汇总结果显示在数据下方(S)
全部删除(R) 确定 取消

图 8-38 设置分类字段

Step 4 按照同样的步骤，将“汇总方式”设置为“计数”，将“选定汇总项”设置为“实发工资”，单击“确定”按钮，如图 8-39 所示。

分类汇总
分类字段(A):
部门
汇总方式(U):
计数
选定汇总项(D):
姓名
部门
基本工资
效益工资
保险
实发工资
替换当前分类汇总(C)
每组数据分页(P)
汇总结果显示在数据下方(S)
全部删除(R) 确定 取消

图 8-39 设置其他选项

Step 5 经过以上操作后，即可完成对表格进行分类汇总的操作，最终效果如图 8-40 所示。

	A	B	C	D	E	F
1	八月员工工资表					
2	姓名	部门	基本工资	效益工资	保险	实发工资
3	陈百玲	财务部	650	640	120	1170
4	力红	财务部	500	720	120	1100
5	季敏	财务部	500	640	120	1020
6	陈江	财务部	500	640	120	1020
7	赵维维	财务部	500	640	120	1020
8		财务部 计数				5
9	钱力力	销售部	500	640	120	1020
10	孙红宾	销售部	450	950	120	1280
11	李丽	销售部	450	950	120	1280
12		销售部 计数				3
13	刘佳	总经办	500	720	120	1100
14	李国维	总经办	450	640	120	970
15	秦宏彬	总经办	450	640	120	970
16	项益彰	总经办	450	640	120	970

图 8-40 显示分类汇总效果

任务 2 分级显示汇总结果

对数据进行分类汇总后，在表格的左上角有分级显示控制按钮 [1][2][3]，并且在汇总项对应的左侧显示控制按钮 [-]。单击这些控制按钮，即可对汇总数据按照不同级别进行显示，下面就依次来介绍一下每个按钮的作用。

[1] 按钮：单击该按钮，将在数据表中仅显示最高级汇总数据，这里显示“总计”项，如图 8-41 所示。

[2] 按钮：单击该按钮，将在数据表中显示出第 2 级汇总数据，这里显示各部门的汇总项，如图 8-42 所示。

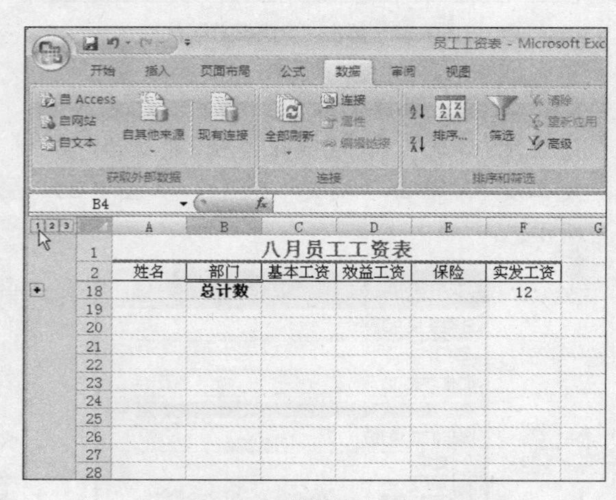

图 8-41 单击 [1] 按钮

	A	B	C	D	E	F
1	八月员工工资表					
2	姓名	部门	基本工资	效益工资	保险	实发工资
8		财务部 计数				5
12		销售部 计数				3
17		总经办 计数				4
18		总计数				12

图 8-42 单击 [2] 按钮

[3] 按钮：单击该按钮，将在数据表中显示出第 3 级汇总数据，这里显示数据表完整数据，如图 8-43 所示。

[-] 按钮：单击该按钮，可将对应的汇总项折叠起来，同时按钮变为 [+] 按钮，再次单击将恢复展开汇总项，如图 8-44 所示。

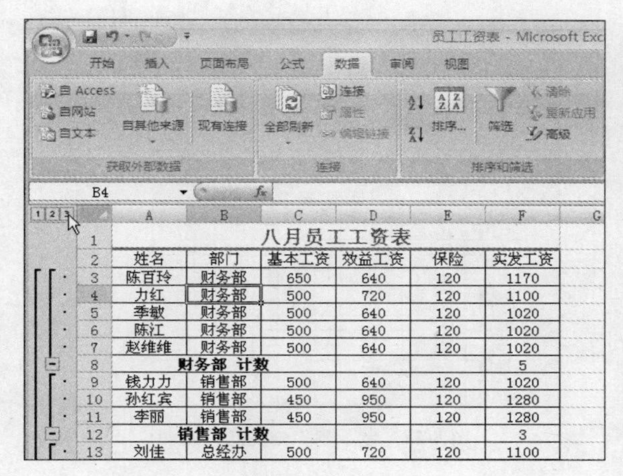

图 8-43 单击 3 按钮

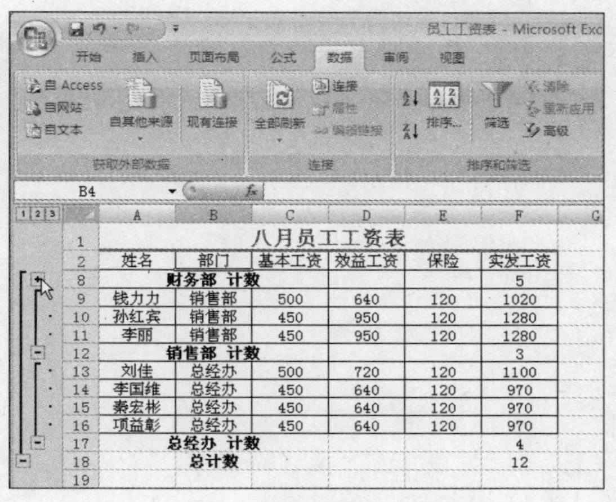

图 8-44 单击 − 按钮

任务 3 删除分类汇总

当用户不需要再显示数据的分类汇总结果时，就可以将其删除。删除分类汇总的具体操作步骤如下：

Step 1 选中分类汇总后表格中的任意一个单元格，单击“分级显示”组中的“分类汇总”按钮，如图 8-45 所示。

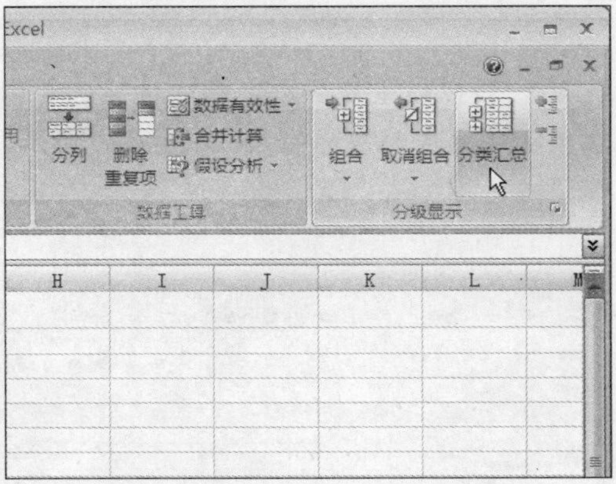

图 8-45 单击“分类汇总”按钮

Step 2 弹出“分类汇总”对话框，单击对话框中的“全部删除”按钮即可，如图 8-46 所示。

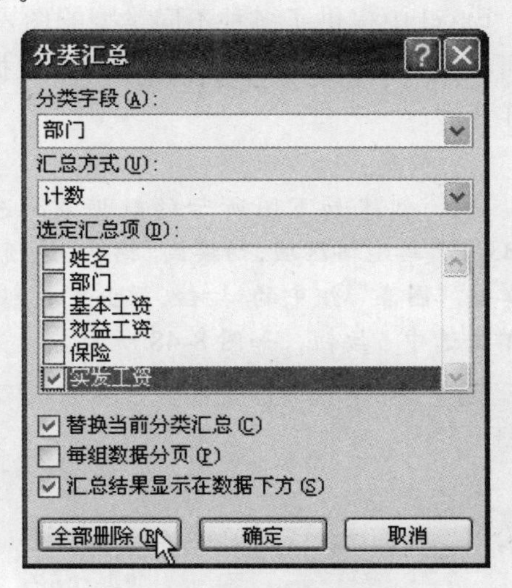

图 8-46 删除分类汇总

Step 3 经过以上操作后，完成了删除分类汇总的操作，最终效果如图 8-47 所示。

八月员工工资表

姓名	部门	基本工资	效益工资	保险	实发工资
陈百玲	财务部	650	640	120	1170
力红	财务部	500	720	120	1100
季敏	财务部	500	640	120	1020
陈江	财务部	500	640	120	1020
赵维维	财务部	500	640	120	1020
钱力力	销售部	500	640	120	1020
孙红宾	销售部	450	950	120	1280
李丽	销售部	450	950	120	1280
刘佳	总经办	500	720	120	1100
李国维	总经办	450	640	120	970
秦宏彬	总经办	450	640	120	970
项益彰	总经办	450	640	120	970

图 8-47 显示删除分类汇总效果

8.4 数据图表

数据表格中的数据还可以图例的方式显示出来，这样将方便用户以更加直观地分析数据的趋势与统计数据。Excel 中的图表是与数据表相关联的，在使用图表时，必须先创建数据表，然后通过数据表生成图表。

任务 1 创建图表

Excel 中提供了多种不同类型的图表，不同类型的图表用于表示的数据趋势也不同，用户可以根据需要进行选择。本节中以根据“销售分析表”为例，来介绍一下创建图表的具体操作步骤。

Step 1 创建如下图所示的数据表，选中 B3:B7 单元格区域，切换到“插入”选项卡，单击“图表”组中的按钮，弹出下拉列表，单击选中按钮，如图 8-48 所示。

Step 2 经过以上操作后，即可根据所选数据表区域生成相应的图表，如图 8-49 所示。

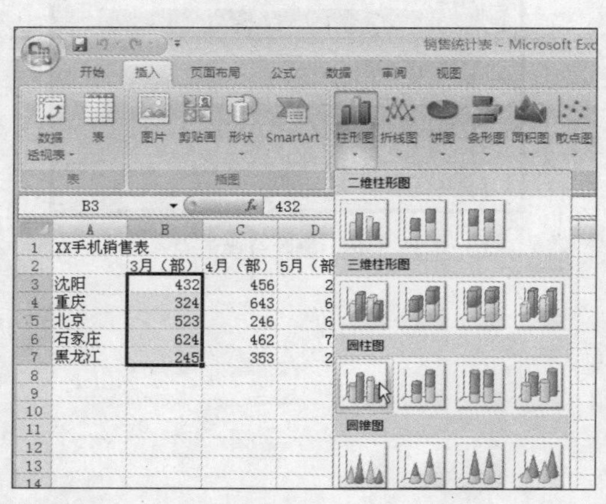

图 8-48 选择图表类型

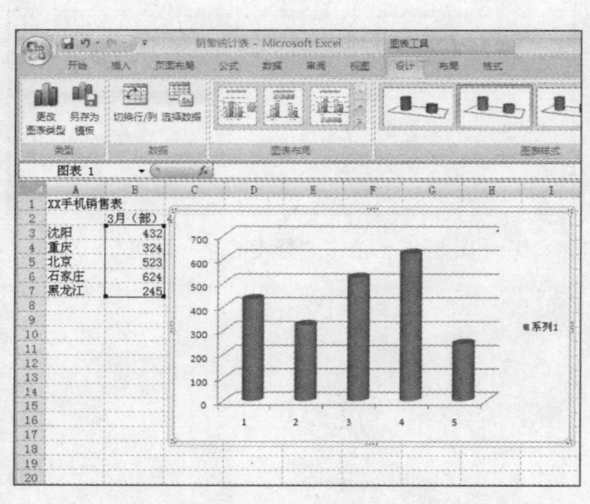

图 8-49 显示生成图表效果

任务 2　美化图表

在工作表中插入图表后，为了使图表样式更为美观，可以再进行一些美化以及设计的操作，插入图表后，将自动显示出“图表工具”选项卡，选项卡中包含“设计”、“布局”与“格式”3 个子选项卡。通过“设计”与“格式”选项卡中的选项，即可对图表进行相应的设计与美化。

1. 设计图表

在进行图表的设计操作时，主要是在“图表工具 设计”选项卡中进行的，通过“设计”选项卡中的选项，可以更改图表类型，调整图表布局、更改图表样式以及对图表进行移动等，“图表工具 设计”选项卡如图 8-50 所示。

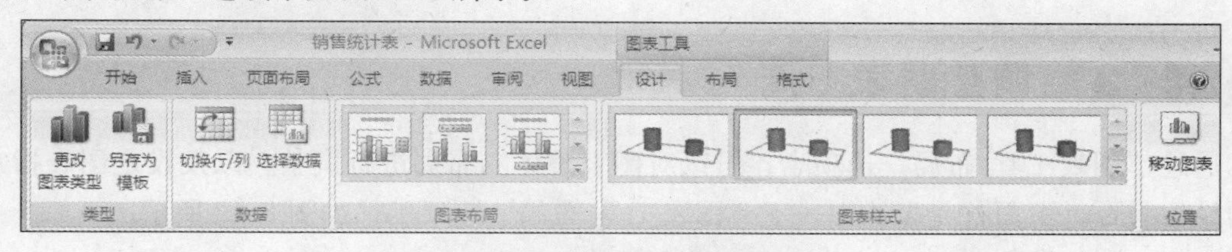

图 8-50 “图表工具 设计”选项卡

下面依次来介绍一下该选项卡下一些常用按钮的作用。

- 更改图表类型：选择图表后，单击“类型”组中的“更改图表类型”按钮，在弹出的“更改图表类型”对话框中可选择新的图表样式后，单击“确定”按钮。
- 切换行 / 列：选择图表后，单击“数据”组中的“切换行 / 列”按钮，可切换图表行列序列。
- 选择图表数据：选取图表后，单击“数据”组中的“选择数据”按钮，将弹出“选择数据源”对话框，在对话框中可以添加或删除数据序列，也可以单击“取消”按钮后在工作表中重新选择图表源数据区域。
- 更改布局：选择图表后，单击“图表布局”组中的“布局”下拉按钮，在弹出的列表中可以选择其他图表布局。
- 更改图表样式：选取图表后，在“图表样式”组中的列表框中选择某个样式，即可为图表应用该样式。
- 移动图表：选择图表后，单击“位置”组中的“移动图表”按钮，在弹出的“移动图表”对话框中可选择将当前图表移动到新工作表，或已有的其他工作表。

2. 设计图表样式

在进行图表样式的设计时，可以通过选择“图表工具格式”选项卡中的选项，来完成操作。下面首先来认识一下“图表工具 格式”选项卡，如图 8-51 所示。

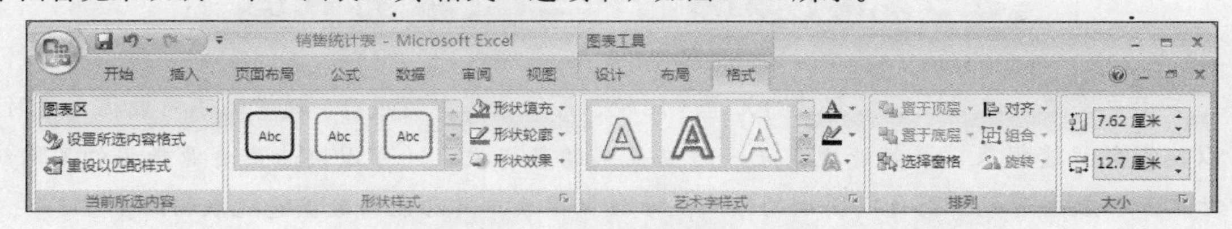

图 8-51 “图表工具 格式”选项卡

下面依次来介绍进行图表样式设计时的一些基本操作。

- 选择图表对象：要选取图表中的对象，可先选取图表后，单击“当前所选内容”组中的下拉按钮，在下拉列表中选择对应的对象名称。
- 设置对象样式：选取图表中指定对象后，在“形状样式”组中的列表框中选择某个样式，即可为对象应用该样式。
- 设置艺术字样式：选取图表中的文本后，在“艺术字样式”组中的列表框中选择样式，即可为文本应用该样式。
- 重设图表：对图表样式进行一系列设置后，如果要返回到插入时的状态，只要选中图表，单击“当前所选内容”组中的“重设以匹配样式”按钮即可。

任务 3 调整图表布局

通过“图表工具 布局”选项卡，可以对图表整体的布局进行调整，以及设定图表指定对象的显示与否，下面首先来认识一下“图表工具 布局”选项卡，如图 8-52 所示。

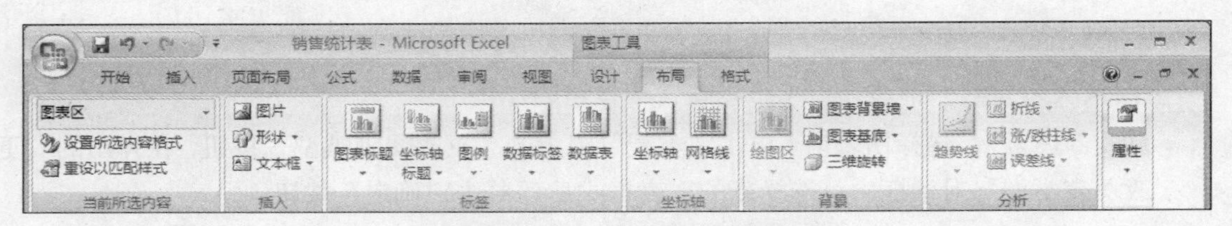

图 8-52 “图表工具 布局”选项卡

下面依次来介绍一下进行图表样式设计时的一些基本操作。

- 图表对象位置与显示与否：单击“标签”组中的相应的对象下拉按钮，在弹出的菜单中可选择对象的显示位置，如不显示对象，则选择“无”选项。
- 设置背景墙与基底：单击“背景”组中的“背景墙”或“图表基底”下拉按钮，在弹出的列表中选择“其他背景墙（基底）选项”命令，在弹出的对话框中可为图表设置图片、纹理等背景效果。
- 坐标轴与网格线：单击“坐标轴”组中的对应下拉按钮，在弹出的菜单中可选择坐标轴或网格线的方式与位置，如不显示，则选择“无”选项。
- 三维旋转：单击“背景”组中的“三维旋转”按钮，在弹出的对话框中设置旋转角度，即可对图表进行三维旋转。

8.5 数据透视表与数据透视图

当用户需要快速对大量数据进行汇总、比较，并筛选其中页或行、列中的不同数据元素时，可以使用数据透视表，数据透视表是一种交互式的数据报表，可以快速查看源数据的不同统计结果；而数据透视图则是以图示的方式显示数据报表，其功能与数据透视表相同。

任务 1　创建数据透视表

在数据透视表中查看数据表不同汇总结果时，可以对表格中的行或列数据进行折叠旋转，并通过显示不同的页来对数据进行筛选，从而帮助用户快速获取所属数据。下面就来介绍一下创建数据透视表的操作：

Step 1　选中数据表中的任意一个单元格，然后切换到“插入”选项卡，单击“表”组中的“数据透视表”下拉按钮，在弹出的菜单中选择“数据透视表”命令，如图 8-53 所示。

姓名	部门	基本工资	效益工资	保险	实发工资
刘佳	总经办	500	720	120	1100
李国维	总经办	450	640	120	970
秦宏彬	总经办	450	640	120	970
项益彰	总经办	450	640	120	970
陈百玲	财务部	650	640	120	1170
力红	财务部	500	720	120	1100
季敏	财务部	500	640	120	1020
陈江	财务部	500	640	120	1020
赵维维	财务部	500	640	120	1020
钱力力	销售部	500	640	120	1020
孙红宾	销售部	450	950	120	1280
李丽	销售部	450	950	120	1280

图 8-53　执行插入数据透视表命令

Step 2　弹出“创建数据透视表”对话框，表格中已经自动选取要分析的区域，用户也可以单击按钮自行选取，然后在下方选择数据透视表的创建位置，单击“确定”按钮，如图 8-54 所示。

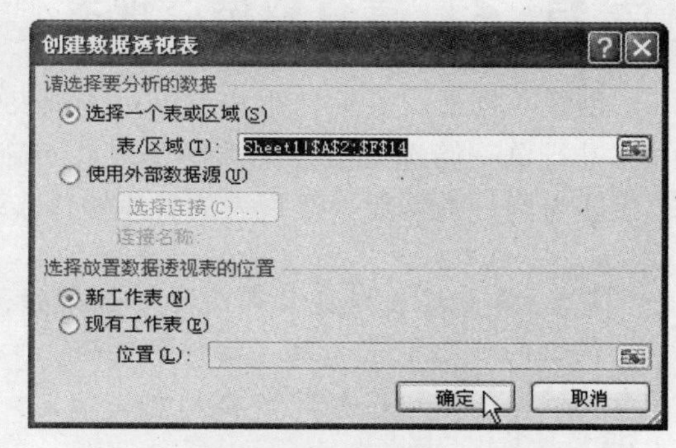

图 8-54 “创建数据透视表”对话框

Step 3　此时即可切换到数据透视表操作界面，选中“数据透视表字段列表”窗格内，要显示的字段内容，如图 8-55 所示。

图 8-55　显示数据透视表中的字段

Step 4　拖动“数据透视表字段列表”窗格中要筛选的字段，到“报表筛选”列表中，如图 8-56 所示。

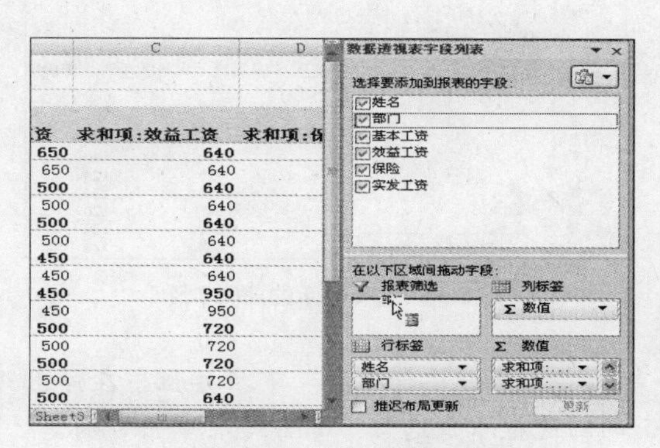

图 8-56　设置报表筛选字段

5 经过以上操作后，将光标定位在透视表外的表格中，就完成了数据透视表的创建操作，如图 8-57 所示。

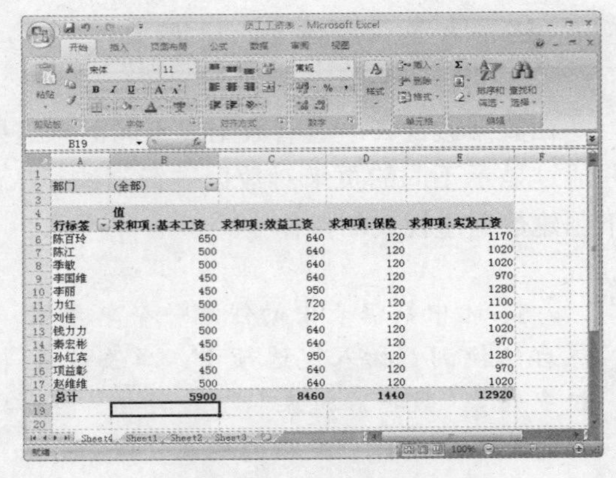

图 8-57　创建数据透视表最终效果

任务 2 查看数据透视表

创建数据透视表后，用户就可对透视表中“报表筛选”标签、“列标签”及“行标签”等内容进行单一筛选或组合筛选操作，从而筛选出需要的数据记录。下面以对数据表进行不同的筛选为例，查看数据透视表的具体操作步骤如下：

1 单击报表标签“部门”下拉按钮，在弹出的筛选框中选取“编辑”选项，单击“确定”按钮，如图 8-58 所示。

图 8-58　选择显示的部门字段

2 此时即可筛选出编辑部所有员工的工资记录，而将其他部门全部隐藏，如图 8-59 所示。

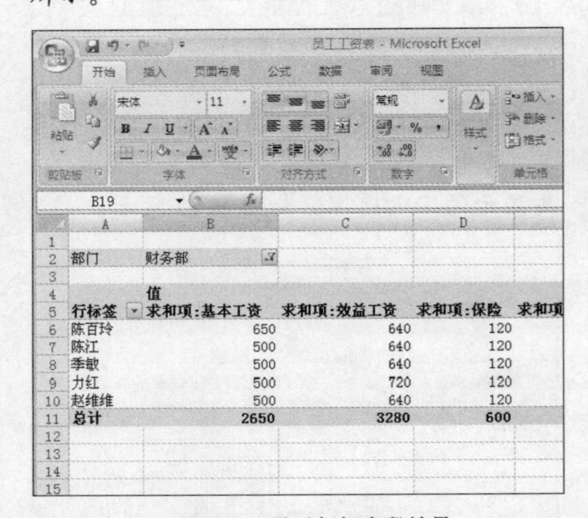

图 8-59　显示部门字段效果

3 单击“行标签”下拉按钮，在弹出的筛选框中仅选取“陈百玲”，单击“确定”按钮，如图 8-60 所示。

4 此时即可筛选出编辑部员工“陈百玲”的工资记录，而将编辑部其他员工全部隐藏。如图 8-61 所示。

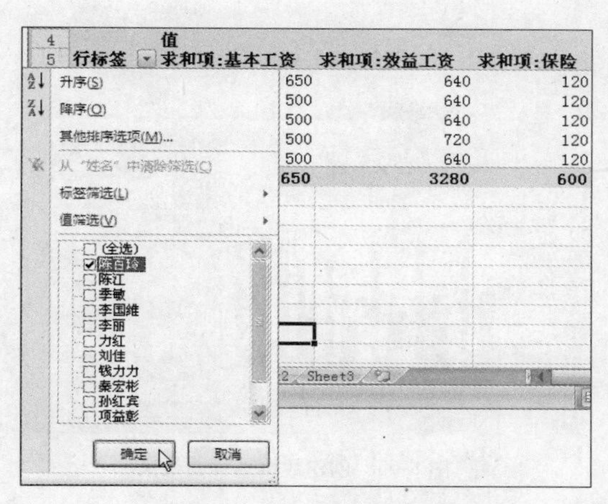

图 8-60　选择显示的行字段

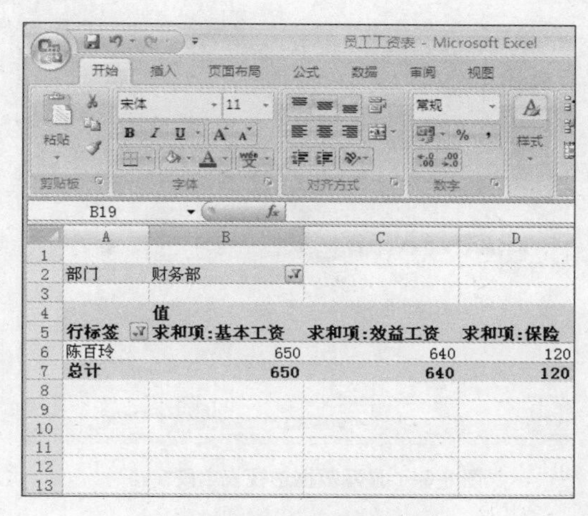

图 8-61　显示行字段效果

任务 3　创建数据透视图

如果用户需要将数据通过图示的方法将数据汇总结果清晰地显示出来，可以选择使用数据透视图，数据透视图是数据表格中另一种统计汇总表现形式，下面就来介绍一下创建数据透视图的操作。

Step 1　选中数据表中任意单元格，单击“表”组中的“数据透视表”下拉按钮，在弹出的菜单中选择“数据透视图”命令，如图 8-62 所示。

Step 2　在弹出的“创建数据透视表及数据透视图”对话框中选择源数据表区域和数据透视图的生成位置，单击“确定”按钮，如图 8-63 所示。

八月员工工资表

姓名	部门	基本工资	效益工资	保险	实发工资
刘佳	总经办	500	720	120	1100
李国维	总经办	450	640	120	970
秦宏彬	总经办	450	640	120	970
项益彰	总经办	450	640	120	970
陈百玲	财务部	650	640	120	1170
力红	财务部	500	720	120	1100
季敏	财务部	500	640	120	1020
陈江	财务部	500	640	120	1020
赵维维	财务部	500	640	120	1020

图 8-62　执行插入数据透视图命令

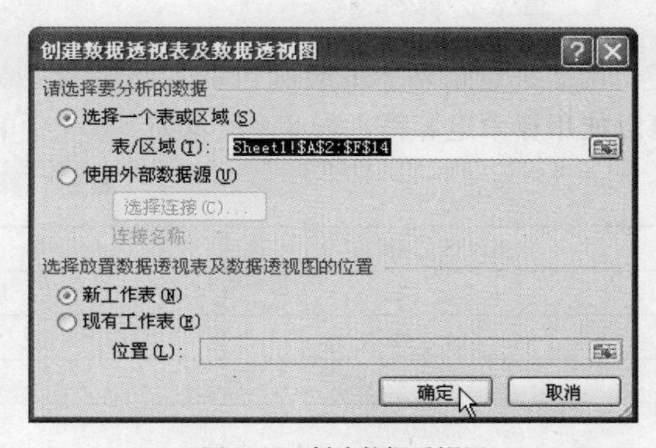

图 8-63　创建数据透视图

Step 3　此时即可切换到数据透视图操作界面，并显示“数据透视表字段列表”窗格，如图 8-64 所示。

Step 4　按照创建数据透视表的方法拖动各字段到相应的标签位置，数据透视图制作完成，如图 8-65 所示。

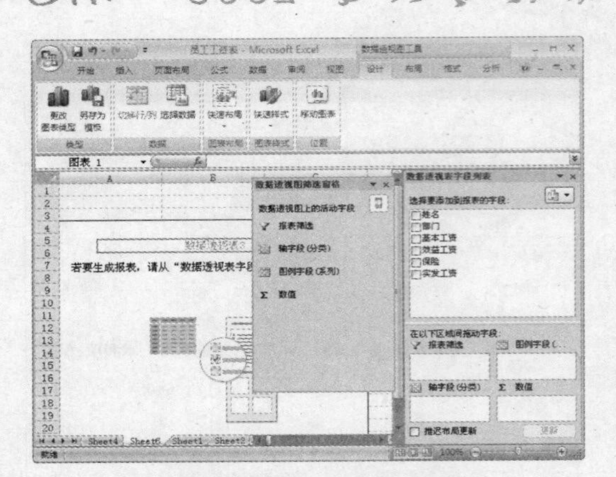

图 8-64 显示数据透视表字段窗格

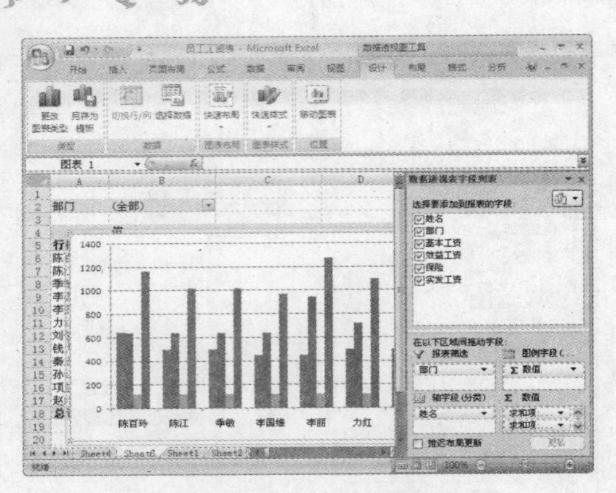

图 8-65 创建数据透视图效果

8.6 相关知识

通过本章的学习，读者基本掌握了数据计算与统计的方法。在 Excel 中，数据运算是学习的重点，也是经常需要用到的功能。下面来介绍关于 Excel 中运算符的类型以及常用函数，读者在学习后可以更深入了解。

任务 1 Excel 中的运算符

运算符用于对公式中的元素进行特定类型的运算。Excel 包含 4 种类型的运算符：算术运算符、比较运算符、文本运算符以及引用运算符。

1．算术运算符

用于进行最基本的数学运算，如加法、减法、乘法、以及连接数字和产生数字结果等，可以使用算术运算符，表 8-1 所示为 Excel 中的算术运算符及功能。

表 8-1 算术运算符

算术运算符	含　义	示　例
+（加号）	加	1+1
-（减号）	减 / 负号	2-1，-1
*（星号）	乘	2*2
/（斜杠）	除	2/2
%（百分号）	百分比	10%
^（脱字符）	乘幂	4^2（与 4*4 相同）

2．比较运算符

比较运算符可以比较两个数值并产生逻辑值 TRUE 或 FALSE。。当用运算符比较两个值时，结果是一个逻辑值，不是 TRUE（真）就是 FALSE（假），如表 8-2 所示。

表 8-2 比较运算符

比较运算符	含 义	示 例
+（加号）	等于	A1=B1
>（大于号）	大于	A1>B1
<（小于号）	小于	A1<B1
>=（大于等于号）	大于等于	A1>=B1
<=（小于等于号））	小于等于	A1<=B1
<>（不等于号）	不等于	A1<>B1

3．文本运算符

文本运算符“&”可以加入或连接一个或更多文本字符串以产生一串文本，如表 8-3 所示。

表 8-3 文本运算符

文本运算符	含 义	示 例
“&”	将两个文本值连接或串起来产生一个连续的文本值	“North”&“west”产生“Northwest”

4．引用运算符

单元格引用就是用于表示单元格在工作表上所处位置的坐标集。使用引用运算符可以将单元格区域合并计算，如表 8-4 所示。

表 8-4 引用运算符

引用运算符	含 义	示 例
:（冒号）	区域运算符，对两个引用之间，包括两上引用在内的所有单元格进行引用	A1:A5
,（逗号）	联合运算符，将多个引用合并为一个引用	SUM（A5:A15,B5:B15）
（空格）	交叉运算符，产生对同时隶属于两个引用的单元格区域的引用	SUM（A5:A15 B7:C7）。在本示例中，单元格“B7”同时隶属于两个引用区域

任务 2 常用函数

Excel 中提供数百种函数，但其中仅有少量函数会在日常工作中用到，表 8-5 中列出了常用的函数及功能。

表 8-5 常用函数及其用途

函 数	语 法	用 途
SUM	SUM（number1,number2,…）	返回某一单元格区域中所有数字的和
PMT	PMT（rate,nper,pv,fv,type）	基于固定利率及等额，返回贷款的每期付款额
STDEV	STDEV（value1,value2,…）	估算基于给定样本的标准偏差。标准偏差反映数值相对于平均值的离散程度
AVERAGE	AVERAGE（number1,number2,…）	返回参数的算术平均值
SUNIF	SUNIF（range,criteria,sum_range）	根据指定条件对单元格求和
COUNT	COUNT（value1,value2,…）	计算参数列表中的数字参数和包含数字的单元格的数目
HYPERLINK	HYPERLINK（link_location,friendly name）	创建一个超链接，用于打开存储在网络服务器中的文件

续表

函　数	语　法	用　途
IF	IF（logical test,value if true,value if false）	执行真假值判断，根据逻辑计算的真假值，返回不同的结果
SIN	SIN（number）	返回给定角度的正弦值
MAX	MAX（number1,number2,…）	返回一组值中的最大值
MIN	MIN（number1,number2,…）	返回一组值中的最小值

8.7 练习题

一、选择题

1．“B1”单元格中的数据为“20”，“C1”单元格中的数据为“35”，那么要计算两个数值之和，下列不正确的公式为（　）。

A．=B1+C1　　B．=B1:C1　　C．=B1+35　　D．=20+C1

2．下列函数中，用于求若干数据平均值的函数为（　）。

A．SIN　　B．AVERAGE　　C．SUM　　D．IF

二、填空题

1．如果要筛选数据表中介于“500”与“2 000”之间的值，那么应该使用（　）筛选方式。

2．对数据进行分类汇总时，必须先对数据序列进行（　）。

三、问答题

1．简述 Excel 中使用公式与函数的方法，并加以巩固联系。

2．简述 Excel 中数据有哪些筛选方法，各有什么用途。

第 9 章

PPT 入门

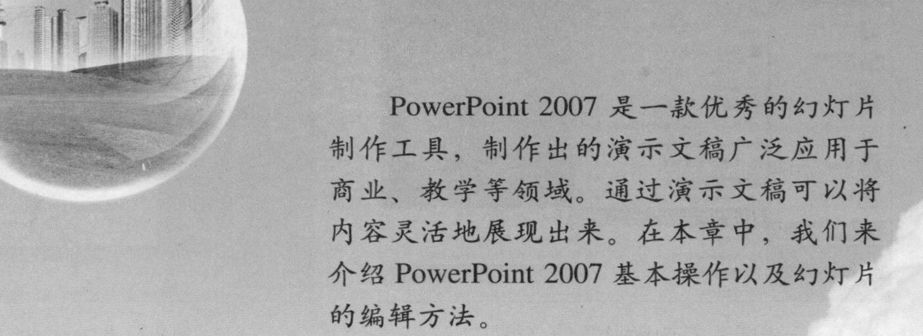

PowerPoint 2007 是一款优秀的幻灯片制作工具，制作出的演示文稿广泛应用于商业、教学等领域。通过演示文稿可以将内容灵活地展现出来。在本章中，我们来介绍 PowerPoint 2007 基本操作以及幻灯片的编辑方法。

本章主要内容：

- PPT 基本操作
- 演示文稿基本操作
- 幻灯片基本操作
- 幻灯片文本编辑
- 在幻灯片中插入对象

9.1 PowerPoint 基本操作

在开始学习 PowerPoint 以及演示文稿中的制作方法之前，用户首先需要了解 PowerPoint 的启动与退出方法，以及认识 PowerPoint 2007 的工作界面。

任务 1 启动 PowerPoint 2007

安装 Office 2007 后，通过“开始”菜单就可以启动 PowerPoint 2007，具体操作步骤如下。

Step 1 进入系统桌面后，在“开始”菜单中选择“所有程序\Microsoft Office\Microsoft Office PowerPoint 2007”命令，如图 9-1 所示。

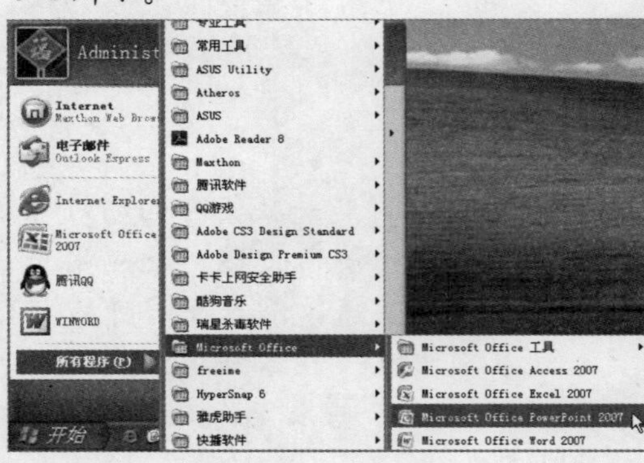

图 9-1 打开 PowerPoint 文稿

Step 2 此时启动 PowerPoint 窗口，并同时新建一个空白的 PowerPoint 文稿，如图 9-2 所示。

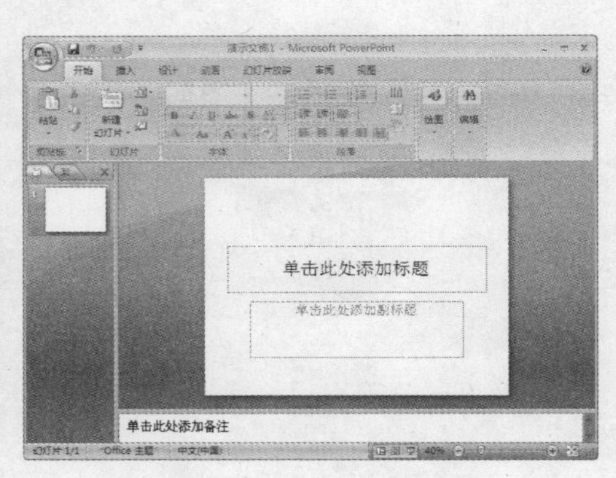

图 9-2 PowerPoint 工作界面

任务 2 认识 PowerPoint 2007 工作界面

由于 PowerPoint 2007 与 Word 2007 都是 Office 组件中的程序，所以它们的工作界面有很多共同之处。主界面中同样包括 Office 菜单、标题栏、功能选项卡和状态栏等部分。区别之处在于 PowerPoint 2007 的工作窗口由“大纲”窗格、幻灯片编辑区域以及“备注”窗格 3 个部分组成，如图 9-3 所示。

- “大纲”窗格：大纲窗格中列出了演示文稿中的所有幻灯片，用于组织和开发演示文稿中的内容，也可以输入演示文稿中的所有文本。窗格中包含“大纲”选项卡和“幻灯片”两个选项卡。大纲选项卡中显示各幻灯片的具体文本内容，“幻灯片”选项卡中显示各级幻灯片的缩略图。
- 幻灯片编辑区域：该区域中用于显示当前幻灯片，用户对幻灯片进行的各种编辑也是在该区域中进行的，对幻灯片进行的所有编辑和设置都将该区域中显示出来。

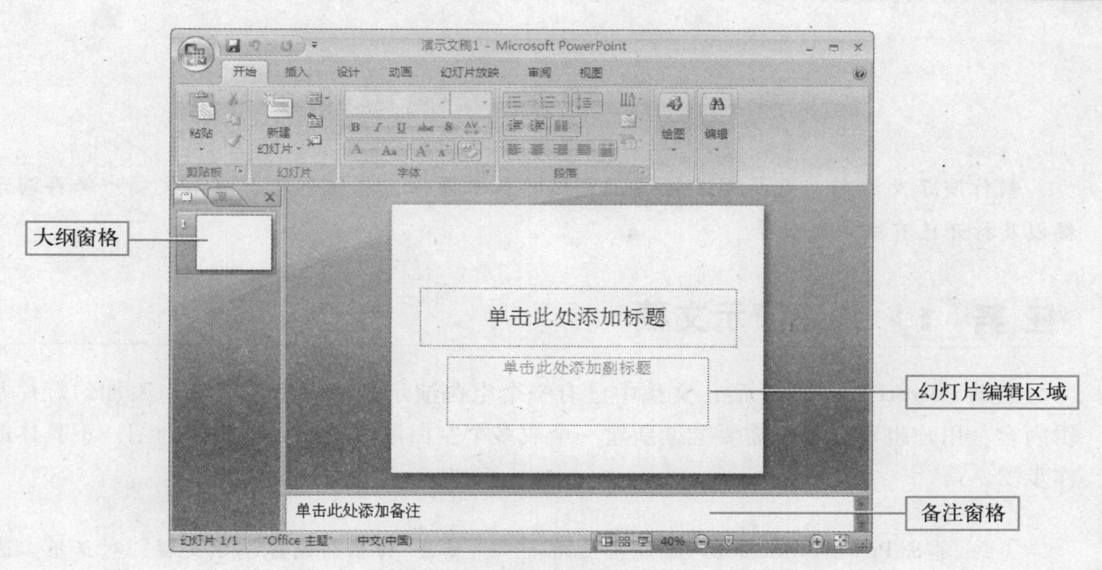

图 9-3 PowerPoint 文稿工作界面

- "备注"窗格：备注窗格位于幻灯片编辑区的下方，在该窗格中可以对当前幻灯片区域中显示的幻灯片添加注释说明。

任务 3 退出 PowerPoint 2007

对 PowerPoint 文稿编辑完成后，就可以退出文稿，退出 PowerPoint 2007 的方法有如下几种：

方法一：编辑完 PowerPoint 文稿后，单击 "关闭"控制按钮，可以关闭当前的演示文稿，如图 9-4 所示。

方法二：编辑完 PowerPoint 文稿后，单击 Office 按钮，弹出菜单后，单击 按钮，可以关闭当前系统中的所有 PowerPoint 文稿，如图 9-5 所示。

图 9-4 通过控制按钮退出

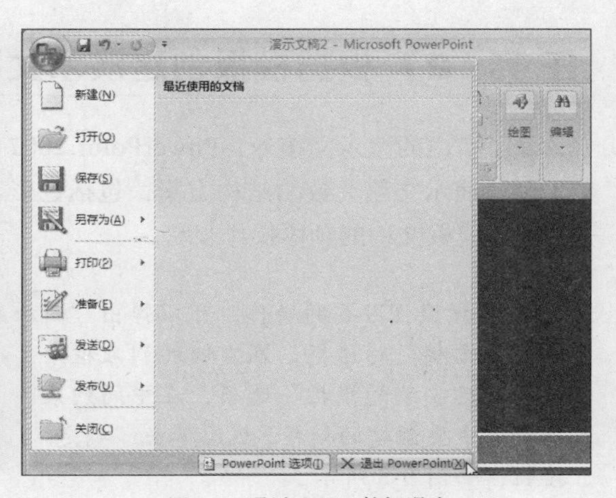

图 9-5 通过 Office 按钮退出

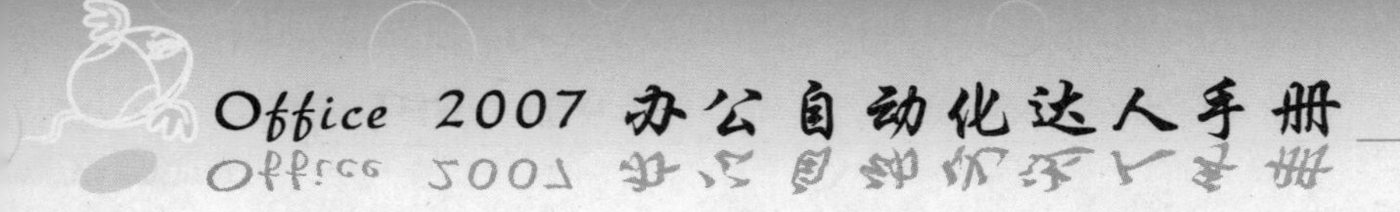

9.2 演示文稿基本操作

制作演示文稿前，需要先掌握演示文稿的基本操作，包括创建新演示文稿、保存演示文稿以及打开已有演示文稿等。

任务 1 新建演示文稿

启动 PowerPoint 2007 后，文稿中已有一个空白演示文稿供用户在其中添加幻灯片并编辑内容。用户也可以根据需要继续新建一个或多个空白演示文稿，下面来介绍一下具体的操作步骤。

Step 1 单击 PowerPoint 2007 窗口左上角的 Office 按钮，在弹出的菜单中选择“新建”命令，如图 9-6 所示。

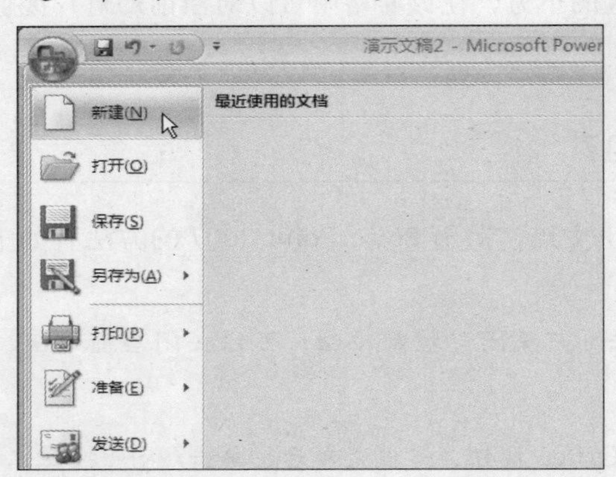

图 9-6 选择“新建”命令

Step 2 弹出“新建演示文稿”对话框，选择“空白演示文稿”选项，单击“创建”按钮，即可新建一个空白演示文稿，如图 9-7 所示。

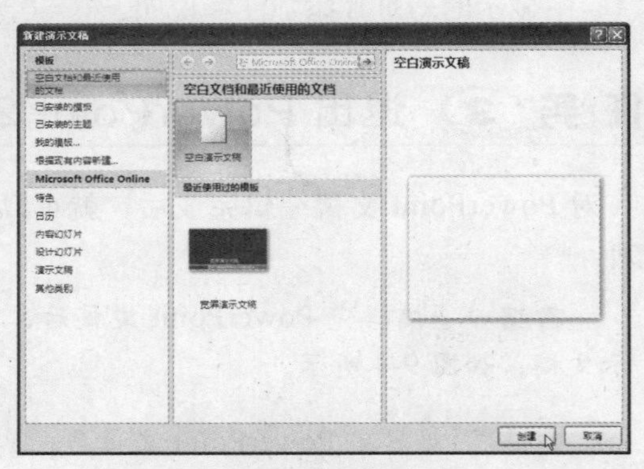

图 9-7 “新建演示文稿”对话框

任务 2 根据模板创建演示文稿

除了空白的演示文稿外，PowerPoint 2007 中提供了多种类别的演示文稿模板，模板中定义了创建演示文稿大致的结构方案，包括色彩、背景对象、文本格式以及版式等，下面介绍一下创建模板文稿的具体操作步骤。

Step 1 按照图 9-6 的操作，可以弹出“新建演示文稿”对话框，在右侧的列表框中选择“已安装的模板”选项，在中间列表框中选中要创建的模板，然后单击“确定”按钮，如图 9-8 所示。

Step 2 经过以上操作后，就完成了根据模板创建演示文稿的操作，最终效果如图 9-9 所示。

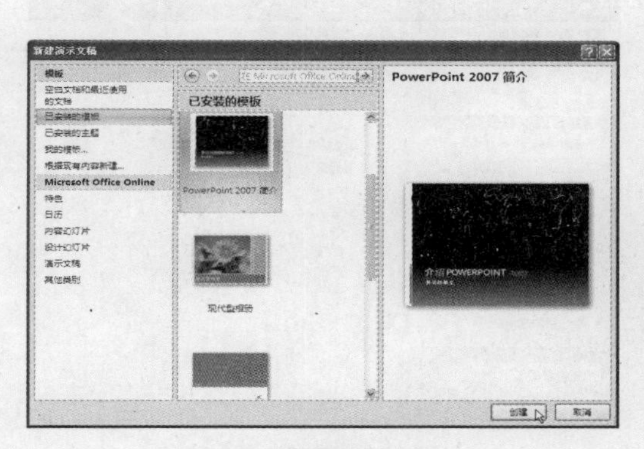

图 9-8　选择模板类型

图 9-9　显示创建模板文稿效果

任务 3　打开演示文稿

对于已经保存到电脑的演示文稿文件，可以将其在 PowerPoint 2007 中打开，进行编辑或放映。打开演示文稿文件的方法有以下几种：

方法一：通过“打开”对话框

Step 1　单击 Office 按钮，弹出菜单后，选择“打开”命令，如图 9-10 所示。

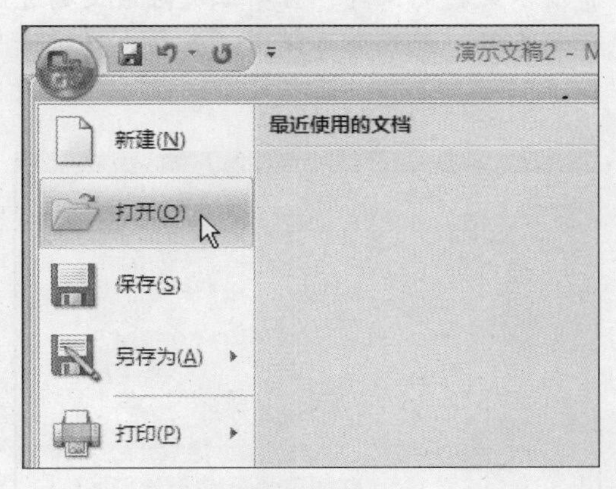

图 9-10　选择“打开”命令

Step 2　弹出“打开”对话框，在“查找范围”下拉列表中选择演示文稿的保存路径，然后在列表框中选择演示文稿，单击“打开”按钮，即可完成打开演示文稿的操作，如图 9-11 所示。

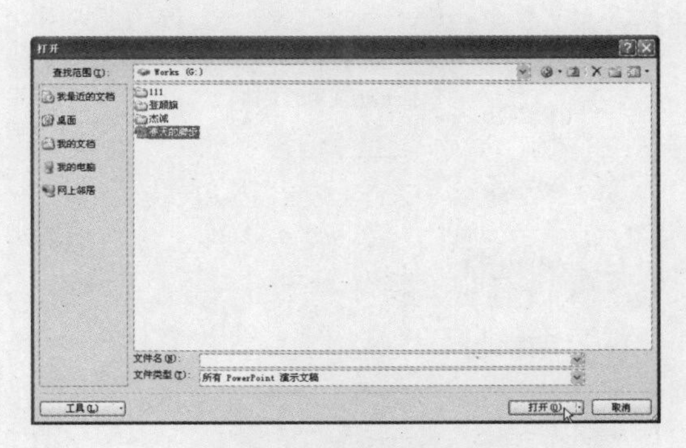

图 9-11　选择要打开的文件

方法二：双击文件直接打开

Step 1　进入系统桌面，双击“我的电脑”图标，打开“我的电脑”窗口，如图 9-12 所示。

Step 2　弹出“我的电脑”窗口，打开演示文稿文件的保存目录，双击要打开的演示文稿，如图 9-13 所示，即可启动 PowerPoint 2007 并打开演示文稿。

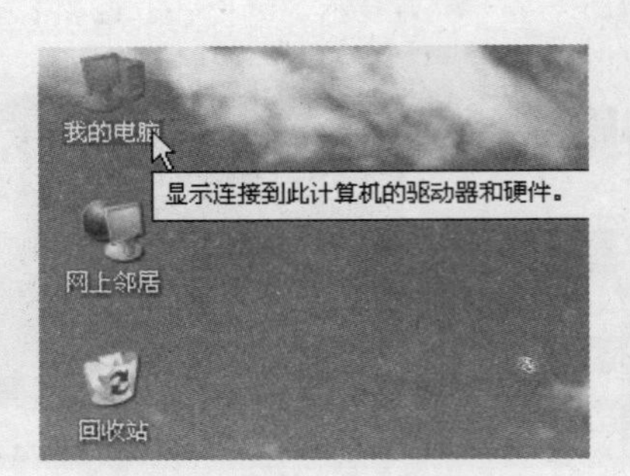

图 9-12 打开“我的电脑”窗口

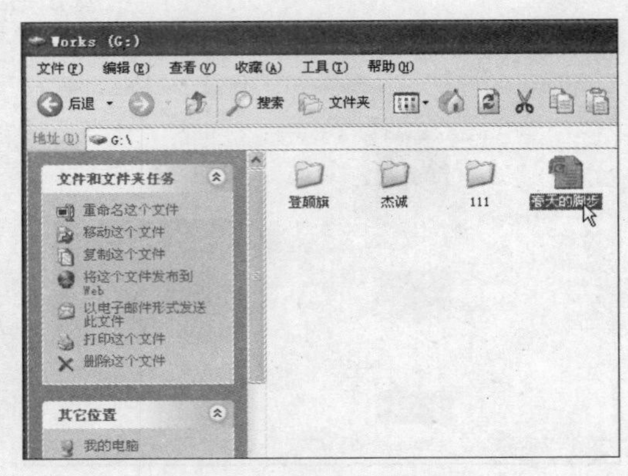

图 9-13 打开演示文稿

任务 4 保存演示文稿

将演示文稿编辑完成后，为了方便以后使用，可以将演示文稿以文件的形式保存到电脑中。下面就来介绍一下保存演示文稿的操作步骤。

1．保存新演示文稿

Step 1 单击 Office 按钮，弹出菜单后，选择“保存”命令，如图 9-14 所示。

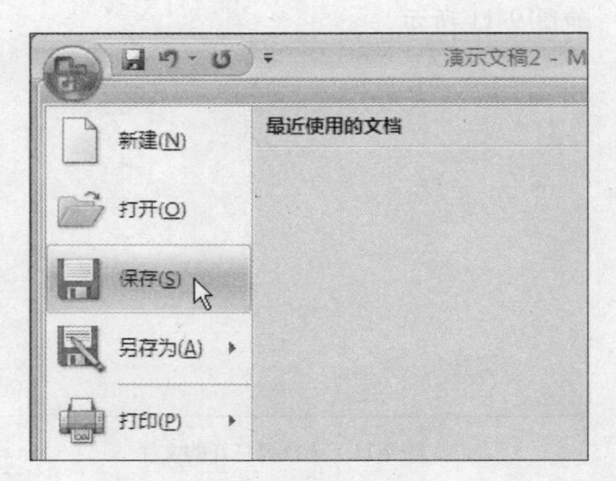

图 9-14 选择“保存”命令

Step 2 弹出“另存为”对话框，在对话框中选择保存路径并设置保存名称后，单击“保存”按钮，如图 9-15 所示，即可完成新演示文稿的保存，当第二次对该文稿进行保存时，就不会再弹出“另存为”对话框了。

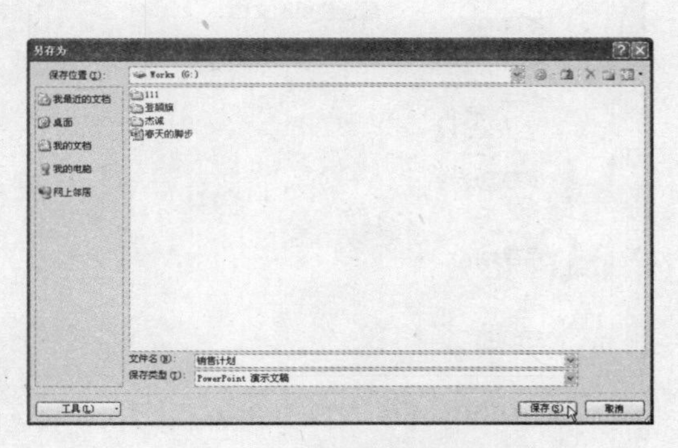

图 9-15 选择文稿的保存位置

2．另存演示文稿

Step 1 单击 Office 按钮，弹出菜单后，选择“另存为”命令，如图 9-16 所示。

Step 2 弹出“另存为”对话框，在对话框中选择文稿的保存路径并设置保存名称，单击“保存”按钮，如图 9-17 所示，即可完成新演示文稿的保存。

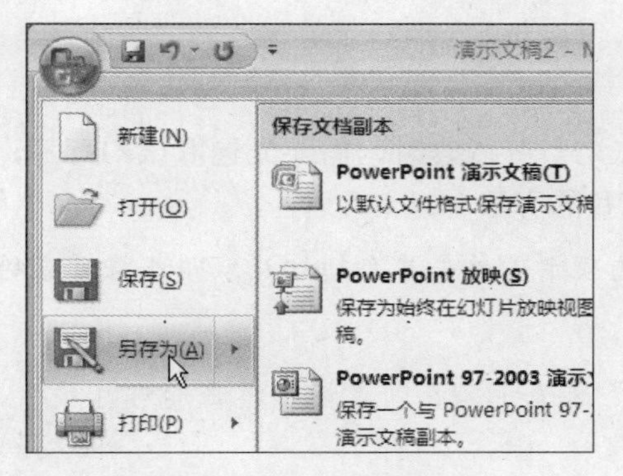

图 9-16 选择“另存为”命令

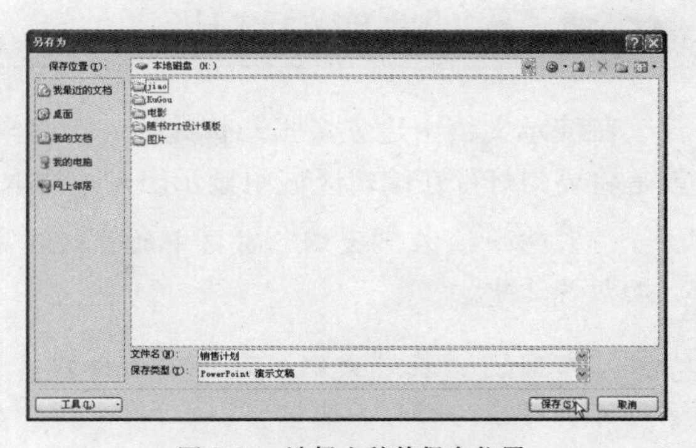

图 9-17 选择文稿的保存位置

9.3 幻灯片基本操作

在制作演示文稿的过程中，需要添加若干张幻灯片，幻灯片中又包括图片、图形等内容，对以上内容进行编辑操作后，才能形成演示文稿，本节中就来介绍一下演示文稿的基础操作。

任务 1 新建幻灯片

建立空白演示文稿后，演示文稿中仅包含一张幻灯片，此时可以根据需要在其中继续新建多张幻灯片以编辑其他内容。新建幻灯片时，可以选择创建空白幻灯片和创建不同样式的幻灯片。

1. 创建空白幻灯片

创建空白幻灯片时，有很多种方法，下面就来介绍两种比较常用的创建空白幻灯片的操作。

方法一：在“开始”选项卡下单击“幻灯片”组中的“新建幻灯片”按钮，可直接新建一张默认版式的幻灯片，如图 9-18 所示。

方法二：按下【Ctrl + M】组合键，可快速插入一张延用当前幻灯片版式的新幻灯片。

2. 创建带有样式的幻灯片

单击“幻灯片”组中的“新建幻灯片”下拉按钮，在弹出的列表中选择一种幻灯片版式，即可建立一张采用所选版式的幻灯片，即可创建一张相应样式的幻灯片，如图 9-19 所示。

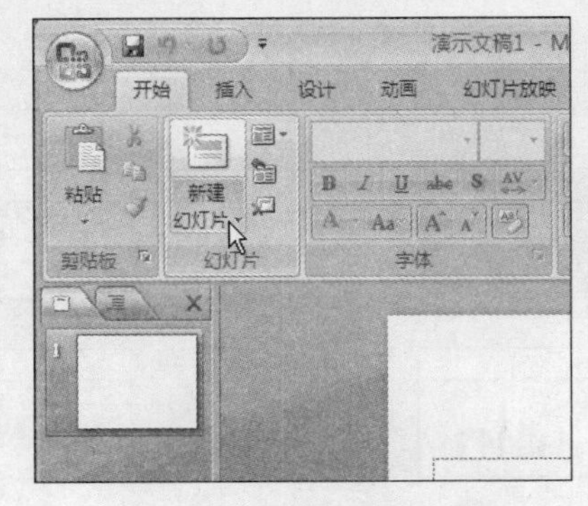

图 9-18 创建空白幻灯片

图 9-19 选择创建幻灯片样式

任务 2 选取幻灯片

在演示文稿中建立多张幻灯片后，当编辑某张幻灯片内容时，需要先选取该幻灯片，也就是将要幻灯片在编辑区域中显示出来。选取幻灯片的方法有以下几种：

方法一：在“大纲”窗格中的“幻灯片”选项卡下单击某个幻灯片，即可将对应的幻灯片选中。

方法二：在“大纲”窗格中切换到“大纲”选项卡，在列表框中单击幻灯片编号，即可将对应的幻灯片选中。

方法三：在幻灯片编辑窗口中上下滚动鼠标滚轮，窗口中显示的幻灯片即为当前选中的幻灯片。

方法四：单击窗口右下角的“幻灯片浏览”按钮，切换到幻灯片浏览视图，在该视图下单击某张幻灯片，即可将该幻灯片选中。

方法五：在幻灯片浏览视图下单击第一张幻灯片，按住【Shift】键单击最后一张幻灯片，可选定多张连续的幻灯片。

方法六：在幻灯片浏览视图下单击第一张幻灯片，按住【Ctrl】键单击其他幻灯片，可选定多张不连续的幻灯片。

任务 3 移动幻灯片

在制作演示文稿过程中，需要调整幻灯片的排列顺序时，可以进行移动幻灯片的操作。为了便于直观地移动与复制幻灯片，建议切换到幻灯片浏览视图下进行。

Step 1 将鼠标指向要移动的幻灯片，按下左键后拖动指针到移动的目标位置。此时指针形状将变为 状，同时显示一个竖条表示目标位置，如图 9-20 所示。

图 9-20 移动幻灯片位置

Step 2 将鼠标拖到目标位置后，释放鼠标按键，即可将幻灯片移动到该位置，移动幻灯片后，如图 9-21 所示，其他幻灯片的位置会按顺序自动调整。

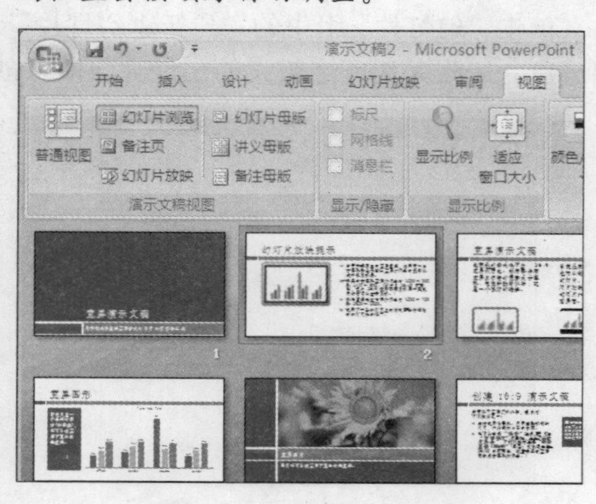

图 9-21 显示移动幻灯片效果

任务 4 复制幻灯片

复制幻灯片就是将当前幻灯片复制一份或多份，对幻灯片进行复制后，可以选择复制的目标位置。复制幻灯片的具体操作步骤如下：

Step 1 切换到幻灯片浏览视图后，右击要复制的幻灯片，在弹出的快捷菜单中选择“复制”命令，如图 9-22 所示。

图 9-22 复制幻灯片

Step 2 将光标移动到要粘贴的幻灯片之前，单击“剪贴板”组中的“粘贴”按钮，即可将复制的幻灯片粘贴于此，如图 9-23 所示。

图 9-23 粘贴幻灯片

Step 3 经过以上操作后，就可以完成复制的幻灯片的操作，最终效果如图 9-24 所示。

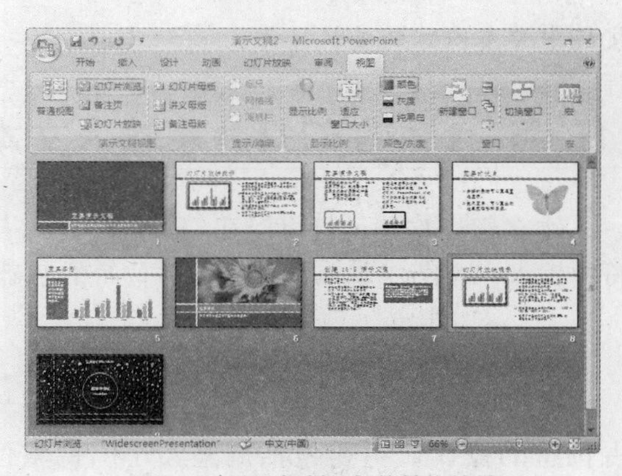

图 9-24 显示复制幻灯片最终效果

任务 5 删除幻灯片

如果演示文稿中不再需要某张幻灯片，就可以将其从演示文稿中删除。删除幻灯片的方法有以下几种：

方法一：选取一张或多张要删除的幻灯片，单击“幻灯片”组中的 9“删除”按钮，如图 9-25 所示。

方法二：用鼠标右击要删除的幻灯片，在弹出的快捷菜单中选择“删除”命令，如图 9-26 所示。

方法三：选中要删除的幻灯片后，按下【Delete】键，也可以完成删除幻灯片的操作。

图 9-25　通过“删除”按钮删除

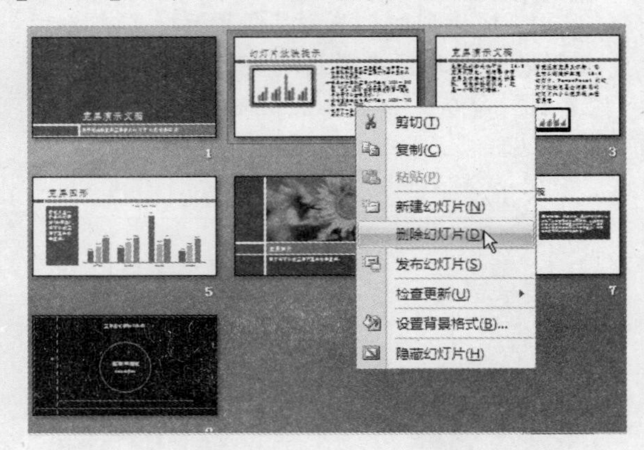

图 9-26　通过快捷菜单删除

9.4　幻灯片文本编辑

在幻灯片文稿中，文本内容的编辑同样是非常重要的，本节中就来介绍一下 PowerPoint 文稿中文本内容的编辑操作。

任务 1　在幻灯片中输入文本

建立幻灯片后，就可以在幻灯片中输入与编排文本了。但是幻灯片中的文本必须在占位符中输入，本节中就来介绍一下占位符的基础操作。

1. 设置占位符

通过占位符可以将幻灯片中的文本分为多个区域，从而便于幻灯片版式的调整。对占位符的操作，主要包括调整大小、调整位置、设置占位符样式以及设置艺术字样式几个方面。

① 调整占位符大小：将指针指向占位符四周的控点上，按下左键不放，向外拖动鼠标进行调整，如图 9-27 所示。

② 移动占位符的位置：将指针移动到占位符边框上，拖动鼠标到目标位置，如图 9-28 所示。

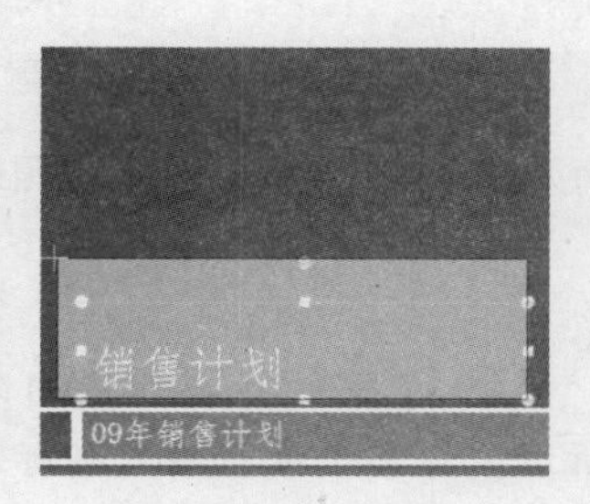

图 9-27 调整占位符大小

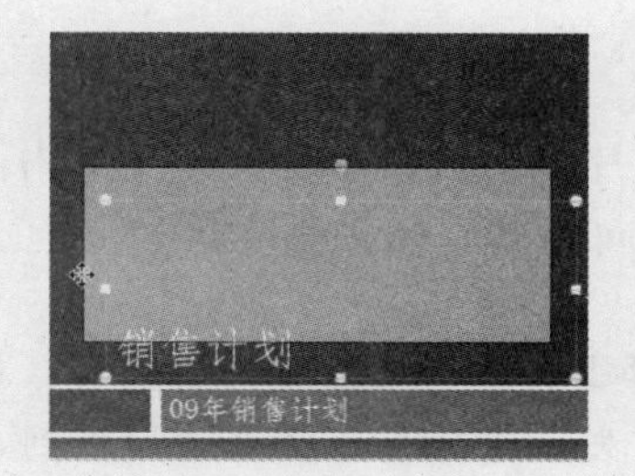

图 9-28 移动占位符位置

③ 设置占位符样式。

step 1 将鼠标指向占位符，当鼠标变成形状时，单击选中占位符后，如图 9-29 所示。

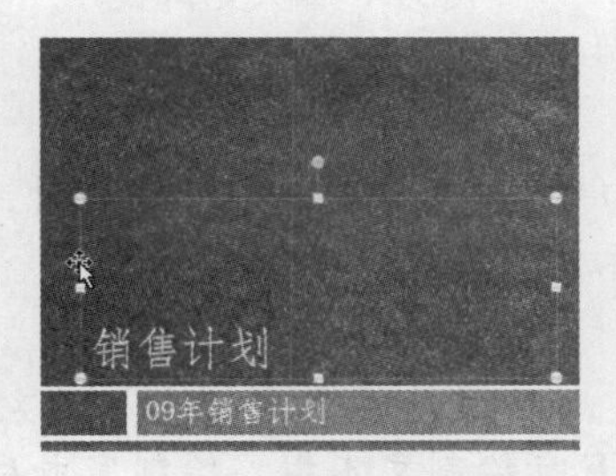

图 9-29 选中占位符

step 2 切换到“绘图工具 格式”选项卡，单击“形状样式”组中列表框右侧的快捷按钮，弹出列表后，单击选中要设置的样式，如图 9-30 所示。

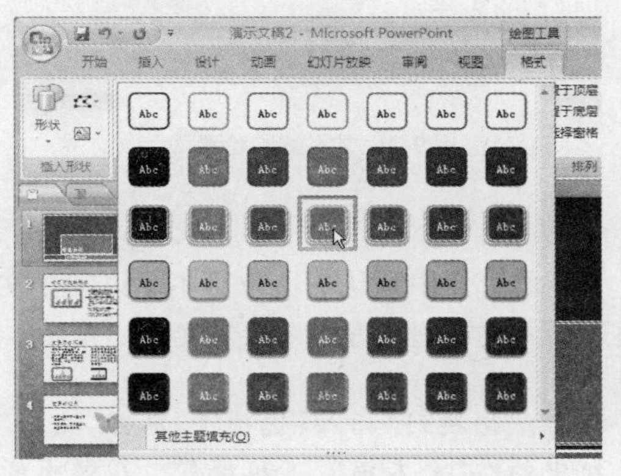

图 9-30 选择样式

④ 设置艺术字样式。

step 1 将鼠标指向占位符内文本内容，从左向右拖动鼠标，选中占位符内文本，如图 9-31 所示。

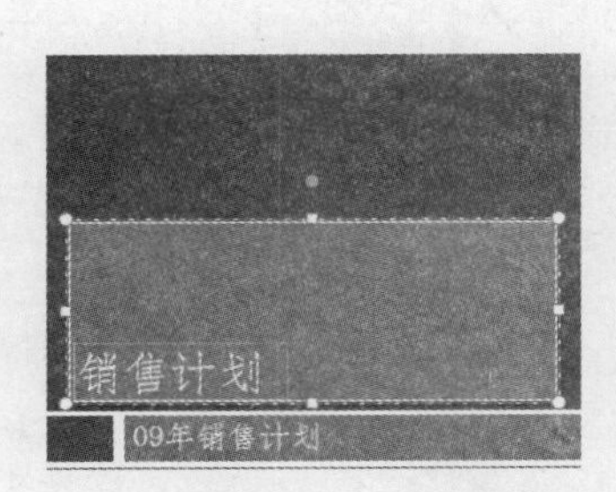

图 9-31 选中文本内容

step 2 切换到“绘图工具 格式”选项卡，单击“艺术字样式”组中“快速样式”列表框右侧的快捷按钮，弹出列表后，选中要设置的样式，如图 9-32 所示。

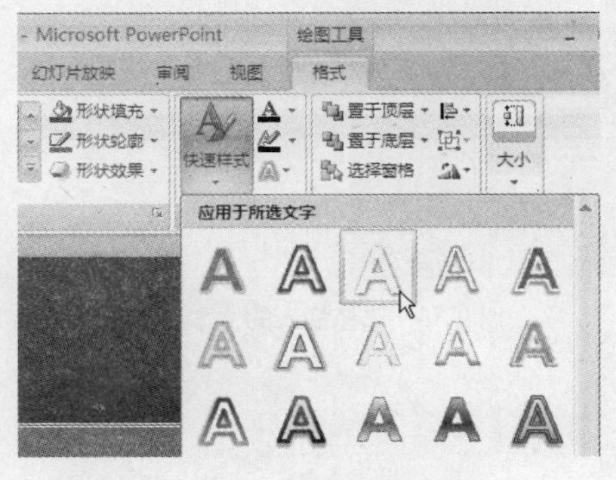

图 9-32 选择艺术字样式

2．输入占位符文本

在幻灯片中输入文本时，只要单击占位符中提示输入文本的位置，然后按照输入法编码进行输入即可。其具体操作步骤如下：

Step 1 单击提示输入标题的占位符，提示文字将消失，同时光标将自动切换到占位符中，如图 9-33 所示。

Step 2 在占位符中输入标题内容，如图 9-34 所示，再单击提示输入副标题或正文的占位符。按照同样的方法输入即可。

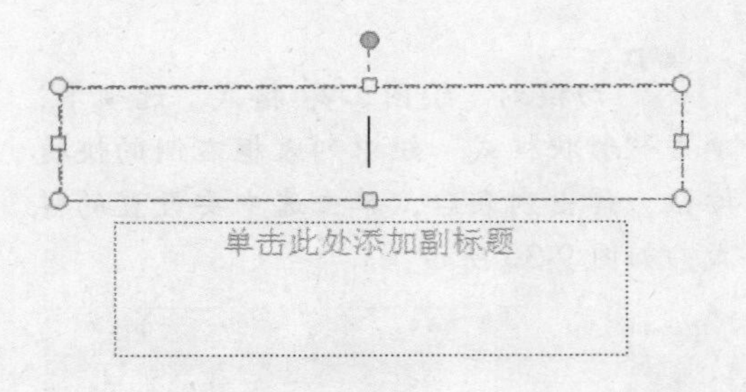

图 9-33　定位光标位置

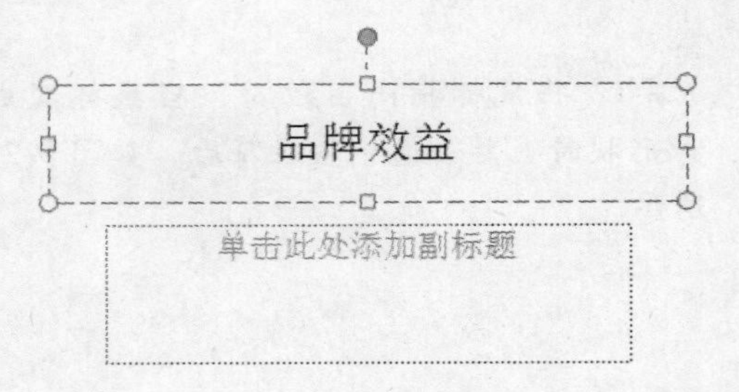

图 9-34　输入文本内容

3．添加文本框

当幻灯片中默认的占位符不足以编排文本时，或用户需要更灵活地进行编排时，就可以通过插入文本框的方法来添加文本，其具体操作步骤如下：

Step 1 切换到“插入”选项卡，单击“文本”组中的“文本框”下拉按钮，在弹出的菜单中选择“横排文本框”命令，如图 9-35 所示。

Step 2 此时指针将变为↓状，在幻灯片中拖动鼠标绘制文本框，绘制完成后，释放按键，光标即会定位在文本框内，输入文本内容即可，如图 9-36 所示。

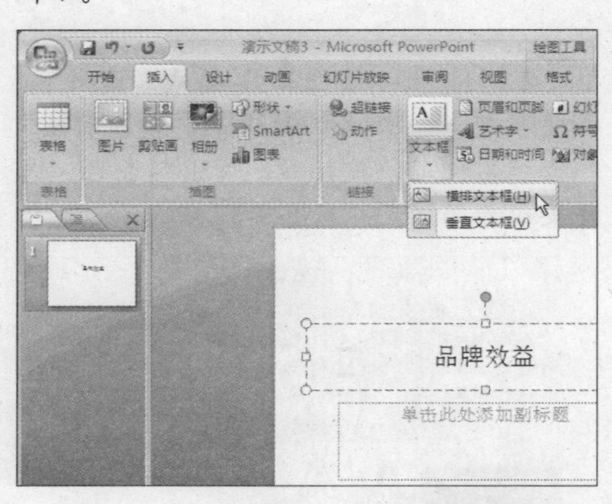

图 9-35　选择插入的文本框类型

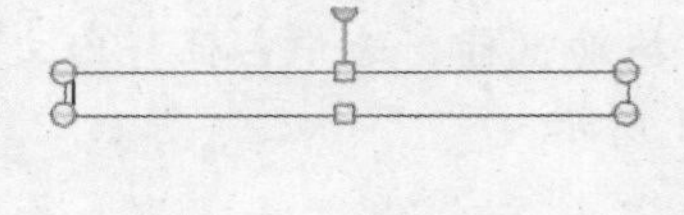

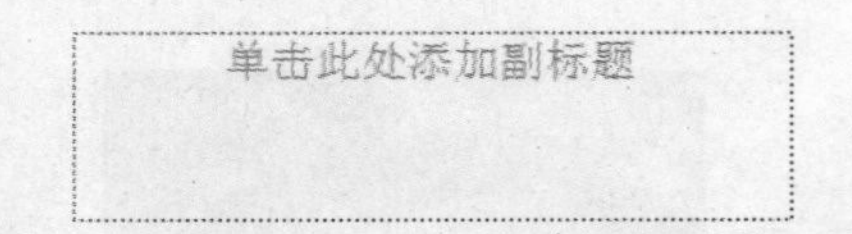

图 9-36　绘制文本框大小

任务 2 移动与复制文本

复制或移动幻灯片中文本，一般是对整个占位符中的所有文本同时进行，这时就可以通过移动或复制占位符的方法来实现。其具体操作步骤如下：

Step 1 在幻灯片中选中要复制或移动的占位符，然后单击"剪贴板"组中的"复制"按钮（复制），如图9-37所示，或"剪切"按钮（移动）。

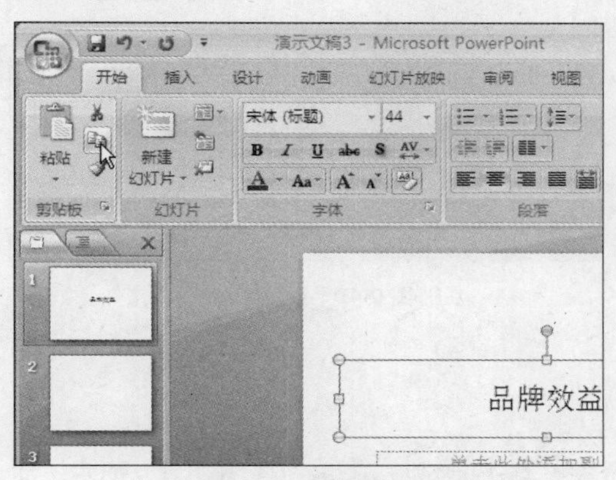

图9-37 单击"复制"按钮

Step 2 切换到目标幻灯片，单击"剪贴板"组中的"粘贴"按钮，即可将前面复制或剪切的文本粘贴于此，如图9-38所示。

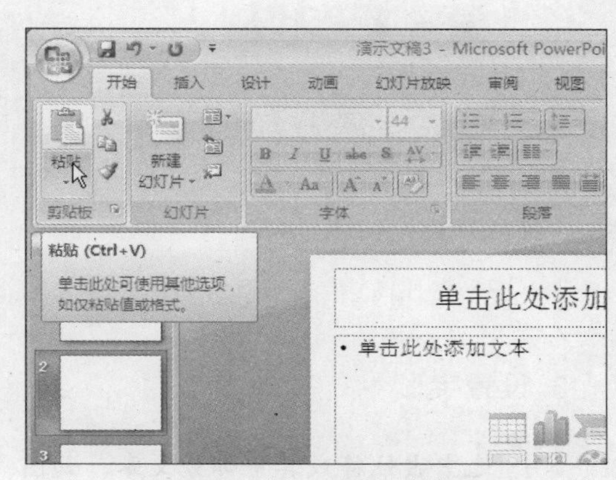

图9-38 单击"粘贴"按钮

任务 3 设置字体格式

字体格式包括文本的字体、字号、字形、字符颜色以及字符间距几个方面，同Word或Excel一样，PowerPoint中的所有字体格式设置也都是在"开始"选项卡中的"字体"组中进行的。

1. 设置字体

Step 1 选中占位符或其中部分文本，如图9-39所示。

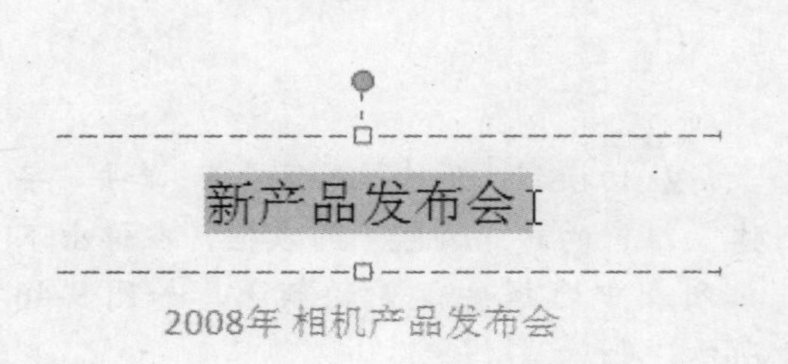

图9-39 选中文本

Step 2 切换到"开始"选项卡下，单击"字体"组中的"字体"列表框，弹出下拉列表中选择要采用的字体，如图9-40所示。

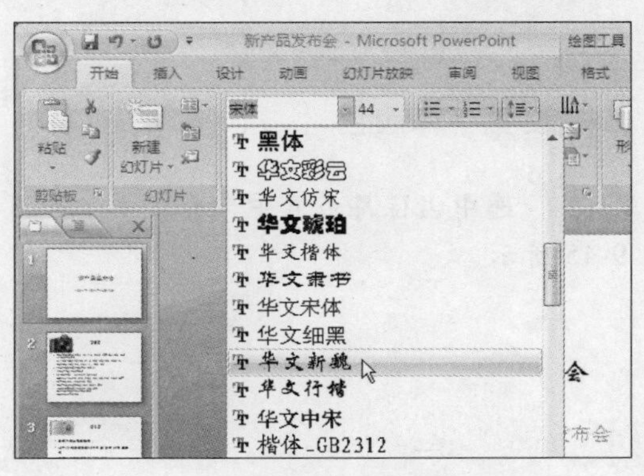

图9-40 设置字体

2. 设置字号

Step 1 选中占位符或其中部分文本，如图9-41所示。

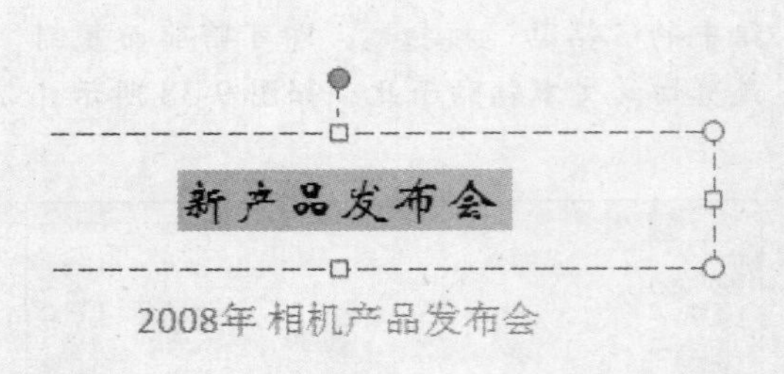

图 9-41　选中文本

Step 2 切换到“开始”选项卡下，单击“字体”组中的“字号”列表框，在弹出下拉列表中选择要设置的字号，如图 9-42 所示。

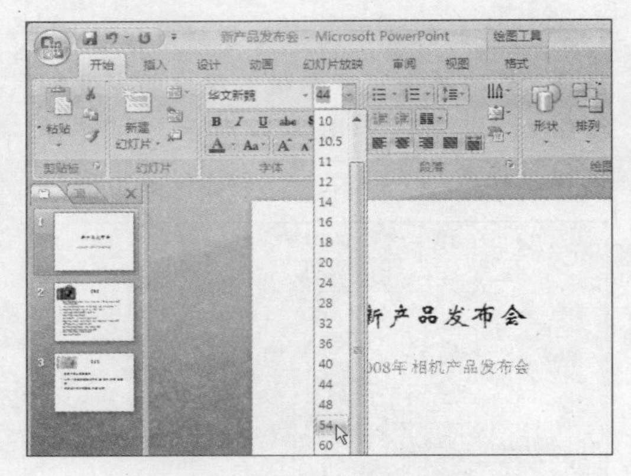

图 9-42　设置字号

3. 设置字形

Step 1 选中占位符或其中部分文本，如图9-43所示。

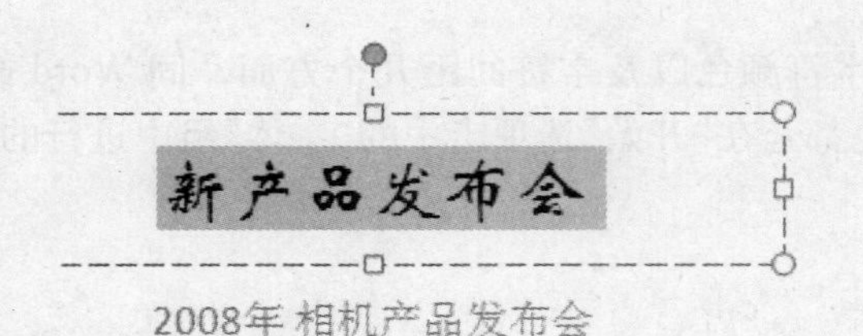

图 9-43　选中文本

Step 2 切换到“开始”选项卡下，单击“字体”组中的 B “加粗”按钮，如图 9-44 所示。

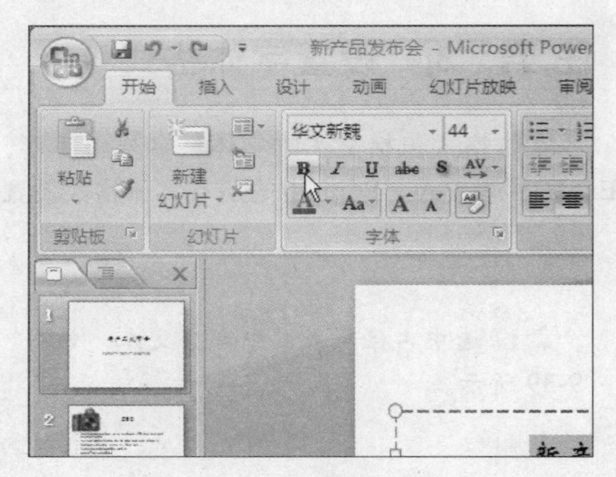

图 9-44　选择字形

4. 设置字体颜色

Step 1 选中占位符或其中部分文本，如图9-45所示。

Step 2 切换到“开始”选项卡下，单击“字体”组中的 A “颜色”列表框，在弹出下拉列表中选择要设置的颜色，如图 9-46 所示。

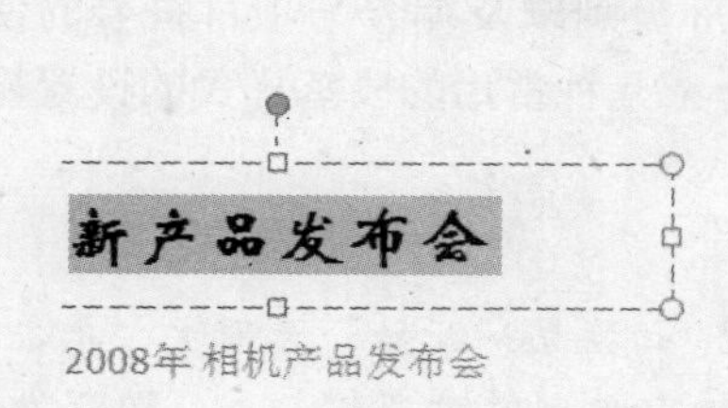

图 9-45 选中文本

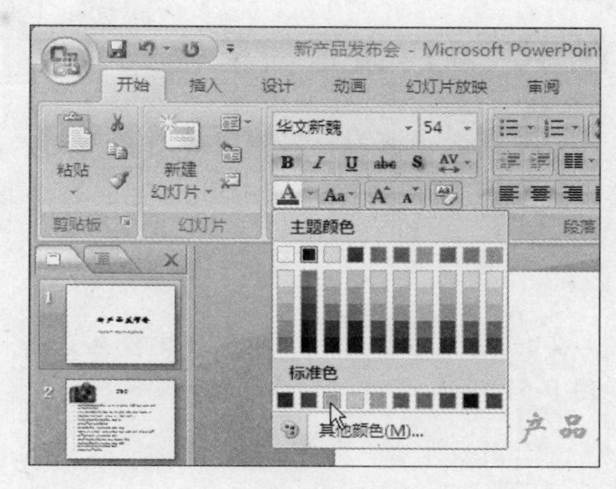

图 9-46 选择字体颜色

5. 设置字符间距

1 选中占位符中的文本内容，切换到“开始”选项卡，单击“字体”组右下角的按钮。

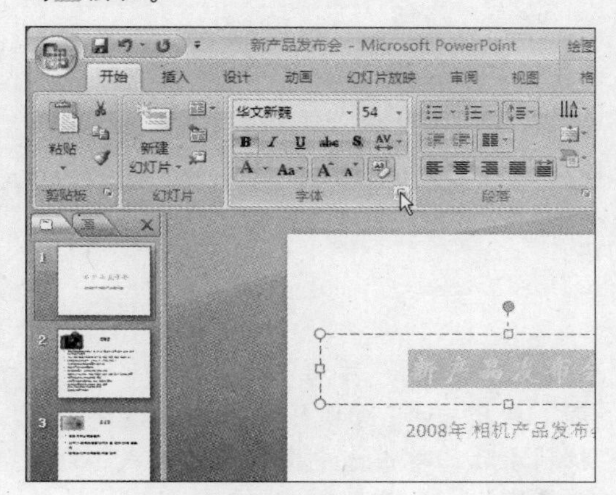

图 9-47 单击按钮

2 弹出“字体”对话框并切换到“字符间距”选项卡，在“间距”下拉列表中选择“加宽”选项，如图 9-48 所示，或“紧缩”选项。

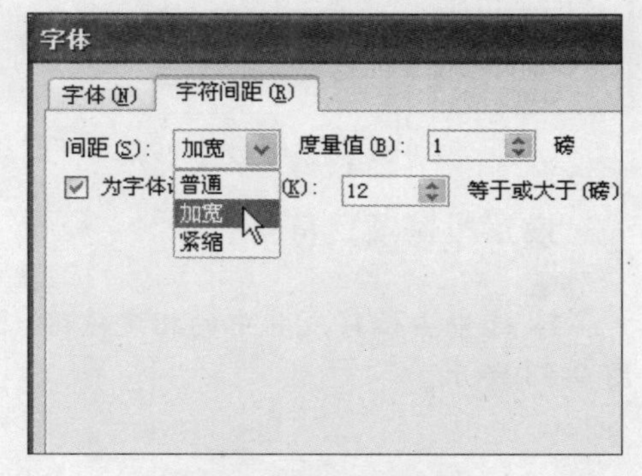

图 9-48 选择间距样式

3 进行了以上设置后，单击“确定”按钮，如图 9-49 所示。

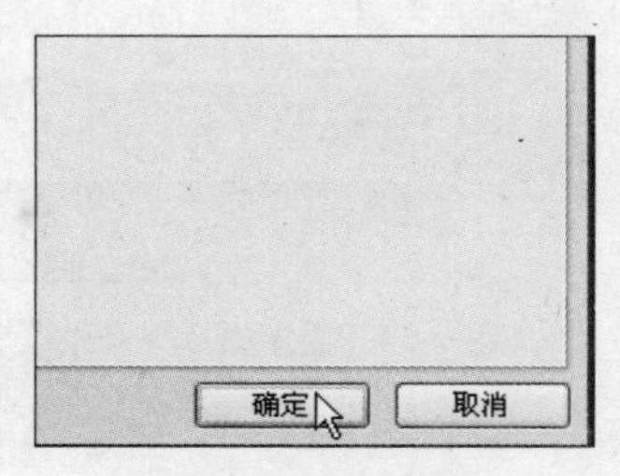

图 9-49 确定设置

4 经过以上操作后，就完成了幻灯片内文本内容的设置操作，最终效果如图 9-50 所示。

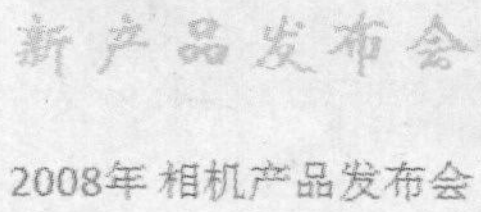

新产品发布会

2008年 相机产品发布会

图 9-50 显示文本设置效果

任务 4 设置段落格式

段落格式主要包括段落对齐方式、文字方向、段落级别以及编号与项目符号的使用等，其设置都是通过“段落”功能组来完成的，下面就来介绍几种常用的段落样式的设置操作。

1. 设置段落对齐方式

Step 1 选中占位符或其中的指定段落，如图 9-51 所示。

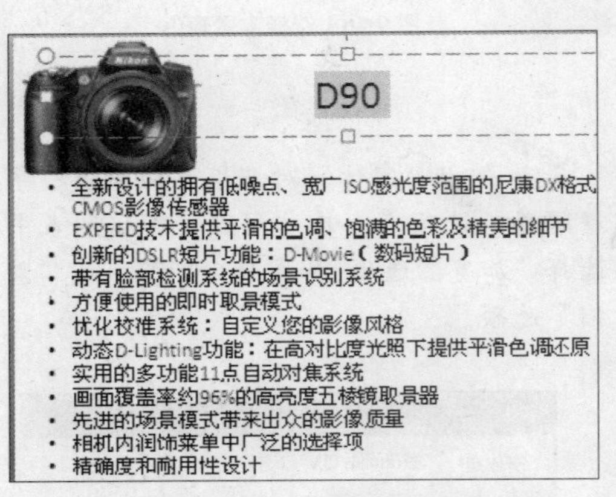

图 9-51 选中要设置的段落

Step 2 切换到“开始”选项卡，单击“段落”组中相应的对齐按钮，即可为段落设置对应的对齐方式，如图 9-52 所示。

图 9-52 设置段落对齐方式

2. 设置段落项目符号

Step 1 选中占位符或其中的指定段落，如图 9-53 所示。

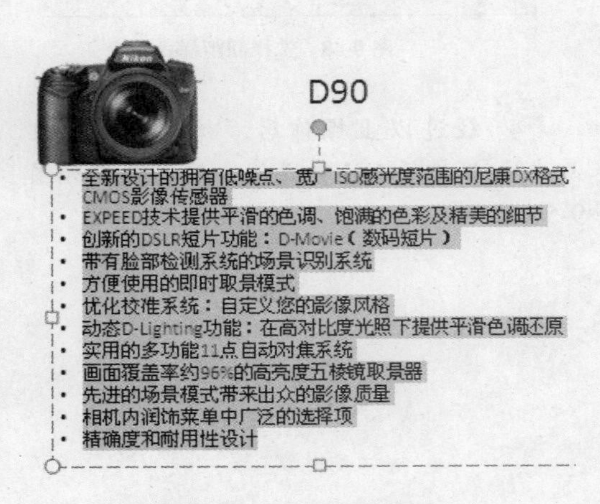

图 9-53 选中要设置的段落

Step 2 切换到“开始”选项卡，单击“段落”组中“项目符号”按钮，弹出下拉列表后，单击选中要设置的样式，即可完成操作，如图 9-54 所示。

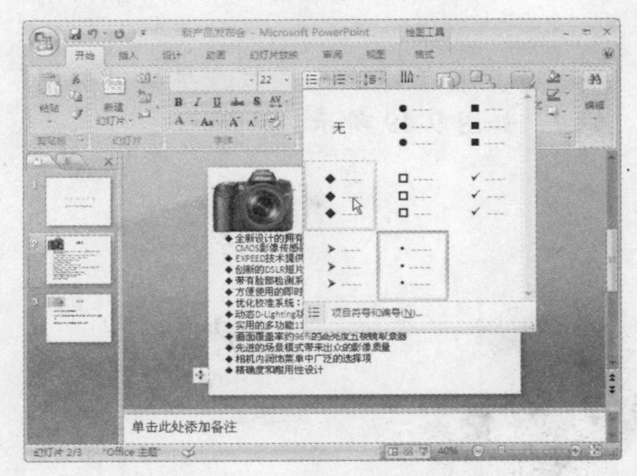

图 9-54 选择项目符号样式

9.5　在幻灯片中插入对象

在编辑幻灯片文稿时，可以插入一些图片、表格、视频、音频等格式的文件，本节中就来介绍一下在幻灯片中插入对象的操作步骤。

任务 1　插入形状

形状是指 Office 程序中预设的由线条组成的各类形状，用户可根据幻灯片的需要选择合适的形状插入到文稿中，操作步骤如下。

Step 1　选取要插入形状的幻灯片，切换到“插入”选项卡，单击“插图”组中的 形状 “形状”下拉按钮，在弹出的形状列表中选择“太阳形”，如图 9-55 所示。

图 9-55　选中插入的形状

Step 2　拖动鼠标到文稿中的合适位置绘制所选形状，通过拖动可以控制绘制形状的大小，如图 9-56 所示。

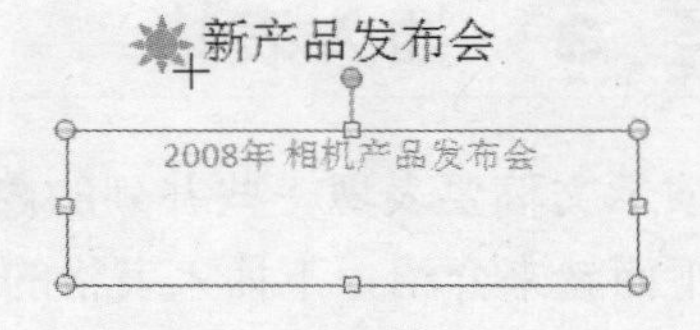

图 9-56　绘制形状

Step 3　制完毕后，释放按键，即可完成形状图形的绘制，如图 9-57 所示。然后通过拖动形状或键盘上的方向键进一步调整形状位置。

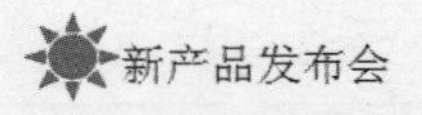

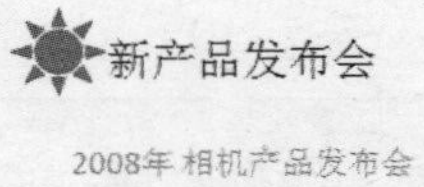

2008年 相机产品发布会

图 9-57　显示插入形状图形效果

任务 2　插入图片

图片是演示文稿不可缺少的对象，通过图片可以更直观地展现出一些文本所无法表达的内容，而且图文并茂的幻灯片，其放映效果也会更为绚丽，更容易被受众所关注。下面就来介绍一下插入图片的操作步骤。

step 1 打开要插入图片的幻灯片，单击“插图”组中的“图片”按钮，如图 9-58 所示。

图 9-58 单击“图片”按钮

step 2 在弹出的“插入图片”对话框中选择要插入的图片，单击“插入”按钮，如图 9-59 所示。

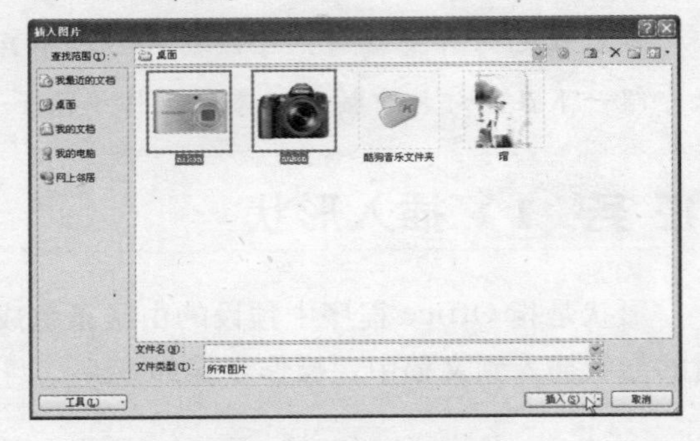

图 9-59 选择要插入的图片

step 3 经过以上操作后，就完成了插入图片的操作，最终效果如图 9-60 所示。

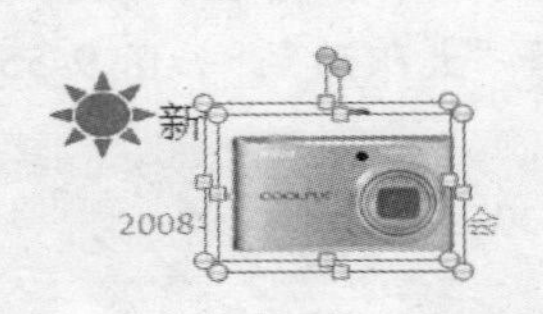

图 9-60 插入图片效果

任务 3 插入表格

当演示文稿要表现一些并列的内容或数据，可以通过表格将这些内容或数据直观地表现出来。下面就来介绍一下插入表格的操作。

step 1 打开要插入表格的幻灯片，单击“表格”组中的“表格”按钮，在弹出下拉列表后，选中要插入的表格并单击，如图 9-61 所示。

图 9-61 选择要插入的表格

step 2 经过以上操作后，就完成了插入表格的操作，最终效果如图 9-62 所示。

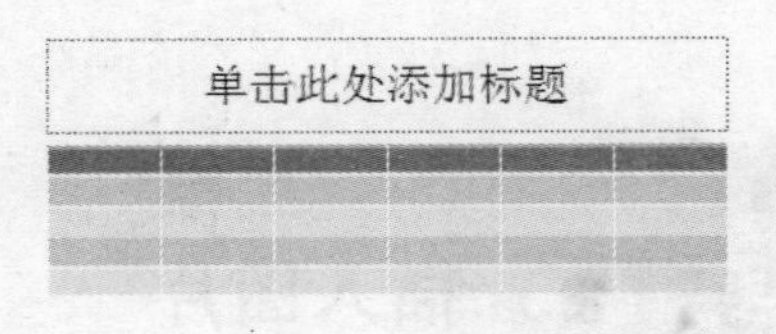

图 9-62 显示插入表格效果

任务 4 插入视频剪辑

当用户的演示文稿需要一段视频来进行说明时，可以将编辑好的视频文件直接插入到幻灯片中，下面就来介绍一下插入视频剪辑的操作步骤。

Step 1 打开要插入图片的幻灯片，单击“媒体剪辑”组中的“影片”按钮，弹出下拉列表后，选择“文件中的影片”选项，如图 9-63 所示。

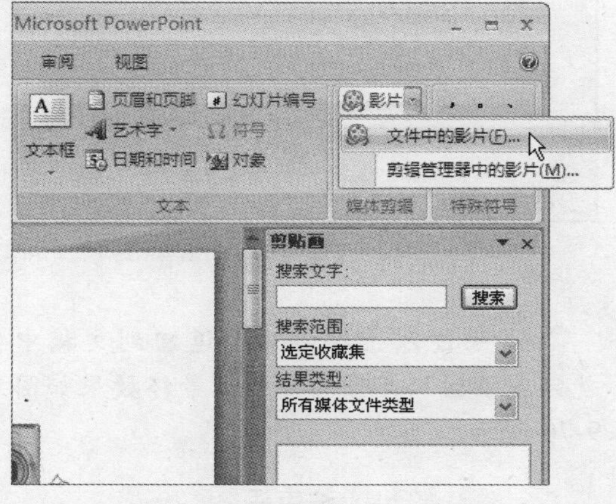

图 9-63 选择“文件中的影片”选项

Step 2 在弹出的“插入影片”对话框中选择要插入的影片，并单击“插入”按钮，如图 9-64 所示。

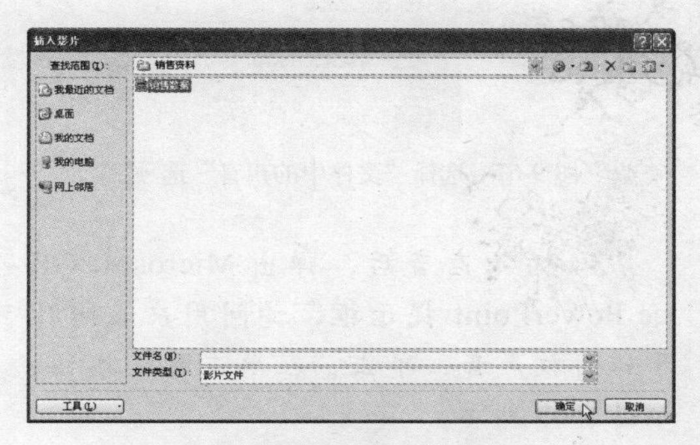

图 9-64 选择要插入的影片

Step 3 插入影片后，弹出 Microsoft Office PowerPoint 提示框，询问用户在何时开始播放影片，单击“在单击时”按钮，如图 9-65 所示。

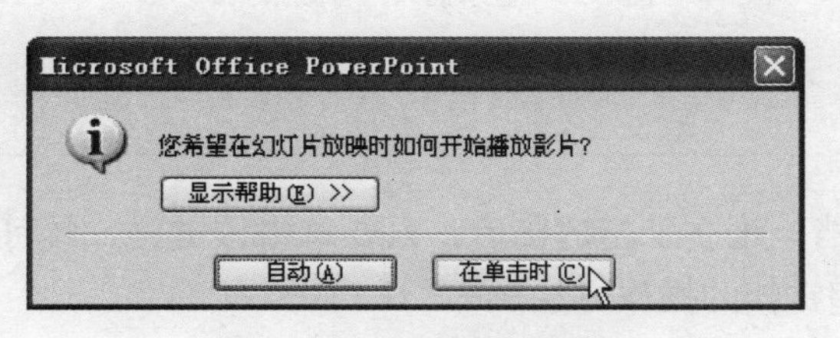

图 9-65 选择播放影片方式

Step 4 经过以上操作后，返回到文稿中就完成了插入影片的操作，最终效果如图 9-66 所示。

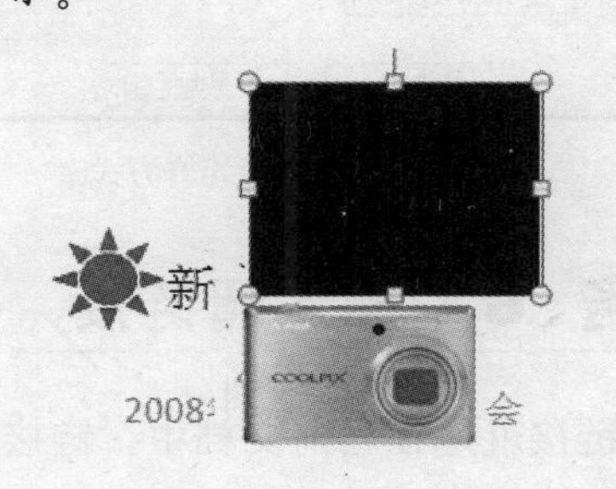

图 9-66 显示插入影片效果

任务 5 插入音频剪辑

在文稿的结尾部门，为了渲染周围的气氛，可以在幻灯片中插入音乐，做为结束语，下面就来介绍一下在幻灯片中插入音频文件的操作。

1 打开要插入音乐的幻灯片，单击“媒体剪辑”组中的 声音 “声音”按钮，弹出下拉列表后，选择“文件中的声音”选项，如图 9-67 所示。

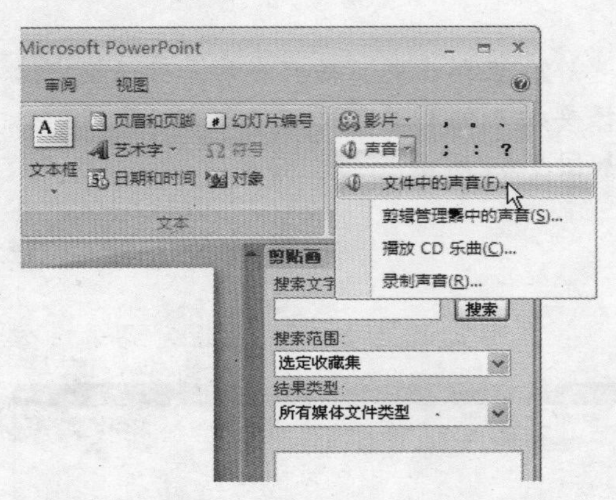

图 9-67 选择“文件中的声音”选项

2 在弹出的“插入声音”对话框中，选择要插入的声音，并单击“确定”按钮，如图 9-68 所示。

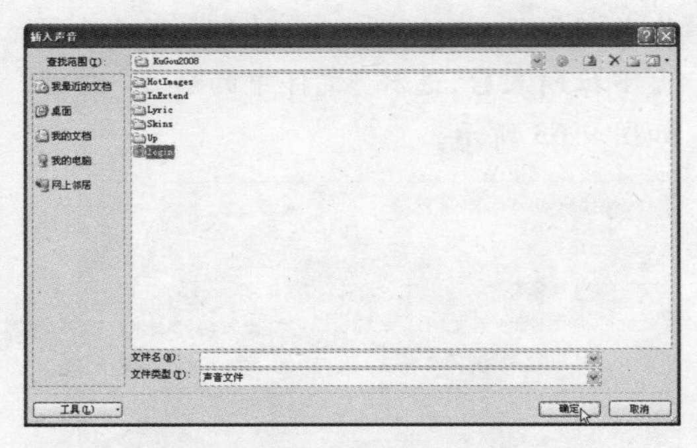

图 9-68 选择要插入的声音

3 插入声音后，弹出 Microsoft Office PowerPoint 提示框，询问用户在何时开始播放声音，单击“在单击时”按钮，如图 9-69 所示。

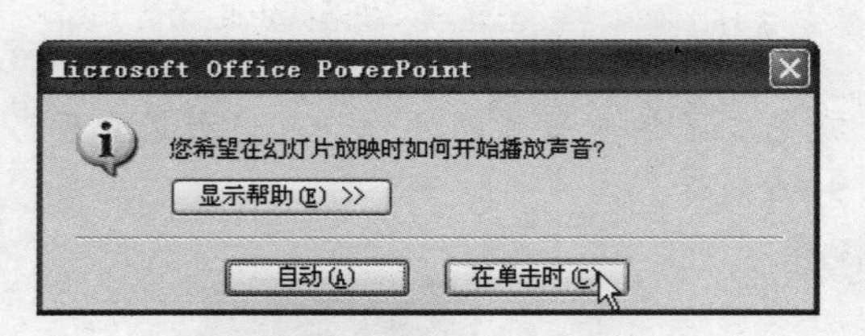

图 9-69 选择播放声音方式

4 经过以上操作后，返回到文稿中就完成了插入声音的操作，最终效果如图 9-70 所示。

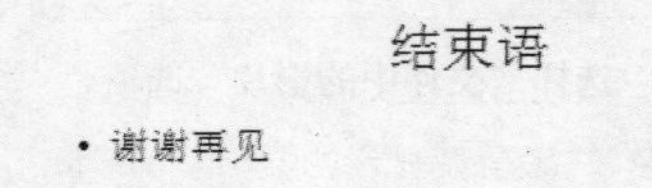

结束语

• 谢谢再见

图 9-70 显示插入声音效果

任务 6 插入超链接

超链接就是在当前文档中，链接到其它文档，建立了超链接后，只要单击该链接，就可以打开链接到的文档，下面就来介绍一下插入超链接的操作方法。

1 将光标定位在要插入超链接的位置，切换到“插入”选项卡，单击“链接”组中的 超链接 “超链接”按钮，如图 9-71 所示。

2 弹出“插入超链接”对话框，通过“查找范围”列表框，打开要插入的超链接文档所在位置，如图 9-72 所示。

图 9-71　单击“超链接”按钮

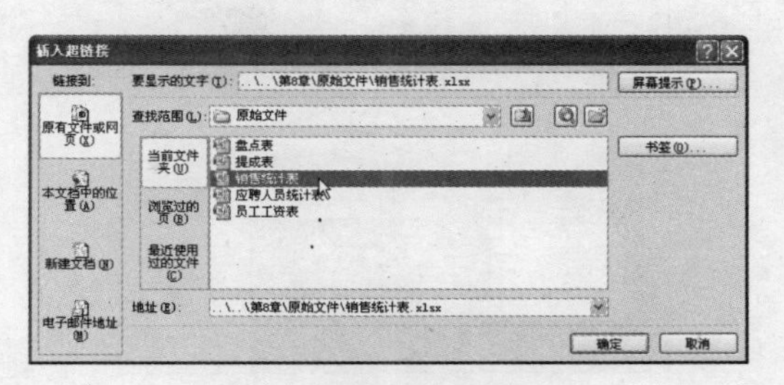

图 9-72　选择要插入的文档

Step 3　在“要显示的文字”文本框内，输入要在文稿中显示的文字内容，然后单击“确定”按钮，如图 9-73 所示。

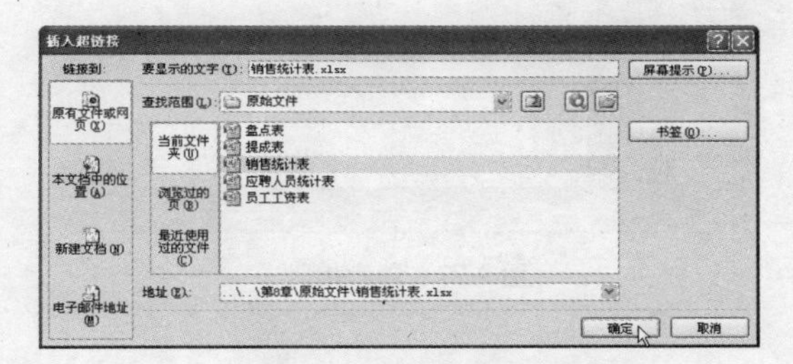

图 9-73　设置要显示的文字

Step 4　经过以上操作后，就完成了在文稿中插入超链接的操作，如图 9-74 所示。单击该链接文字，就可以打开指定的文档。

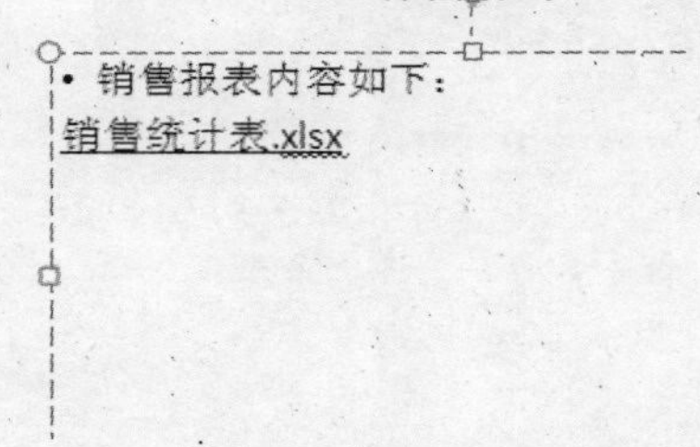

图 9-74　显示插入超链接效果

9.6　相关知识

本章介绍了 PowerPoin 演示文稿与幻灯片的基本操作，以及在幻灯片中编辑内容、插入对象的方法。下面介绍使用 PowerPoint 制作相册的方法，读者可根据需要进行学习。

任务　使用 PowerPoint 制作相册

除了制作幻灯片外，使用 PowerPoint 还可以快速将多幅图片制作为一个动态相册，即以演示文稿的方式动态放映图片。其具体操作方法如下：

Step 1　切换到“插入”选项卡，单击“插图”组中的“相册”下拉按钮，在下拉菜单中选择“新建相册”选项，如图 9-75 所示。

Step 2　弹出“相册”对话框，单击 文件/磁盘(F)... 按钮，在弹出的对话框中选择添加要制作为相册的照片，将照片添加到“相册中的图片”列表框中，如图 9-76 所示。

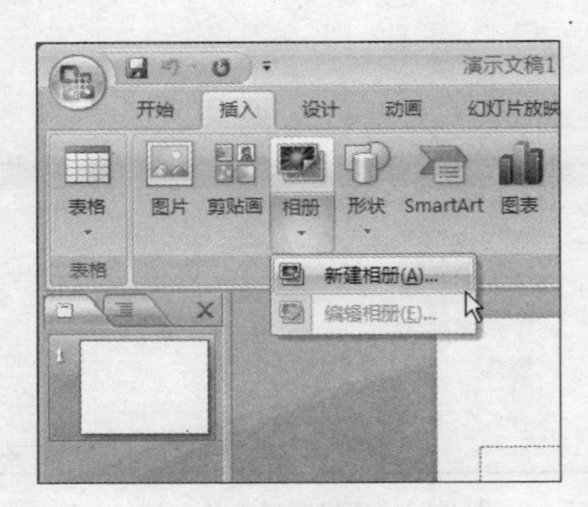

图 9-75 选择命令

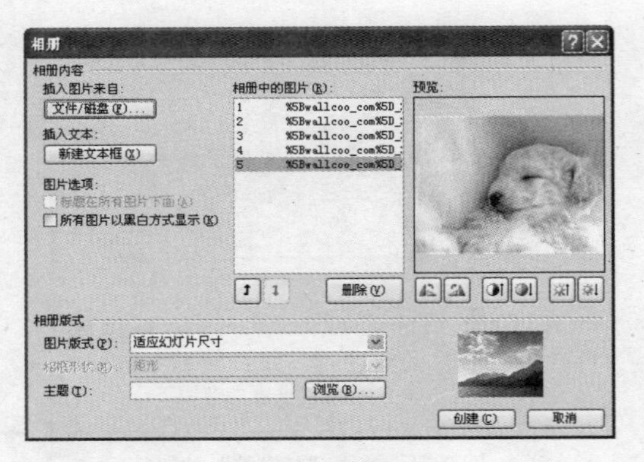

图 9-76 添加图片

Step 3 通过对话框中的按钮调整图片顺序、亮度与对比度等选项，完毕后单击 创建(C) 按钮，即可将所选图片制作为幻灯片相册，如图 9-77 所示。

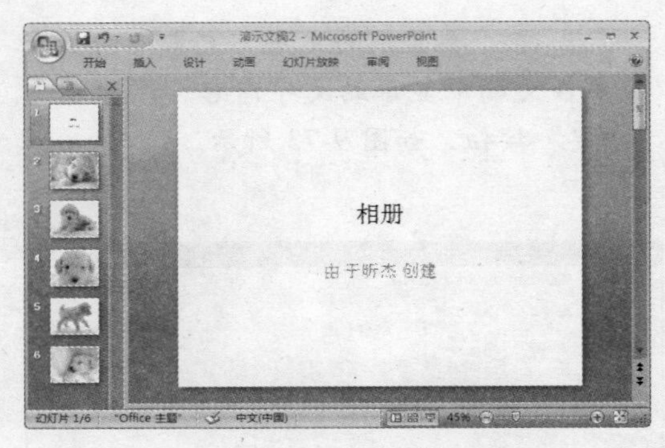

图 9-77 创建相册

9.7 练习题

一、选择题

1．保存演示文稿的快捷键为（ ）。

A．【Ctrl + A】 B．【Ctrl + C】 C．【Ctrl + S】 D．【Ctrl + H】

2．新建幻灯片的快捷键为（ ）。

A．【Ctrl + V】 B．【Ctrl + N】 C．【Ctrl + M】 D．【Ctrl + O】

二、填空题

1．新建演示文稿后，演示文稿中仅包含一张幻灯片，这张幻灯片又称为（ ）。

2．在幻灯片时插入音频或视频后，如果要使媒体随幻灯片自动放映，则应该将开始方式设置为（ ）。

三、问答题

1．PowerPoint 演示文稿中幻灯片的操作有哪些？

2．可以在幻灯片中插入哪些媒体对象？

第 10 章

幻灯片设计与放映

演示文稿编辑完毕后，可以对幻灯片进行各种美化设计，包括应用主题、设置背景、添加动画效果与切换效果等，从而使制作出的演示文稿更加美观。制作完毕且对演示文稿放映方式进行调整后，就可以放映幻灯片了。

本章主要内容：

- 应用幻灯片主题
- 设置幻灯片背景
- 添加动画效果
- 设置切换方案
- 放映幻灯片
- 打包演示文稿

10.1 幻灯片主题与版式

幻灯片主题中定义了演示文稿整体的方案，包括配色、背景、样式等。幻灯片版式则是指幻灯片中对象的排列方式。PowerPoint 2007 中提供了丰富的幻灯片主题与版式，用户可将其直接应用到幻灯片。

任务 1 更改幻灯片版式

幻灯片版式定义了幻灯片中内容的大致分布方式。创建幻灯片后，默认采用 PowerPoint 最基本的“标题与内容”版式，用户可以根据内容的编排需要更换其他版式，其具体操作步骤如下：

Step 1 切换到要更改版式的幻灯片，单击“幻灯片”组中的“版式”下拉按钮，如图 10-1 所示。

Step 2 在弹出的版式列表中选择一种版式，即可为当前幻灯片应用该版式，如图 10-2 所示。

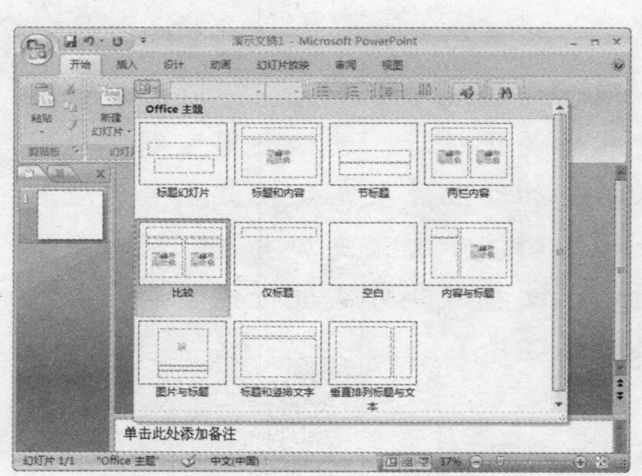

图 10-1　选择版式

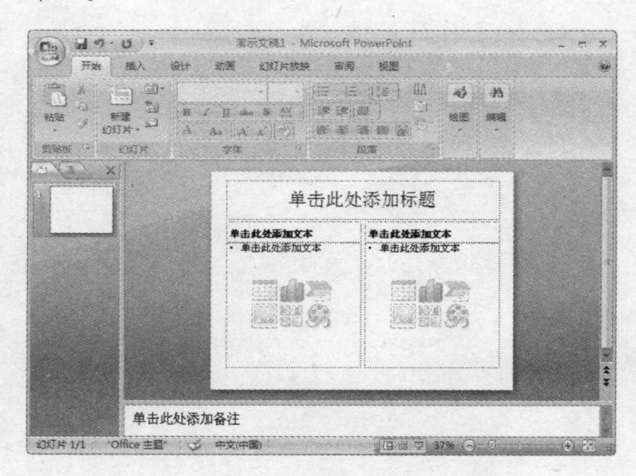

图 10-2　更改版式

任务 2 应用幻灯片主题

PowerPoint 中提供了多种样式的幻灯片主题，用户可以直接将主题应用到幻灯片中。应用不同的主题，将使得制作出幻灯片的风格也各异。应用主题的具体操作方法如下：

Step 1 打开要更改主题的演示文稿，切换到“设计”选项卡，如图 10-3 所示。

Step 2 在“主题”组中的列表框中选择一种主题，即可为当前演示文稿应用该主题，应用后的效果如图 10-4 所示。

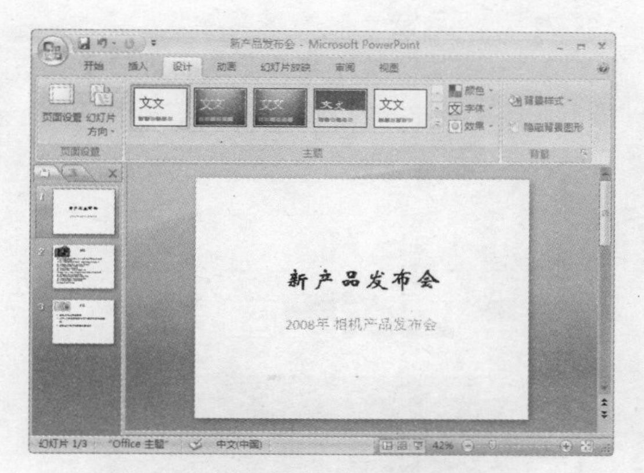

图 10-3 打开演示文稿

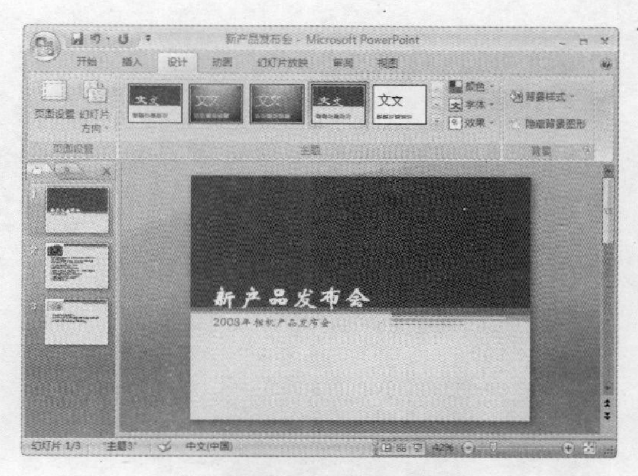

图 10-4 应用主题

任务 3 更改幻灯片主题颜色

主题颜色定义了当前主题的背景、字符以及多种对象的颜色方案，当应用某个主题后，可以根据需要更改当前主题的颜色方案，其具体操作方法如下：

Step 1 切换到“设计”选项卡，单击“主题”组中的“颜色”下拉按钮，在弹出的列表中指向某个颜色方案，幻灯片会自动预览显示，如图 10-5 所示。

Step 2 单击选择某个颜色方案，即可更改当前演示文稿的配色，更改后的效果如图 10-6 所示。

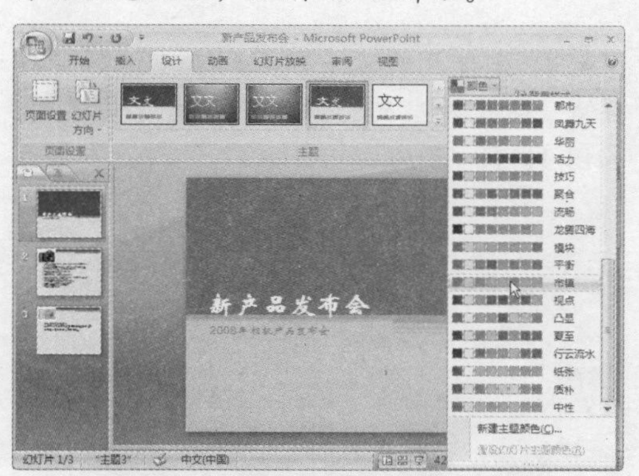

图 10-5 选择主题颜色

图 10-6 更改主题颜色

任务 4 更改幻灯片主题字体

字体方案中定义了演示文稿标题、正文等内容的字体，PowerPoint 2007 中提供了多种字体方案，在应用幻灯片主题后，可以根据需要对演示文稿字体方案进行更改，其具体操作方法如下：

Step 1 切换到“设计”选项卡，单击“主题”组中的“颜色”下拉按钮 字体，在弹出的列表中指向某个字体方案，幻灯片会自动预览显示，如图 10-7 所示。

Step 2 单击选择某个字体方案，即可更改当前演示文稿中相应内容的字体，如图 10-8 所示。

图 10-7　选择字体方案

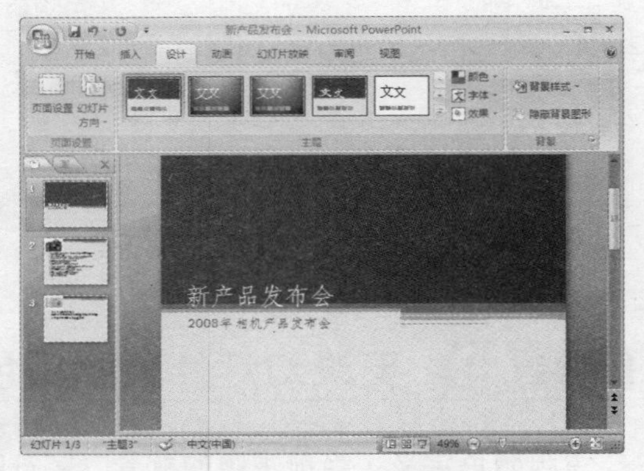

图 10-8　更改字体方案

任务 5 应用幻灯片背景

幻灯片背景是指幻灯片的填充颜色，PowerPoint 2007 中预设了多种背景样式，可以为幻灯片直接应用这些样式。其具体操作方法如下：

Step 1 选择要设置背景样式的幻灯片，切换到“设计”选项卡，单击“背景”组中的“背景样式”下拉按钮 背景样式，如图 10-9 所示。

Step 2 在打开的背景样式列表中选择一种样式，即可为当前幻灯片应用该背景样式，如图 10-10 所示。

图 10-9　选择背景样式

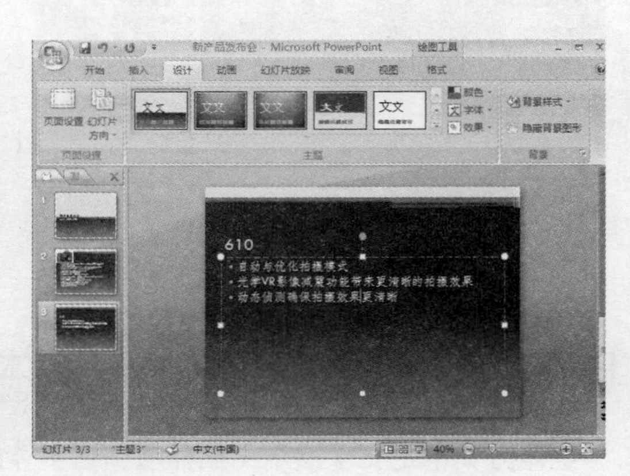

图 10-10　应用背景样式

任务 6　为幻灯片设置渐变背景

渐变背景是指将两种或以上颜色渐变效果设置为幻灯片背景，PowerPoint 中提供了多种渐变背景样式，并允许用户自定义渐变选项。其具体操作方法如下：

Step 1　切换到要设置渐变背景的幻灯片，在“背景样式”下拉列表中选择“设置背景格式”命令，弹出“设置背景格式”对话框，如图 10-11 所示。

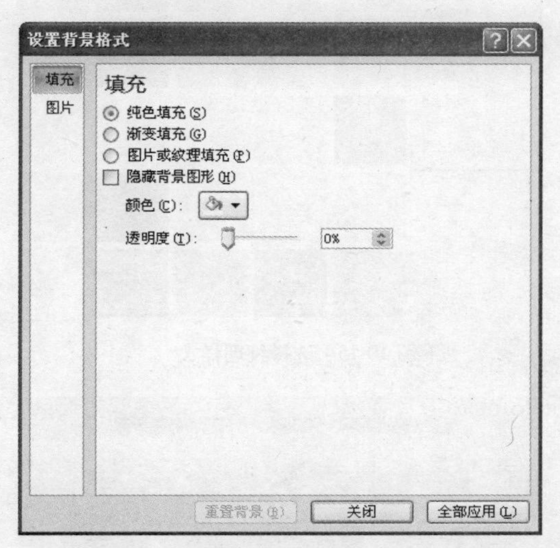

图 10-11　“设置背景格式”对话框

Step 2　在“填充”界面中选择“渐变填充”单选按钮，然后单击对应的按钮分别设置渐变颜色、渐变方向，并拖动滑块调整位置与透明度，如图 10-12 所示。

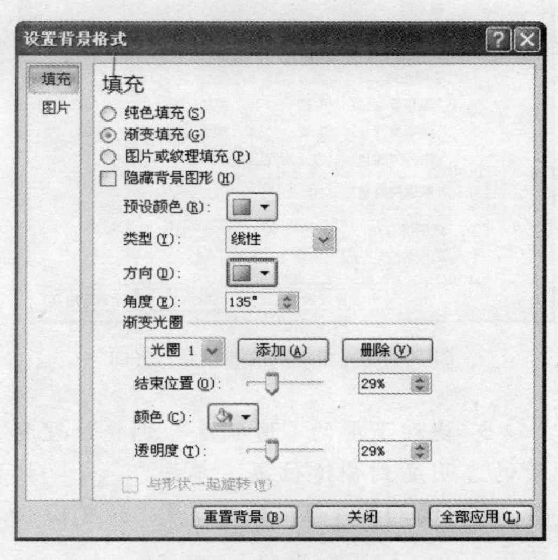

图 10-12　设置渐变样式

Step 3　调整与设置完毕后，单击 关闭 按钮，即可为幻灯片添加渐变背景，添加后的效果如图 10-13 所示。

图 10-13　渐变背景

任务 7　为幻灯片设置纹理背景

纹理样式是常用的幻灯片背景，即将 PowerPoint 中预设的纹理图案设置为幻灯片背景，其具体操作方法如下：

Step 1　切换到要设置渐变背景的幻灯片，弹出“设置背景格式”对话框，选择“纹理或图片填充”选项，如图 10-14 所示。

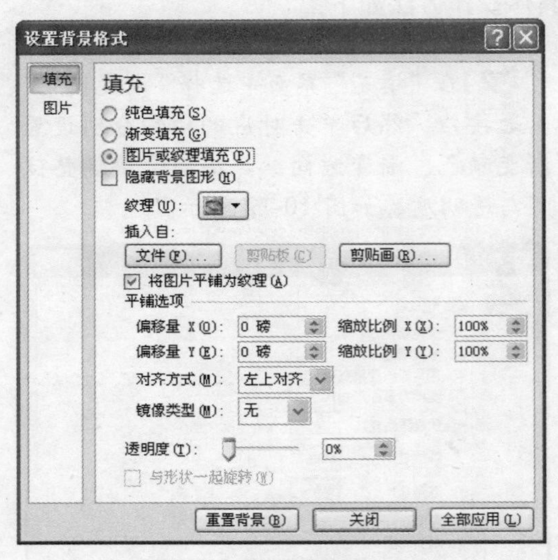

图 10-14 “图片或纹理填充”界面

Step 2　单击“纹理”按钮，在弹出的列表中选择要采用的纹理样式，如图 10-15 所示。

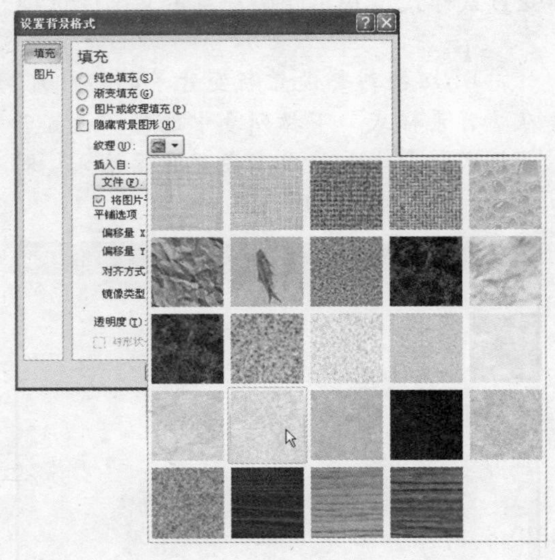

图 10-15 选择纹理样式

Step 3　拖动下滑的“透明度”调整纹理背景的透明度到合适位置，单击 关闭 按钮，即可为幻灯片应用纹理背景，如图 10-16 所示。

图 10-16 应用纹理背景

任务 8 为幻灯片设置图片背景

PowerPoint 允许用户将电脑中的任意图片文件设置为幻灯片背景。在设置时，还可以调整图片透明度、亮度以及对比度等。为幻灯片设置图片背景的具体操作方法如下：

Step 1　切换到要设置图片背景的幻灯片，弹出“设置背景格式”对话框，选择“纹理或图片填充”选项，如图 10-17 所示。

Step 2　单击对话框中的 文件(F)... 按钮，在弹出的“插入图片”对话框中选择图片文件，单击 插入(S) 按钮，如图 10-18 所示。

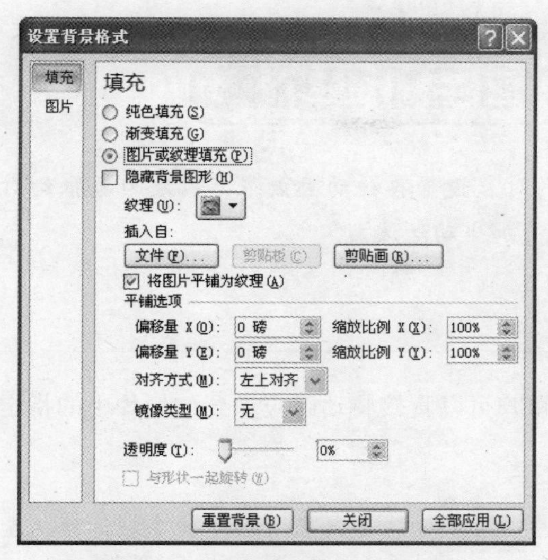

图 10-17　选择“纹理或图片填充”选项

图 10-18　选择背景图片

Step 3 再次单击“设置背景格式”对话框中的 关闭 按钮，即可将所选图片设置为幻灯片背景，如图 10-19 所示。

图 10-19　设置图片背景

小提示

如果图片与幻灯片色调不协调，可在“设置背景格式”左侧列表框中选择“图片”选项，然后通过界面中的按钮与滑块调整图片色调以及亮度与对比度，如图 10-20 所示。

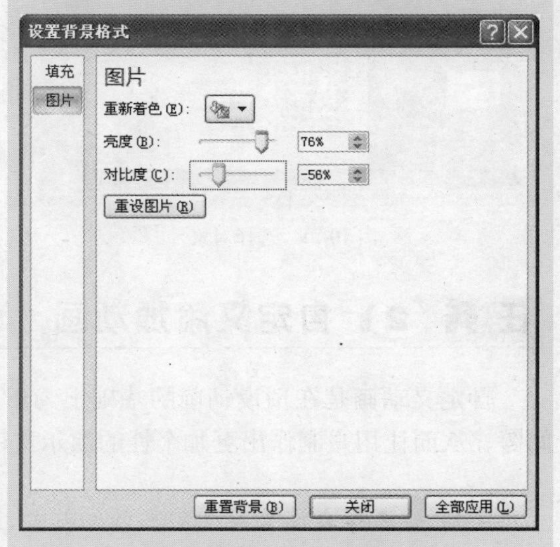

图 10-20　调整图片选项

小提示

设置不论背景格式后，在“设置背景格式”对话框中单击 全部应用(L) 按钮，可快速为演示文稿中的所有幻灯片设置该背景。

10.2 幻灯片动画与切换效果

幻灯片内容编排完毕后，可以为幻灯片中的对象设置各种动画效果，以及为每张幻灯片设置不同的切换效果，从而使制作出的演示文稿更加生动活泼。

任务 1 添加动画效果

PowerPoint 2007 中提供了多种动画方案，用户可以直接将动画应用到幻灯片中的指定内容中，其具体操作方法如下：

Step 1 在幻灯片中选中要应用动画的对象，可以是文本、图片、占位符等任何内容，然后切换到“动画”选项卡，如图 10-21 所示。

Step 2 单击“动画”组中的下拉按钮，在弹出的列表中选择要采用的动画效果，即可为所选对象应用该动画。

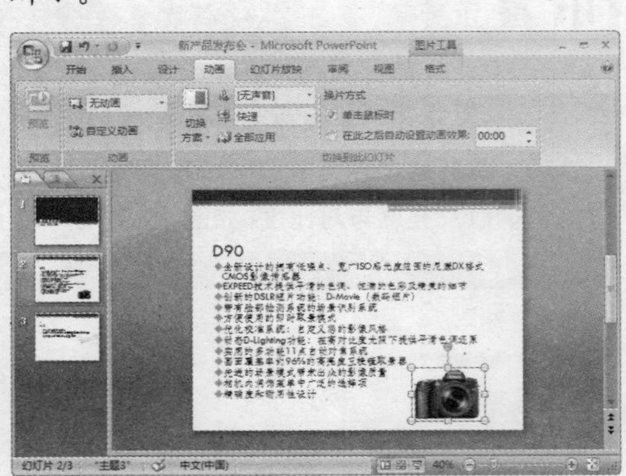

图 10-21 选择对象

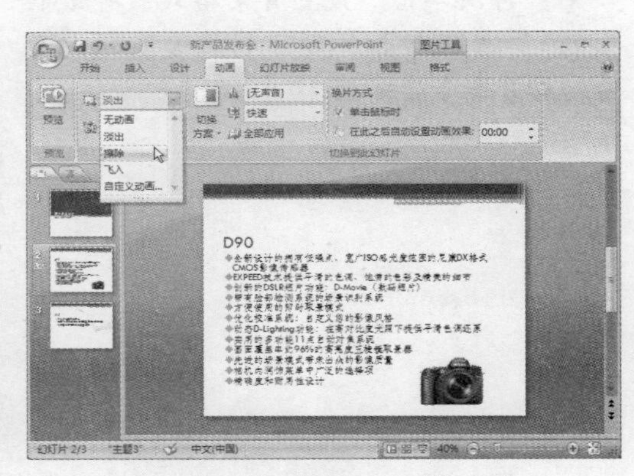

图 10-22 选择动画效果

任务 2 自定义添加动画

自定义动画是在预设动画的基础上为用户留出了更多自定义空间，如动画顺序、播放时间等，从而让用户制作出更加个性的演示文稿。自定义动画的具体操作方法如下：

Step 1 并选择自定义设置动画的幻灯片，切换到“动画”选项卡，单击“动画”组中的 自定义动画 按钮，在窗口中显示出“自定义动画”窗格，如图 10-23 所示。

Step 2 选中幻灯片标题占位符，单击 添加效果 下拉按钮，在弹出的列表中指向动画类型，在子菜单中选择动画效果，如图 10-24 所示。

图 10-23 选择对象

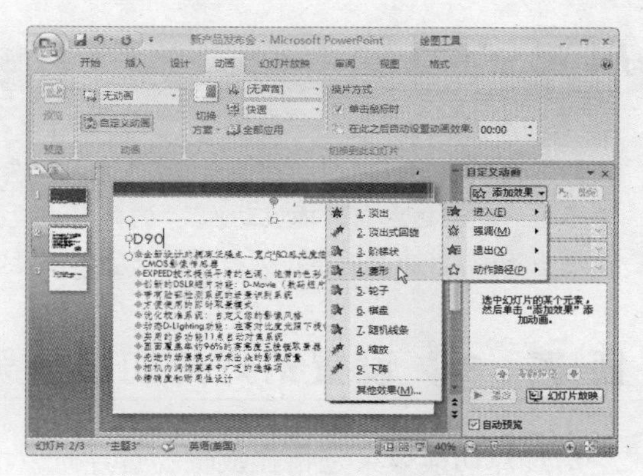

图 10-24 选择动画效果

step 3 为标题占位符添加动画，在“开始”下拉列表中选择动画开始方式，“方向”下拉列表中选择动画方向，“速度”下拉列表中选择动画播放速度，如图 10-25 所示。

step 4 选中正文占位符，在“添加效果”下拉菜单中选择“进入\其他效果”命令，在弹出的“添加进入效果”对话框中选择一种动画效果，单击确定按钮，如图 10-26 所示。

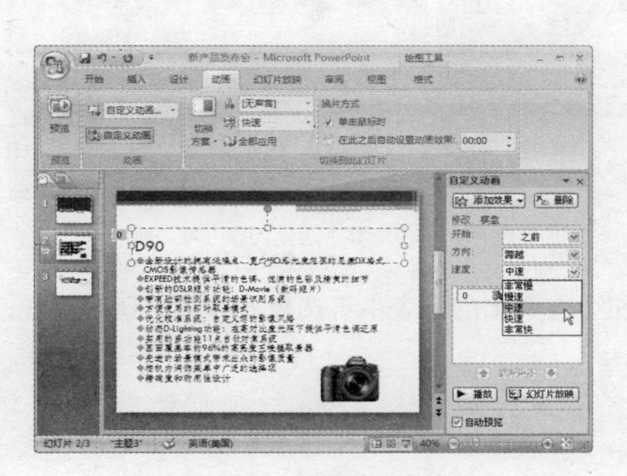

图 10-25 设置动画选项

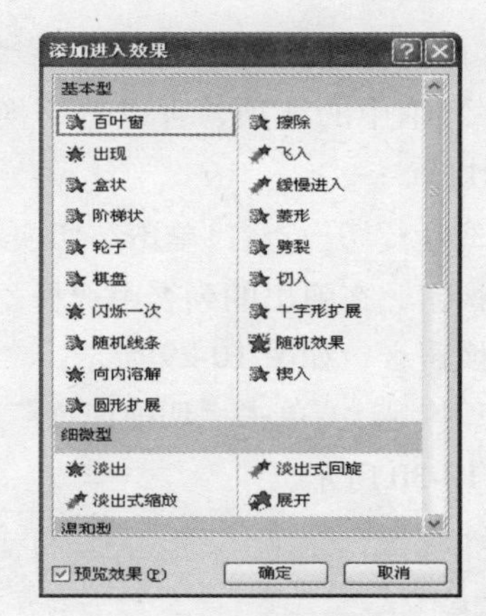

图 10-26 选择更多效果

step 5 按照同样的方法，设置正文动画选项，然后选中幻灯片中其他对象，如图片，再次通过“添加动画”菜单添加动画效果，并设置动画选项，如图 10-27 所示。

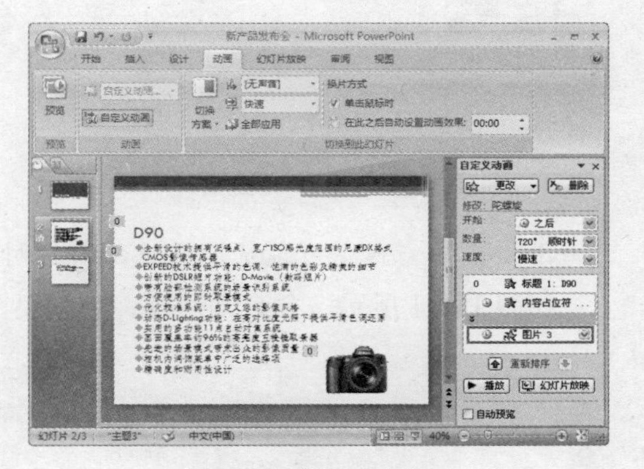

图 10-27 添加多个动画

小提示

动画设定主要包括“开始”、“方向”以及“速度”3个选项。在“开始”下拉列表中，“在单击时”选项表示单击鼠标播放动画，“之前”选项表示其他动画之前自动播放动画，“之后”选项表示上一动画之后自动播放动画。“方向”下拉列表中的选项用于设定动画的运动方向，不同动画选项也不同，“速度”下拉列表中的选项用于设定动画的播放速度。

任务 3 设置幻灯片切换效果

幻灯片切换效果是指在放映幻灯片时，由当前幻灯片切换到下一张幻灯片之间的过渡效果。当演示文稿中包含多张幻灯片时，可以为每张幻灯片设置不同的切换效果，从而增强演示文稿的放映效果。

要设置切换效果，只要选择幻灯片后，在“动画”选项卡下单击“切换到此幻灯片”组中的“切换方案”下拉按钮，在弹出的列表中选择要采用的切换效果即可，如图 10-28 所示。

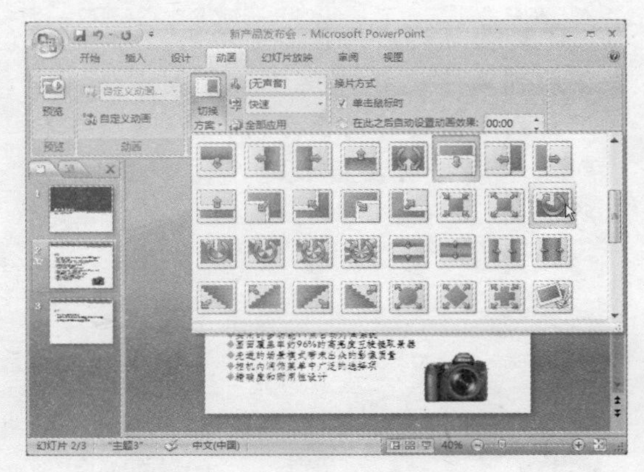

图 10-28 选择切换方案

为幻灯片设置切换方案后，通过“切换到此幻灯片”组中的选项，可以对切换效果进行一系列设置：

- 设置幻灯片切换声音：单击“切换声音”下拉按钮，在弹出的列表中选择幻灯片的切换声音，如图 10-29 所示。
- 设置切换速度：单击“切换速度”下拉按钮，在弹出的列表中可选择幻灯片的切换速度，如图 10-30 所示。

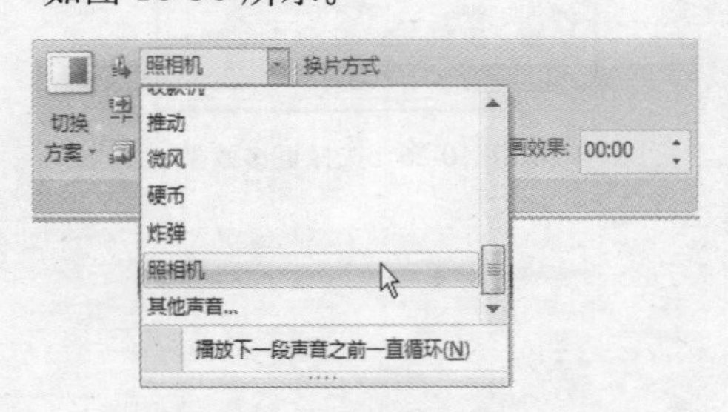

图 10-29 选择切换声音

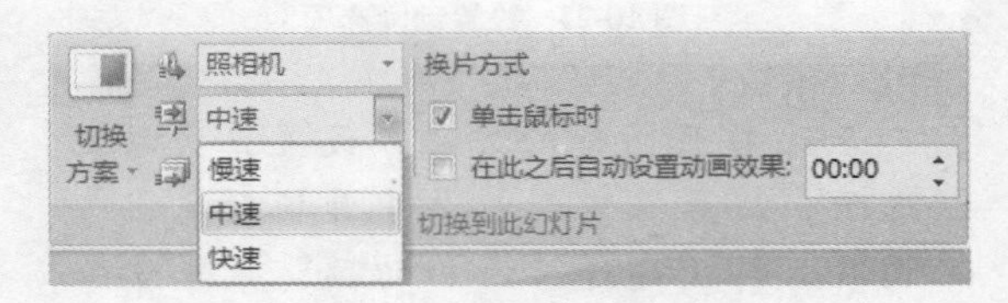

图 10-30 选择切换速度

- 设置换片方式：可以选择放映幻灯片时，通过鼠标切换幻灯片，或是自动切换幻灯片，如图 10-31 所示。如自动切换，则需要在后面的时间框中输入切换时间。

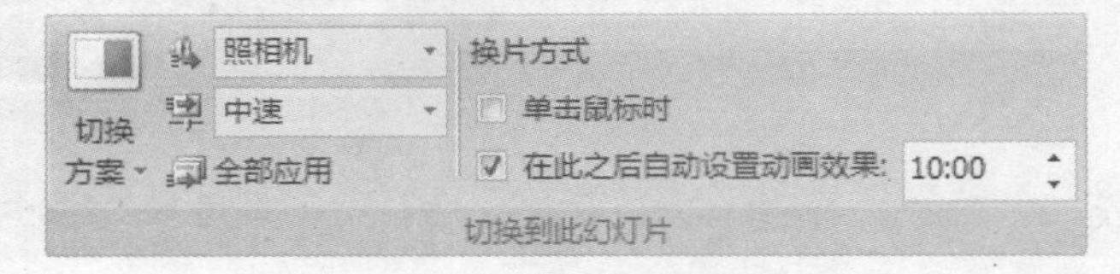

图 10-31 设置换片方式

小提示

如果同时选中两种切换选项，则默认认为自动换片，同时也可在放映过程中单击鼠标手动换片。

10.3　幻灯片放映

演示文稿制作完毕后，就可以在PowerPoint中进行放映了。对于要求比较严格的演示文稿，在放映之前还需要对幻灯片的放映时间、放映方式等进行相应的设置。

任务 1　设置幻灯片放映时间

由于各张幻灯片中的内容不相同，因而在放映演示文稿时，也需要根据幻灯片中的内容量来为每张幻灯片设置不同的放映时间。其具体操作方法如下：

Step 1 切换“幻灯片放映”选项卡，单击“放映”组中的“排练记时”按钮，如图10-32所示。

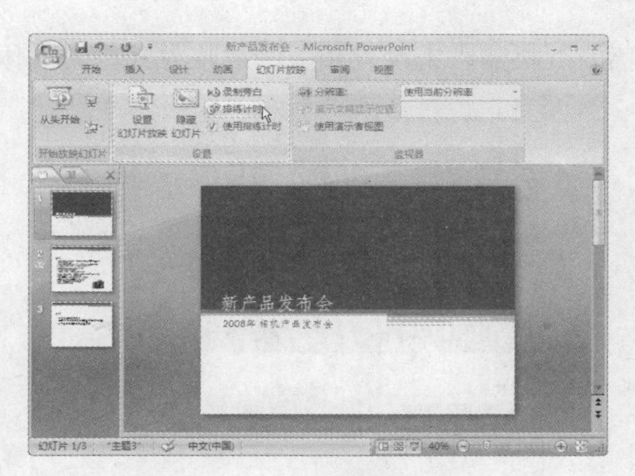

图 10-32　单击“排练记时”按钮

Step 2 开始放映幻灯片并在屏幕左上角显示“预演”工具栏，工具栏中的时间会按秒递增，如要将第一张幻灯片的放映时间设置为7秒，则在工具栏中的时间显示为“0:00:07”时，单击按钮，如图10-33所示。

图 10-33　排练记时

Step 3 播放第二张幻灯片，当到达目标时间后，单击按钮，如图10-34所示。

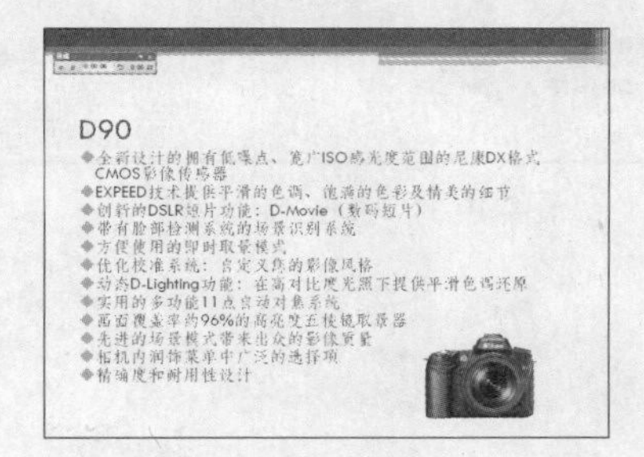

图 10-34　单击按钮

Step 4 按照同样的方案，为其他幻灯片设置放映时间，设置完毕后，在弹出如图10-35所示的提示框中单击 是(Y) 按钮结束排练。

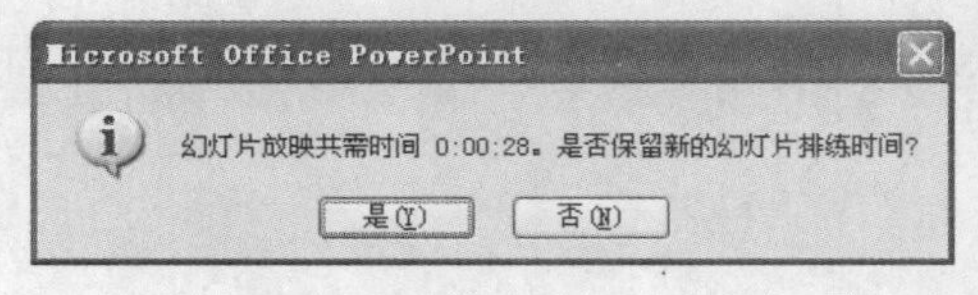

图 10-35　提示框

step 5 退出排练记时后，将自动显示幻灯片浏览视图，在每个幻灯片缩略图下方即显示幻灯片的排练放映时间，如图 10-36 所示。

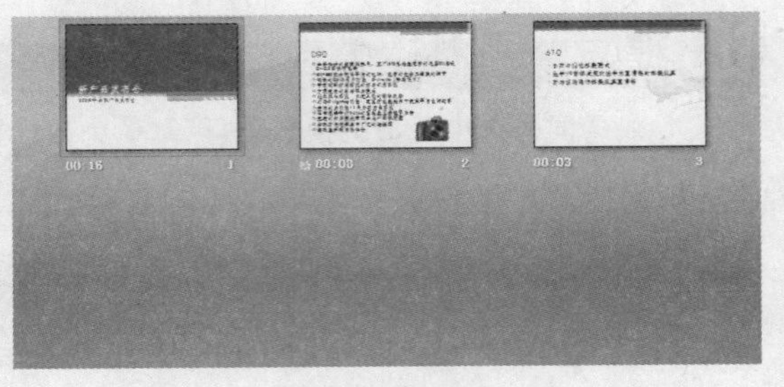

图 10-36　查看放映时间

任务 2　设置幻灯片放映方式

PowerPoint 中提供了演讲者放映、在展台放映与观众自行浏览 3 种放映方式。各方式的用途如下：

- 演讲者放映：以全屏幕的方式放映演示文稿，并且演讲者在使用过程中对演示文稿有着完整的控制权。
- 在展台放映：采用该放映方式，演示文稿可以在不需要专人看管的情况下，能够在像展览会场之类的环境中周而复始地循环放映。
- 观众自行浏览：该方式以窗口形式放映幻灯片，并允许观众对演示文稿的放映进行简单控制。

演示文稿制作完毕后，用户可根据演示文稿的放映需求来设置相应的放映方式，其具体操作方法如下：

step 1 切换到“幻灯片放映”选项卡，单击“设置”组中的“设置幻灯片放映”按钮，如图 10-37 所示。

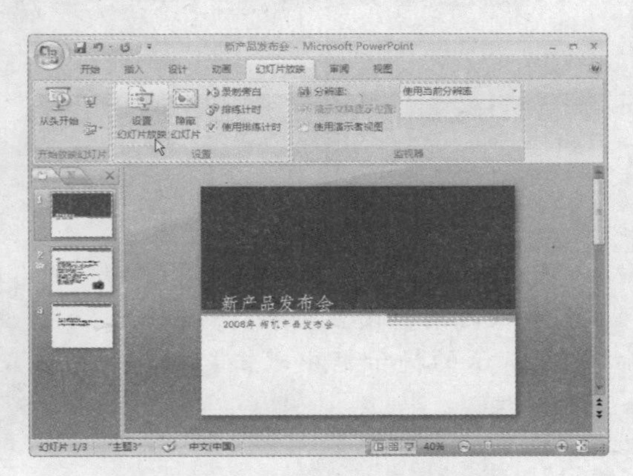

图 10-37　单击“设置幻灯片放映”按钮

step 2 弹出“设置放映方式”对话框，在“放映类型”区域中选择放映方式，单击 确定 按钮，如图 10-38 所示。

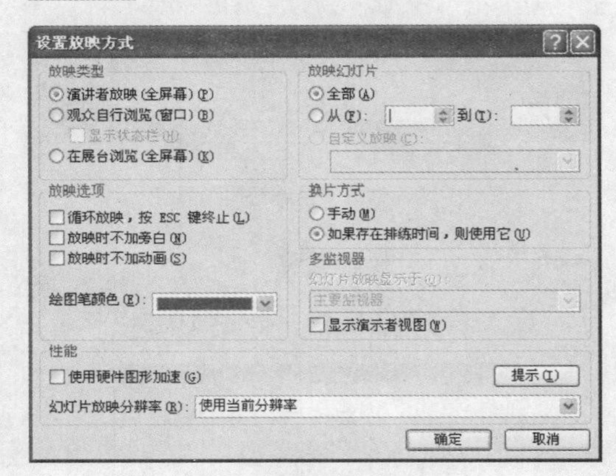

图 10-38　选择放映方式

任务 3 放映幻灯片

演示文稿制作完毕后，就可以在计算机中进行放映了。切换到“幻灯片放映”选项卡，单击“开始放映幻灯片”组中的“从头开始”按钮，即可开始放映演示文稿，如图 10-39 所示。

图 10-39 放映演示文稿

幻灯片放映过程中，屏幕左下角会显示 4 个控制按钮，通过这些按钮可对放映进行相应的控制。各按钮的功能如下：

- “后退”按钮：单击该按钮返回放映上一张幻灯片。
- “前进”按钮：单击该按钮跳转放映下一张幻灯片。
- “墨迹”按钮：单击该按钮，在弹出的菜单中选择一种笔形，可以拖动鼠标在幻灯片中进行标记，如图 10-40 所示。
- “播放控制”按钮：单击该按钮，在弹出的菜单中可对幻灯片放映进行跳转、暂停以及停止等操作，如图 10-41 所示。

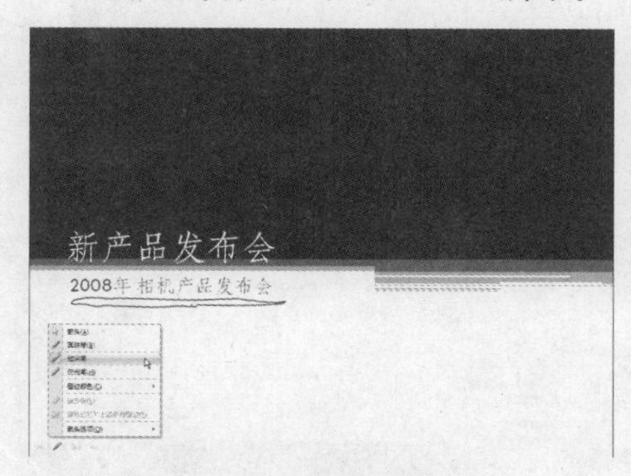

图 10-40 “墨迹”选项

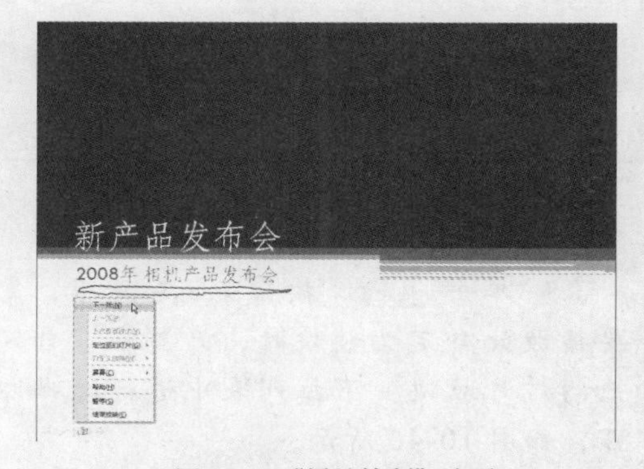

图 10-41 “播放控制”选项

任务 4 自定义幻灯片放映

以默认方式开始放映演示文稿后，将按顺序放映所有幻灯片，在一些特殊情况下，可能只需要放映部分幻灯片。这时就可以自定义设置幻灯片放映，其具体操作方法如下：

Step 1 切换到“幻灯片放映”选项卡，单击“开始放映幻灯片”组中的“自定义幻灯片放映”下拉按钮，在弹出的菜单中选择“自定义放映”命令，如图 10-42 所示。

Step 2 弹出如图 10-43 所示的“自定义放映”对话框，单击“新建(N)...”按钮。

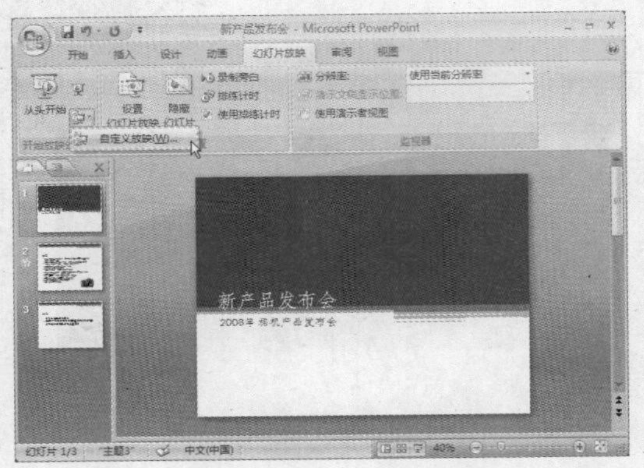

图 10-42 选择“自定义”放映命令

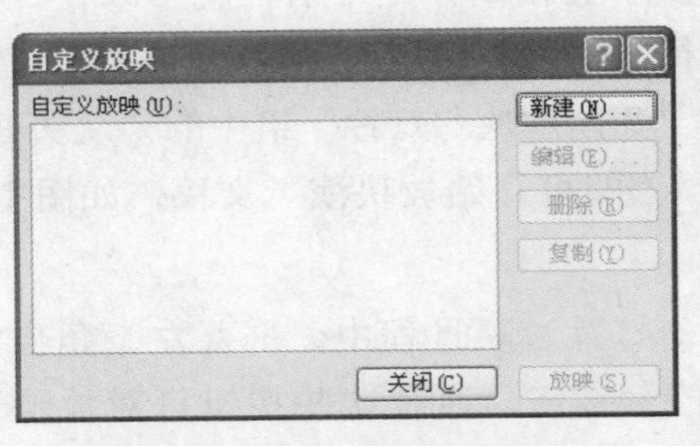

图 10-43 “自定义放映”对话框

Step 3 弹出“定义自定义放映”对话框，在左侧列表框中选择要放映的幻灯片，单击 添加(A) >> 按钮将其添加到右侧列表框中，如图 10-44 所示。

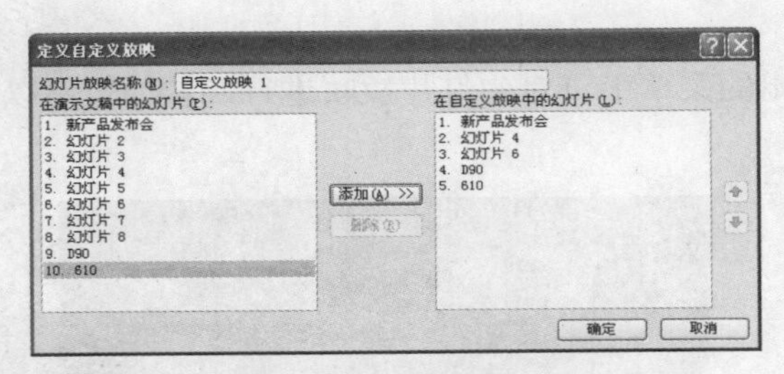

图 10-44 选择幻灯片

Step 4 添加完毕后，单击 确定 按钮返回“自定义放映”对话框，即可看到列表框中显示创建的自定义放映，如图 10-45 所示。

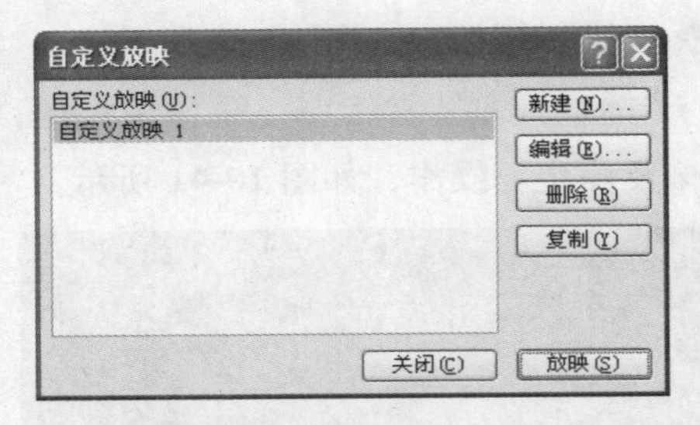

图 10-45 创建自定义放映

Step 5 单击 关闭(C) 按钮关闭对话框，需要播放此自定义放映时，只要在“自定义幻灯片放映”下拉列表中进行选择即可，如图 10-46 所示。

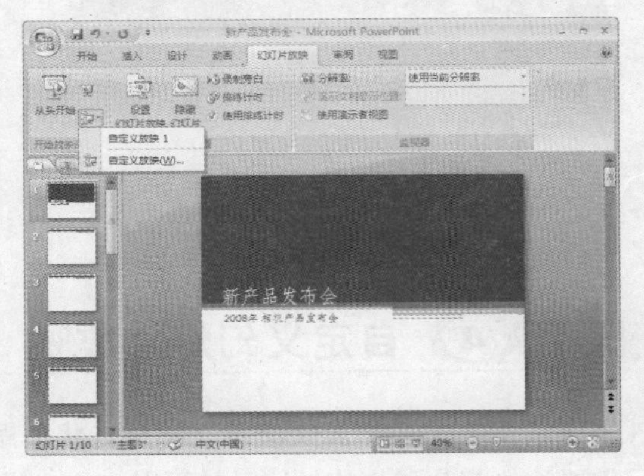

图 10-46 选择自定义放映

10.4 打印与输出演示文稿

演示文稿在制作完成后，一般都需要携带到指定计算机中进行放映，这时就可以对演示文稿进行打包。如果需要打印内容，也可以根据需要将文稿中的幻灯片通过打印机打印出来。

任务 1　设置幻灯片页面

PowerPoinrt 默认的幻灯片页面大小为屏幕中反映比例，如要打印幻灯片，就需要将幻灯片页面设置与打印机纸张相符。其具体操作方法如下：

Step 1　切换到“设计”选项卡，单击“页面设置”组中的“页面设置”按钮，如图 10-47 所示。

图 10-47　单击“页面设置”按钮

Step 2　弹出“页面设置”对话框，在“幻灯片大小”下拉列表中选择对应的纸型，也可以根据需要选择幻灯片方向，然后单击 确定 按钮。

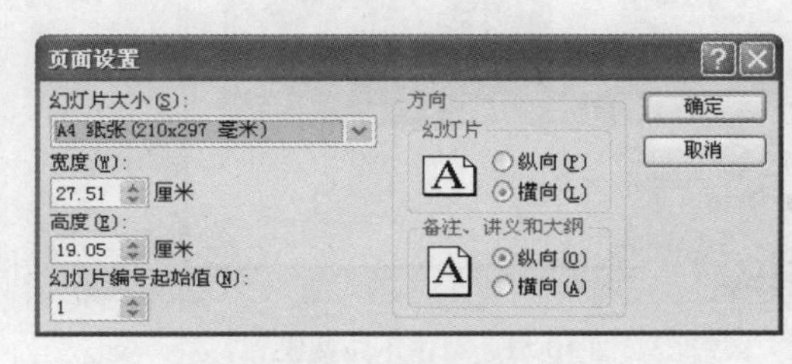

图 10-48　设定纸张大小

任务 2　打印幻灯片

设置幻灯片页面后，可以先预览幻灯片的打印效果，然后再将幻灯片打印出来。其具体操作步骤如下：

Step 1　在 Office 菜单中指向“打印”选项，在弹出的子菜单中选择“打印预览”命令，如图 10-49 所示。

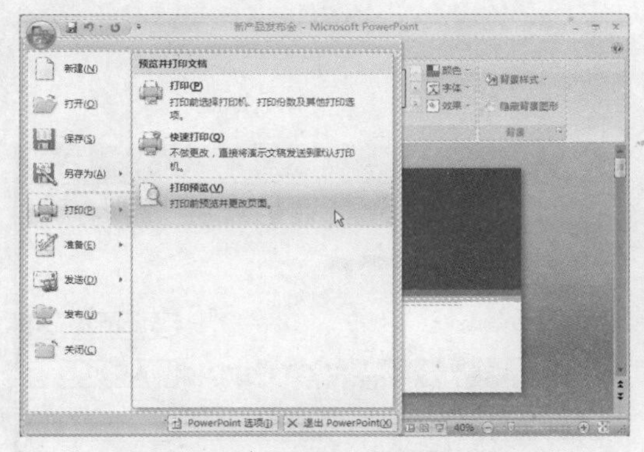

图 10-49　选择“打印预览”命令

Step 2　此时将切换到“打印预览”视图，在视图中可以查看幻灯片的最终打印效果，如图 10-50 所示。

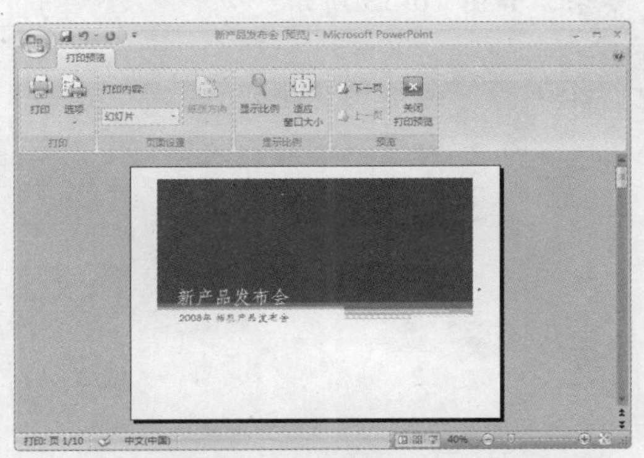

图 10-50　最终效果

3 单击“打印”组中的“选项”下拉按钮，在弹出的菜单中可对页面选项进行相应设置，如图10-51所示。

4 单击“打印”组中的“打印”按钮，在弹出的“打印”对话框中设置打印范围、打印份数等打印选项，单击 确定 按钮开始打印幻灯片，如图10-52所示。

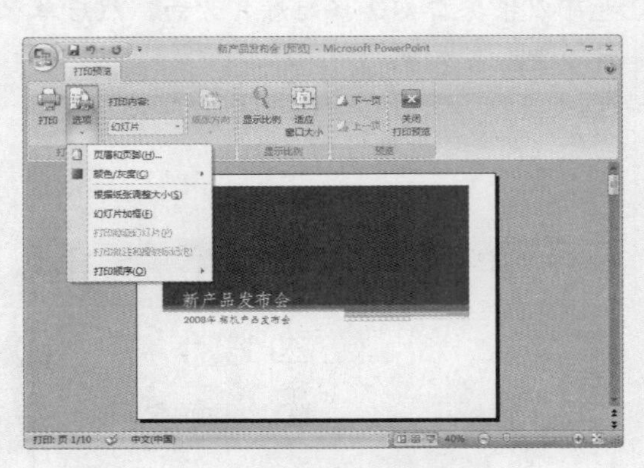

图10-51 单击下拉按钮

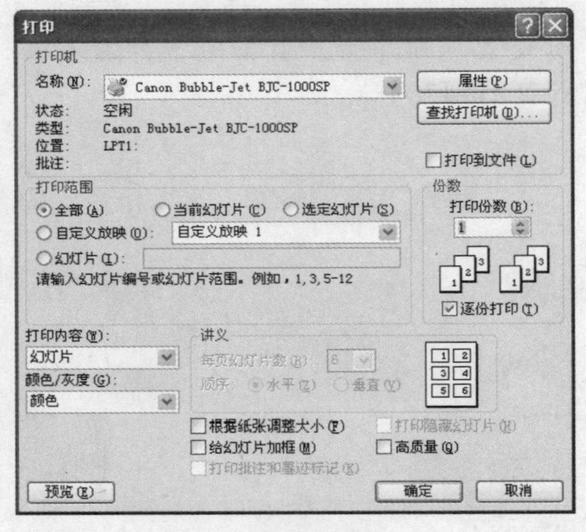

图10-52 进行打印设置

任务 3 打包演示文稿

演示文稿制作完毕后，如果要携带到其他计算机进行放映，就需要将演示文稿发布，因为演示文稿中的一些对象或媒体都是以链接形式存在的，如果直接复制，则在其他计算机后将无法正常放映。这时就可以通过发布的形式将演示文稿进行打包，其具体操作方法如下：

1 在Office菜单中指向“发布”命令，在弹出的子菜单中选择“CD数据包”命令，如图10-53所示。

2 在弹出的“打包成CD”对话框中单击 复制到文件夹(F)... 按钮，如图10-54所示。

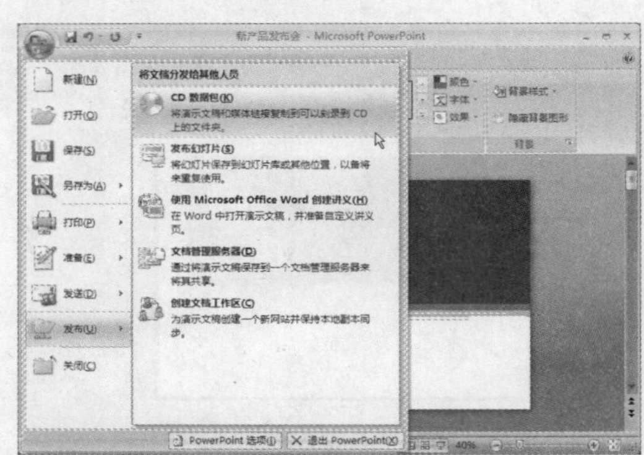

图10-53 选择命令

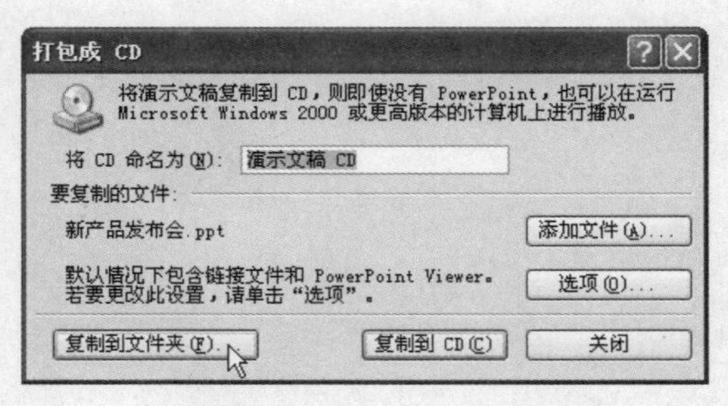

图10-54 “打包成CD”对话框

Step 3 在弹出的“复制到文件夹”对话框中输入发布目录名称，并单击“位置”框后的 浏览(B)... 按钮设定发布目标位置，如图 10-55 所示。

图 10-55 “复制到文件夹”对话框

Step 4 依次单击 确定 按钮，将演示文稿发布到指定目录。发布完毕后，进入到目录中，双击 Play 文件，即可自动放映幻灯片，如图 10-56 所示。

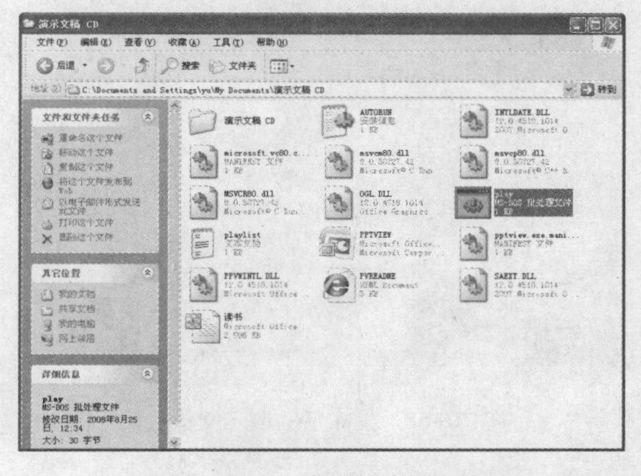

图 10-56　发布后的演示文稿

10.5　相关知识

本章介绍了演示文稿的美化设计以及放映方法，包括幻灯片主题、背景、版式的设置，添加动画方案与切换效果，放映幻灯片，以及打包演示文稿等。下面来介绍如何在幻灯片中插入动作按钮，以控制演示文稿放映。

任务　在幻灯片中插入动作按钮

在幻灯片中插入动作按钮后，可以在放映演示文稿中控制幻灯片的切换，如切换到上一张幻灯片、下一张幻灯片等。插入动作按钮的具体操作方法如下：

Step 1 选择要插入动作按钮的幻灯片，切换到“插入”选项卡，单击“插图”组中的 形状 下拉按钮，在弹出的列表中选择“后退”动作按钮，如图 10-57 所示。

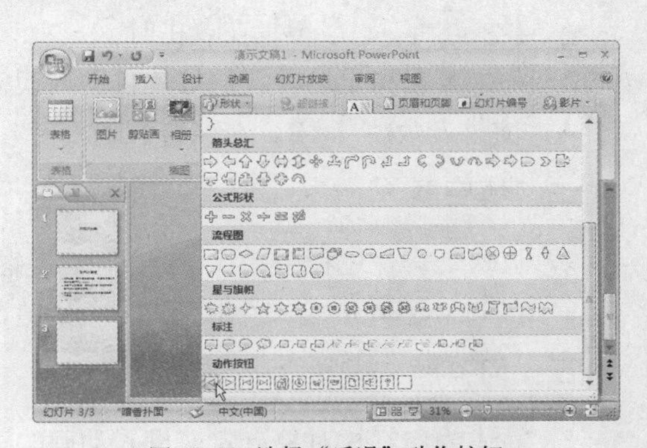

图 10-57　选择“后退”动作按钮

Step 2 拖动鼠标在幻灯片中绘制按钮，随着拖动控制绘制的大小，完毕后释放鼠标按键，如图 10-58 所示。

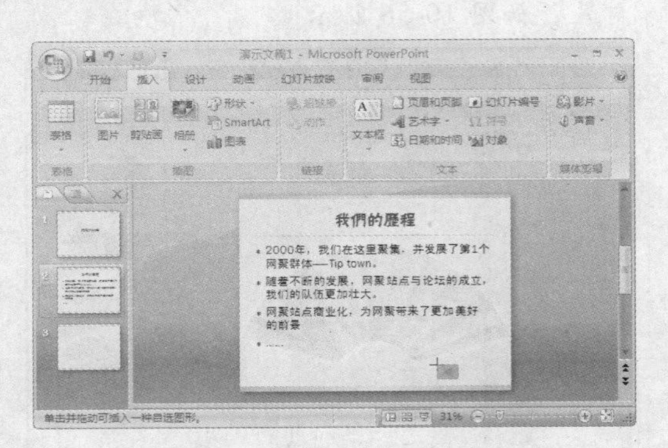
图 10-58 发布后的演示文稿

Step 3 此时将弹出“动作设置”对话框，保持默认设置，单击确定按钮，如图 10-59 所示。

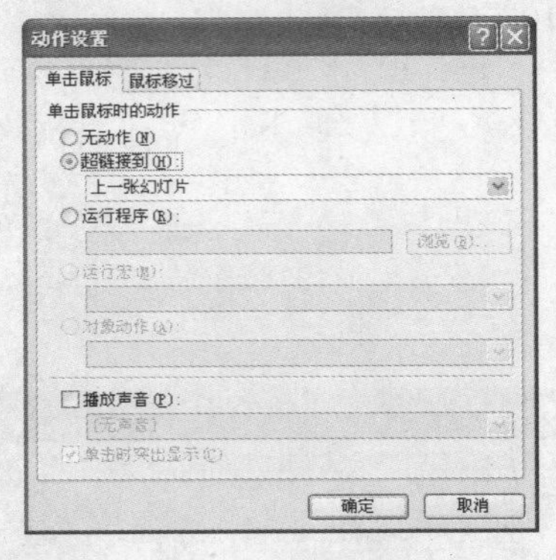

图 10-59 “动作设置”对话框

Step 4 此时即可在幻灯片中插入对应动作按钮，放映幻灯片，单击该按钮，即可返回放映上一张幻灯片，如图 10-60 所示。

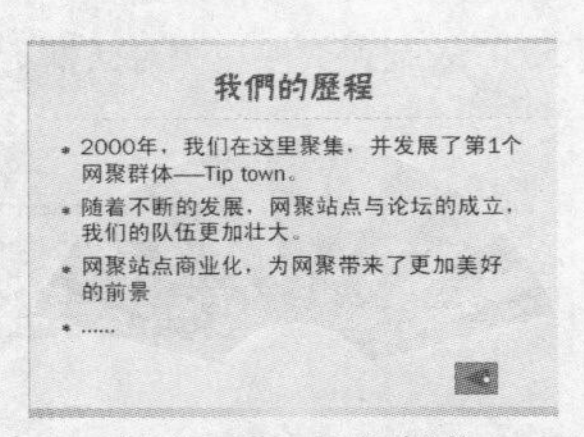

图 10-60 按钮操作

10.6 练习题

一、选择题

1．为幻灯片对象添加动画效果后，如果要使动画随幻灯片放映自动播放，则应该将开始方式设置为（　　）。

A．之前　　B．在单击时　　C．之后　　D．均可

2．如果要在指定场合让幻灯片自动周而复始放映，应该采用（　　）放映方式。

A．演讲者放映　　B．在展台放映　　C．观众自行浏览　　D．均可

二、填空题

1．放映幻灯片过程中，按下（　　）键退出放映。

2．在 PowerPoint 窗口中按下（　　）键，可从头开始放映演示文稿。

三、问答题

1．简述为幻灯片对象自定义设置动画的过程以及选项的设定方法。

2．演示文稿有哪几种放映方式？有什么不同用途？

第11章

Outlook 2007 个人信息管理

Outlook 是一款集日程管理、邮件管理等多项功能为一体的个人信息工具，使用Outlook，可以方便地管理联系人、收发电子邮件以及安排日程与事件。

本章主要内容：

- 配置 Outlook 邮件账户
- 发送与接收电子邮件
- 管理联系人
- 创建约会

11.1 认识 Outlook 2007

开始学习使用 Outlook 2007 之前，先来了解 Outlook 2007 提供的功能，并认识 Outlook 的操作界面。

任务 1 认识 Outlook 2007 的功能

用户在使用 Outlook 过程中，多以收发与管理电子邮件为主，除此外 Outlook 还具有以下主要功能：

- 安排会议和约会：显示会议、约会的提醒并安排与他人的会议和约会；在安排会议时，可以查看与会者的忙闲状态，从而找到合适的会议时间；还能帮助用户跟踪年度事件，如假期或生日等。
- 联系人管理：可以存储名称、电话号码和地址，可以将联系人列表从其他程序导入 Outlook 中，还可以使用联系人列表从 Outlook 启用 Microsoft Word 邮件合并。
- 任务管理：使用 Outlook 商务和个人待办列表可以管理忙碌的日常任务，可以使用 Outlook 设置任务的优先顺序、设置到期提醒和更新进度，甚至可跟踪重复的任务，还可以使用 Outlook 将任务分配给他人并监视其进度。
- 便笺：用户可以在 Outlook 提供的便笺上记录临时信息，并可以很方便地查阅。

任务 2 认识 Outlook 2007 工作界面

Outlook 2007 的启动方法与 Word、Excel 以及 PowerPoint 的方法基本相同，在计算机中安装 Office 2007 后，在“开始”菜单中选择“程序 \Microsoft Office\ Microsoft Office Outlook 2007”命令，即可启动 Outlook 2007，启动后的界面如图 11-1 所示。

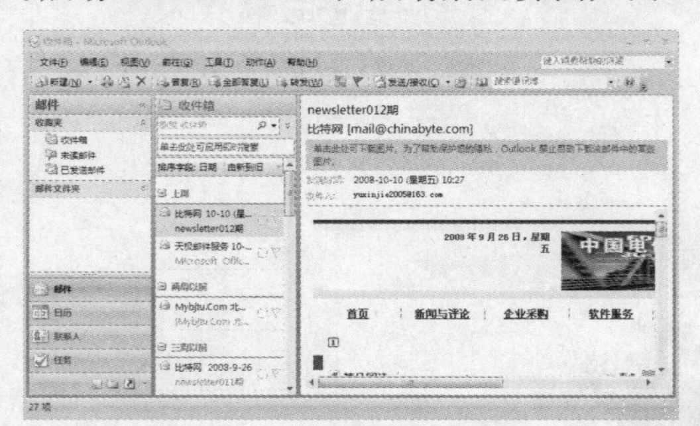

图 11-1　Outlook 2007 工作界面

窗口左侧显示“邮件”、“日历”、“联系人”与“任务”4 个分类，单击分类名称，即可切换到对应的操作界面中。如管理联系人就需要在“联系人”面版中进行操作，而制定约会或者计划时，就需要单击“日历”标题，切换到日历面版，同时窗口中显示的工具栏也会相应的变化。如图 11-2、图 11-3 分别所示为“联系人”与“日历”面板。

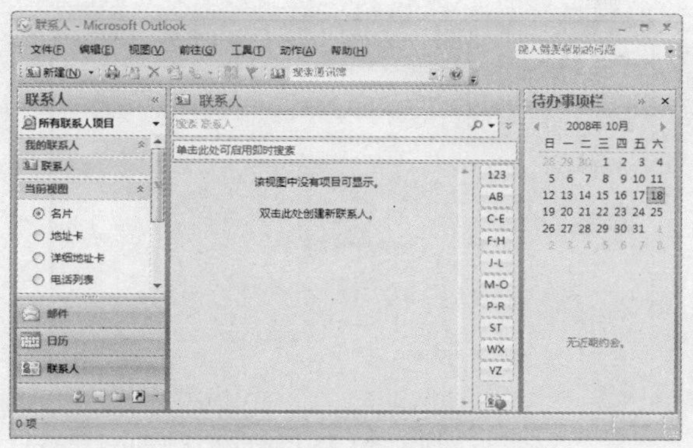

图 11-2 联系人界面图

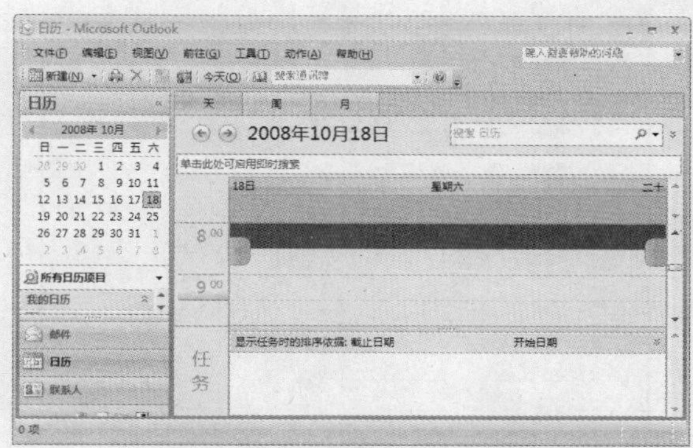

图 11-3 日历界面

11.2 Outlook 邮件管理

作为一款邮件客户端软件，当为 Outlook 2007 配置邮件账户后，就可以方便地通过 Outlook 收发与管理电子邮件。

任务 1 配置邮件账户

如果用户没有电子邮箱，那么需要申请邮件账号，如果已经有电子邮箱，则可直接在 Outlook 中配置邮件账户，其具体操作步骤如下：

Step 1 在 Outlook 主界面中单击"工具"菜单项，在弹出的菜单中选择"账户设置"命令，如图 11-4 所示。

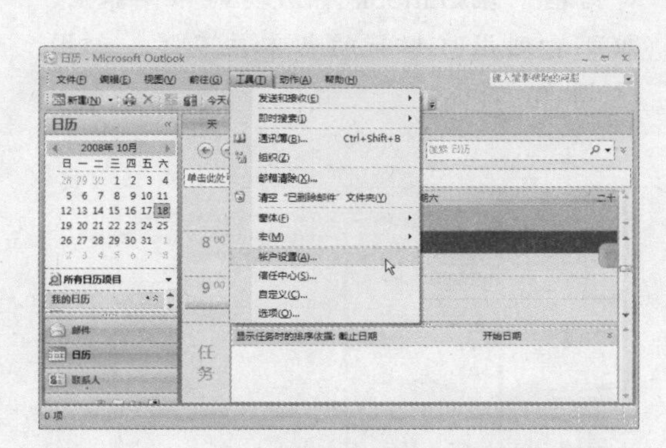

图 11-4 选择"账户设置"命令

Step 2 弹出"账户设置"对话框并显示"电子邮件"选项卡，单击选项卡中的"新建"按钮 新建(N)...，如图 11-5 所示。

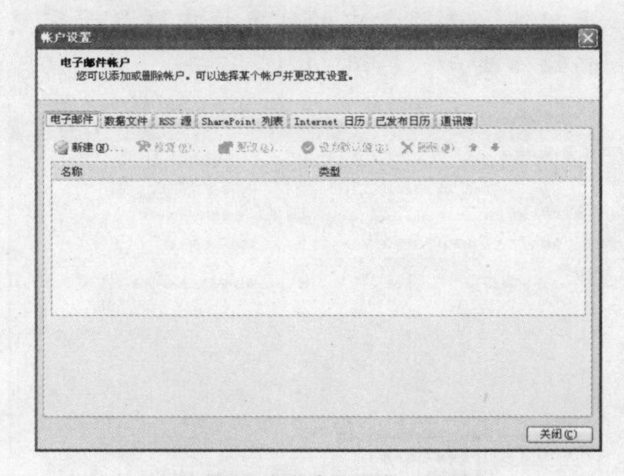

图 11-5 "账户设置"对话框

Step 3 弹出"添加新电子邮件账户"对话框，选择"Microsoft Exchange……"单选按钮，单击"下一步"按钮 下一步(N) >2，如图 11-6 所示。

Step 4 在弹出的"自动账户设置"对话框中依次输入用户显示名称，电子邮件地址以及密码，单击"下一步"按钮 下一步(N) >，如图 11-7 所示。

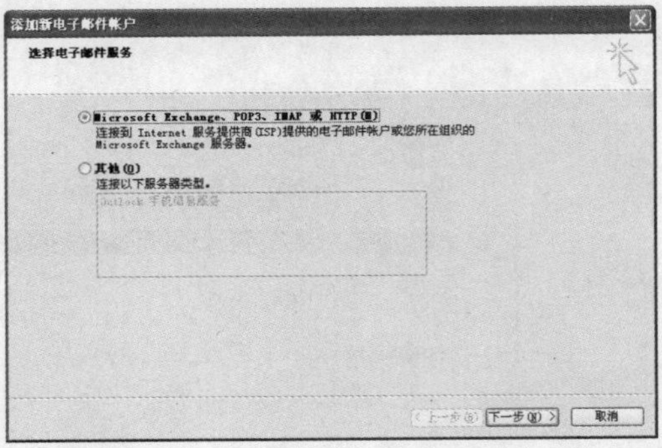

图 11-6　选择服务类型

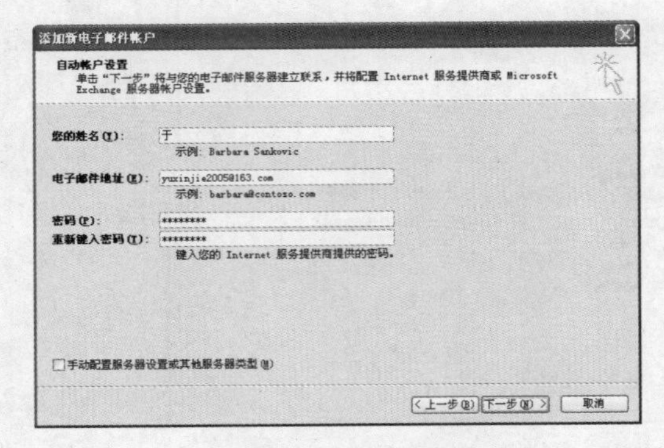

图 11-7　输入账户信息

Step 5　此时 Outlook 将开始连接邮箱服务器并显示连接进度，用户耐心等待即可，如图 11-8 所示。

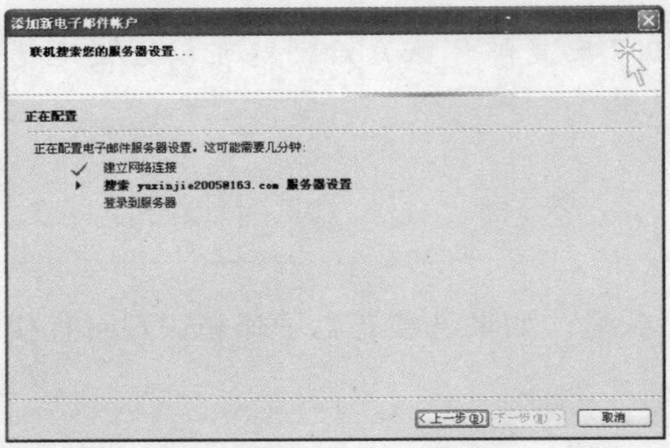

图 11-8　进行配置

Step 6　连接成功后，将弹出如图 11-9 所示的对话框提示用户账户配置成功，单击“完成”按钮 完成 ，如图 11-9 所示

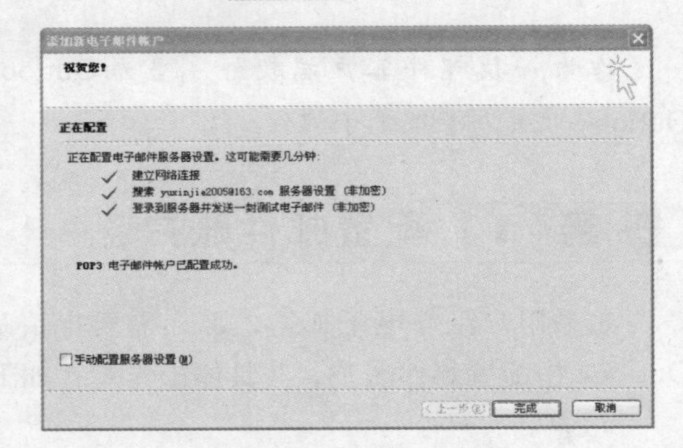

图 11-9　配置成功

Step 7　返回到“账户设置”对话框，在“电子邮件”选项卡中的列表框中即显示配置的邮件账户，如图 11-10 所示。

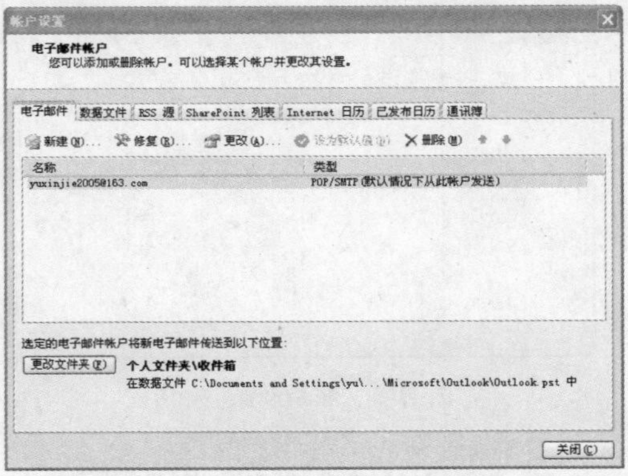

图 11-10　查看列表

Step 8　单击“关闭”按钮 关闭(C) 关闭对话框，在 Outlook 中切换到邮件界面，即可看到用户邮箱的基本信息了，如图 11-11 所示。

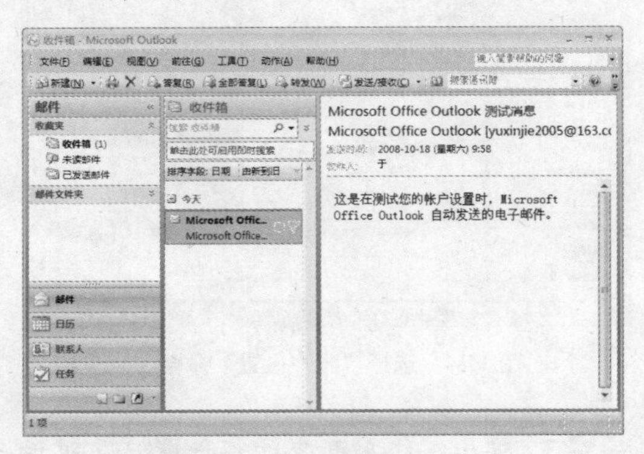

图 11-11　邮件界面

任务 2　接收与阅读电子邮件

配置邮件账户后，需要查看邮箱中邮件时，就不用在通过浏览器登录到邮箱了，而直接将邮箱中的邮件接收到 Outlook 中进行阅读或管理。接收与阅读邮件的具体操作方法如下：

Step 1　将计算机连接到网络，启动 Outlook 2007，单击工具栏中的“发送/接收”按钮，如图 11-12 所示。

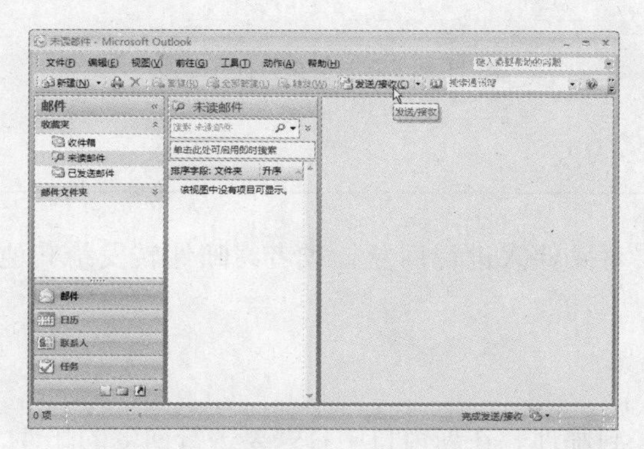

图 11-12　查看列表

Step 2　此时即开始接收邮箱中的所有邮件，并在任务栏通知区域中显示接收状态图标，双击图标，在弹出的对话框中可查看发送（接收）进度，如图 11-13 所示。

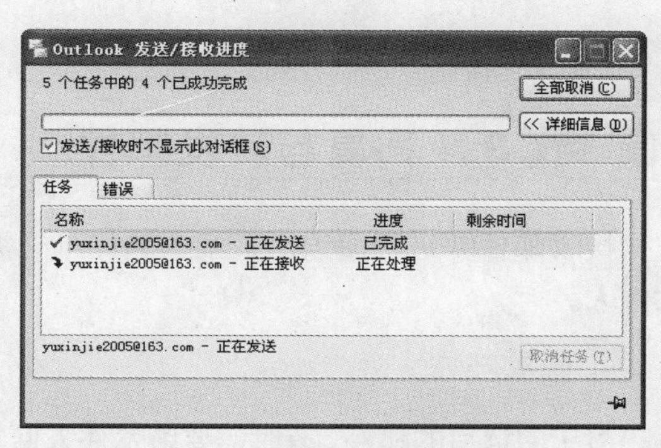

图 11-13　查看进度

Step 3　邮件接收完毕后，所有接收的邮件将被保存到“收件箱”中，在窗口左侧的“邮件”列表中选择“收件箱”选项，即可在中间列表框中显示邮件列表，如图 11-14 所示。

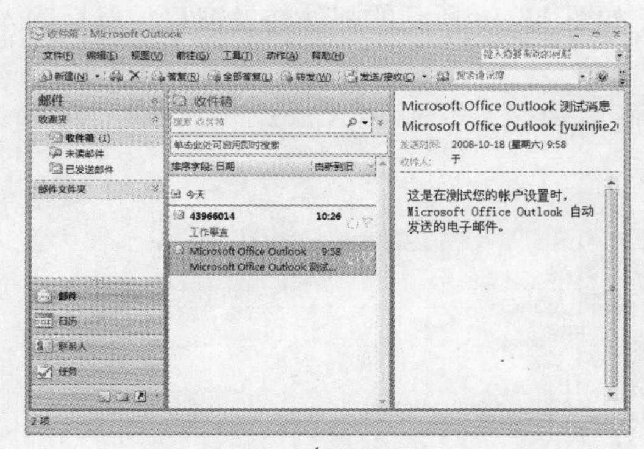

图 11-14　邮件列表

Step 4　在中间列表框中单击某个邮件标题，即可在右侧窗格中显示出邮件内容，如图 11-15 所示。

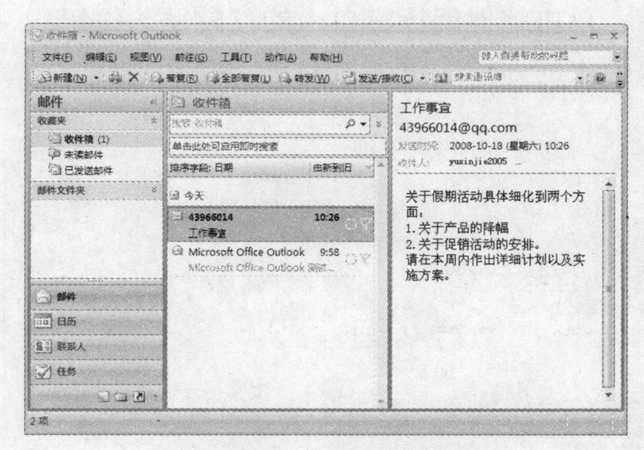

图 11-15　查看邮件内容

Step 5 如果要在新窗口中查看邮件，则双击邮件标题，即可在新窗口中打开阅读邮件，如图 11-16 所示。

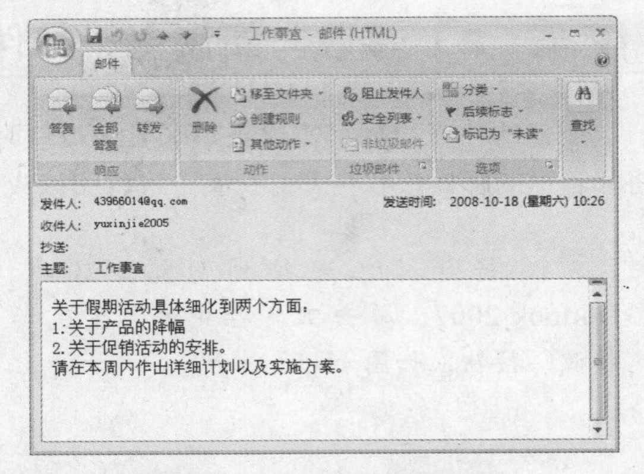

图 11-16　在新窗口中打开邮件

任务 3 回复与转发邮件

接收邮件并进行阅读后，某些邮件可能需要对发件人进行回复，或者将邮件转发给其他收件人。

1. 回复邮件

对于阅读后的邮件，有时需要给发件人回复一封邮件。在新窗口中打开要进行回复的邮件，然后单击工具栏中的“答复发件人”按钮，即可打开如图 11-17 所示的邮件答复窗口，在窗口中 Outlook 已经自动填写好了收件人地址、邮件主题等内容，并在邮件内容编辑窗口中附有源邮件内容，用户只需在邮件内容编辑区域中输入回复信息，然后单击“发送”按钮即可。

2. 转发邮件

收到邮件后，如果觉得邮件内容比较有意义，就可以将邮件转发给其他朋友一起进行分享，单击邮件阅读窗口中的“转发”按钮，打开如图 11-18 所示的邮件转发窗口，然后输入收件人的地址，单击“发送”按钮即可。

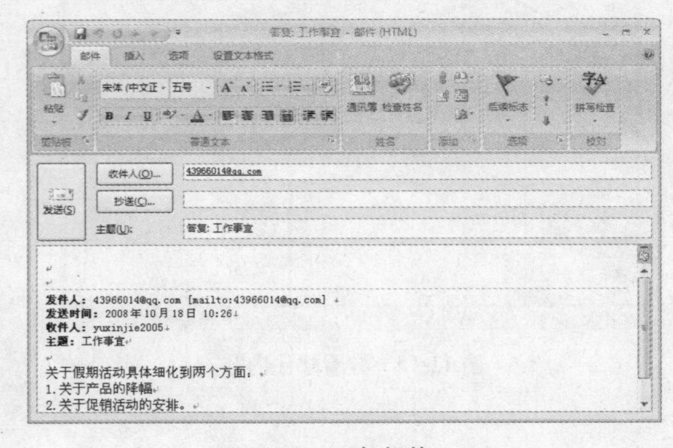

图 11-17　回复邮件

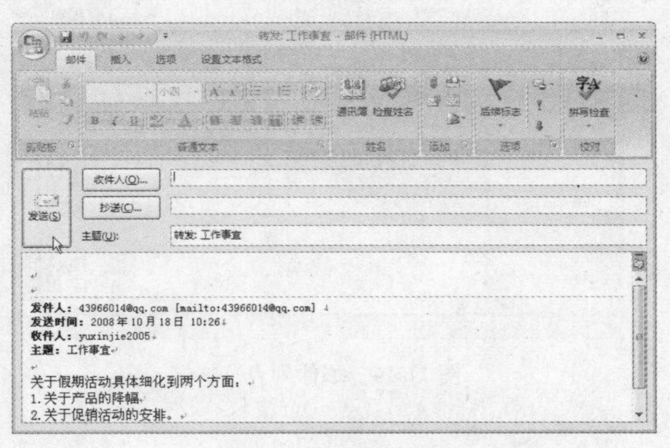

图 11-18　转发邮件

任务 4　撰写与发送邮件

在 Outlook 中配置邮件账户后，就可以使用 Outlook 发送电子邮件了，除了发送邮件内容外，还可以将各种格式的文件添加到邮件中作为附件，随同邮件一起传送给邮件接收人。发送电子邮件的具体操作步骤如下：

step 1　在 Outlook 邮件界面中单击工具栏中的“新建”下拉按钮 新建(N)，在弹出的菜单中选择“邮件”命令，如图 11-19 所示。

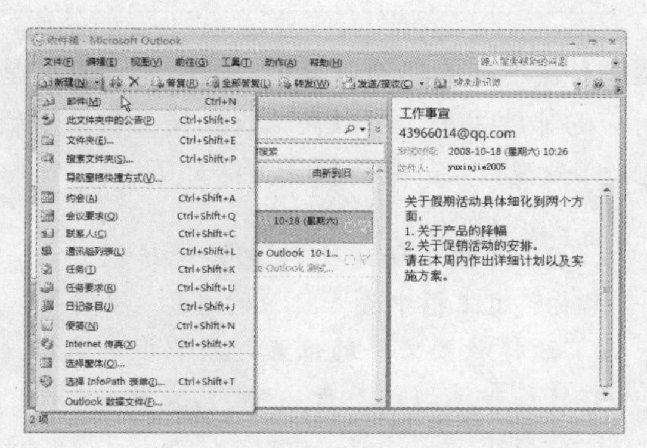

图 11-19　选择命令

step 2　在弹出的新邮件窗口中输入收件人的电子邮件地址，在主题一栏中输入邮件主题，然后输入邮件的正文内容，并通过工具栏中的按钮对字符格式进行设定，如图 11-20 所示。

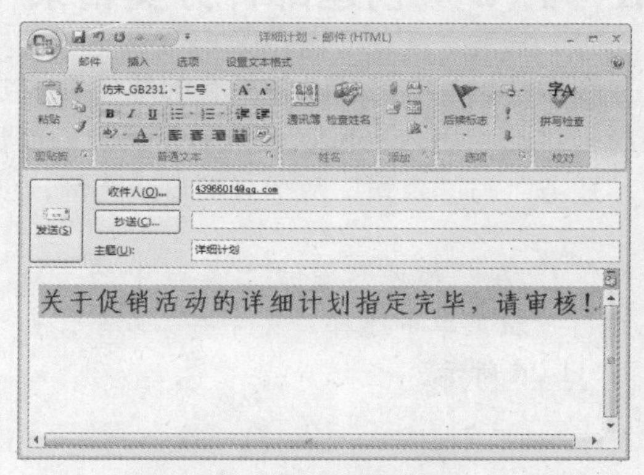

图 11-20　编辑邮件内容

step 3　如果要在邮件中插入文件附件，则单击窗口工具栏中的“附件文件”按钮，在弹出如图 11-21 所示的“插入文件”对话框中选择要插入的文件，单击“插入”按钮。

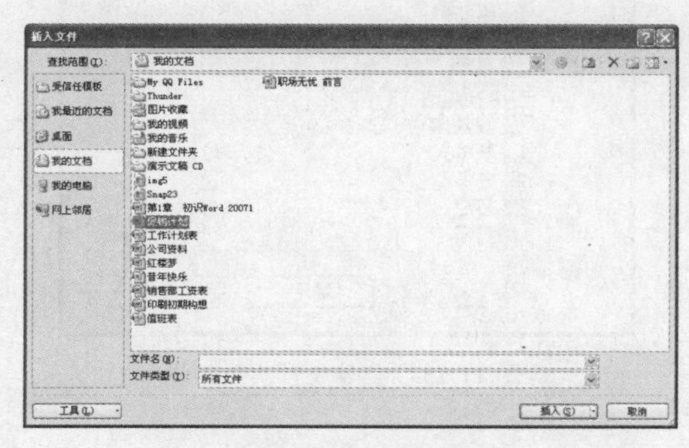

图 11-21　选择附件

step 4　此时即可将文件以附件形式插入到邮件中，同时在“主题”列表框下方显示出附件列表，如图 11-22 所示。

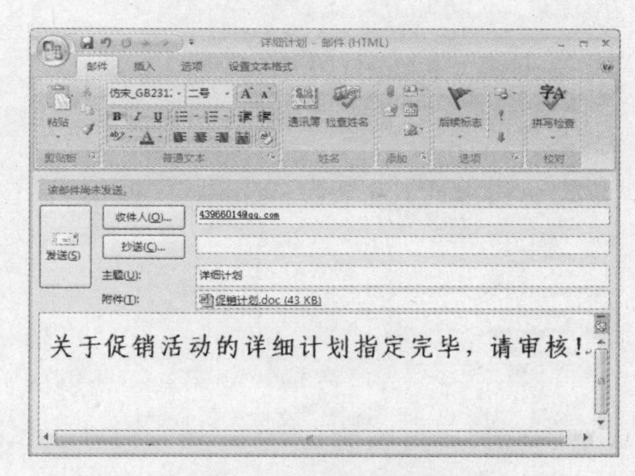

图 11-22　添加附件

5 邮件编辑完成后，单击按钮，将弹出对话框显示邮件的发送进度，如图11-23所示。

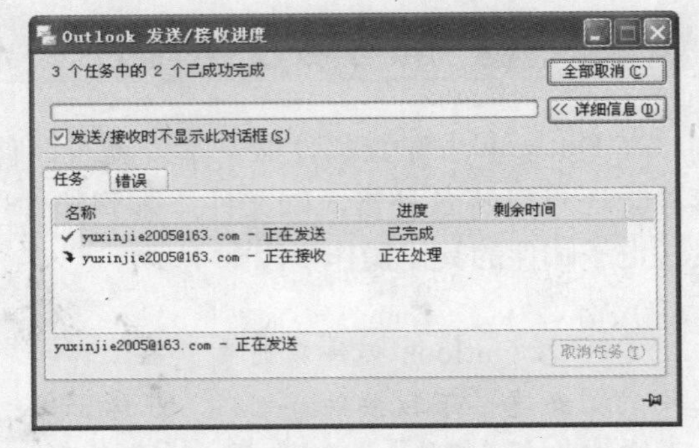

图 11-23 显示发送进度

任务 5 创建邮件分类目录

在 Outlook 中，可以将所有的邮件都被分类保存在不同的邮件目录中，这些目录有些是系统提供的，用户也可以根据邮件类型来创建对应的邮件目录。可以在“收件箱”目录下新建“业务”与“公司”两个分类目录为例，创建邮件分类目录的具体操作方法如下：

1 在“邮件”窗口工具栏中的“新建”下拉菜单中选择“文件夹”命令，如图11-24所示。

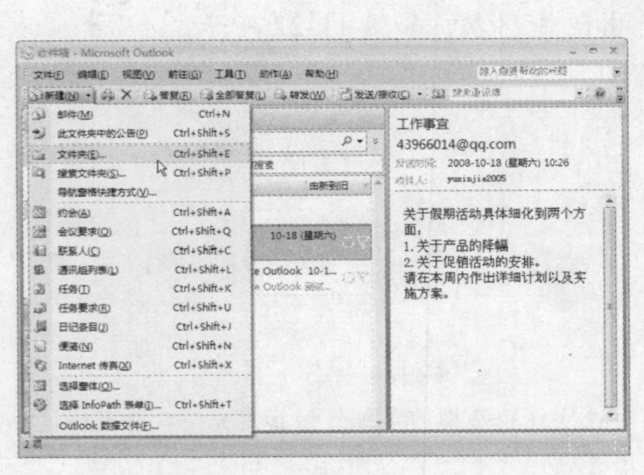

图 11-24 选择“文件夹”命令

2 弹出“新建文件夹”对话框，在“名称”文本框中输入目录的名称“业务”，在“选择放置文件的位置”列表框中选择“收件箱”选项，单击 确定 按钮，如图11-25所示。

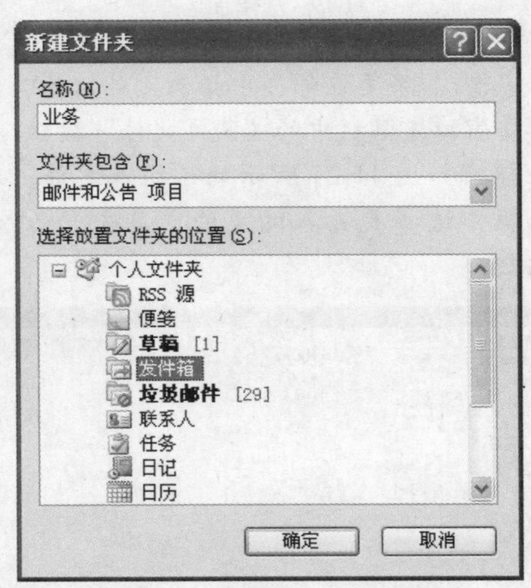

图 11-25 “新建文件夹”对话框

3 此时即可在“收件箱”目录下创建分类目录“业务”，如图11-26所示。

4 按照同样的方法，在“收件箱”目录下再创建“公司”目录，如图11-27所示。

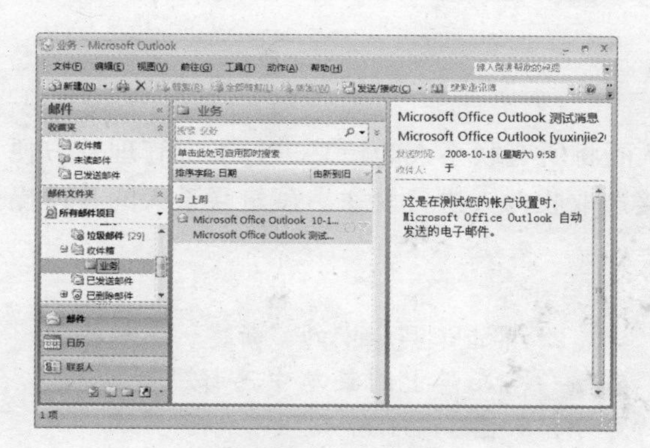

图 11-26 添加“业务”目录

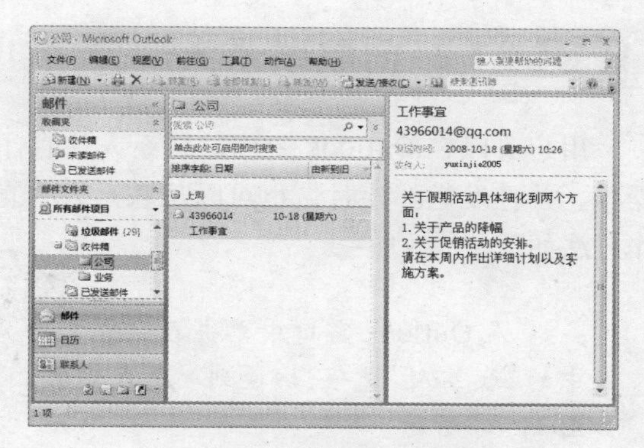

图 11-27 添加“公司”目录

任务 6 删除邮件

发送和接收了一定数量的邮件后，对于没有保存价值的邮件，可以将其从 Outlook 中删除，从而节省硬盘空间并减少邮件数量，以易于管理。

进入收件箱或发件箱后，在邮件列表窗格中选中一个或多个邮件，按下【Delete】键或在快捷菜单中选择“删除”命令，即可将所选邮件删除，如图 11-28 所示。但并不会将选中邮件彻底删除，而只是将邮件转移到“已删除的邮件”文件夹中。如果要彻底删除邮件，可进入“已删除的邮件”文件夹再次进行删除操作即可，如图 11-29 所示。

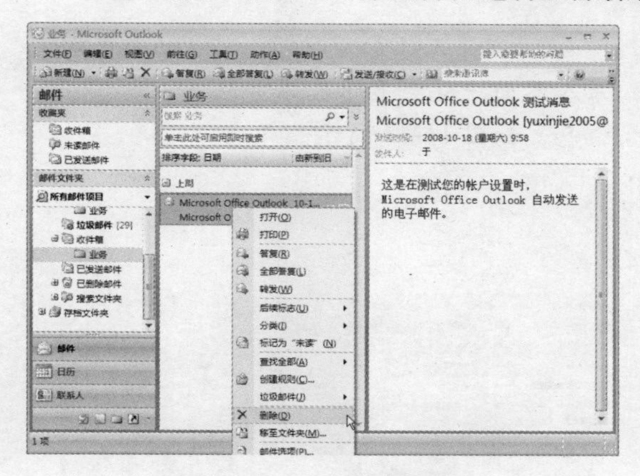

图 11-28 从收件箱中删除

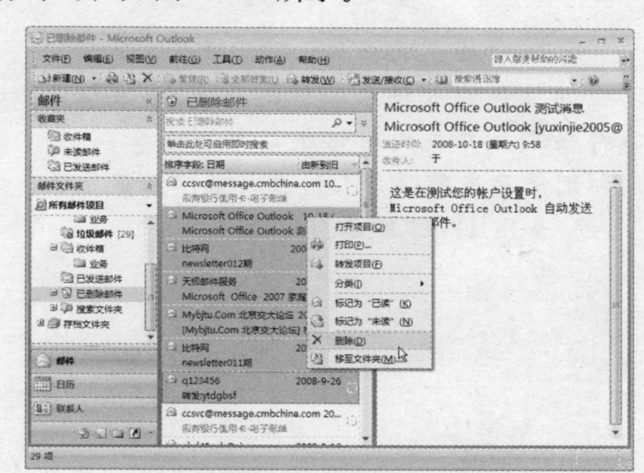

图 11-29 彻底删除邮件

11.3 Outlook 联系人管理

Outlook 中的联系人，用于保存须经常联系的人员的电子邮件地址、街道地址、电话号码、传真号码以及其他有关信息，甚至可以包括联系人的生日、纪念日等内容。相当于一个全面智能的电子通讯录。

任务 1 创建联系人

用户可以在 Outlook 中创建联系人信息，从而将所有联系人的信息进行集中管理及方便操作。并且发送邮件时，也可以从联系人中直接选取收件人进行发送。创建联系人的具体操作方法如下：

Step 1 在 Outlook 窗口中单击右侧分类列表中的“联系人”选项，切换到联系人界面，如图 11-30 所示。

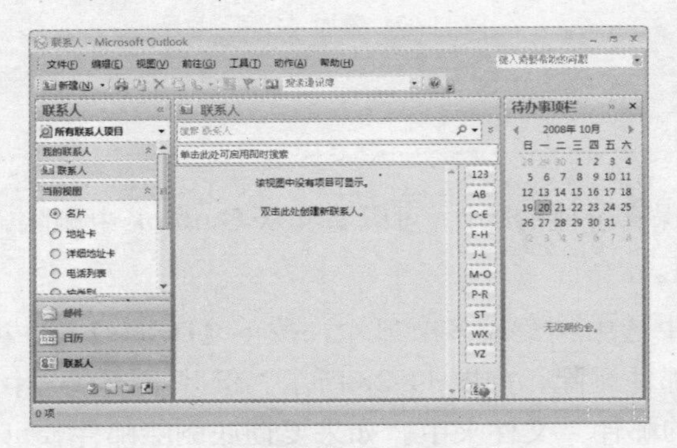

图 11-30 联系人界面

Step 2 单击工具栏中的“新建”下拉按钮 新建(N)，在弹出的菜单中选择“联系人”命令，如图 11-31 所示。

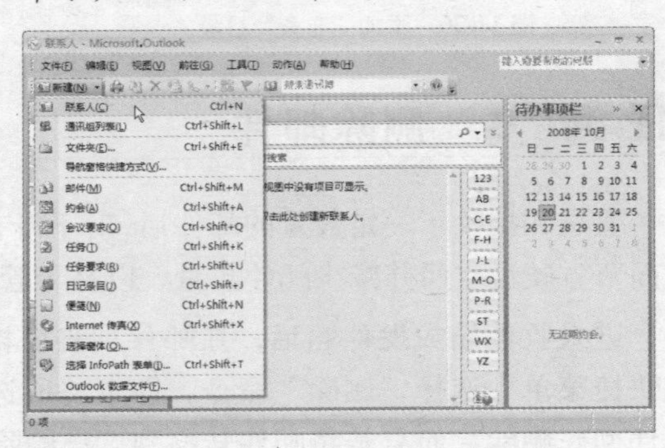

图 11-31 选择“联系人”命令

Step 3 弹出“联系人”对话框，在其中相应的位置输入联系人信息，单击按钮保存联系人并关闭对话框；单击 保存并新建 按钮则保存当前联系人信息并继续新建联系人，如图 11-32 所示。

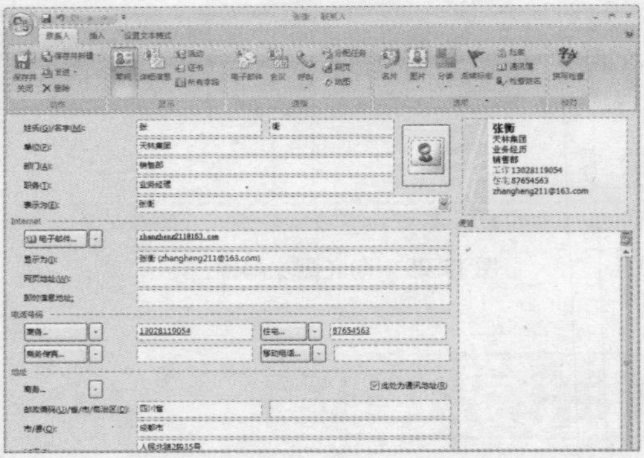

图 11-32 “联系人”对话框

Step 4 联系人添加成功后，在 Outlook 联系人界面中就会显示已添加联系人的相关信息，如图 11-33 所示。

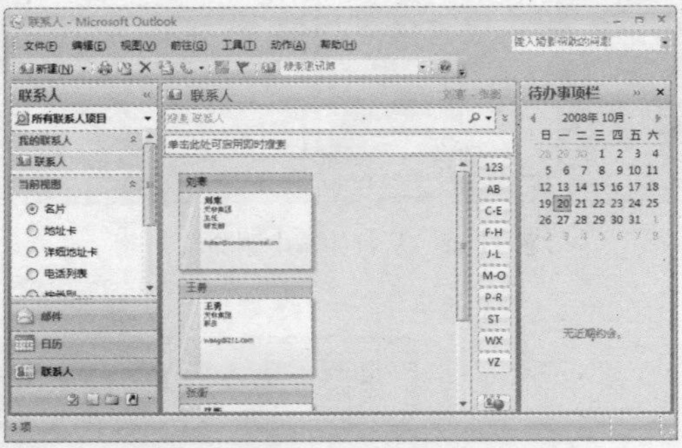

图 11-33 添加联系人

任务 2 创建通讯组

通讯组用于分类管理联系人，当创建了很多联系人后，那么查找和管理联系人时就很不方便，此时就可以通过通讯组将具有共性的联系人组织在一起，如客户、同事等，方便联系人查找以及管理。创建通讯组的具体操作方法如下：

Step 1 单击工具栏中的“新建”下拉按钮 新建(N)，在弹出的菜单中选择“通讯组列表”选项，打开如图 11-34 所示的“通讯组列表”窗口，在“名称”一栏中输入通讯组名称。

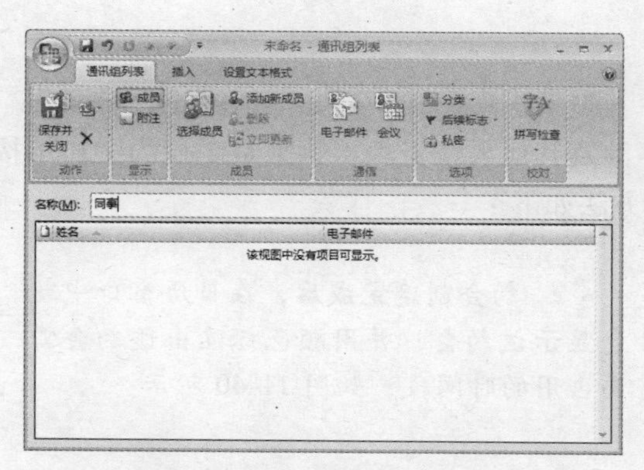

图 11-34 “通讯组列表”窗口

Step 2 如果要从联系人列表中选择成员，则单击“成员”组中的“选择成员”按钮，在弹出如图 11-35 所示的“选择成员”对话框中选择要添加的成员后，单击 成员(B) -> 按钮添加并单击 确定 按钮确认。

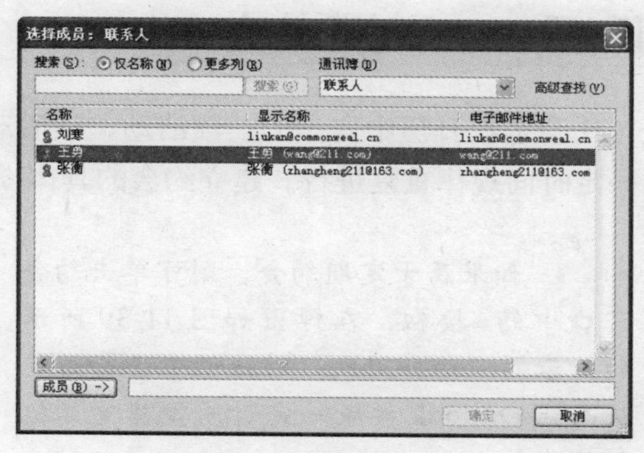

图 11-35 添加联系人

Step 3 如要在通讯组中添加新的联系人，则可单击“添加新成员”按钮 添加新成员，在弹出如图 11-36 所示的“添加新成员”对话框中输入联系人信息后，单击 确定 按钮即可。

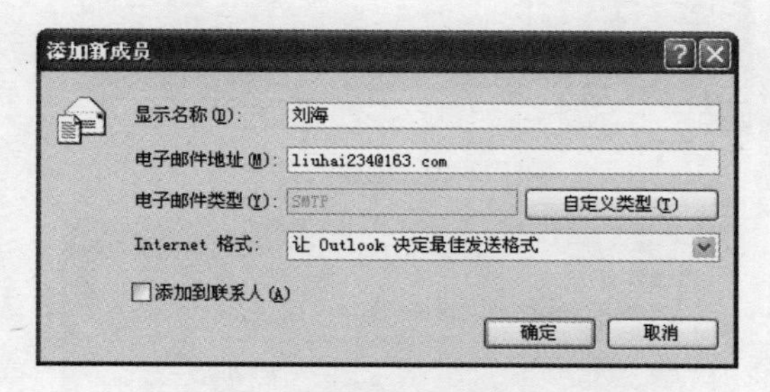

图 11-36 “添加新成员”对话框

Step 4 通讯组成员添加完毕后，将显示在“通讯组列表”窗口中的列表框中，如图 11-37 所示。

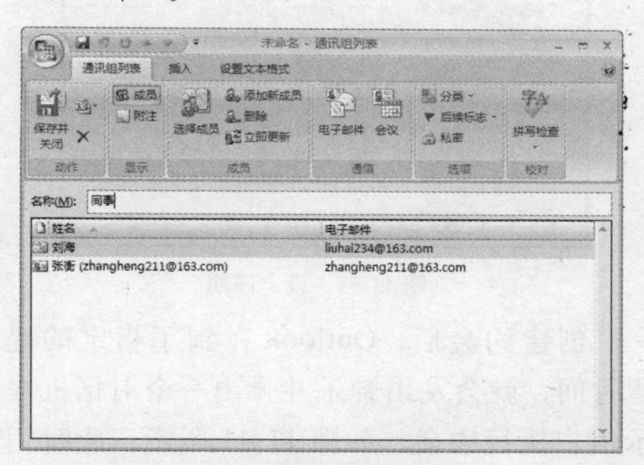

图 11-37 添加成员

Step 5 确认添加后，单击“动作”组中的“保存并关闭”按钮，即可在联系人窗口中添加一个“同事”组，如图 11-37 所示。双击改组，即可打开窗口对其中的联系人进行操作，如图 11-38 所示。

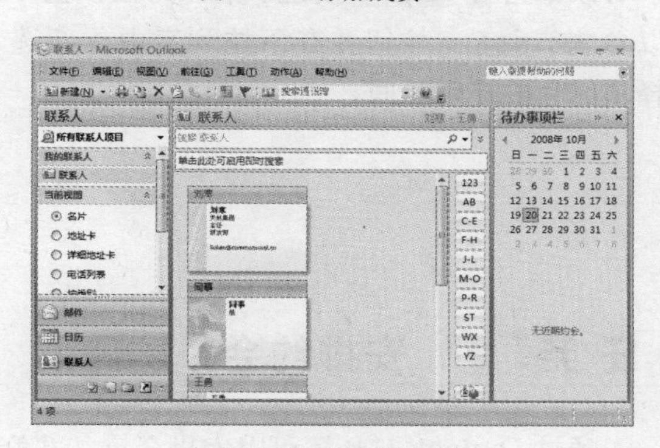

图 11-38 添加通讯组

11.4 Outlook 日程管理

日历是 Outlook 中所提供的非常有用的一项功能，使用日历功能可以方便的对用户的日程进行安排和管理，如约会、事件以及会议等。

任务 1 创建约会

约会是在日历中安排的一项活动，该活动不涉及其他人或资源，如果是定期约会还可按照一定时间规律重复进行。建立约会的具体操作方法如下：

Step 1 如果属于定期约会，则可单击约会窗口中的按钮，在弹出如图 11-39 所示的所示的“约会周期”对话框中进行设置从而让 Outlook 按照一定时间规律重复执行该约会。

Step 2 约会创建完成后，在日历窗口中就会显示该约会，并用颜色标注出该约会需要占用的时间段，如图 11-40 所示。

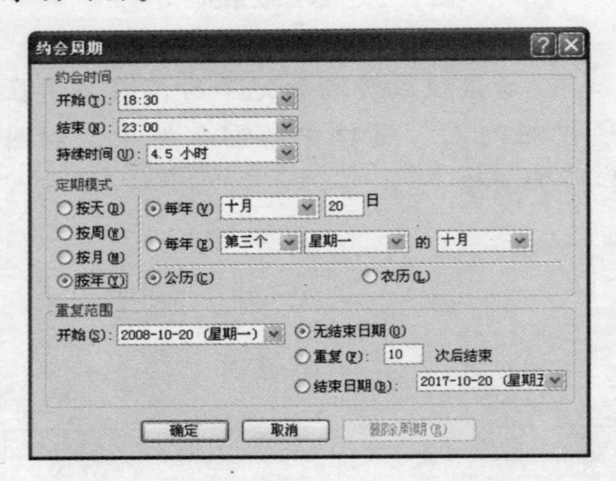

图 11-39 设定周期

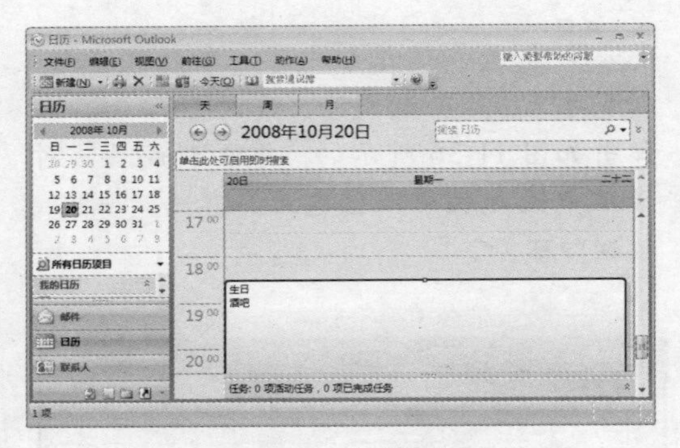

图 11-40 创建约会

创建约会后，Outlook 在到了指定的提醒时间，就会发出音乐并弹出一个对话框提示用户执行约会，如图 11-41 所示。此时用户可以单击 消除(D) 按钮取消该约会，也可以单击 暂停(S) 按钮并在下拉列表中重新选择该约会的提示时间。

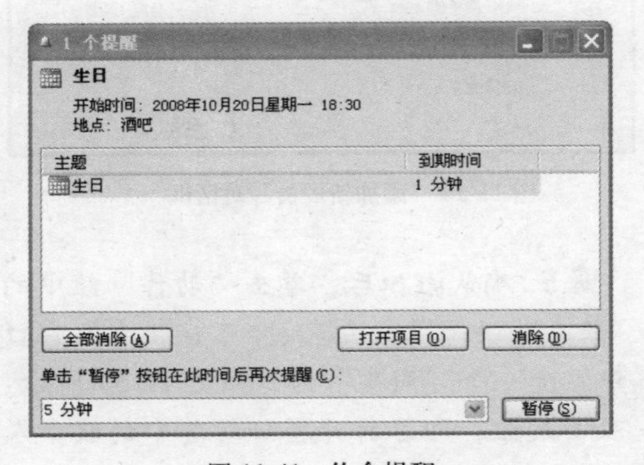

图 11-41 约会提醒

任务 2 安排约会

通过 Outlook 日历还可以安排会议，并给联系人发送会议要求等。其具体操作方法如下：

Step 1 在“日历”界面中单击“新建”下拉按钮 新建(N)，在弹出的菜单中选择“会议要求”命令，如图 11-42 所示。

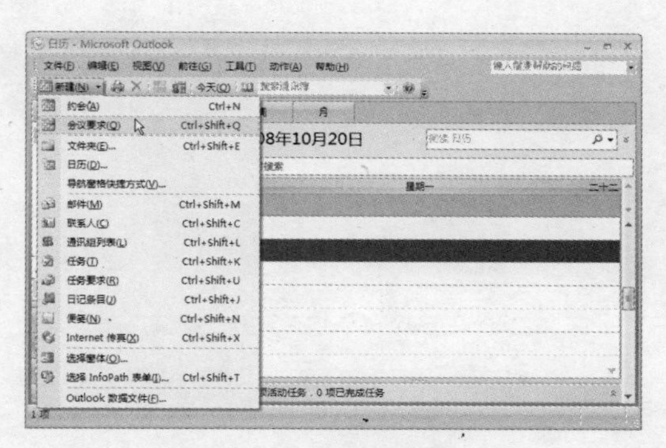

图 11-42　选择“会议要求”命令

Step 2 打开如图 11-43 所示的“会议”窗口，在“收件人”一栏中已经自动设定了参与者，用户只需要输入会议的相关信息后，单击“发送”按钮即可。

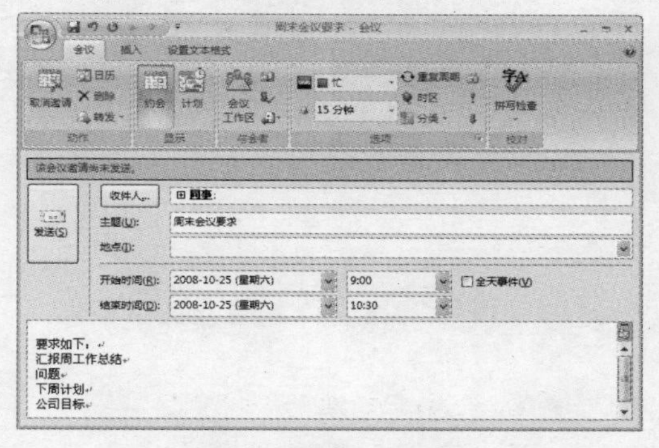

图 11-43　创建会议通知

11.5　练习题

一、选择题

1．Outlook 界面中默认显示 3 个选项，单击某个选项即可切换到对应的功能界面，下列哪个选项没有被显示出来（　　）。

A．日历　　B．联系人　　C．邮件　　D．任务

2．关于邮件的描述，下列正确的是（　　）。

A．在 Outlook 中创建联系人后，可以直接给联系人发送邮件

B．Outlook 不能同时为通讯簿中的所有联系人发送一封邮件

C．阅读邮件后，可以给收件人回复邮件

D．Outlook 接收邮件后，Web 邮箱中的邮件即被删除

二、填空题

1．如果要查看接收的邮件，需要进入到（　　）中查看。

2．在 Outlook 中可以将文件随同邮件一起发送，此时文件被称为邮件的（　　）。

三、问答题

1．简述 Outlook 中配置邮件账户的步骤，并加以实践。

2．简述在 Outlook 中创建约会以及周期性约会的方法。

第12章

综合练习

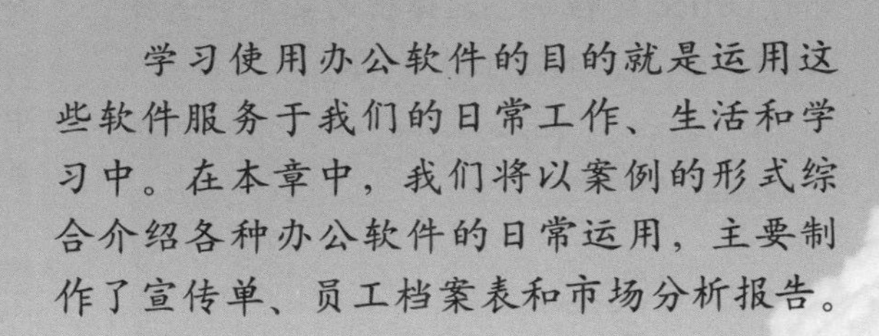

学习使用办公软件的目的就是运用这些软件服务于我们的日常工作、生活和学习中。在本章中，我们将以案例的形式综合介绍各种办公软件的日常运用，主要制作了宣传单、员工档案表和市场分析报告。

本章主要内容：

- 制作宣传单
- 制作员工档案表
- 制作市场分析报告

Office 2007 办公自动化达人手册

12.1 制作宣传单

在产品的宣传过程中，选择使用宣传单来进行推广是比较经济、实用的一种手段。而宣传单设计可以使用不同的软件来完成，下面将运用 Word 软件编辑常见的简洁型宣传单。在制作过程中，与普通的输入文本不同，宣传单涉及到宣传力度的表现，这就要求在设计宣传单的版面上下功夫。为文本添加项目符号，快速制作漂亮的文本框，提高工作效率等知识已经在前面的章节中将过。如何将他们灵活地运用到实际案例中，这就要求读者根据自己的需要，选择合适的方法来完成。本节将对上述知识进行统合运用，制作出宣传单效果，下面将分为 5 个部分来讲解。

任务 1 设置页面

在制作文档时，首先根据需要设置文档页面，其具体操作方法如下：

Step 1 启动 Word 2007 后，单击窗口左上角的 Office 按钮，在弹出的菜单中选择“新建”命令，如图 12-1 所示。

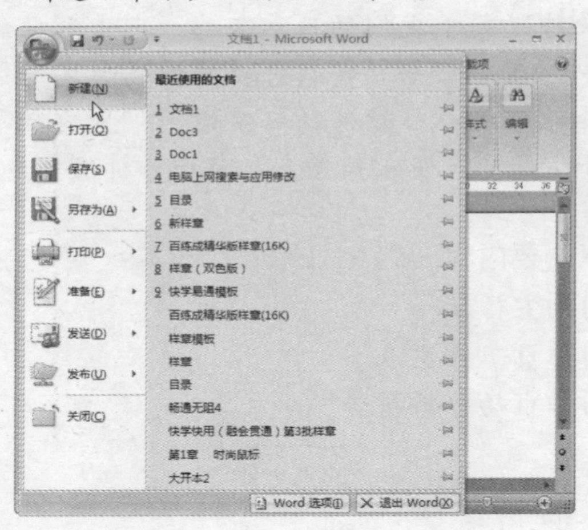

图 12-1 选择“新建”命令

Step 2 弹出如图 12-2 所示的“新建文档”对话框，在“新建文档”列表框中选择“空白文档或最近使用的文档”选项，然后在中间的列表框中选择“空白文档”选项，单击 创建 按钮，即可创建一个新文档。

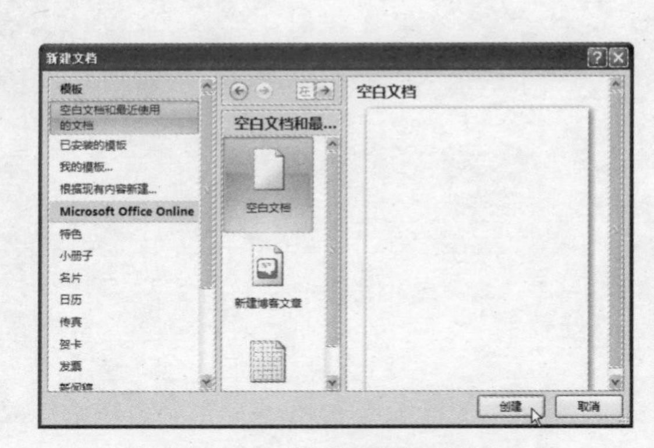

图 12-2 “新建文档”对话框

Step 3 选择“页面布局”选项卡，在“页面设置”组中单击 纸张方向 按钮，在弹出的下拉菜单中选择“其他页面大小”命令，如图 12-3 所示。

Step 4 在弹出的“页面设置”对话框中选择“页边距”选项卡，在“页边距”栏中分别设置上下边距为“2.54 厘米”，左右边距为“3.17 厘米”，在“纸张方向”栏中选择“横向”选项，如图 12-4 所示。

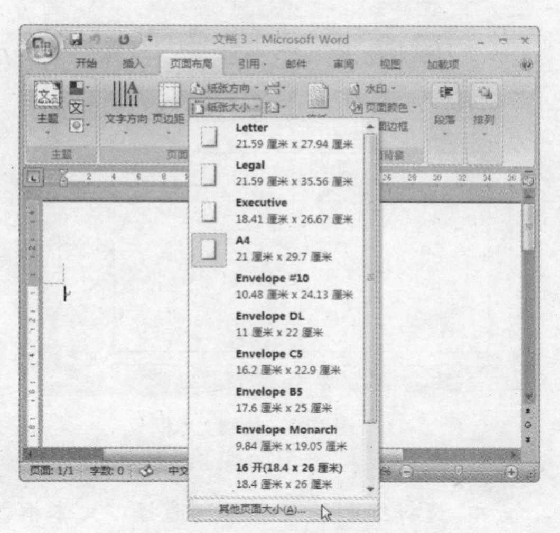

图 12-3　选择“其他页面大小”命令

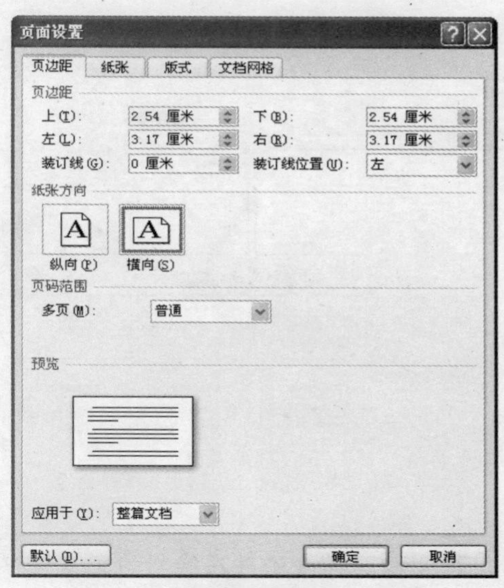

图 12-4　设置纸张方向

5 选择“纸张”选项卡，在“纸张大小”栏的下拉列表框中选择“自定义大小”选项，在“宽度”和“高度”数值框中分别输入“26”和“16”，单击 确定 按钮，如图 12-5 所示。

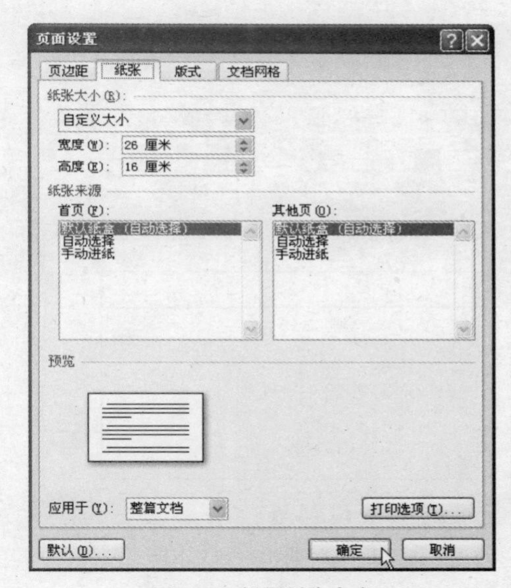

图 12-5　设置纸张大小

任务 2 设计版面

宣传单属于广告类商品，在制作前一般都有一个设计好的版面，当设置好文档页面后，就可以开始设计版面了，其具体操作方法如下：

1 单击“插入”选项卡，在“文本”组中单击“文本框”按钮，在弹出的下拉列表中选择“绘制文本框”命令，如图 12-6 所示。

2 移动鼠标光标到文档窗口中，拖动绘制如图 12-7 所示的文本框。

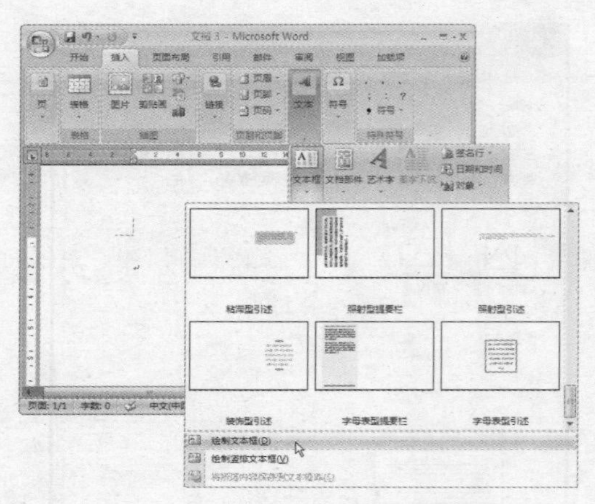

图 12-6　选择“绘制文本框”命令

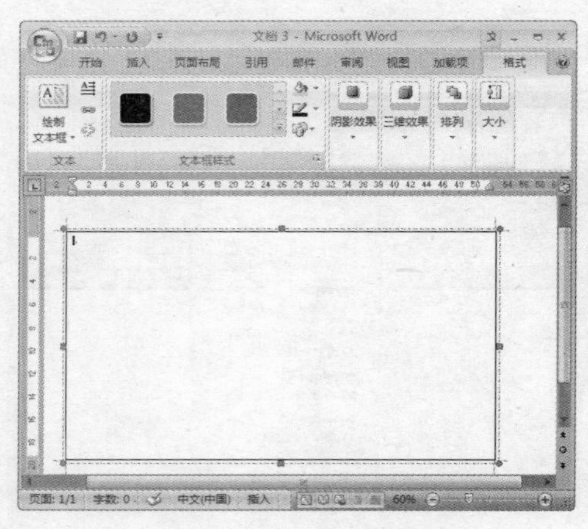

图 12-7　绘制文本框

Step 3　用相同的方法再在绘制的文本框中绘制如图 12-8 所示的文本框。

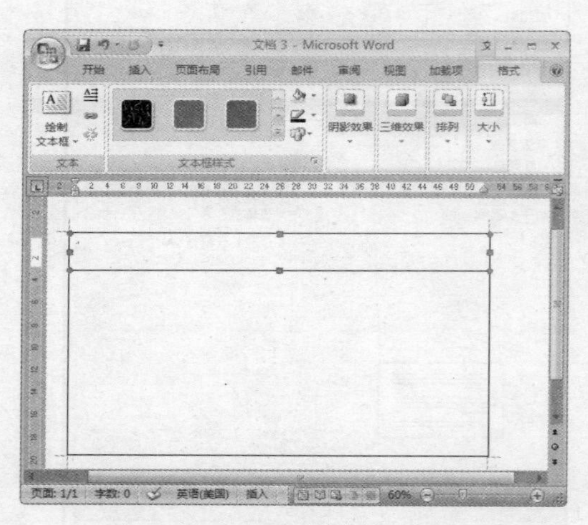

图 12-8　再次绘制文本框

Step 4　选择绘制的文本框，选择“文本框工具 格式”选项卡，在“文本框样式”组中单击“形状填充”按钮，在弹出的下拉列表中选择“橙色，强调文字颜色 6，深色 25%”选项，如图 12-9 所示。

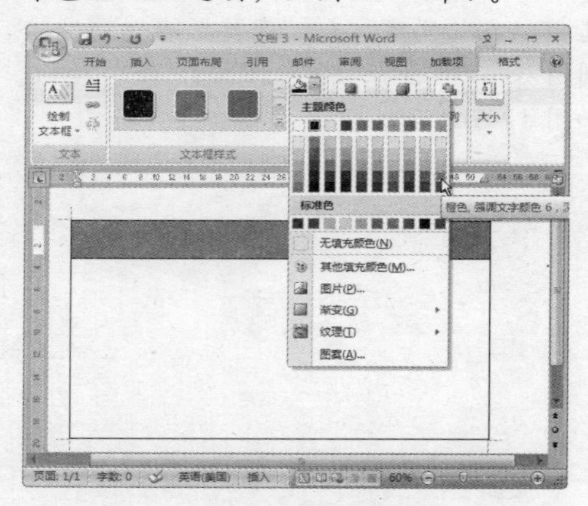

图 12-9　填充形状颜色

Step 5　选择填充颜色后的文本框，按住【Ctrl+Shift】组合键的同时拖动光标，将其复制移动到大文本框的底端，如图 12-10 所示。

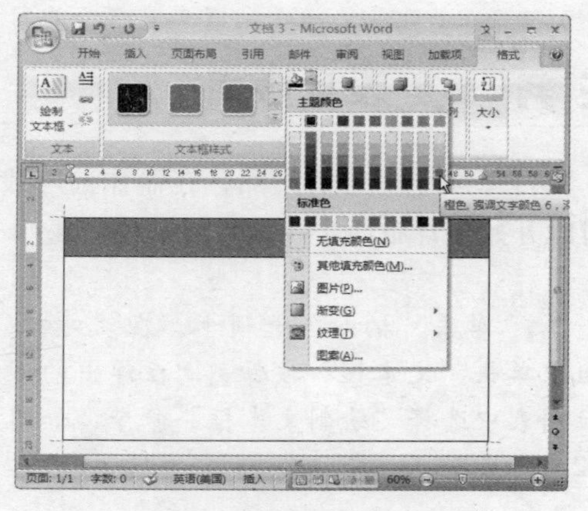

图 12-10　复制文本框

Step 6 将光标移动到文本框的上方边界线，停留一会儿，待光标变成⇕形状后，按住左键不放，并向下移动，缩短文本框的高度，如图 12-11 所示。

Step 7 选择填充颜色后的文本框，按住【Ctrl+Shift】组合键的同时拖动光标，将其复制移动到上方文本框的下方。

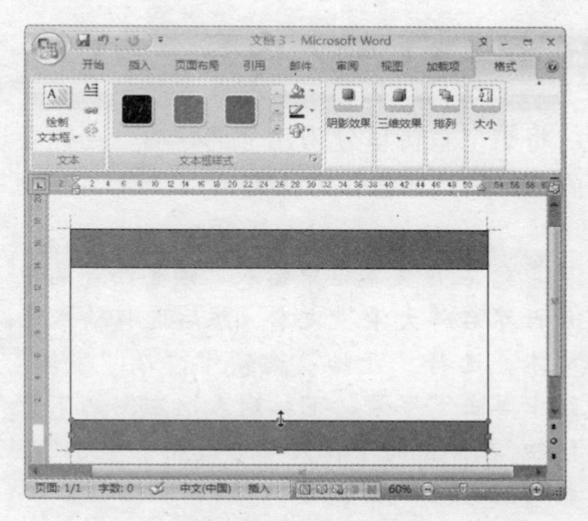

图 12-11　缩小文本框

Step 8 选择“文本框工具 格式”选项卡，在“文本框样式”组中单击 形状轮廓 按钮，在弹出的下拉列表中选择“无轮廓”选项，如图 12-12 所示。

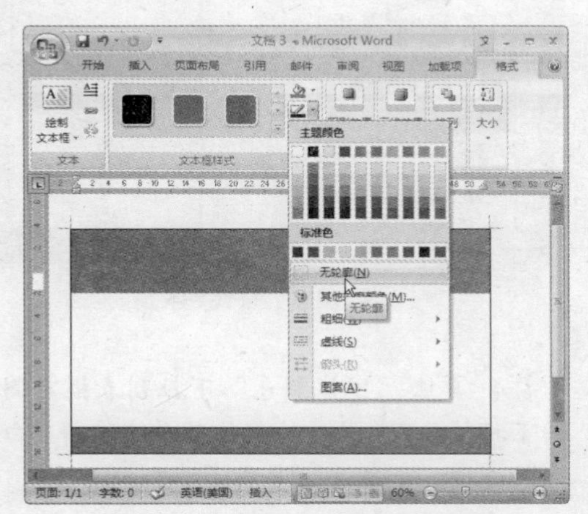

图 12-12　设置文本框边框颜色

Step 9 在“文本框样式”组中单击“形状填充”按钮，在弹出的下拉列表中选择“紫色，强调文字颜色 4，淡色 60%”选项，如图 12-13 所示。

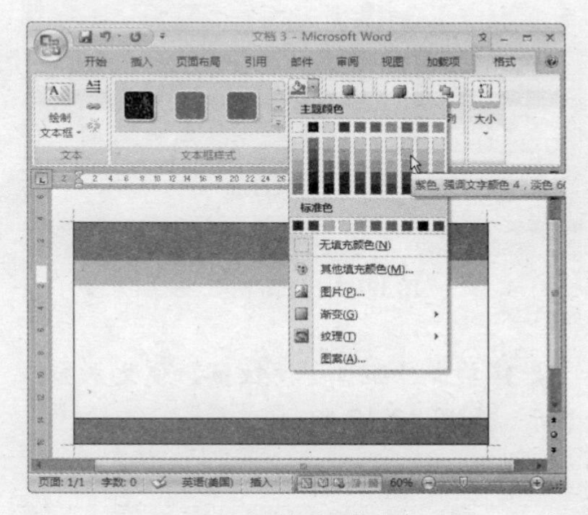

图 12-13　填充形状颜色

Step 10 将文本插入点定位到最上方的文本框中，选择“开始”选项卡，在“段落”组中单击“居中”按钮，如图 12-14 所示。

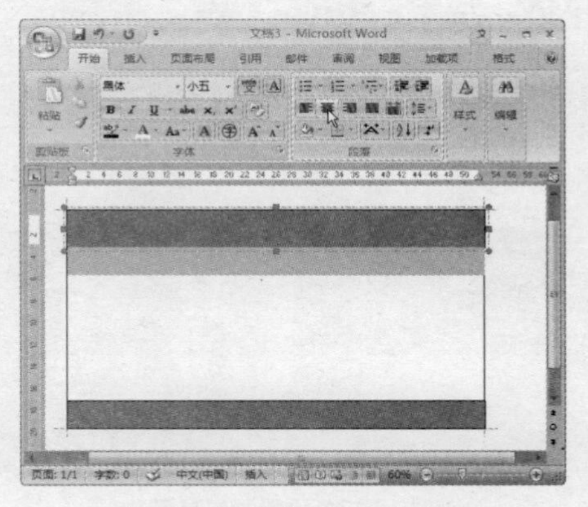

图 12-14　单击“居中”按钮

任务 3 输入内容

将整个宣传单分为几个部分后，还需要进一步对每个小版块进行设计，即输入宣传的主题内容，其具体操作方法如下：

Step 1 在该文本框中输入“读墨西哥高中升世界名牌大学”文本。然后选择输入的文本，选择“开始”选项卡，在“字体”组中单击“字号”下拉列表框右侧的下拉按钮，在弹出的下拉菜单中设置字号为“小初”，如图 12-15 所示。

Step 2 单击“字体”下拉列表框右侧的下拉按钮，在弹出的下拉菜单中设置字体为“黑体”，如图 12-16 所示。

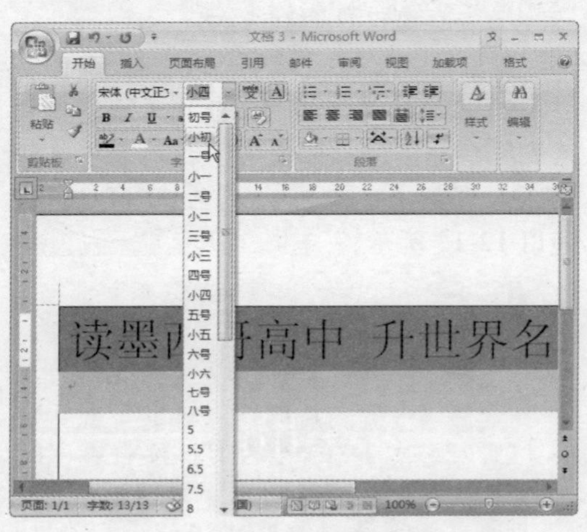

图 12-15　设置字号

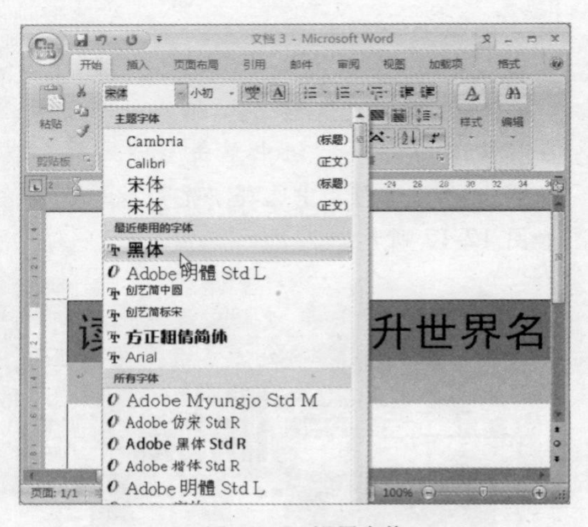

图 12-16　设置字体

Step 3 单击“加粗”按钮 **B**，使文本加粗显示，如图 12-17 所示。

Step 4 单击“字体颜色”下拉列表框右侧的下拉按钮，在弹出的下拉菜单中选择“白色”选项，如图 12-18 所示。

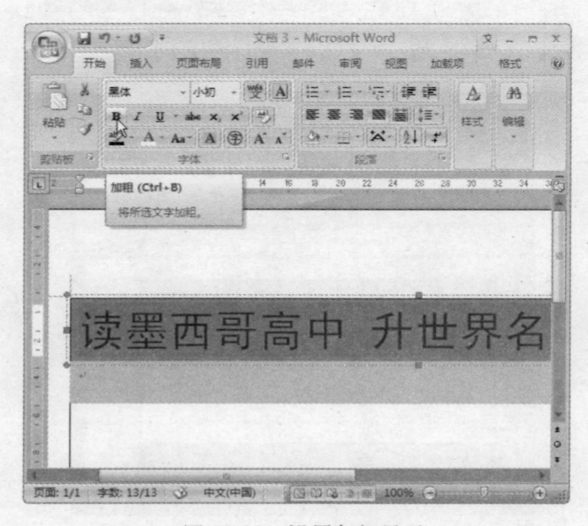

图 12-17　设置加粗显示

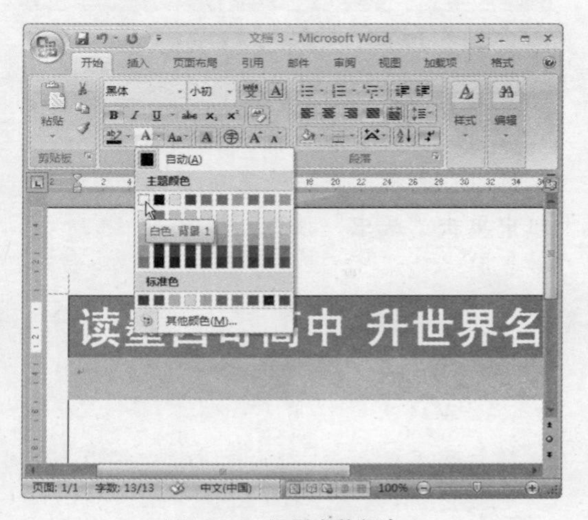

图 12-18　设置字体颜色

Step 5 在下面的文本框中输入“十年校史，已向国外成功输送 3000 余名优秀毕业生”文本，并设置字体为“创艺简标宋”，字号为“小二”，字体颜色为“白色”，效果如图 12-19 所示。

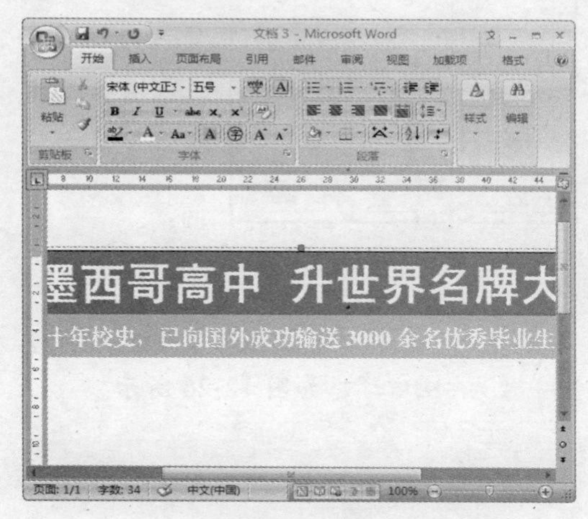

图 12-19　输入文本

Step 6 选择“插入”选项卡，在“文本”组中单击“文本框”按钮，在弹出的下拉列表中选择“绘制文本框”命令，如图 12-20 所示。

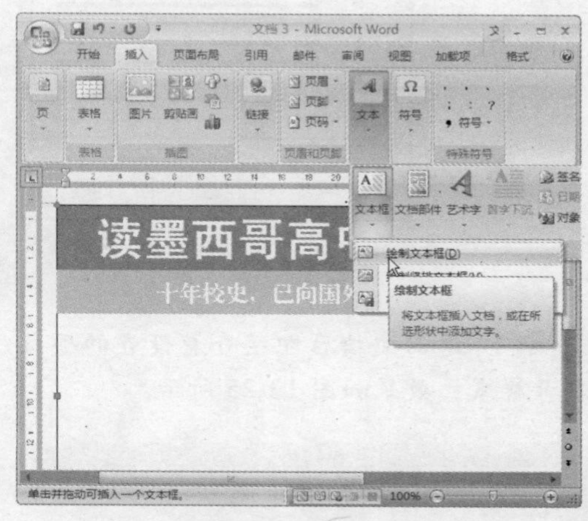

图 12-20　选择“绘制文本框”命令

Step 7 拖动光标在原大文本框的中间区域的左侧绘制如图 12-21 所示的文本框。

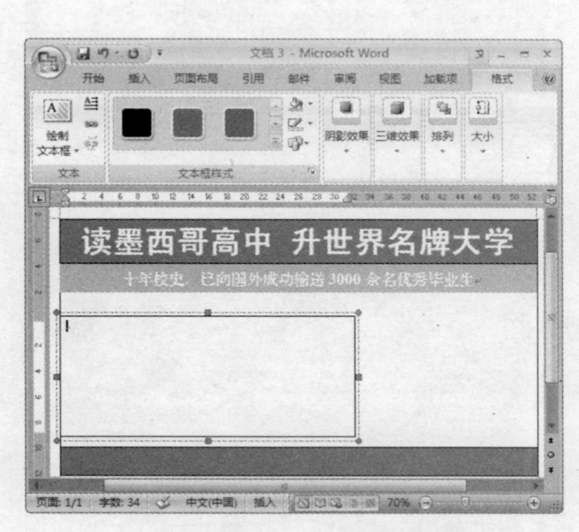

图 12-21　绘制文本框

Step 8 在文本框中输入相应的文本，单击“开始”选项卡，在“段落”组中单击“项目符号”按钮右侧的下拉按钮，在弹出的下拉菜单中选择“定义新项目符号”命令，如图 12-22 所示。

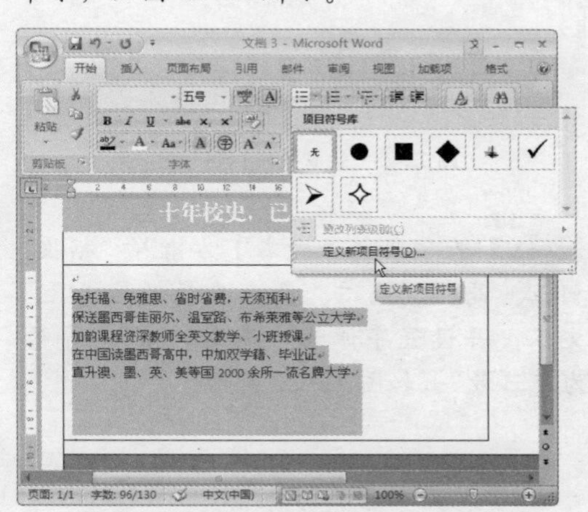

图 12-22　选择“定义新项目符号”命令

Step 9 在弹出的“定义新项目符号”对话框中单击 图片(P)... 按钮，如图 12-23 所示。

Step 10 在弹出的“图片项目符号”对话框中的列表框中选择需要的项目符号图片，然后依次单击 确定 按钮，如图 12-24 所示。

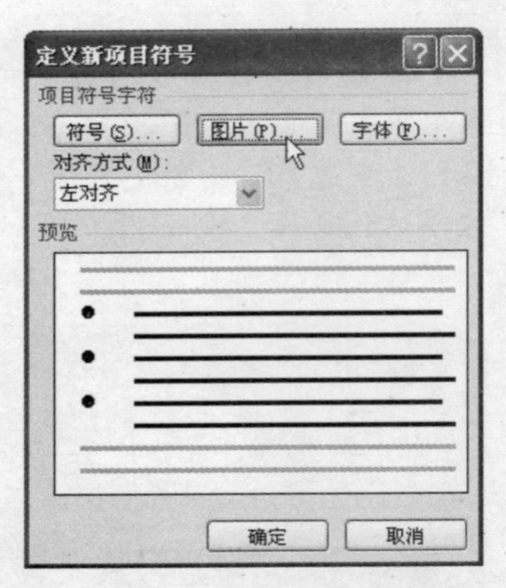

图 12-23　设置项目符号

图 12-24　选择项目符号样式

Step 11　返回文档后即可查看设置的项目符号样式，效果如图 12-25 所示。

Step 12　选择输入的项目符号文本，并设置字号为“小四”，如图 12-26 所示。

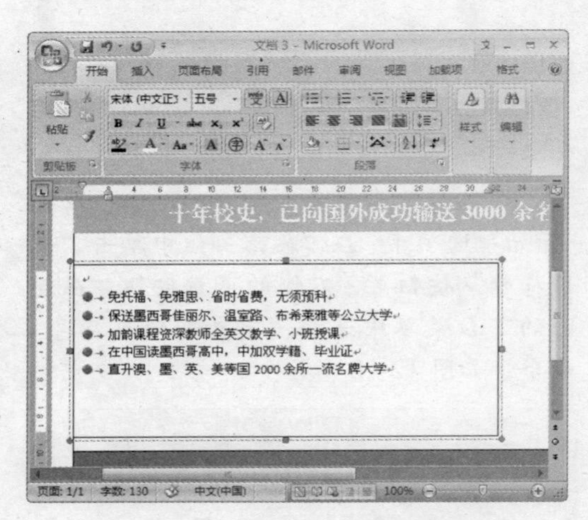

图 12-25　设置的项目符号效果

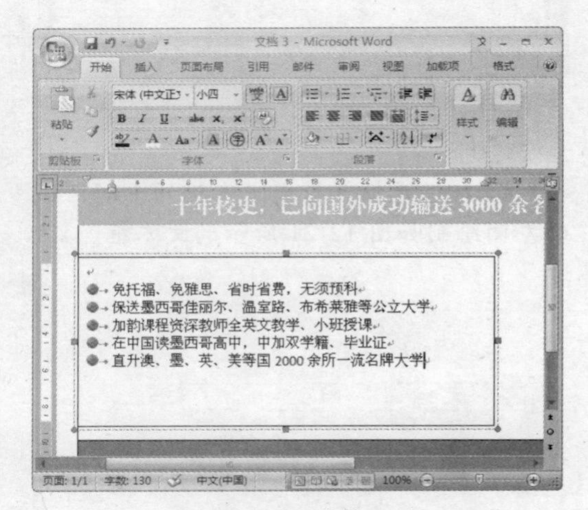

图 12-26　设置字号

Step 13　在项目符号文本下方输入“招收：初三、高一、高二、高三在校及毕业生”文本，并设置字体为“华文行楷”，字号为“三号”，如图 12-27 所示。

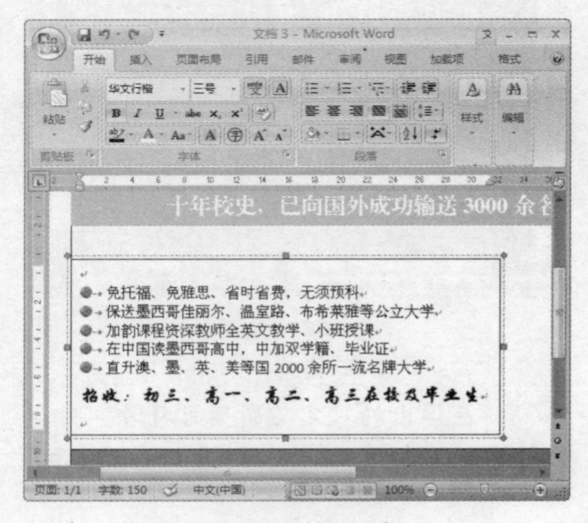

图 12-27　输入文本

14 在如图12-28所示的位置绘制文本框，并在其中输入“国际高中（双证书）”文本，设置字体为“创艺简中圆”，字号为“四号”，并加粗显示。

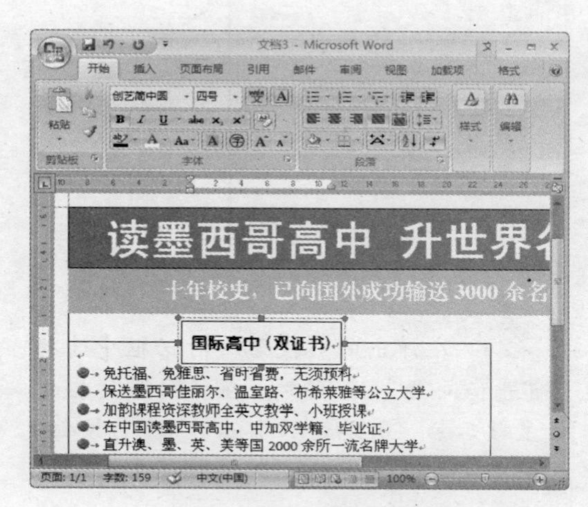

图12-28 添加文本框

15 选择“文本框工具 格式”选项卡，在“文本框样式”组中单击列表框右侧的下拉按钮，在弹出的下拉列表中选择“水平渐变-强调文字颜色5”样式，如图12-29所示。

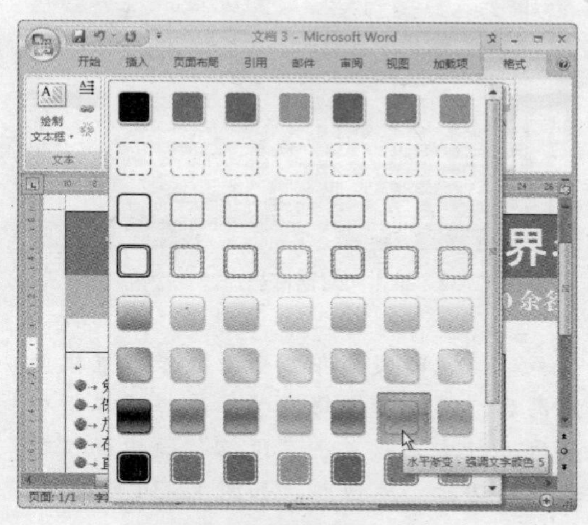

图12-29 选择文本框样式

16 设置后的文本框颜色如图12-30所示，向上轻微移动文本框的位置。

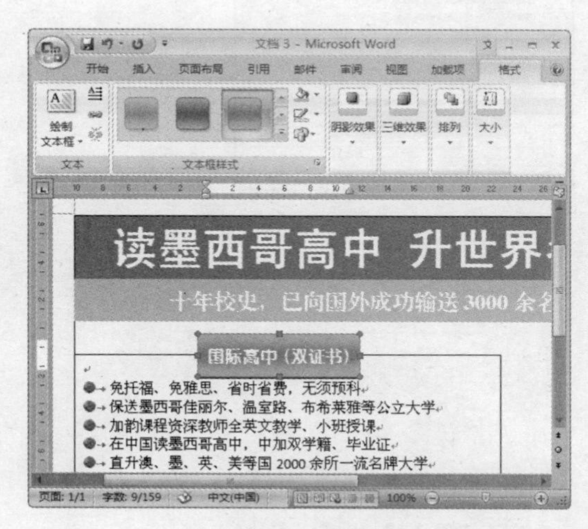

图12-30 文本框样式

17 选择“文本框工具 格式”选项卡，在“阴影效果”组中单击“阴影效果”按钮，在弹出的下拉菜单中选择“阴影样式2”选项，如图12-31所示。

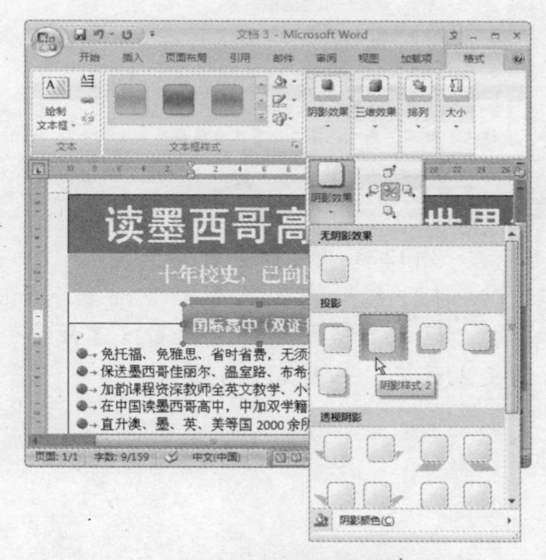

图12-31 设置阴影效果

18 添加阴影样式后的图像效果如图12-32所示，选择文本框中的第一行，选择“开始”选项卡，在“段落”组中单击“对话框启动器”按钮。

19 在弹出的“段落”对话框中单击“缩进和间距”选项卡，在“间距”栏中设置段前为“0.5行”，单击 确定 按钮，如图12-33所示。

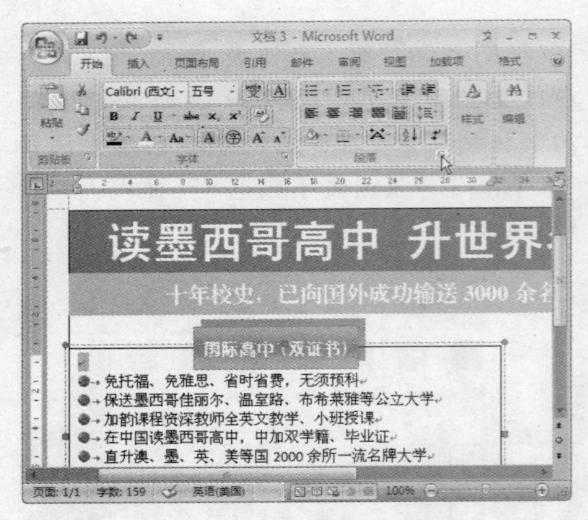

图 12-32 单击“对话框启动器”按钮

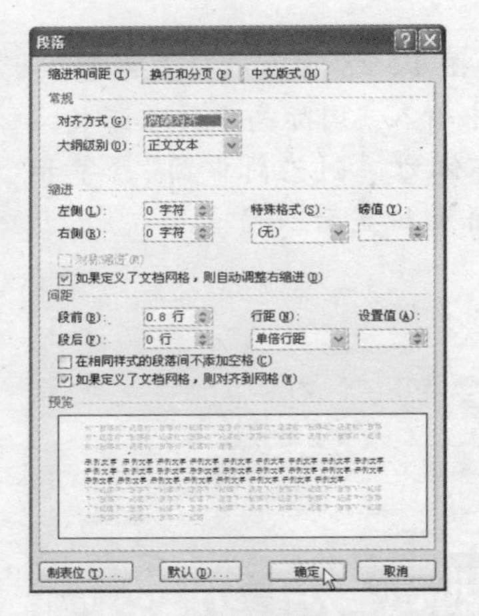

图 12-33 设置段落距离

Step 20 返回文档即可查看效果设置段落距离后，第一行变得宽了。选择文本框中最后一行文本，单击“段落”组中的“对话框启动器”按钮，如图 12-34 所示。

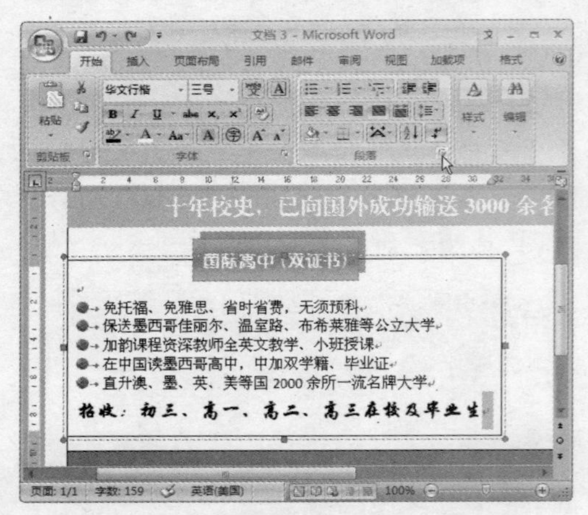

图 12-34 单击按钮

Step 21 在弹出的“段落”对话框中选择“缩进和间距”选项卡，在“间距”栏中设置段后为“0.2 行”，单击 确定 按钮，如图 12-35 所示。

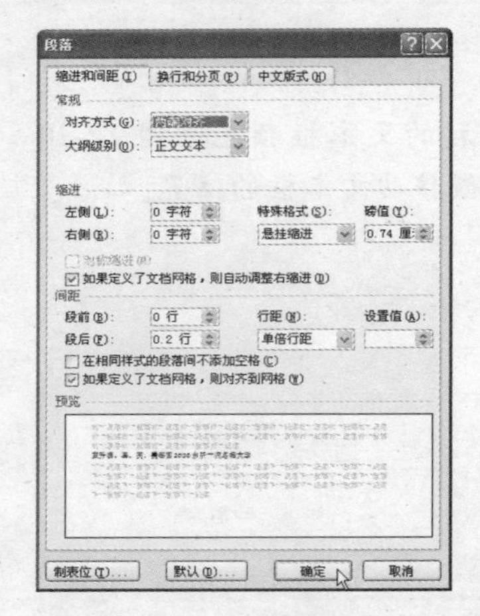

图 12-35 设置段落距离

Step 22 返回文档即可查看设置段落距离后的文本效果，如图 12-36 所示。

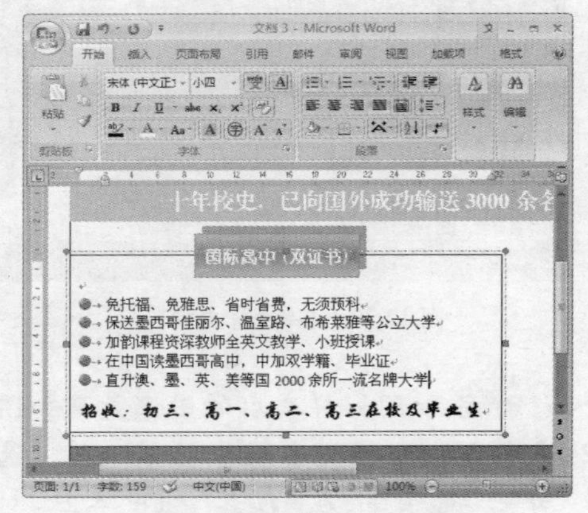

图 12-36 设置段落距离后的效果

任务 4 插入图片

如果宣传单上只是文字的描述，没有图片的点缀和丰富就显得呆板。实际生活中的宣传单一般都会插入图片，添加图片不仅可以丰富版面，吸引读者的眼球，还能增强文字的说明性，插入图片的具体操作方法如下：

Step 1 将文本插入点定位到文本框外的位置，单击“插入”选项卡，在“插图”组中单击“图片”按钮，如图 12-37 所示。

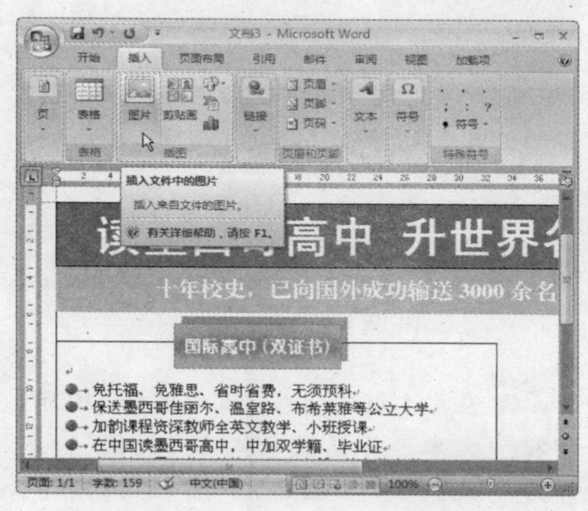

图 12-37　单击“图片”按钮

Step 2 在弹出的“插入图片”对话框中选择素材文件中提供的“孩童”图片，然后单击 插入(S) 按钮，如图 12-38 所示。

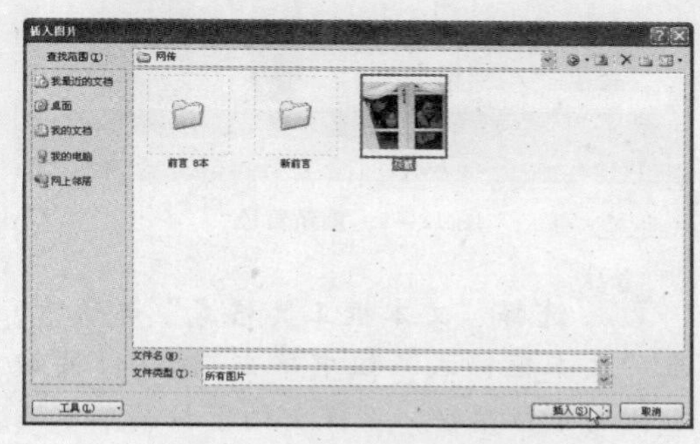

图 12-38　插入图片

Step 3 选择插入的图片，选择“图片工具 格式”选项卡，在“排列”组中单击 文字环绕 按钮右侧的下拉按钮，在弹出的下拉菜单中选择“浮于文字上方”命令，如图 12-39 所示。

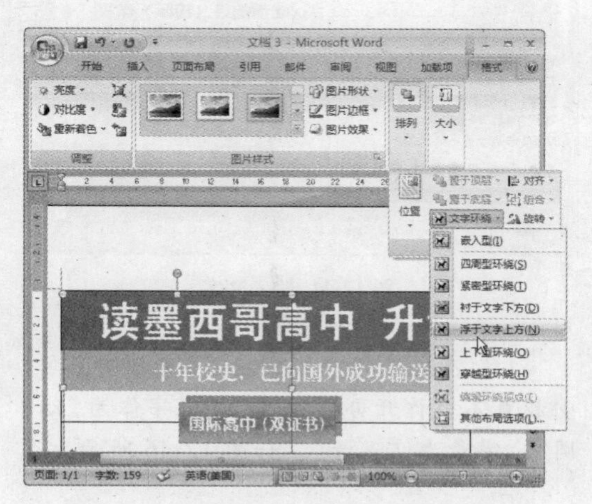

图 12-39　选择“浮于文字上方”命令

Step 4 移动图片到如图 12-40 所示的位置，并适当缩小图片的大小。

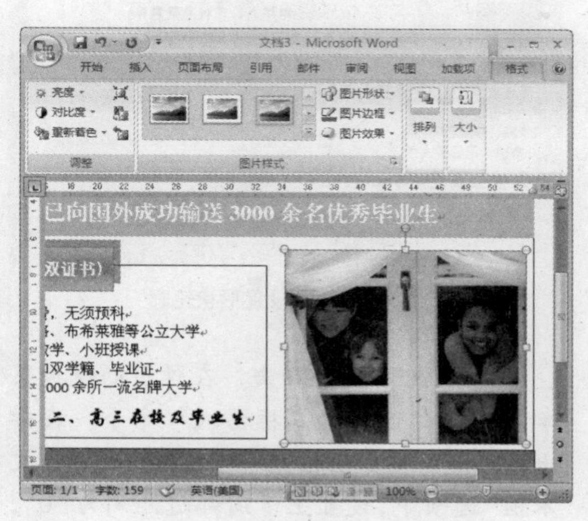

图 12-40　移动图片

5 选择“图片工具格式”选项卡，在“调整”组中单击 重新着色 按钮，在弹出的下拉菜单中的“浅色变体”栏中选择“强调文字颜色3浅色”选项，如图12-41所示。

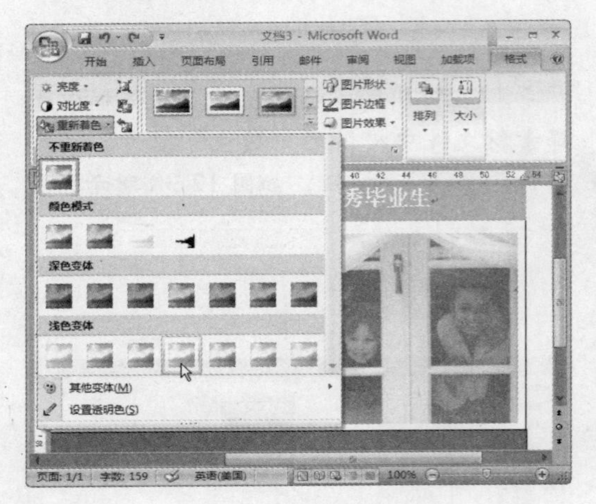

图 12-41 重新着色

6 在图片的上方绘制如图12-42所示的文本框。

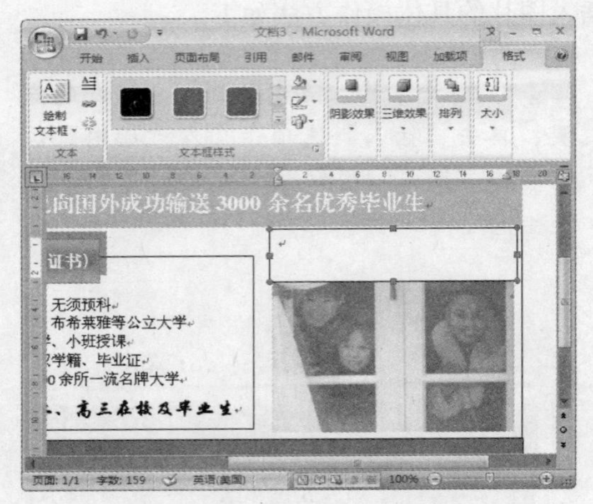

图 12-42 绘制文本框

7 选择“文本框工具格式”选项卡，在“文本框样式”组中单击 形状轮廓 按钮右侧的下拉按钮，在弹出的下拉菜单中选择“无轮廓”选项，如图12-43所示。

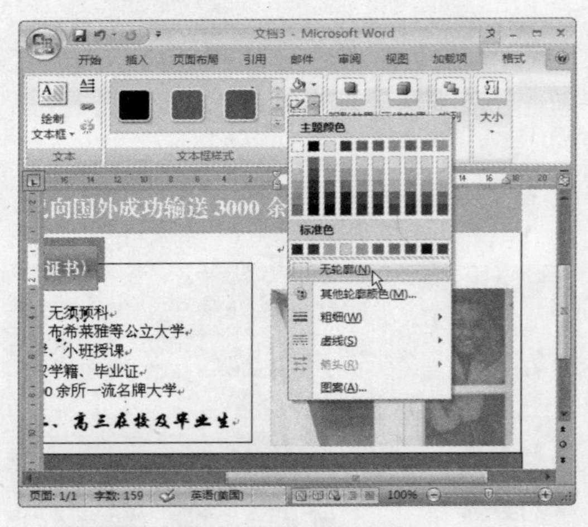

图 12-43 设置形状轮廓

8 在文本框中输入“成都美好（国际）学校”文本，并设置字体为“幼圆”，字号为“四号”，加粗显示，如图12-44所示。

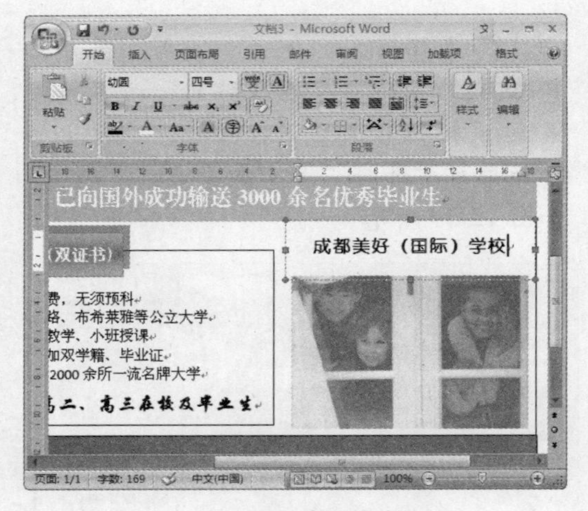

图 12-44 输入文字

9 在文本框中右击，在弹出的快捷菜单中选择“设置文本框格式”命令。在弹出的“设置文本框格式”对话框中单击“文本框”选项卡，设置上下内部边距均为“0”，单击 确定 按钮，如图12-45所示。

10 在文本框中换行输入“（与佳丽尔少教育不合作开办）”文本，设置字体为“幼圆”，字号为“五号”，如图12-46所示。

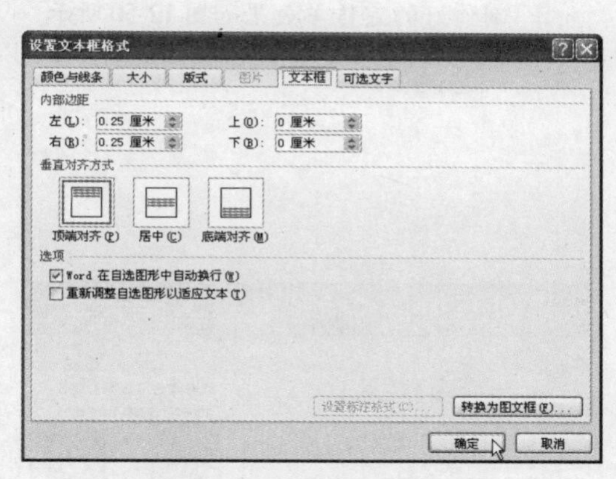

图 12-45　设置文本框内部边距

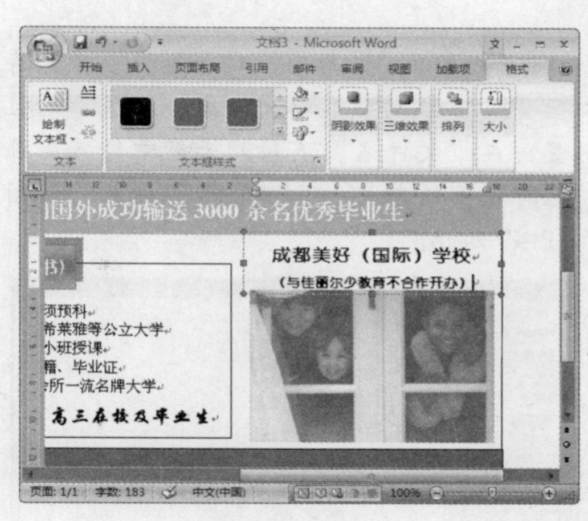

图 12-46　输入文本

Step 11　在下方的文本框中输入"招生热线"、"值班手机号码"、"联系人"、"地址"和"网址"等文本内容，如图 12-47 所示。

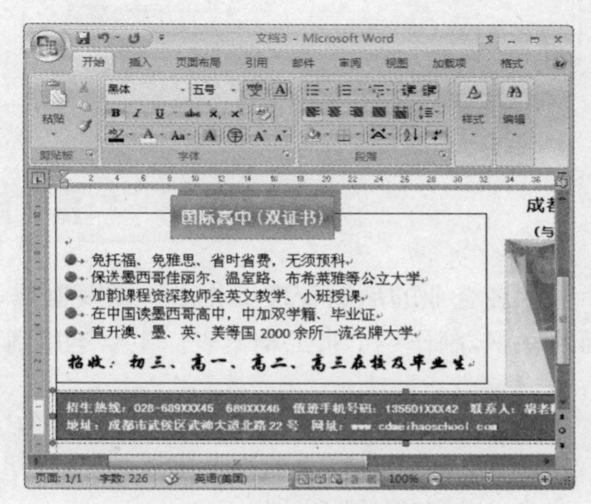

图 12-47　输入文本

任务 5　保存文件

宣传单制作好后需要保存，以方便打印和后续的使用，其具体操作方法如下：

Step 1　单击窗口左上角的 Office 按钮，在弹出的菜单中选择"保存"命令，如图 12-48 所示。

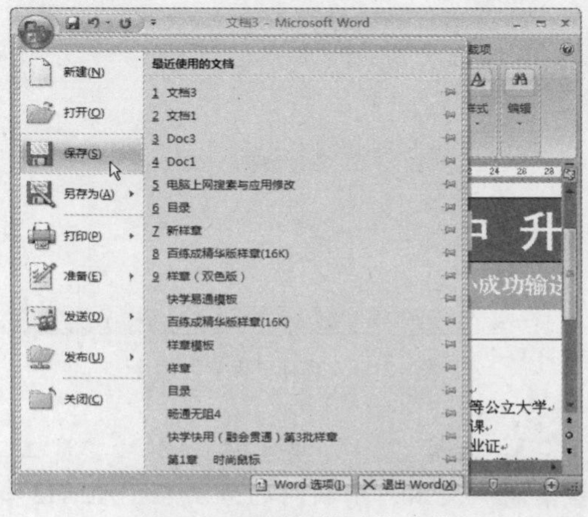

图 12-48　选择"保存"命令

Step 2 弹出“另存为”对话框，在“保存位置”下拉列表框中选择文件要保存的位置，在“文件名”下拉列表框中输入文件名称“宣传单”，单击 保存(S) 按钮，如图12-49所示。

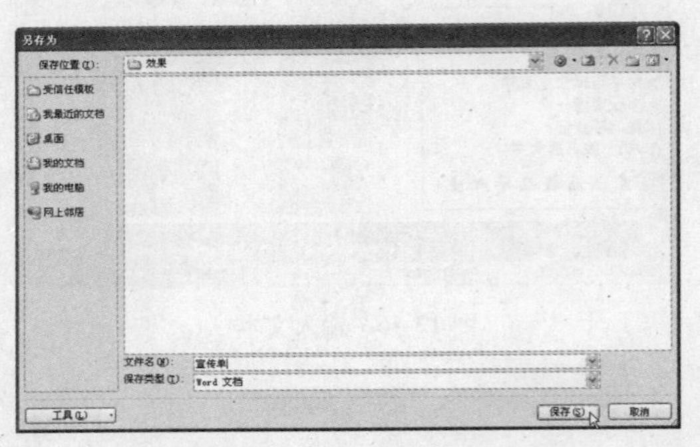

图 12-49　保存文件

Step 3 制作好的宣传单效果如图12-50所示。

图 12-50　最终效果

12.2　制作员工档案表

在各企业的后勤管理工作中，需要制作一系列的表格，本节将结合前面讲解的Excel方面的知识，制作一个员工档案表。主要运用到设置单元格格式的知识点，其具体操作步骤如下：

Step 1 新建空白表格，单击窗口左上角的Office按钮，在弹出的菜单中选择“保存”命令，如图12-51所示。

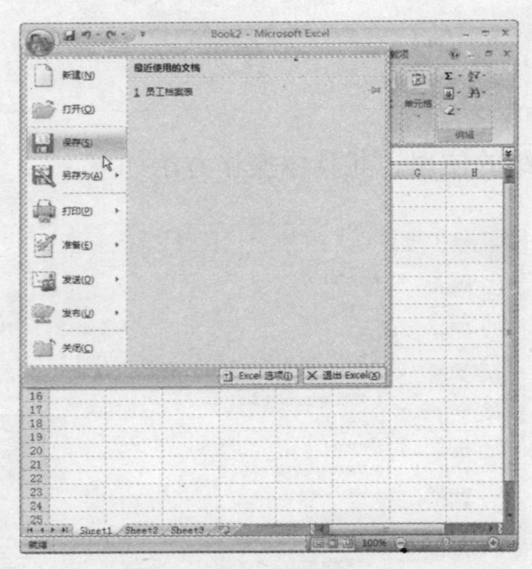

图 12-51　选择“保存”命令

Step 2 在弹出的“另存为”对话框中设置文件的名称和要保存的位置，单击 保存(S) 按钮，将文档以“员工档案表”命名进行保存，如图12-52所示。

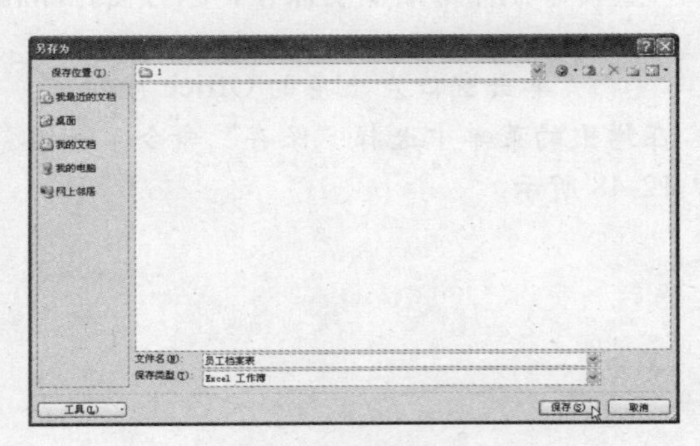

图 12-52　保存文件

Step 3 选择“A1”单元格，输入“员工档案表”文本，用相同的方法在“A2:H2”单元格中输入如图12-53所示的文本内容。

Step 4 在A3单元格中输入“1”，在A4单元格中输入“2”，如图12-54所示。

图 12-53　输入文本

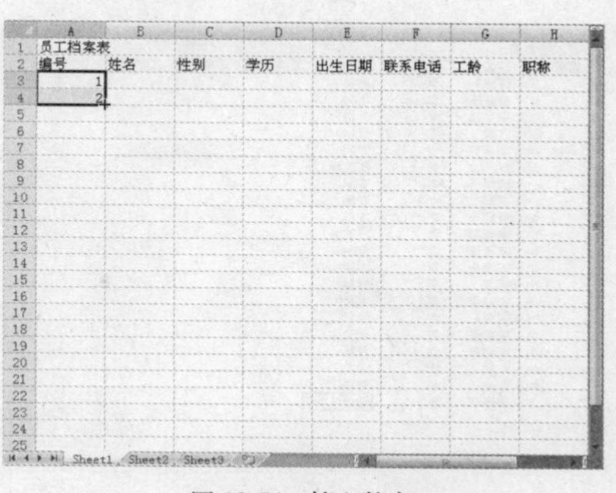

图 12-54　输入数字

Step 5　选择“A3:A4”单元格区域，移动光标到“A4”单元格的右下角，待其变成形状时，按住左键不放，并拖动到 A22 单元格后释放鼠标，如图 12-55 所示。

Step 6　“A5:A22”单元格区域中会自动填充依次递增的数字。选择“A3:A22”单元格区域，在其上右击，在弹出的快捷菜单中选择“设置单元格格式”命令，如图 12-56 所示。

图 12-55　拖动鼠标光标

图 12-56　选择“设置单元格格式”命令

Step 7　在弹出的“设置单元格格式”对话框中单击“数字”选项卡，在“分类”列表框中选择“自定义”选项，在“类型”文本框中输入“000”，单击 确定 按钮关闭该对话框，如图 12-57 所示。

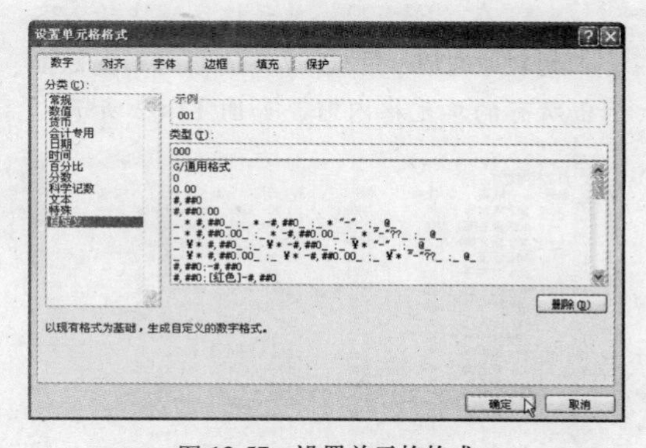

图 12-57　设置单元格格式

Step 8　在“B3:D22”单元格中输入如图 12-58 所示的内容。

Step 9　选择“E3:E22”单元格区域，在其上右击，在弹出的快捷菜单中选择“设置单元格格式”命令，如图 12-59 所示。

图 12-58　输入文本

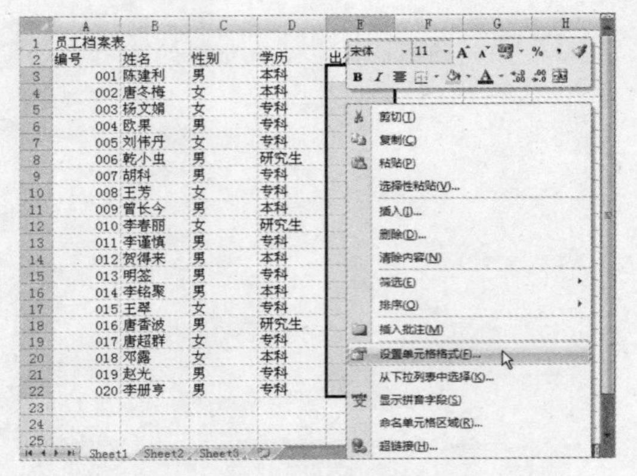

图 12-59　选择“设置单元格格式”命令

Step 10 弹出“设置单元格格式”对话框，选择“数字”选项卡，在“分类”列表框中选择“日期”选项，在“类型”列表框中选择“2001-3-14”，单击 确定 按钮关闭该对话框，如图 12-60 所示。

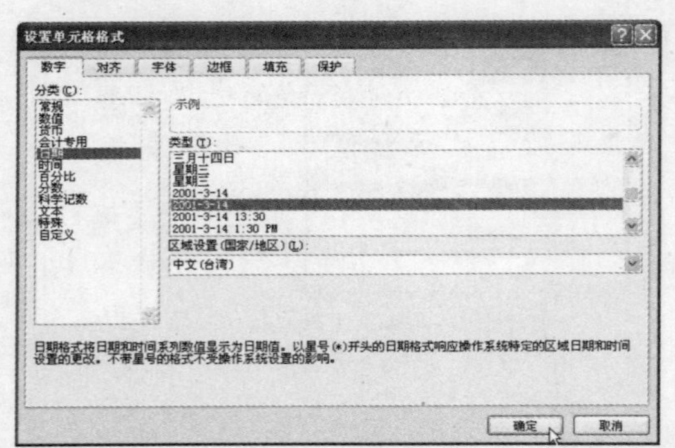

图 12-60　设置单元格格式

Step 11 在“E3:E22”单元格区域中输入如图 12-61 所示的文本内容。

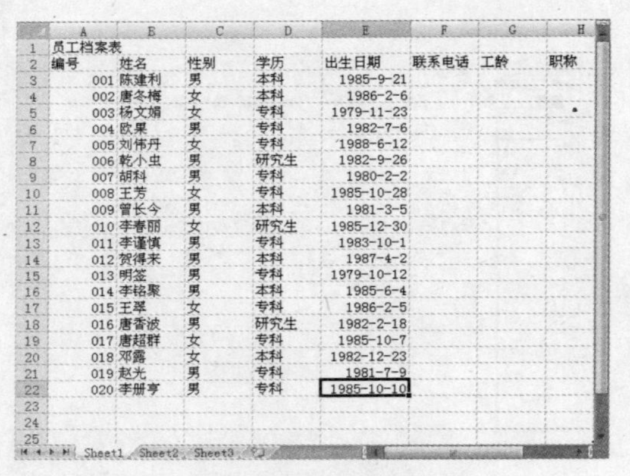

图 12-61　输入文本 1

Step 12 在“F3:F22”单元格区域中输入各员工的联系电话，然后增加该列的列宽以显示出所有的单元格内容，如图 12-62 所示。

图 12-62　输入文本 2

Step 13 在“G3:H22”单元格区域中输入如图 12-63 所示的文本内容。

图 12-63　输入文本 3

14 选择 A1:H1 单元格区域，单击“开始”选项卡的“对齐方式”栏中的“合并后居中”按钮，如图 12-64 所示。

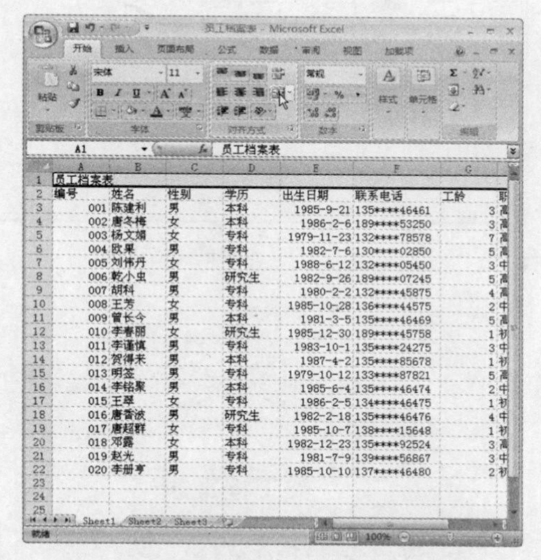

图 12-64　合并单元格

15 选择合并后的“A1”单元格，设置字体为“汉仪中圆简”，字号为“28”，如图 12-65 所示。

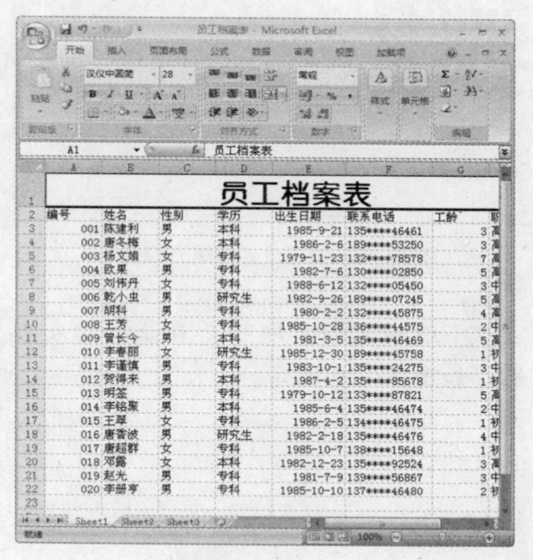

图 12-65　设置文本

16 选择整个表格内容，选择“页面布局”选项卡，在“主题”组中单击“主题”按钮，在弹出的下拉菜单中选择“跋涉”选项，如图 12-66 所示。

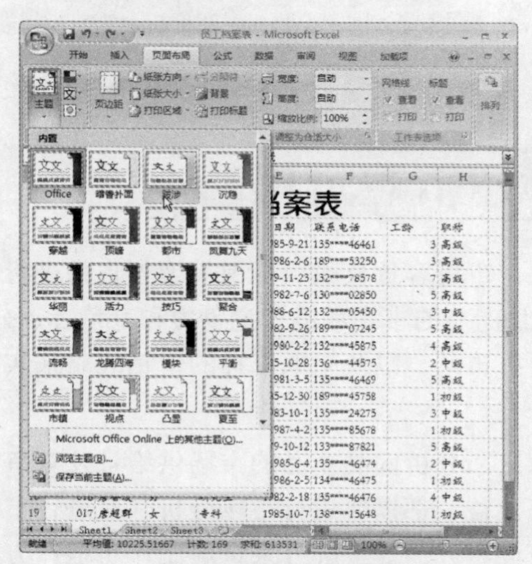

图 12-66　选择主题

17 保持单元格区域的选择状态，单击“开始”选项卡，在“对齐方式”组中单击“对话框启动器”按钮，如图 12-67 所示。

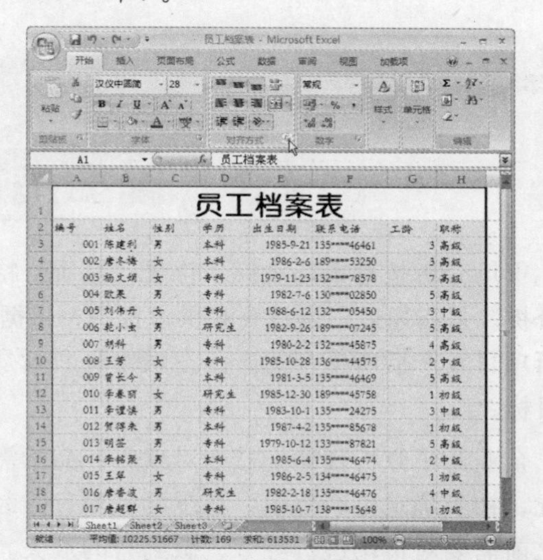

图 12-67　单击“对话框启动器”按钮

18 弹出“设置单元格格式”对话框，选择“填充”选项卡，在“背景色”栏中选择“浅泥土色”选项，如图 12-68 所示。

19 选择“边框”选项卡，在“样式”列表框中选择右侧第 4 种样式，设置颜色为“泥土色”，在“预置”栏中单击“外边框”和“内部”图标，然后单击 确定 按钮，如图 12-69 所示。

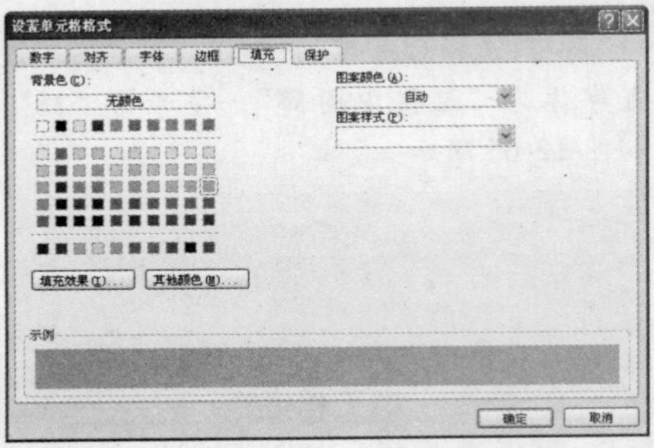

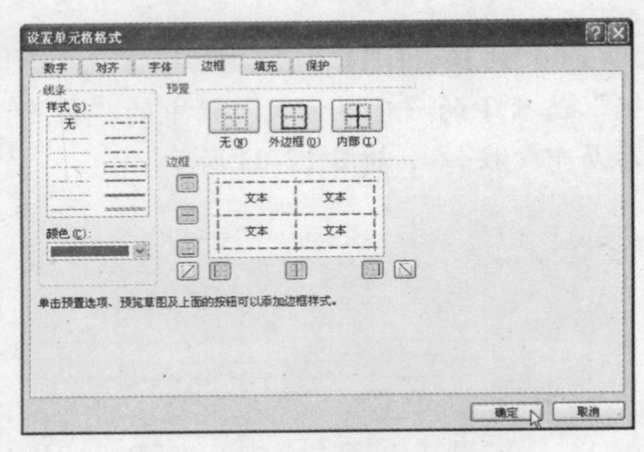

图 12-68　设置单元格填充颜色

图 12-69　设置单元格边框

20 返回文档中即可查看最终的表格效果，如图 12-70 所示。

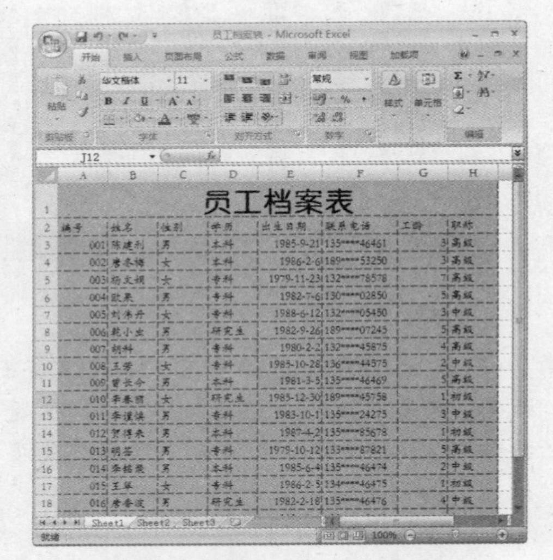

图 12-70　保存文件

12.3　制作市场分析演示报告

市场分析是对市场规模、位置、性质、特点、市场容量及吸引范围等调查资料进行的经济分析。是指通过市场调查和供求预测，根据项目产品的市场环境、竞争力和竞争者，分析、判断项目投产后所生产的产品在限定时间内是否有市场，以及采取怎样的营销战略来实现销售目标。

企业为了分析预测全社会对项目产品的需求量，分析同类产品的市场供给量及竞争对手情况，初步确定生产规模，初步测算项目的经济效益，都需要进行市场分析。在进行市场分析之前需要对市场进行细分，做到有的放矢。下面将分为 5 个部分来讲解制作房地产方面的市场分析演示报告的过程。

任务 1　新建并保存文件

与制作 Word 文档一样，在制作幻灯片前也需要先设置整个幻灯片的主题风格，然后进行保存，其具体操作方法如下：

Step 1 启动 PowerPoint 2007，单击窗口左上角的 Office 按钮，在弹出的菜单中选择“新建”命令，如图 12-71 所示。

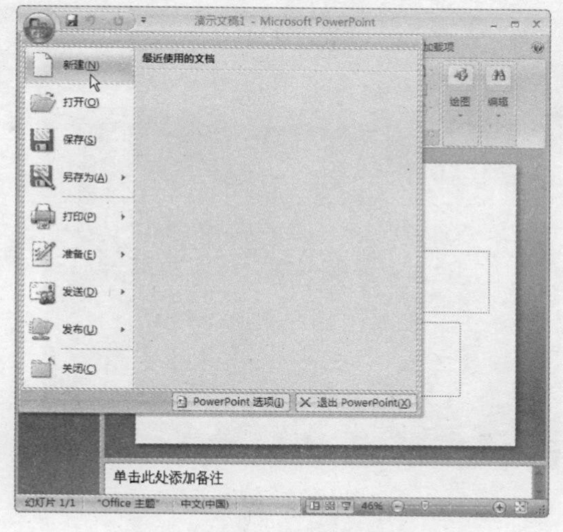

图 12-71　选择“新建”命令

Step 2 弹出“新建演示文稿”对话框，选择“空白文档和最近使用的文档”选项卡，在中间的列表框中选择“顶峰”选项，单击 创建 按钮，如图 12-72 所示。

图 12-72　设置文档主题

Step 3 单击 Office 按钮，在弹出的菜单中选择“保存”命令，如图 12-73 所示。

图 12-73　选择“保存”命令

Step 4 弹出“另存为”对话框，选择文档要保存的位置，并以“市场分析演示报告”为名保存该文档，单击 保存(S) 按钮，如图 12-74 所示。

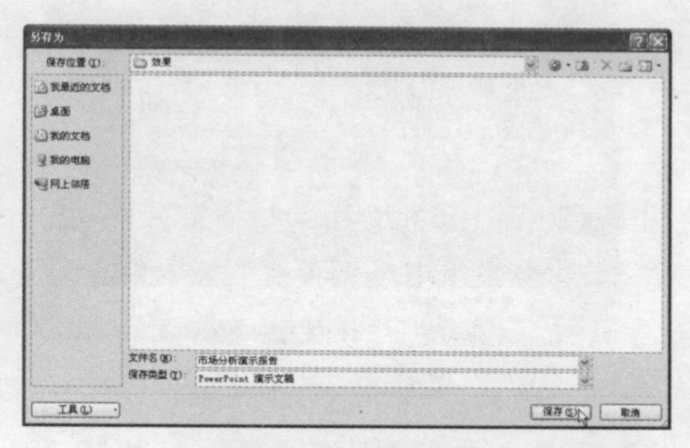

图 12-74　设置文档名称

任务 2 输入开篇和目录内容

由于市场分析演示报告需要的幻灯片一般比较多，在演示报告开始时一般是开篇介绍和目录提要，下面就来制作该幻灯片的开篇和目录效果，其具体操作方法如下：

Step 1 单击标题占位符，输入“富丽梅园房产市场分析”文本，并设置字号为“54”，如图 12-75 所示。

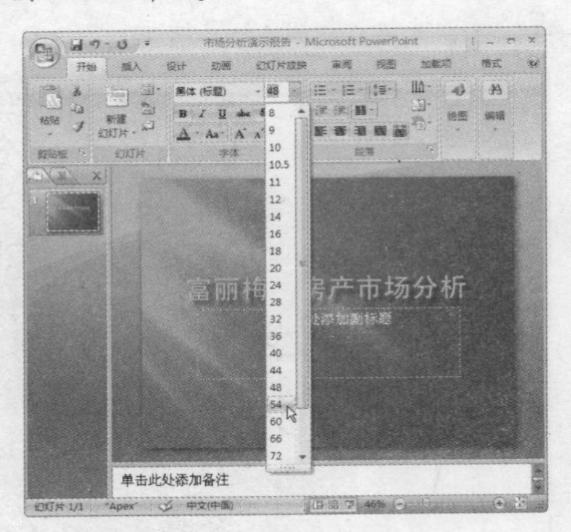

图 12-75　新建幻灯片

Step 2 单击副标题占位符，输入“——成都古月房地产开发有限公司”文本，如图 12-76 所示。

图 12-76　输入文本

Step 3 选择“开始”选项卡，在“幻灯片”组中单击“新建幻灯片”按钮，如图 12-77 所示。

图 12-77　新建幻灯片

Step 4 单击标题占位符，输入“目录”文本，如图 12-78 所示。

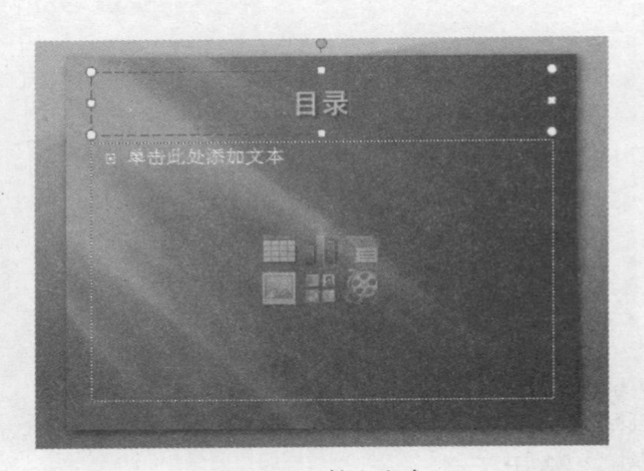

图 12-78　输入文本

Step 5 单击内容占位符，输入如图 12-79 所示的文本内容。

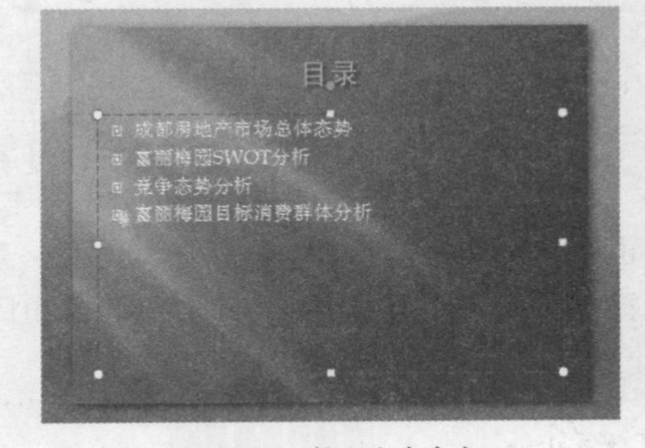

图 12-79　输入文本内容

任务 3 输入态势分析内容

制作好幻灯片目录后就可以依次制作幻灯片的内容了，下面开始制作目录中的第一部分的幻灯片，即输入成都房地产市场总体态势的相关内容，其具体操作方法如下：

Step 1 选择“开始”选项卡，在“幻灯片”组中单击“新建幻灯片”按钮下方的下拉按钮，在弹出的下拉列表中选择“仅标题”选项，添加一张只有标题的幻灯片，如图 12-80 所示。

图 12-80 新建幻灯片

Step 2 在新建的幻灯片中输入“一、成都房地产市场总体态势”文本，如图 12-81 所示。

图 12-81 输入文本

Step 3 选择“插入”选项卡，在“文本”组中单击“文本框”按钮，在弹出的下拉列表中选择“横排文本框”选项，如图 12-82 所示。

图 12-82 选择“横排文本框”命令

Step 4 在下方绘制一个横排文本框，并输入如图 12-83 所示的文本。

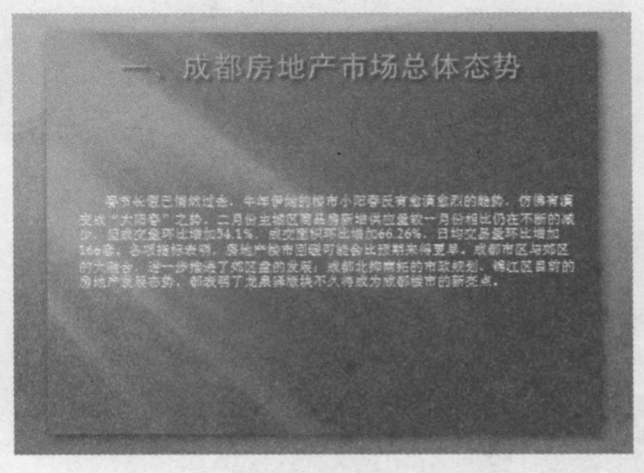

图 12-83 输入文本

Office 2007 办公自动化达人手册

Step 5 选择“文本框工具 格式”选项卡，在“形状样式”组中单击列表框右侧的下拉按钮，在弹出的下拉列表中选择“细微效果 - 强调颜色 1”选项，如图 12-84 所示。

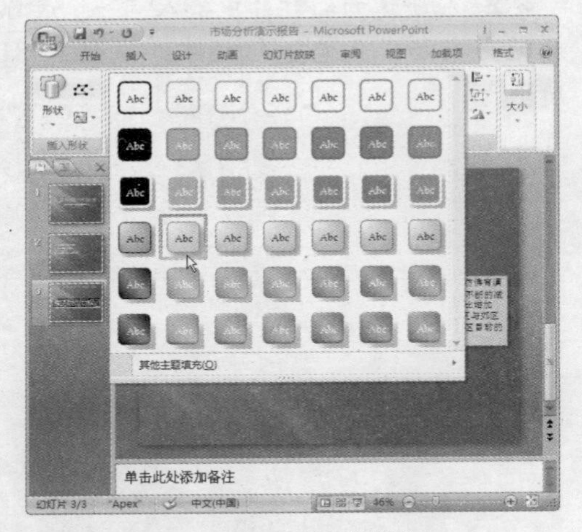

图 12-84　设置形状样式

Step 6 选择“开始”选项卡，在“幻灯片”组中单击“新建幻灯片”按钮下方的下拉按钮，在弹出的下拉列表中选择“标题和幻灯片”选项，添加一张幻灯片，如图 12-85 所示。

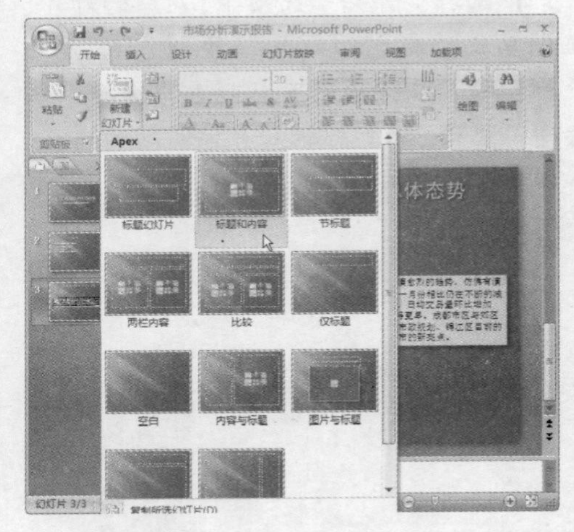

图 12-85　新建幻灯片

Step 7 单击标题占位符，输入如图 12-86 所示的文本。

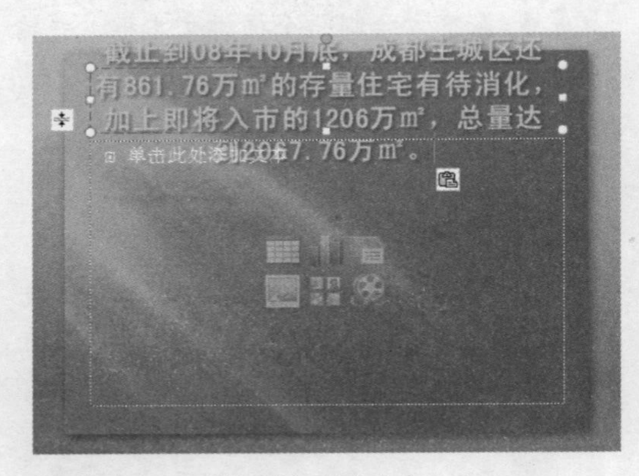

图 12-86　输入文本

Step 8 选择输入的文本，设置字体为“黑体”、字号为“20”、左对齐，并调整标题占位符的大小和位置，如图 12-87 所示。

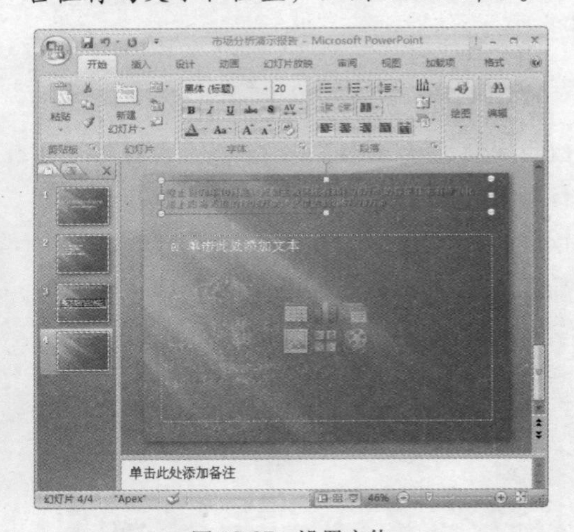

图 12-87　设置字体

Step 9 在标题占位符的下方绘制一个文本框，并在其中输入如图 12-88 所示的文本。

Step 10 将文本插入点定位在输入的文本之前，选择“开始”选项卡，在“段落”组中单击“项目符号”按钮右侧的下拉按钮，在弹出的下拉菜单中选择“箭头项目符号”选项，为段落插入项目符号，如图 12-89 所示。

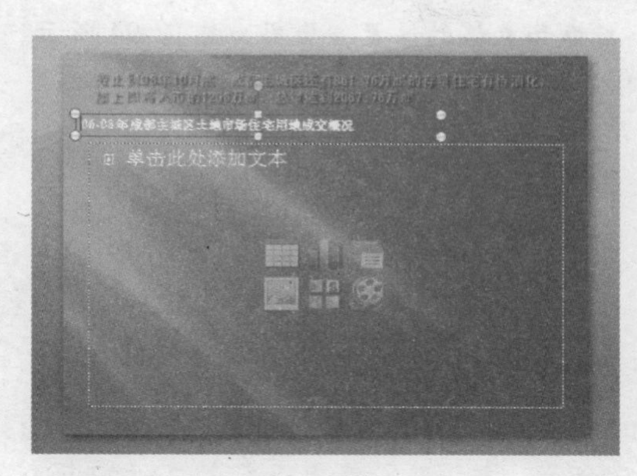

图 12-88　绘制文本框

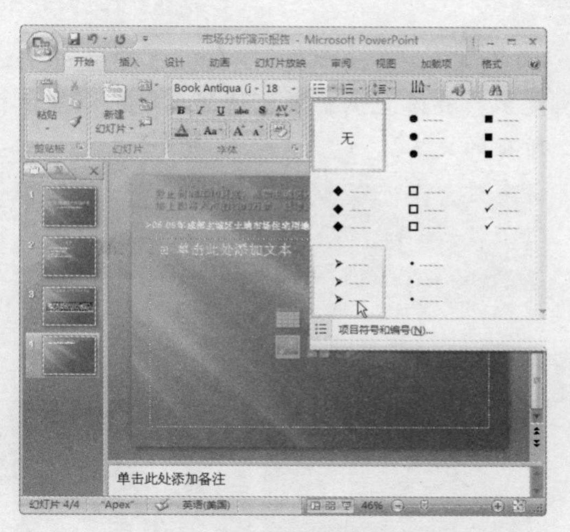

图 12-89　设置项目符号

Step 11　在文本占位符中单击“插入表格”按钮，如图 12-90 所示。

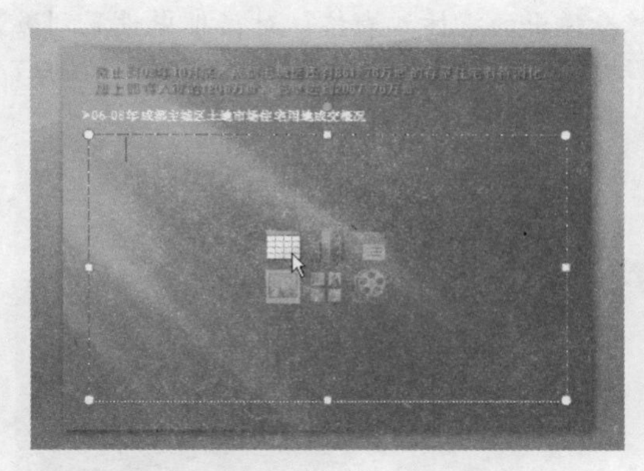

图 12-90　单击按钮

Step 12　在弹出的“插入表格”对话框中设置列数为“4”，行数为“5”，单击 确定 按钮，如图 12-91 所示。

图 12-91　设置表格参数

Step 13　选择“表格工具 设计”选项卡，在“表格样式”组中选择“中度样式 2 强调 2”选项，如图 12-92 所示。

图 12-92　设置表格样式

Step 14 在表格中输入如图 12-93 所示的文本，并适当调整单元格的大小，以显示所有的文本。

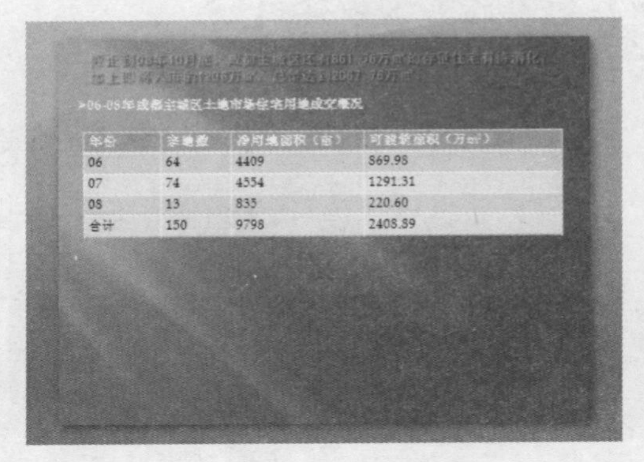

图 12-93　输入表格数据

Step 15 在表格下方绘制文本框，并输入相应的文本，然后根据整个版面调整各文本框和表格的位置，效果如图 12-94 所示。

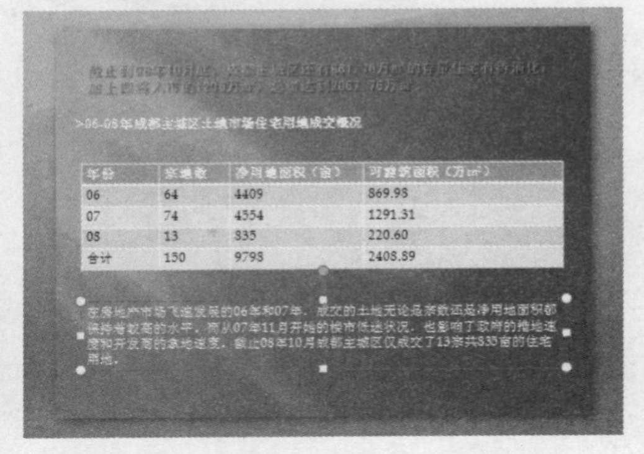

图 12-94　输入文本

Step 16 选择“开始”选项卡，在“幻灯片”组中单击“新建幻灯片”按钮下方的下拉按钮，在弹出的下拉列表中选择“空白”选项，添加一张空白幻灯片，如图 12-95 所示。

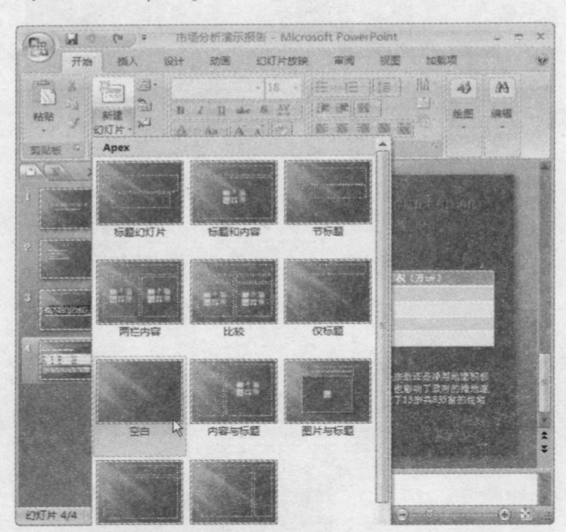

图 12-95　新建幻灯片

Step 17 在新建幻灯片中输入文本，然后单击文本占位符中的“插入表格”按钮，在弹出的“插入表格”对话框中设置列数为“5”，行数为“11”，单击 确定 按钮，如图 12-96 所示。

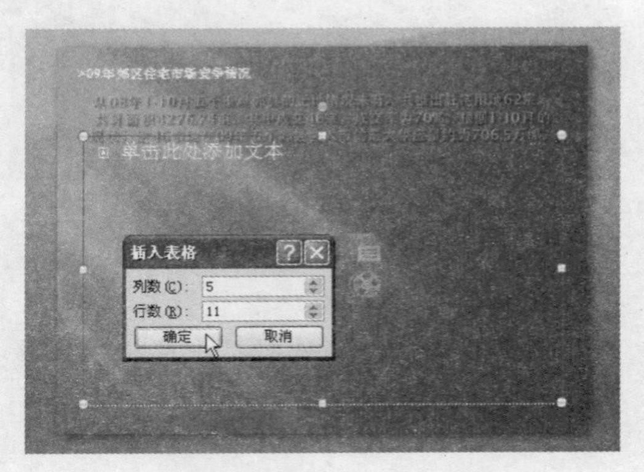

图 12-96　插入表格

Step 18 选择“表格工具 设计”选项卡，在“表格样式”组中选择“中度样式 2 强调 2”选项。选择 A2:A4 单元格区域，选择“表格工具 布局”选项卡，在“合并”组中单击“合并单元格”按钮，如图 12-97 所示。

Step 19 用相同的方法合并其他单元格，并输入文本，然后选择整个表格，选择“开始”选项卡，在“段落”组中单击“居中”按钮，如图 12-98 所示。

图 12-97　合并单元格

图 12-98　输入文本

Step 20　继续在表格中输入如图 12-99 所示的表格数据。

区域	年份	成交宗数	成交亩数	最大可建面积(万m²)
双流	06	－－	－－	－－
	07	14	2059	590.14
	08	22	2040	383.01
温江	06	15	2128	268.5
	07	13	2467	295.72
	08	2	76	22.73
郫县	06	－－	－－	－－
	07	25	1961	120.16
	08	10	507	118.86
龙泉	06	22	2441	582.54

图 12-99　输入表格数据

任务 4　输入 SWOT 分析内容

下面开始制作目录中的第 2 部分的幻灯片，即输入富丽梅园 SWOT 分析的相关内容，其具体操作方法如下：

Step 1　新建幻灯片，在标题占位符中输入“二、富丽梅园 SWOT 分析”文本，然后单击内容占位符中的“插入 SmartArt”图标，如图 12-100 所示。

图 12-100　单击图标

step 2 在弹出的“选择 SmartArt 图像”对话框左侧选择“关系”选项卡，在中间的列表中选择“聚合射线”样式，单击 确定 按钮，插入该样式的关系结构图，如图 12-101 所示。

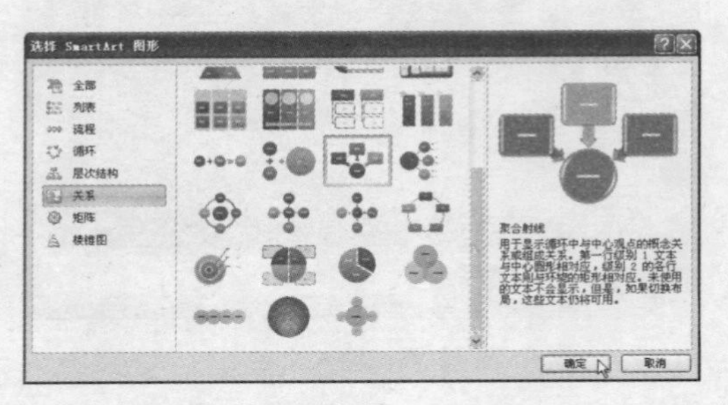

图 12-101 选择 SmartArt 图像

step 3 在新建的 SmartArt 图像中输入如图 12-102 所示的文本。

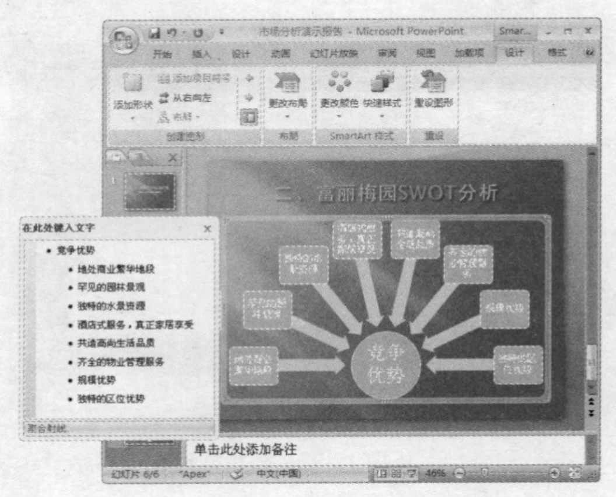

图 12-102 输入文本

step 4 选择制作的 SmartArt 图形，选择“SmartArt 工具 设计”选项卡，在“SmartArt 样式”组中单击“快速样式”按钮 ，在弹出的下拉列表中选择“嵌入”选项，如图 12-103 所示。

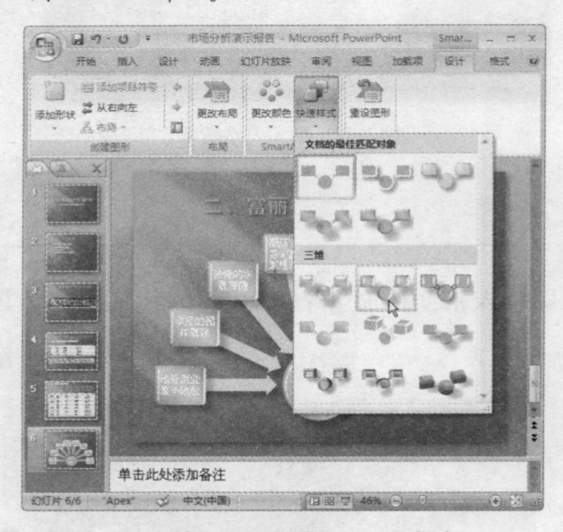

图 12-103 设置 SmartArt 样式

step 5 在“SmartArt 样式”组中单击“更改颜色”按钮 ，在弹出的下拉列表中选择“彩色 - 强调文字颜色”选项，如图 12-104 所示。

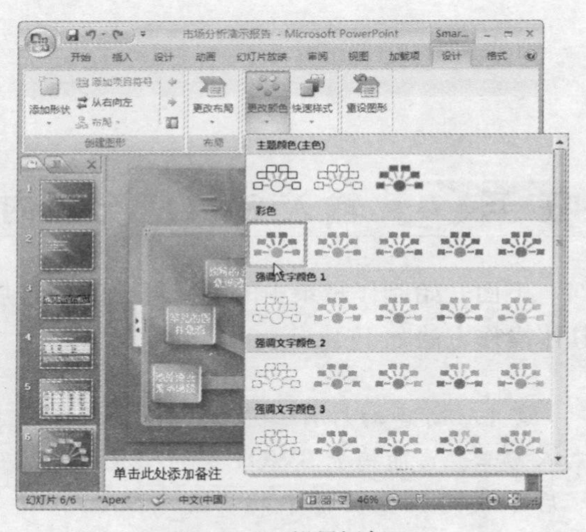

图 12-104 设置颜色

step 6 选择“开始”选项卡，在“幻灯片”组中单击“新建幻灯片”按钮 下方的下拉按钮，在弹出的下拉列表中选择“空白”选项，添加一张空白幻灯片，如图 12-105 所示。

step 7 选择“插入”选项卡，在“插图”组中单击“插入 SmartArt 图形”按钮 ，如图 12-106 所示。

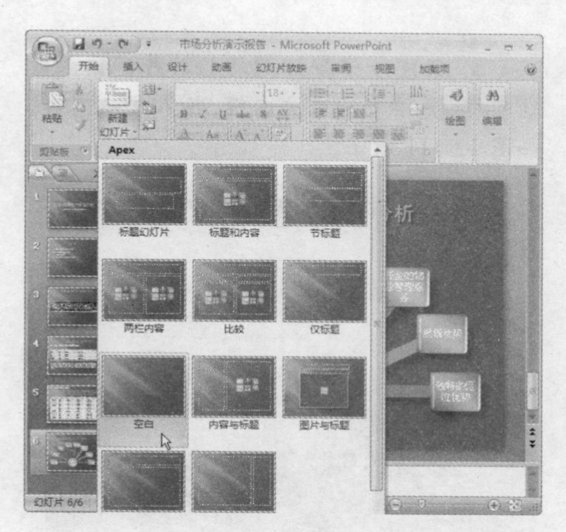

图 12-105 新建幻灯片

图 12-106 单击“插入 SmartArt”图形按钮

step 8 在弹出的“选择 SmartArt 图像”对话框左侧单击“关系”选项卡，在中间的列表中选择“分离射线”样式，单击 确定 按钮，插入该样式的关系结构图，如图 12-107 所示。

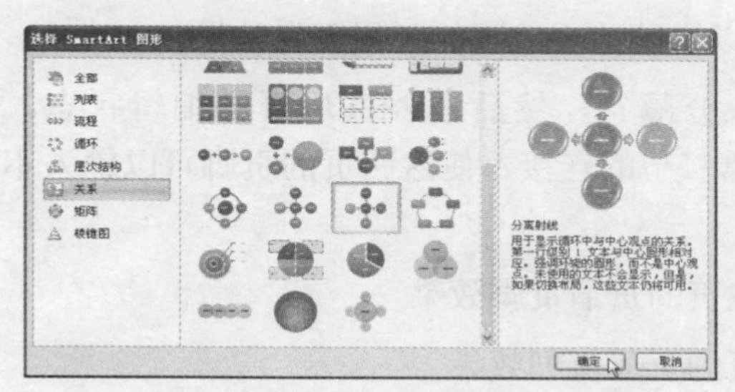

图 12-107 选择 SmartArt 图像

step 9 在插入的 SmartArt 图像中输入如图 12-108 所示的文本。

图 12-108 输入文本

任务 5 输入其他内容

下面用相同的方法制作目录中其他部分的幻灯片，其具体操作方法如下：

step 1 新建幻灯片，用相同的方法制作出竞争态势分析的板块竞争分析幻灯片，效果如图 12-109 所示。

图 12-109 制作幻灯片

Step 2 新建幻灯片，用相同的方法制作出竞争态势分析的幻灯片，效果如图 12-110 所示。

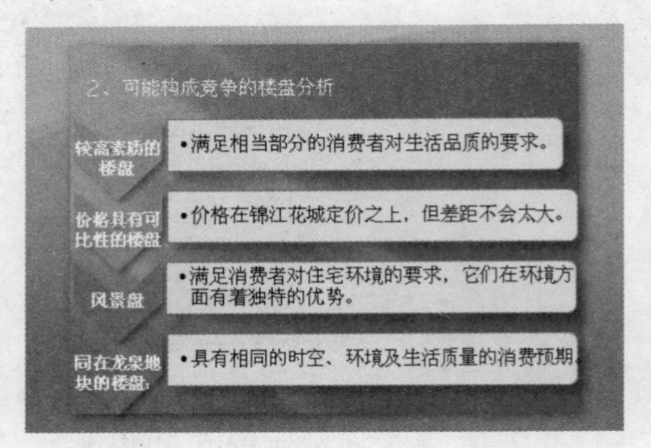

图 12-110　输入文本

Step 3 新建一张带标题的幻灯片，输入标题内容，并绘制一个文本框，输入文本内容，如图 12-111 所示。

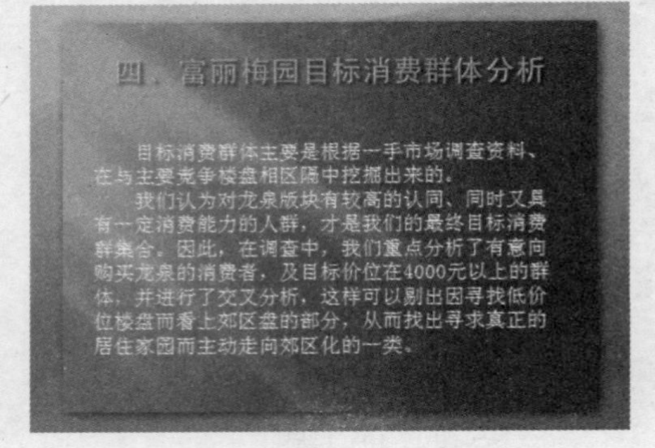

图 12-111　输入文本

12.4　练习题

一、选择题

1. 为文档添加页眉页脚效果后，（　　）可以去除前面三页的页眉页脚效果。

A. 将光标移动到第 3 页末尾处，插入分隔符，然后进入页眉页脚编辑状态，单击第 4 页的页脚，即取消第一节和第二节的连接，使这两页的页脚可以输入不同的文字或页码

B. 进入页眉页脚编辑状态，删除前面三页的页眉页脚效果

C. 进入页眉页脚编辑状态，删除第三页的页眉页脚效果

D. 不管如何操作都不

2. 由于一个工作簿中可能会有多个工作表，为了引用不同工作表的单元格，可以在地址前面增加工作表名称，并用（　）将工作表名称和单元格地址分隔开。

A. ~　　　　B. #　　　　C. &　　　　D. !

二、填空题

1. 在 Excel 的工作表中，若 A1 单元格的值是 1，B1 为空，C1 为文本，D1 为 9，E1 为 TRUE，则函数 AVERAGE(A1:E1) 的返回值是（　）。

2. 在 Excel 中，若 A1 单元格的值为 100，B1 单元格为公式：=A1=100，则 B1 单元格的值为（ ）。

三、问答题

1. 用 Word 制作完表格后，怎样让它按照降幂排序，并算出平均数？

2. 如何让 PowerPoint 在转换几张幻灯片时，播放同一首歌？

附录 参考答案

第 1 章

一．选择题

1．(C)　　2．(A B C D E)

二．填空题

1．Word 2007、Excel 2007、PowerPoint 2007、Access 2007、Outlook 2007、Infopath 2007、Publisher 2007

2．安装选项

第 2 章

一．选择题

1．(D)　　2．(D)

二．填空题

1．DOC1　　2．单页　　3．页面

第 3 章

一．选择题

1．(B)　　2．(A)　　3．(A C)

二．填空题

1．剪切　　2．最小值、固定值　　3．磅

第 4 章

一．选择题

1．(C)　　2．(A B)

二．填空题

1．表格　　2．相同数量的行

第 5 章

一．选择题

1．(A)　　2．(C)

二．填空题

1．页面布局　　2．半透明

第6章

一．选择题

1．(C)　　2．(D)

二．填空题

1．工作表标签　　2．之前

第7章

一．选择题

1．(A)　　2．(C)

二．填空题

1．文本　　2．条件格式

第8章

一．选择题

1．(B)　　2．(B)

二．填空题

1．自定义筛选　　2．排序

第9章

一．选择题

1．(C)　　2．(C)

二．填空题

1．标题幻灯片　　2．自动

第10章

一．选择题

1．(A)　　2．(B)

二．填空题

1．Esc　　2．F5

第 11 章

一．选择题

1．(D) 2．(B)

二．填空题

1．收件箱 2．附件

第 12 章

一．选择题

1．(A) 2．(D)

二．填空题

1．5 2．TRUE

9:45 a.m——Word
11:20 a.m——Excel
12:36 a.m——Lunch time
1:00 p.m——整理应聘简历
3:00 p.m——Cappuccino
3:30 p.m——ppt
4:00 p.m——会议
Office全能办公系列
网络时代中，很多人都经历着相似的生活，奔忙于都市街巷，辗转于电脑前、会议中，当繁忙的工作让我们渐渐忘记了休息，当越来越高强度的工作压力到来之时，或许只有更高的工作效率和模板化的文档，才能让我们从无休止地敲击键盘中解脱。
无论是白领、老总，还是头疼于毕业设计的学生们，Office已经成为了我们日常工作和生活的一部分。本丛书“Office全能办公系列”，将给您带来一种高效办公的新高度，只要您懂得如何“抄袭”，本书的范例将让您的办公感受焕然一新。
现在，让我们开始体验吧。
Excel 2007
实用函数和图表范例精选
Word 2007
商务文档应用范例精选
Word 2007
高效办公应用文档精选
Excel 2007
数据处理应用范例精选
PowerPoint 2007
典型演示文稿范例精选
Access 2007
数据库系统范例精选

笔记栏

读 者 意 见 反 馈 表

亲爱的读者：

感谢您对中国铁道出版社的支持，您的建议是我们不断改进工作的信息来源，您的需求是我们不断开拓创新的基础。为了更好地服务读者，出版更多的精品图书，希望您能在百忙之中抽出时间填写这份意见反馈表发给我们。随书纸制表格请在填好后剪下寄到：北京市宣武区右安门西街8号中国铁道出版社计算机图书中心917室 李鹤飞 收（邮编：100054）。或者采用传真（010-63549458）方式发送。此外，读者也可以直接通过电子邮件把意见反馈给我们，E-mail地址是：Let_us_wow@sina.com.cn。我们将选出意见中肯的热心读者，赠送本社的其他图书作为奖励。同时，我们将充分考虑您的意见和建议，并尽可能地给您满意的答复。谢谢！

所购书名：______________________

个人资料：

姓名：____________ 性别：________ 年龄：________ 文化程度：____________

职业：________________ 电话：____________ E-mail：________________

通信地址：______________________________ 邮编：____________

您是如何得知本书的：

□书店宣传 □网络宣传 □展会促销 □出版社图书目录 □论坛 □杂志、报纸等的介绍 □别人推荐

□其他（请指明）______________________

您从何处得到本书的：

□书店 □邮购 □商场、超市等卖场 □图书销售的网站 □学校 □其他

影响您购买本书的因素（可多选）：

□内容实用 □价格合理 □装帧设计精美 □优惠促销 □书评广告 □出版社知名度 □作者名气

□娱乐需要 □其他

您对本书封面设计的满意程度：

□很满意 □比较满意 □一般 □不满意 □改进建议

您对本书的总体满意程度：

从文字的角度 □很满意 □比较满意 □一般 □不满意

从内容的角度 □很满意 □比较满意 □一般 □不满意

您希望书中图的比例是多少：

□少量的图片辅以大量的文字 □图文比例相当 □大量的图片辅以少量的文字

您希望本书的定价是多少：

本书最令您满意的是：

1.

2.

您在使用本书时遇到哪些困难：

1.

2.

您希望本书在哪些方面进行改进：

1.

2.

您需要购买哪些方面的图书？对我社现有图书有什么好的建议？

您更喜欢阅读哪些类型和层次的计算机书籍（可多选）？

□入门类 □精通类 □综合类 □问答类 □图解类 □查询手册类 □实例教程类

您在使用本类图书的过程中遇到哪些困难？

您的其他要求：